国家社会科学基金项目"集成视角下大学生思想政治教育时效性研究"（15BKS126）

|光明社科文库|

中华德文化的
现代践行研究

主编◎龙献忠 李红革

光明日报出版社

图书在版编目（CIP）数据

中华德文化的现代践行研究 / 龙献忠，李红革主编. -- 北京：光明日报出版社，2019.10
（光明社科文库）
ISBN 978-7-5194-5557-6

Ⅰ.①中… Ⅱ.①龙…②李… Ⅲ.①道德社会学—研究—中国 Ⅳ.①B82-052

中国版本图书馆 CIP 数据核字（2019）第 210621 号

中华德文化的现代践行研究
ZHONGHUA DE WENHUA DE XIANDAI JIANXING YANJIU

主　　编：龙献忠　李红革	
特约编辑：万　胜	责任编辑：郭思齐
责任校对：赵鸣鸣	封面设计：中联学林
责任印制：曹　净	

出版发行：光明日报出版社
地　　址：北京市西城区永安路 106 号，100050
电　　话：010-63139890（咨询），010-63131930（邮购）
传　　真：010-63131930
网　　址：http：//book.gmw.cn
E - mail：guosiqi@gmw.cn
法律顾问：北京德恒律师事务所龚柳方律师
印　　刷：三河市华东印刷有限公司
装　　订：三河市华东印刷有限公司
本书如有破损、缺页、装订错误，请与本社联系调换，电话：010-63131930
开　　本：170mm×240mm
字　　数：498 千字　　　　　　印　　张：30.5
版　　次：2020 年 1 月第 1 版　　印　　次：2020 年 1 月第 1 次印刷
书　　号：ISBN 978-7-5194-5557-6
定　　价：148.00 元

版权所有　翻印必究

编 委 会

顾　问：谷正气　魏饴
主　编：龙献忠　李红革
副主编：谌晓芹　张群喜　田　皓
委　员：田　皓　龙献忠　许建良　连　凡　谷正气
　　　　李红革　李建华　沈敏荣　佘丹清　张文刚
　　　　张群喜　周尚义　陈延斌　桑东辉　唐凯麟
　　　　龚天平　黄向阳　谌晓芹　曾建平　魏　饴

前　言

　　中华德文化是中华民族在形成发展的漫长历史长河中，对自己民族成员在处理人与人的关系、人与自然的关系、人与社会的关系、人与自己的关系所需德性培养教化中形成的理论观念、道德规范、伦理理念制度、养成的路径和行为活动的总称。它不单涉及到中国历代思想家的理论观念和思想，而且涉及我们民族的伦理制度、道德规范、培养路径及行为活动，更涉及其在当代中国的现代践行。

　　早在尧舜时代，常德德山隐居一位德高望重的社会贤达，名叫善卷，他婉辞让帝，以自己的德行操守教化当时苗蛮之地的乡野村民，其德、善、礼思想早于孔孟儒学和诸子百家，是中华文明道德教化的鼻祖。《武陵学刊》主办的特色栏目"中华德文化研究"就是依托常德善卷"德"这一地方文化，发掘阐释中华德文化，为当下加强社会公德教育、职业道德教育、家庭美德教育和个人品德教育的"四德"教育以及构建良好的社会伦理秩序服务。

　　"中华德文化研究"栏目创办近10年来，栏目选题由传统到现代、由宏观到微观、由理论到实证逐一展开，发表了一系列既具有理论价值又有现实意义的文章，这些研究成果是对改革开放以来处在急速转型期的中国社会道德现状和加强社会主义道德建设根本任务的回应。在改革开放之初，邓小平同志就高瞻远瞩地提出，建设社会主义国家，要物质文明与精神文明两手抓、两手都要硬；提出要培养"有理想、有文化、有道德、有纪律"的"四有"新人。40多年来，我们党一直重视思想道德建设，党中央1996年作出《关于加强社会主义精神文明建设若干重要问题的决议》，2001年又印发了《公民道德建设纲要》，直到2006年正式提出构建社会主义核心价值体系的目标，对社会主义道德建设都产生了深远影响，发挥了重大作用。但是，面对多元化思潮的冲击和影响以及"道德滑坡"的质疑，如何切实扭转道德滑坡、党风民风不正、信仰缺失、国家认同度不高、社会治安问题频发等局面，重建社会信任系统，必须开掘整合中国优秀传统文化中的"德文化"资源，这不仅有利于提炼符合中国实际、为老百姓喜闻乐见的社会主义核心价值观，促进道德建设和社会主义精神文明建设，而且有利于增强文化自信，为中国人精神世界的顶层设计贡献价值共识。正如2014年5月4日习近平总书记在北京大学师生座谈会上发表的重要讲话所指出的："核心价值观，承载着一个民族、一个国家的精神追求，体现着一个社会评判是非曲直的价值标准。核心价值观，其实就是一种德，既是个人的德，也是一种大德，就是国家的德、社会的德。国无德不兴，人无德不立。如果一个民族、一个国家没有共同的核心价值观，莫衷一是，行无依归，那这个民族、这个国家就无法前进。实现我们的发展目标，实现中国梦，必须增强道路自信、理论自信、制度自信……而这'三个自信'需要我们对核心价值观的认定作支撑。"因此，以"中华德文化"切入中华优秀传统文化的创造性转化和创新性发展具有现实针对性，为依法治国与以德治国相结合的治国方略的实施奠定了深厚的文化根基，对于提高"四个自信"，尤其是文化自信具有重大意义。

但是长期以来，学界关于道德建设的思考重在理论方面，疏于对建设有效性的切实设计。实际上，伦理道德不仅关乎个人修养、家庭幸福、自我价值实现，更与国家的政治生活密切相关，成为政治清明与社会和谐的重要保证。因此，形式多样的道德教化活动渗透于社会生活的各个方面，推动着各阶层的人们在各自的领域践行中华德文化。由于中华德文化现代践行的领域非常多，主要涉及公共生活、职业生活、家庭生活和个体生活等领域，因此，围绕"中华德文化现代践行"的主题，我们从"中华德文化研究"栏目刊发的140篇文章中精选50多篇文章结集为《中华德文化的现代践行研究》一书，由中华德文化在公共生活中的现代践行、中华德文化在职业生活中的现代践行、中华德文化在家庭生活中的现代践行和中华德文化在个体生活中的现代践行四编组成。

在现代社会，公共生活领域不断扩大，人们相互交往日益频繁，社会公德在维护公众利益、公共秩序，保持社会稳定方面的作用更加突出，是公民个人道德修养和社会文明程度的重要表现。中华德文化中尚和合、求大同等文化因子，保合太和、和而不同的和谐观念以及社稷至上、公忠体国的爱国观念的现代践行，对于推动社会公德建设和公共文明进步具有重要价值。

随着现代社会分工的发展和专业化程度的增强，市场竞争日趋激烈，整个社会对从业人员职业观念、职业态度、职业技能、职业纪律和职业作风的要求越来越高。大力倡导以爱岗敬业、诚实守信、办事公道、服务群众、奉献社会为主要内容的职业道德，鼓励人们在工作中做一个好的建设者是时代提出的要求。而中华德文化中仁民爱物、敬业奉献、笃守诚信、精益求精等思想的现代践行，对于培养职业精神和职业道德有积极意义。比如从事教师职业，传统文化中"礼教""乐教""诗教""史教"等思想对当代思想道德教育的课程设置和教育方法等具有重要的借鉴价值。

家庭是社会的细胞，中国传统文化中历来重视血缘亲情和家风家规建设，"夫唱妇随、父慈子孝、兄友弟恭、邻里和睦"等观念的现代践行对于形成良好的家庭美德、维护社会的安定和谐有重要价值。

在道德建设与人的关系中，人是道德的体现者，只有个人具备优良品德修养才能由己及人，由己及家庭、集体和社会。中国传统文化中"德福一致、修德致富""修己安人""穷则独善其身、达则兼济天下"等观念的现代践行对于培养现代公民有积极意义。

总之，社会公德、职业道德、家庭美德、个人品德这"四德"是一个有机的统一体，其外延由大到小、内涵由浅入深，共同构成一个完善的道德体系。在"四德"建设中，人的能动性及个人品德建设至关重要。个人修养特别是个人品德修养是树立"四德"意识、规范言行举止、建设和谐家庭、模范做好工作、维护社会和谐的基础。个人品德修养是社会公德的扩大，家庭美德、职业道德、社会公德是个人品质的外化。"四德"建设的丰富文化资源蕴藏在中国优秀传统文化中，因此，以习近平新时代中国特色社会主义思想为指引，创造性地做好中华优秀传统文化传承与发展工作，提升我们民族的整体道德水平和国家的文化软实力、增强文化自信是我们的初心和使命。

目录
CONTENTS

第一编　中华德文化在公共生活中的现代践行

人为什么需要道德
　　——一种类型学分析 ………………………………………… 3
公共文明略论 ………………………………………………………… 13
和谐社会的俭约之道 ………………………………………………… 20
道德榜样与道德人格 ………………………………………………… 37
中国传统道德观念中的"核心正能量"
　　——兼论实现"中国梦"的民族精神基因 ………………… 46
共享发展理念中的传统文化基因 …………………………………… 57
"红船精神"对中华民族精神的传承与发展 ………………………… 71
生态文明与尊重自然的伦理精神 …………………………………… 79
论低碳生活的伦理意蕴 ……………………………………………… 91
消费方式异化的伦理辨析 …………………………………………… 104
论天人合一的道德主体性 …………………………………………… 117
荀子伦理思想的生态之维及现实价值 ……………………………… 124
跨越义与正义的鸿沟
　　——构建现代中国法律的伦理基础 ………………………… 133
以德治国与推进国家治理现代化 …………………………………… 153
现阶段我国实现共同富裕的道德补偿机制研究 …………………… 163

第二编　中华德文化在职业生活中的现代践行

中国传统道德信仰教育的四维建构及其借鉴 …………… 173
师德内涵的二维阐释 …………………………………… 182
师德修养视域下的儒家君子人格 ……………………… 195
简论朱熹的儿童道德养成教育思想 …………………… 203
明代的平民讲会及其对个体人格建构的影响
　　——以泰州学派为例 ……………………………… 210
高校教师的德性生活困境与反思 ……………………… 217
中国古代文论教学中的道德伦理视角 ………………… 228
伦理引导战争观念探析 ………………………………… 240
孙中山的武德思想及当代启示 ………………………… 250

第三编　中华德文化在家庭生活中的现代践行

中国家文化论纲 ………………………………………… 265
家正国清：优良家风家规的伦理价值探索 …………… 276
孟子尊老敬长思想研究 ………………………………… 285
《颜氏家训》的孝道思想及其特色 …………………… 295
王阳明的家庭伦理思想及其现实意义 ………………… 306
论袁黄的家训教化与功过格修养法 …………………… 322
曾国藩家训思想与教化路径新探 ……………………… 333

第四编　中华德文化在个体生活中的现代践行

论作为美德的宽容 ……………………………………… 345
礼貌是养成美德的基本环节 …………………………… 355
论公民美德与全民守法的内在逻辑 …………………… 372
正义的实现：个体的德性涵育与社会的政治建构
　　——论亚里士多德的正义实现思想 ……………… 386
当代道德建设中德福一致的可能形态与实践基础论纲 … 399
"幸福都是奋斗出来的"的伦理意蕴 …………………… 408

庄子幸福实践的个人当为思考 ……………………………………… 415
"修己"与"安人"
　　——"中庸"内涵辨正及其伦理原则探析 …………………… 429
儒家文化中"孝"与"修身"关系探析 …………………………… 442
"尊德性而道问学"
　　——朱、陆修养工夫论的思想渊源及其比较 …………………… 450

第一编 01

中华德文化在公共生活中的现代践行

人为什么需要道德
——一种类型学分析*

在经验现象中，当觉察到选择做不道德的事（比如说谎）并不被他人所厌恶甚至还可以获得一些好处时，人们不禁会反省自身乃至整个社会：人为什么需要道德？《理想国》中说："不正义的人生活总要比正义的人过得好。"[1]这种观点是否合理？描述性伦理学中可见的反常道德现象敦促道德哲学家们回答人为什么需要道德、解释人需要道德的原因和提供人需要道德的理由或证明。在提出人为什么需要道德的问题同时，人们当然也预先假定了规范伦理学中的一条一般原则，即人需要道德、人需要过一种道德的生活。然而正如分析伦理学本身注重逻辑运用和语言分析那样，为"人为什么需要道德"提出证明的前提是不仅要对"道德"这一概念有清晰的认识，而且要了解"人"在不同用法上所表达的不同含义，以及正确认识人与道德之间的价值需求关系。因为谁也无法在不知道 A 和 B 分别是什么的条件下，回答"A 为什么需要 B"的问题。对"人为什么需要道德"这样一个一般性道德哲学问题进行类型学分析，是基于人、道德、需要三者的语义与语境的差异性。只有在不同的用语组合中才能明确"人需要道德"是否是一个真命题。受"苏格拉底'概念说'强调意义与规范的重要性"[2]的启发，我们首先区分道德与非道德，然后在人与"非人"之间划出界限，明确在不同语境中对"人"的不同运用，最后在理解"需要"的

---

* 基金项目：国家社会科学重大招标项目"中国政治伦理思想通史"（16ZDA103）。
作者简介：李建华，男，湖南桃江人，浙江师范大学马克思主义学院教授，博士，博士生导师，研究方向为伦理学、政治哲学和思想政治教育；周杰，男，湖北随州人，浙江师范大学马克思主义学院硕士研究生，研究方向为哲学伦理学。
原载《武陵学刊》2019 年第 2 期。

基础上解释人需要道德的原因。

一、人需要道德是排除不道德与非道德的

不仅在伦理学或道德哲学①的研究视域内判定描述性、规范性和分析性三者之间的区别和相互关系是必要的，而且也应该跳出伦理或道德范畴从更广阔的视域出发，在事实与价值、实然与应然、或然与必然之间做出清晰区分。回答"人为什么需要道德"这一分析伦理学问题，其前提之一是明确道德本身是什么。暂不论一般人很难将道德与心脏等事物相混淆，而弄出答非所问的笑话；但是如果不将道德本身和与道德无关的内容，即非道德区别开来，那么也无从解释人需要道德的原因。不能说"道德"一词含有歧义，然而现实的情况是，对"道德"的不同运用表达着两种不同的意思。"道德哲学"中的"道德"一词与"说谎永远有违道德"中的"道德"一词的含意是不同的，前者是指与道德有关的事物，后者是指道德上的善或道德上的正当；前者是为道德本身划定范围，其对应面是非道德，后者是做出道德评判或道德判准的结果，其对应面是不道德。

首先，就与"非道德"相对应的"道德"而论，其具有如下的相随性特征。一是，道德总是和应该与不应该、责任与义务、正当与不正当、善与恶、正确与错误有关。例如，"在没有提前告知的情况下，你应该准时参加会议"是一个与道德有关的道德义务判断，"我的朋友是一个诚实的人"是一个与道德有关的道德价值判断。二是，道德总是牵涉到社会整体和这个整体中的人。"道德乃是调节人与自然、人与社会、人与自身三维关系的规范体系，它先天地被打上了社会性的烙印。"[3] 道德存在的大环境是由人所组成并生活其中的社会。换言之，社会作为道德环境是道德实现的场所，而每个人作为道德主体是道德的承受者或实施者；没有社会中的人便没有道德。三是，道德总是基于人的自由选择。作为道德主体的人和作为道德环境的社会并不能确保道德的发生和实现，对道德行为的判定也需要考虑行为是否是人自由选择的结果。然而道德的这三

---

① 朱贻庭先生在其《"伦理"与"道德"之辩——关于"再写中国伦理学"的一点思考》（载《华东师范大学学报（哲学社会科学版）》2018 年第 1 期）一文中试图将"伦理"与"道德"作为两种不同的对象，以区别对待。我们在此将二者等同起来使用，并将伦理学视同为道德哲学。

个相随性特征只是表面的。应该与不应该、正当与不正当及善与恶的判准，并不能把道德与非道德区别开来，与道德无关的内容也可能涉及对这些词语的运用。如"你应该上二手市场卖一双球拍"就是一个非道德（上）的义务判断，"我有一辆好车"是一个非道德（上）的价值判断。从社会生活本身来看，人们的行为（或行动）并非总是能在道德与非道德之间划清界限时才开始的。个体基于自由选择的行为也未必就是道德的行为，即未必就是与道德有关的行为。所以，上述三个特征是道德发生的必要条件而非充分条件。

区分道德与非道德既有利于认识道德的本质，也有利于回答人为什么需要道德的问题。在道德哲学中，道德的本质是什么的问题，既是一个基础和核心的问题，又是一个古老却长盛不衰的问题。哲学家们对这个问题的谈论乐此不疲，而答案却莫衷一是。柏拉图基于道德与人之间密不可分的关系，将道德视为作为功能实现的人的各种德性。而在巴特勒看来，道德即生活的道德制度体系。弗兰克纳则在巴特勒的基础上认识到，这样一种体系既可以是社会性的，即社会的整体契约，也可以是个人的建构物，即个人准则。与此同时，除了看到道德外在的规范约束作用外，不少思想家看到了道德通过内化于个人并外化于社会和他人、对个人自主实现自我的作用。总而言之，道德在本质上具有双重性：一方面，道德作为一种社会规范，表现为特定的道德原则；另一方面，道德对任何人来说，等道德原则内化于自身后，就是自我实现的手段。"真正人的道德是人类潜能的充分发挥、人类本质的充分显现和人类解放的实现。"[4] 人类生活的非道德领域就是没有道德意义或不能进行道德评价的领域，如没有自主意识的儿童行为、精神病人的行为、不涉及他人或社会利益的纯私人行为等。所以，当我们议论人为什么需要道德时，是排除了非道德领域的。

其次，就与"不道德"相对立的"道德"来说。此时问题"人为什么需要道德"更像是在问"人为什么需要做道德上善的事和过一种道德上善的生活以成为一个道德上善的人"，而不仅仅是在问"人为什么需要做与道德有关的事和过一种与道德有关的生活以成为一个与道德有关的人"。可回答"人为什么需要在道德上是善的"的问题要求我们进一步在规范伦理学上运用严格的道德评判标准在道德与不道德之间做出区分，以便指明什么行为是道德上善的或道德上正当的、什么行为与此相反。在严格的逻辑推理上，这就类似于不知道什么是心脏便无从回答"人为什么需要心脏"的问题。纵观伦理学史，规范伦理学中的道德衡量标准在理论上可大致分为目的论和义务论，前者的典型代表是边沁，后者的典型代表是康德。另有一些人则另辟蹊径，发展出德性伦理学，如亚里士多德、麦金太尔。不过，无论如何，规范伦理学中的争论至今没有解决，尤其是在面临各种不同的道德两难境地时，依据特定的不同规范伦理学所给出的答案都无法让每个人满意。与此同时，道德标准上的相对主义也开始获得一定市场。相对主义在道德标准的统一上持怀疑态度，甚至持否定答案，对伦理学中各种理论给予了致命打击。就连德性伦理学的代表人物麦金太尔在自己的学术作品中也不时流露出描述相对主义的特征，认为不同的历史、社会所出现的道德标准是不同的，尼采和马克思亦是如此。尼采将道德区分为主人道德和奴隶道德；马克思则强调"道德具有社会性、历史性和阶级性"[4]，认为在不同的社会历史条件下道德的评价标准是不同的。正如和找寻与"非道德"相对立的"道德"的含义和本质相类似，在明确与"不道德"相对立的"道德"的判断标准时，对每一个处在确定的社会关系中的正常人来说，他们凭借自己的心灵理性和内心直观也能够在常见的道德行为与不道德的行为之间做出正确区分。如有意对朋友说谎是不道德的，朋友间应坦诚相待；不经对方同意拿用朋友的东西是不道德的，朋友有困难应及时给予帮助。这种理性能力的生成既可归功于外部道德教育的不断输入，也得益于道德教育内容的成功内化。它是一个道德内化与道德外化不断反复与加强的过程。

由此，基于"道德"在与"非道德"和"不道德"之间的大致区分，我们便明晰了"道德"概念本身表达的意思，以及"道德"一词在不同的话语情境中所具有的不同内容。"人为什么需要道德"作为真问题是指，"人为什么需要做与道德有关的事、过一种与道德有关的生活以至于成为一个与道德有关的人"，或者"人为什么需要做道德上善的事、过一种道德上善的生活以至于成为一个道德上善的人"。但是，问题的解决还依赖于对"人"这一概念的分析，因为问题本身试图在道德与人之间建立一种需要与否的价值选择关系，并提供证明。

二、有道德需要的人是个体人与群体人而不是"非人"

"人生伊始，本是道德的无知者。"[5]尽管从道德载体或主体的视角来看，道德总在与社会和他人发生联系。也就是说，离开社会与人这两个因素中的任何一个，道德都无法被谈论开来。但是如果从人的视角来看，人并不一定总是离不开道德，谁也无法排除人离开道德而正常存在的可能性。"人"的概念含义既不是唯一确定的，其在运用上又出现过被相互错用的情况。在不同的语境中"人"可能表达着不同的意思，而且在同一语境中"人"所表达的意思可能也并不明确。仿照确定什么是道德或指出道德的本质，以将道德和与道德无关的事物即非道德区别开来，我们也可以确定什么是人或指出人的本质，以将人和不是人的事物区别开来，并且用"非人"来表达"不是人的事物"。知道什么是人或人的本质之后当然也就可以据此将人与"非人"分离开来，目的是明确"人为什么需要道德"的预定前提"人需要道德"中"人"表达的意思。"本质"一词正如它一以贯之的用法那样，其表达的是此物可以区别于他物的固有功能、特征和属性。"人性"一词可以用来替换"人的本质"。"人性即是人类作为一种特殊生命存在区别于其他生命存在的类本性。"[6]可见，人的本质与人性基本表达着相同的意思，借助它们可以将人与"非人"分离开来。

　　什么是人性？人所具有的哪些固有特征、属性和功能可以将其与"非人"区别开来？这显然是一个既古老且难以形成定论的问题。古希腊哲学家在人与"非人"之间划清界限时，一同诉诸理性即爱智求真。其中，亚里士多德特别提到了人这一类高级动物的"政治性"特征。在中国，荀子在谈人兽之别时提到人既能群又可分的属性。蔡元培先生则直接用道德来区分人与禽兽。他说："人之所以异于禽兽者，以其有德性耳。"[7]当代学者黄明理在解释人的道德需要时直接回溯，求助于人性。他直言："人的道德化是人性的客观要求。"[8]蔡元培先生的不周之处在于，在没有说明道德本身之前就用模糊的"道德"意见来说明人性。他可能是在与"非道德"相对立的意义上运用"道德"一词以说明人兽之别，也可能是在与"不道德"相对立的意义上来运用"道德"一词以说明人兽之别。而黄明理教授则犯了"因果颠倒"和"循环论证"的逻辑谬误：人性是在解释人的道德需要之前被要求说明的。唯有马克思的洞见更具说服力。"人的本质不是单个人所固有的抽象物。在其现实性上，它是一切社会关系的总和。"[9]与柏拉图、亚里士多德、康德和荀子一样，马克思看到了人与"非人"在特定的社会关系中的根本区别。其实，马克思在说明人的本质或人性时不仅仅注重"关系"[10]，还将人兽之别的根本原因归结为人的"社会特征"或"社会性"。马克思科学地指出了人与"非人"之间至关重要的差别和不同，这就是人的社会性存在。当我们说人是什么时，是基于人的社会性特质而排除了人的动物性，把人的动物性划到了"非人"的领地。可问题在于，回答"人为什么需要道德"这一问题时，我们一直坚持的是文化主义立场，即人只有进入文化领域才是有道德的，正因为人有动物性所以才需要道德，道德就是扼制人的动物性、彰显社会性（文化性）的工具，这又使"道德使人成为人"变成了"人为什么需要道德"问题中"人是什么"的注脚，这是道德工具论本身的内在矛盾。

即使明确了人的本质是什么并借此将人与"非人"区别开来，或者直接凭借我们个人的理性和直观在人与"非人"之间做出正确区分也并不能使人们在理解"人为什么需要道德"上前进多少，因为"人需要道德"中"人"的概念本身有不同的意思和用法。"人需要道德"可能并不表明所有人、任何人或每一个人都需要道德，也可能表明所有人、任何人或每一个人都需要道德。如果将"人"作为一个概念来对待，在逻辑学里，"人"有时是一个集合概念，有时则是一个非集合概念。概念内涵的不同将意味着有两种不同的"人"的用法和意思。在"人需要道德"和"人为什么需要道德"的表达中，"人"的意思和用法是哪一种？有别于严谨的逻辑学，在伦理学或道德哲学领域，对"人"的两种不同区分可以分别称之为具体人和抽象人，或者称之为个别人和一般人、个体人和群体人。个体人便是逻辑学中所有人、任何人或每一个人的意思，其意在表明，情景适用于所有人、任何人或每一个人。然而抽象人、一般人或群体人则只能对所有的人做一般意义上的或抽象上的"类"理解。它可能意在表明，情景适用于人群中的大多数；也可能仅仅想凸显人的"类"本质或人性，即人的社会性。

基于以上分析，"人为什么需要道德"的假设前提"人需要道德"表达了四种不同的意思：群体人或抽象人需要与道德有关；群体人或抽象人需要在道德上是善的；个体人或所有人都需要与道德有关；个体人或所有人都需要在道德上是善的。而"人为什么需要道德"也依次表达四种不同的意思：群体人或抽象人为什么需要与道德有关；群体人或抽象人为什么需要在道德上是善的；个体人或所有人为什么都需要与道德有关；个体人或所有人为什么都需要在道德上是善的。其中，评判某一个人在道德上是否是善的也只能依据这个人的具体行为。然而，当假定人与道德之间的需求关系及解释人需要道德的原因或为其提供证明时，也应该明确"需要"本身——站在人与道德之间的各种关系上来考察两者之间的其他关系和审视需求关系本身。

三、在主客之间存在需要、不需要、非需要三种关系

肯定 A 需要 B 意味着：一是 B 外在于 A 以至于 A 与 B 之间只能建立一种非道德上的价值需求关系，二是在 B 外在于 A 的前提下，把 B 本身当做一种手段和工具来看并用非道德上的有用性或善来评判 B。论断"A 需要 B"的成立应同时满足这两条结论。命题"人需要道德"也同样适用于这两条结论。有关第一条结论，人们应该在更广阔的视野中来考虑人与道德之间的各种关系，包括除需求关系外的其他关系，即"非需要"关系。并非只存在需要和不需要两种价值选择关系，也存在除这两种之外的其他可能性。由此 A 与 B 之间存在三种可能性关系：A 需要 B、A 不需要 B 及 A"非需要" B。例如，你可以向某个个体人询问他（或者她）是否需要苹果。此时这个人可能出于自己想吃苹果或其他动机而对你说："我需要一个苹果或者不需要。"然而你却基本上无法向某个个体人询问他（或者她）是否还需要自己的左腿，因为左腿是内在于身体的一部分。人与左腿之间不是需要或不需要的关系，而是"非需要"的关系。当然在紧急或特殊情况下，如在得知他（或她）的左腿已被感染甚至可能危及生命时，他或她可能告诉医生："我不需要我的左腿了，你把它锯掉吧！"但是你却仍然无法向某个个体人询问他（或者她）是否还需要自己的心脏，他（或者她）是否还需要自己的大脑，诸如此类。总之，苹果、左腿、心脏、大脑等与道德一道作为每一种不同的存在物具有同等的价值地位，而人尤其是个体人是需要道德、不需要道德还是"非需要"道德应该被认真考虑。第二条结论是在肯定第一条结论即人与道德之间只能构成需要与否的关系的前提下得出的。的确，排除"非人"不论，尽管暂时无法确定群体人与道德之间的关系，但给平常人的印象是，个体人与道德之间是需要与否的关系而非"非需要"的关系。个体人并不是天生与道德有关，或者天生在道德上是善的，社会只能通过教育使外在的道德规范内化于每个个体人的心灵之中，却永远无法使道德内在于每个个体人的身体里。正如弗兰克纳所言："道德为人而设，不是人为了道德。"[11]243 一味否定或不肯承认道德在人面前的工具地位，是因为不同的学者对"人"有不同的理解。我们可以在区分"人"与"非人"的前提下，把人当一般人和群体

人来看待以否定道德的工具价值，弗兰克纳则在区分"人"与"非人"的前提下，把人当特殊人和个体人来看待以肯定道德的工具价值。所以当提出"人为什么需要道德"时，道德必定是外在于人的，并且这里的人是个体化的，而非"类"意义上的人。

由此，在分析和理解这一问题的基础上，由问题"人为什么需要道德"所细化的四个分支问题便可依次得到或多或少的解释。关于群体人为什么需要与道德有关？人在本质上是社会性的人，而群体人既有别于看得见摸得着的个体人，又是个体人抽象意义上的集合。实验观察显示，社会包括许多个体人、由人组成的复杂关系网络，以及关系得以存在的文化环境和地域空间，其中最核心的是个体人及个体人之间的关系。而每个正常个体人的存在和发展都离不开社会所提供的文化与文明。群体人在哪里存在？从描述性意义上讲，道德上的群体人与社会无异。回答"社会为什么需要与道德有关"的问题可解释群体人与道德的"非需要"关系。弗兰克纳指出，社会在价值上选择道德这样一种秩序的理由在于防止自然状态和"更为极端的专制主义的文明状态"[11]239的出现。

群体人为什么需要在道德上是善的？评判人在道德上是否为善只可根据其具体行为，行为承载的主体却只能是个体人，而非抽象与一般意义上的群体人。所以试图在群体人与道德上的善之间建立任何联系的尝试都将是徒劳的，因此与其有关的问题本身也是不恰当的。

个体人为什么需要与道德有关？如果个体人总是无法离开社会，如果社会总是在生产道德，而个体人总是道德的实施者与承受者，那么个体人也可能始终必然与道德有关。"个体人为什么需要与道德有关"的分析（性）伦理学问题和价值问题应该被转换成"个体人为什么总是与道德有关"或"个体人为什么必然拥有道德"这一描述性伦理学问题和事实问题。

个体人为什么需要在道德上是善的？从发生路径来看，道德作为个体人的工具非内在于每个个体人，它遵循外在于—内化于—外化于的发生路径。对任何人、所有人、每个人（即个体人）而言，道德起初是外在于其自身的，随后慢慢通过教育内化于个体人，并通过外化于社会和他人而将道德显现出来。然而，道德作为工具存在，个体人为什么需要它？毕竟最极端的情况是，如果道德上行善没有任何有用性，那么个体人也大可不必做哪怕一件道德上正当的事。

可以说，"人为什么需要道德"这一问题，可以窄化或具体化为"个体行善对自己有何意义?"道德上善的行为对个体而言有三方面的意义：其一，如果个体人或个体人所处的社会在规范伦理学上偏向美德——目的论的话，那么任何个体人为自己所设想的理想生活或善生活必定含有道德的成分，并且正是部分地由道德上善的行为构建而成。换句话说，做道德上正当的事是美好生活实现的必要手段。从柏拉图的对话集开始，对此的诘难一直存在：一是在常见的社会现象中，好人不一定有好报，反而作恶的人有时会获得好处；二是，某些特殊的道德上正当的行为——像苏格拉底拒绝逃狱，并最后饮鸩而亡的自我牺牲——将会给个体人带来更严重的后果，甚至彻底断送善生活。对于第一种诘难，我们说在一般意义上而言，整天作恶的人（如撒谎、不真诚、不友好）其一生必将糟糕透顶。对某个具体的个体人的一生而言，其做道德的事所获取的好处总量要比做不道德的事所获得的利益总量要多得多。并且对于在价值上选择道德的社会而言，为了维系道德在社会中的存在，社会掌权者应该在制度上预先鼓励和最后奖励道德上正当的行为，而不至于让道德上恶的人受益。第二种诘难在张岱年先生看来不成问题。他在讨论生命与道德的关系问题时断言："在特殊情况下，生命与道德二者'不可得兼'，则应'舍生取义'，宁可牺牲生命也要坚持道德。"[12]的确，人们在生活中有可能出现道德两难的境地，以致不知该如何选择：即选择自己饿死或选择偷窃食物保存生命、选择家人饿死或选择偷窃食物保存家人生命等。我们说道德行为具有崇高性和倡导性，对于每一种具体的道德，社会不应该严格要求所有的个体人都必须做到。做道德上善的事也是被提倡而非被他人或社会所强制的，这就要求社会与他人在道德上对个体人抱有包容的态度。特殊情况下的不道德行为在一定程度上应该有被宽容的可能性。其二，个体人的道德行为是每个个体人远离动物性，融入文明社会并与身边人形成良好关系的必要手段。尽管无法轻易苟同"道德本身是人性的内在构成部分"[6]，但是在非专制主义的文明社会已经预定道德或生活规范秩序存在的情况下，个体人必须学习道德行为，做社会所提倡或被要求的事。个体人对社会的美好假设是，一系列道德行为准则着眼于社会的文明进步，并且为了人的美好生活而被社会自身所立。其三，道德行为有助于体现个体人的存在价值。如果将道德解释为人自我实现的过程，而道德行为出于个体人的自爱和良心，那么任何个体人总会做或多或少道德上善的事。如果将人性同时指向人的自爱和利他，那么情况亦是如此。当然，做道德上正当的行为是否有助于实现个体人的自我价值，其最终取决于不同个体人对道德本质和人本质的看法。

参考文献：

[1] 柏拉图. 理想国［M］. 郭斌和，张竹明，译. 北京：商务印书馆，2014：31.

[2] 李建华，周杰. 苏格拉底"概念说"探析［J］. 云梦学刊，2018（5）：45—48.

[3] 任剑涛. 道德视域的扩展——从私德主导到公德优先［J］. 天津社会科学，1996（5）：30—35.

[4] 菲尔·加斯帕. 马克思主义、道德和人的本质［J］. 赵海洋，译. 马克思主义研究，2013（1）：69—71.

[5] 曾钊新，李建华. 道德心理学：上卷［M］. 北京：商务印书馆，2017：97.

[6] 万俊人. 人为什么要有道德？（下）［J］. 现代哲学，2003（1）：46—50.

[7] 蔡元培. 中国伦理学史［M］. 北京：商务印书馆，1999：134.

[8] 黄明理. 从人性看人的道德需要［J］. 南京师范大学学报（社会科学版），1997（1）：24—27.

[9] 马克思，恩格斯. 马克思恩格斯文集：第1卷［M］. 中共中央马克思恩格斯列宁斯大林著作编译局，译. 北京：人民出版社，2009：501.

[10] 杨国荣. 道德与人的存在［J］. 中州学刊，2001（4）：88—93.

[11] 弗兰克纳. 伦理学［M］. 关键，译. 孙依依，校. 北京：生活·读书·新知三联书店，1987.

[12] 张岱年. 生命与道德［J］. 北京大学学报（哲学社会科学版），1995（5）：31—33.

公共文明略论*

随着我国改革开放的日益深入,人们的公共交往日益频繁,公共生活领域不断扩大,公共文明已经成为当代社会文明与进步的重要标志之一。为此,如何认识公共生活,建设公共文明,就成为我国面临的紧迫的理论课题和实践任务。

一、公共文明的基本内涵

所谓"文明"(civilization),乃是指与"野蛮"相对的一种状态,人们一般将其视为人类改造客观世界和主观世界的积极成果,如物质文明和精神文明。如果从主体及其行为的影响范围来划分,"文明"主要体现为三个层面:个体文明、集群文明和公共文明。

作为人类发展过程中特有的现象,从一定意义上看,自人猿相揖别之时起,文明就开始萌芽了。此时,文明是指人与动物的差别。人所具有的社会禀赋使人脱离动物而成为人,使人具有了人与人之间相区别的个体素质,由此而形成个体文明。当人类发展到一定阶段以后,人们组成一定的集群(氏族、团体、阶级、国家),具有了社会属性,由集群所表现出来的进步状态就是集群文明。

公共文明是公共生活领域中的进步状态,如良好的公共秩序、整洁的公共卫生、优质的公共服务、规范的公共管理、优美的公共环境、积极的公共参与

---

* 作者简介:曾建平,男,江西新干人,井冈山大学副校长,江西师范大学伦理学研究所所长,教授,博士生导师,研究方向为伦理学和马克思主义基本原理;代峰,女,四川蓬溪人,中国社会科学院博士研究生,南昌航空大学马克思主义学院讲师,研究方向为伦理学。
原载《武陵学刊》2010年第2期。

等。人们的生活领域主要表现为个体生活、集群生活和公共生活。所谓个体生活，即私人生活，是指具体的个体在封闭性、隐私性空间的行为活动，主要是指私人的交往和婚姻家庭生活等。生产力越是落后，私人生活就越是成为人们的主要活动。在落后的生产方式中，人们的道德生活主要聚集在"熟人"之间。个人身上所表现的道德素质、精神状态就是个体文明，其评价尺度主要是"德性"。所谓集群生活，是指特定的、有组织的、长期的、固定的生活，即在一定组织下依靠规章制度而建立的交往活动，如政治生活、经济生活、职业生活等。从某种意义上说，集群生活包括哈贝马斯所说的形成公共意见的领域，或阿伦特所指的由个人行为和实践所创生的政治生活的共同世界。集群所体现出来的制度取向、管理水准、服务质量就是集群文明，其评价准则主要是"公正"。所谓公共生活，是指非特定的人们在公共场所的生活，这种生活是非特定的、偶然性的、临时性的，公共生活交织着个体与集群的行为表现，由此而展现的道德状况和精神风貌就是公共文明，其评价要素主要是"合宜"。公共生活不仅是指相对于个体生活而言的生活，而且它还是相对于集群生活而言的。

　　随着社会生产力水平的不断提高，社会的生产方式和人们的生活方式更多地需要公共性的交往来完成，仅仅依靠熟人之间的交往已经不能满足人们的生存和发展需要，人们不断由熟悉圈走向陌生圈，由私人性走向集群性，由定向性走向非特定性，由偶然性走向普遍性，"过去那种地方的和民族的自给自足和闭关自守状态，被各民族的各方面的相互往来和各方面的互相依赖所代替了"[1]。当然，马克思、恩格斯所讲的这种交往还不是我们所说的日常公共生活，而是集群与集群的交往，是特定主体有意识、有组织、有规约的交往。公共文明是随着个体生活、集群生活与公共生活划界之后而出现的非特定主体在公共区域之中所表现的秩序状况。因此，个体文明状况与集群文明状况影响着公共文明的状况，一方面，当个体素质越是具备德性，集群取向越是公正，公共文明则越发突出其合宜性；反之，当个体的修养低下，集群的治理无序，则公共文明便愈加落后。另一方面，当公共文明越是被遮蔽，越是混乱，个体的德行则在该场所越是容易藏匿，集群的治理则更加无力。

　　与个体文明突出的是个体修养，集群文明突出的是集群的价值取向不同，公共文明反映的是这个社会的普遍个体、社会集群在公共生活中的行为表现、服务意识，它是社会文明的组成部分，甚至是透视一个地区、一个民族、一个国家文明整体状况的窗口。因为在公共场所见到的陌生人的表现，其实是这个地区、民族、国家文明的真实表现。

二、公共文明的主要特征

公共生活超越了私人生活的界限，便具有了空间的开放性和时间的随意性——它开放给任何一个愿意进入该场所的人，任何进入该场所的人仅仅与进入该场所的人构成一种暂时性的关系。公共生活的这些特征决定着公共文明的以下特征。

其一，行为主体的非特定性，即行为主体可以是一定公共场所的任何人。与私人交往、家庭生活是由特定主体与特定对象的生活不同，也与职业生活是由确定的主体在特定的行业生活不同，公共生活是在一定公共场所的非特定主体组成的临时性生活。在家庭生活中，行为主体和家庭环境是特定的，而且一定程度上是比较稳定的，家庭成员因血缘而成为一个有着诸多利益相关性的"整体"；在职业生活中，行为主体和交往对象在一定程度上是比较固定的，相互之间比较熟知，有一定互信的基础，行业和工作环境也是比较稳定的。而在公共生活中，非特定的行为者彼此之间都是陌生的面孔，行为主体和交往对象之间具有极大的偶然性，都是非特定的，彼此互相不了解，公共环境也是非常广泛和陌生的。在这种生活中，行为者可以是需要该场所的任何人群，他们不分性别、种族、籍贯、年龄。"我"所知道的"他者"只是与场所的有关人群，而不是"我"所熟悉的对象。

场所的确定性和进入场所的行为主体的非确定性决定着公共文明是由任意主体来建构的。维系公共文明所需要的社会公共生活准则，其适用范围主要是公共场所，人们在这个范围内的身份是由场所的性质所赋予的，而不是由原来的职业、身份或地位所决定的。由于在这样的场所，人们之间的关系是由场所性质决定的，是最一般的关系，而不是经济关系、政治关系和阶级关系，因此，道德调节的对象也就是同处于这种场所的任一主体。与其说公共文明是主体的需要，不如说是场所的需要，是由场所与生俱来的性质决定进入该场所的规则需要来确立的。

其二，行为者身份的平等性，即在公共生活中，"我"与"他者"都是这个场所的平等成员。人们所具有的职业角色、社会身份、政治地位、经济状况、学识水平,在这里都是隐匿和遮蔽的,这一特点使人与人之间的本来区别被"悬置"。在医院,面对医生的都是患者;在公园,面对管理员的都是游客;在图书馆,面对图书管理员的都是读者;在公共交通车上,面对司乘人员的都是乘客;在剧院,面对票检员的都是观众……彼此之间不管任何身份,都需要遵守这些场所建立正常公共秩序所需要的某些规则。否则不管是哪个阶级、哪个党派、哪个行业,不管是达官贵人还是平头百姓,都无法在这样的场所得以按其本来的性质生活,公共秩序必然受到影响而无法维持。人们的身份差异在这里无足轻重,所有进入这个场所的人都是平等的,公共生活规则对于进场者一视同仁。

在公共场所,这种平等性体现在权利与义务的对等性上,任何一方的言行都不能损害另一方或多方的公共权益或合法权益,也就是说,公共生活不仅仅是为"我"的生活,也是为"他者"的生活,权利与义务是一致的。这一点与私人生活有很大不同,私人生活不强调权利与义务的一致性,父母与子女之间,由于身份的不平等,角色的责任内涵不相同,存在着"奉献""牺牲"等高尚的道德生活,即使私人生活也可能涉及家人或亲属的权益,但毕竟是在属于"我"的私人空间,其影响也是在有血缘的私人关系圈中,属于个体道德和家庭道德所规范的领域,也就是说,私人生活不强调对"他者"的权益的尊重和维护。但是,这并不表明私人生活可以不顾及对他人、对社会所造成的影响,这就是我们通常所说的每个人都应该具备起码的"公德心"或"责任感",因为私人生活或多或少会涉及公共领域。既然人们需要一个属于"我"的私人生活,那就在享有这份权利的同时,也将其影响适当地控制在私人领域。

其三,公共规则的简易性。作为公共生活准则的公共文明是一种低层次的道德要求,反映的是社会公共生活中人们共同相处、彼此交往的最一般的关系,维持必不可少的公共秩序和公共利益,这是人的行为与动物的行为最起码的分界。这种公共生活规则是千百年来逐步积淀起来的、为公共生活所必需的、最简单的、最起码的生活规范。任何一个社会都有它最简单的、最起码的公共生活规则。马克思主义经典作家不仅肯定了公共生活规则的真实存在,而且也揭示了它的主要特点。马克思称之为应当成为各民族之间关系中至高无上准则的"那种简单的道德和正义的准则"[2],恩格斯说它是"用来调节人对人的关系的简单原则"[3],列宁把它叫做"起码的公共生活规则"[4]247或"公共生活的简单的基本规则"[4]259。这些论断说明，人类公共生活规则是自人类社会产生以来，随着共同生活的发展逐渐积累起来和流传下来的，反映了人类维持公共生活秩序的愿望和要求。它是评价一个合格的社会成员在道德上的起码标准，也是对一个合格的社会成员在道德上的一般要求。

  这些规则不需要做高深的论证，人们就可以明白，执行起来也不复杂，这就是公共文明的简易性，即简单易行。乘车坐船，排队等候，遵守先后秩序不"加塞"，见了老人要让座；影剧院里不吸烟、不打闹、不喧哗；听报告时不接打电话、不说话；不践踏、不攀折花草树木；等等。对这些要求，妇孺皆知，成年人更是不费劲就能够做到。由于公共文明的内容具体，道理明了，可操作性强，无须复杂的意志活动就可以发动行为，因此，它被认为是最基本的个人素质，也被看作是一个社会文明状况的基本标识。但是，"应该做到"并不等于"能够做到"。公共文明要求人们对他人、对社会、对自然有一定的责任感，特别是"公共空间的责任感"，否则，即使是这些简单易行的行为规则，人们也做不到。人们常见的随地吐痰、乱扔垃圾、乱穿马路、乱闯红灯、车辆乱停乱放、乘车乱拥乱挤、公共场所高声喧哗、宠物随地便溺、践踏公共绿地、不文明用厕、在旅游景点乱刻乱画等现象，说明了公共文明的规则虽然简易，却并非人人"可为"。因此，一方面，由于守护公共文明规则的简易性，它易知易行，容易内化为个体的行为习惯，而化作了一个人行为习惯的公共规则执行起来不需要什么强大的利益驱动，就能自觉地遵守；另一方面，由于守护公共文明规则的简易性，它又容易被忽视和被破坏，人们几乎在一念之间就会"忘记"公共场所需要德性才能守护，才能建构公共文明。

三、公共文明建设的路径

  维系公共文明的公共规则主要依赖于人们的自觉、舆论的力量和传统的惯性。从表现形式上看，公共规则的要求有成文的和不成文的两种类型。成文的，如各种场所的法规、公约、规则、须知等；不成文的，有各种风俗、习惯、传统等。不管是哪一种类型，都是对生活在公共场所里的人们的一种约束力量，谁违反了都毫无例外地要受到社会舆论的谴责，同时也应受到个人道德良心的自我谴责。从性质上看，有的公共规则的要求，如交通规则，既具有道德性质，又具有法律性质，它的贯彻实施既靠社会舆论力量的作用，又靠法律强制力量的作用；有的公共规则则是人们经过长期工作、学习、生活逐渐形成的，主要依靠个人道德良心实施，如给老人、孕妇让座，搀扶盲人过街等。

但是，为什么这样一种普遍性、简易性和群众性的公共规则容易成为易碎品？

内在原因在于公共意识薄弱。在我国，长期以来，家国同构的生活方式使得国家制度把家族意志包含在国家伦理之中，家族制度又把个体意志包容在家族伦理之中，具有强烈血缘色彩的家族制度成为道德维系的"平台"。个体生活与集群生活（家族是缩小了的国家，国家是放大了的家族）占据了人们生活的全部空间，取代了公共生活，公共生活与个体生活、集群生活之间完全没有界限，公共生活所具有的开放性、透明性消失在个体生活的封闭性、隐秘性之中。这样一来，公共时空本应具备的公共利益意识、公共责任意识、公共价值意识和公共伦理意识便很难生成。人们在道德生活中只问"此举于我何利害""此举于我家族何利害""此举于皇权何利害"，而不管那些与己无关的规则如何存在。道德规范一旦超越私人领域和熟人社会，其作用便被消解，所谓"事不关己，高高挂起"。在当代社会，公共生活的领域越来越广，而人们的公共意识却发育迟缓，二者之间的张力必然使公共文明遭遇失落。

外在原因是道德评价机制的弱化，监督的空场。道德的维系需要依靠外在的舆论监督和合理的评价机制，公共生活规则也是这样。当代公共文明之所以屡屡缺失，其中一个重要原因就是评价机制的松散、弱化，监督的空场，即守矩者难以受到合理的鼓励，违规者不会受到严厉的谴责。面对公共场所的各路陌生人，人们对他人的行为举止不做评价，也不会因为这种道德冷漠而自我谴责，但没有道德评价的善行恶举却难以在合理的舆论氛围中寻找到自己的正确方向，善不受赏，恶不受惩推动着恶的张扬，善的塞滞。而在熟人社会，惩恶扬善的评价机制基本得到建立，人们或为善或为恶总是受到一定的监督。这就是为什么在公共场所会形成恶多善少、恶涨善失的晕圈现象，为什么相同的行为主体在不同的生活领域可能会表现出不同的文明程度，特别是在公共领域会表现出与私人生活领域截然不同的道德水准的原因所在。

由此可见，改善公共文明，首先要培育公共意识，其次要健全评价机制，强化监督制约。

参考文献：

[1] 马克思，恩格斯. 马克思恩格斯选集：第1卷 [M]. 北京：人民出版社，1995：276.

[2] 马克思，恩格斯. 马克思恩格斯选集：第2卷 [M]. 北京：人民出版社，1995：607.

[3] 马克思，恩格斯. 马克思恩格斯全集：第2卷 [M]. 北京：人民出版社，1995：399.

[4] 列宁选集：第3卷 [M]. 北京：人民出版社，1995.

和谐社会的俭约之道*

事实上,和谐社会的建设在我国已经有相当长一段时间的实践了,对中国人而言,"和谐社会"是一个并不陌生的概念。尽管如此,如果对和谐社会建设实践进行真实的评估,可能是很困难的。因为在现实生活中,"和谐社会"虽是出现频率较高的概念之一,但概念是人外在的存在,在它没有变成人内在的自觉意识时,人无法对它形成清晰的认识,会有模糊难定之感。我们所在的地球村,曾经是一个绿水青山、蓝天白云的美丽的生活家园。但是,自西方近代工业革命以来,人类理性在实践的不断确证中,在获得无尽的满足和得意的自我陶醉之中,其欲望的野马不断膨胀,人与自然的关系开始恶化。不可否认,欲望是客观的存在物,人无法无视它,无视它不过是一种笨拙的自欺欺人,欲望的产生和实现是人类文明的动力;无视欲望,人就走上了轻视自己的险途。但是,问题的关键不在欲望的有无,而在有什么样的欲望。人类不断追求自身理性价值的实践显示,人类的理性往往容易拘泥于自身的利益,而忽视了自己生存环境的其他诸多因素,也就是说,"用中国的词汇来说,目前我们的观念过分偏重于'阳',过分富于理性、男性和进取性……大部分当代的物理学家似乎并没有认识到自己的理论在哲学、文化和精神方面的含义。他们之中许多人在积极地支撑着一个仍然以机械论的、不完整的宇宙观为基础的社会,却无视于科

---

* 基金项目:教育部人文社会科学研究规划项目"和谐社会视域下道家俭约之德及其意义研究"(10YJA720036)。

作者简介:许建良,男,江苏宜兴人,东南大学哲学系教授,博士生导师,日本国立东北大学文学博士,中国社会科学院应用伦理研究中心客座研究员,美国实践职业伦理协会会员,日本伦理研究所会员,研究方向为中国哲学、道德思想史、中外道德文化比较和经营伦理等。

原载《武陵学刊》2011年第5期。

学正在超越这种宇宙观而朝着宇宙整体性的观点发展。在宇宙整体中不仅包含着我们的自然环境，而且也包含着人类自身。我认为，近代物理学所含有的宇宙观与我们当前的社会是不协调的，这种社会并没有反映出我们在自然界中观察到的那种和谐的相互关系。要达到这样一种动态平衡的状态，就需要一种根本不同的社会和经济结构，需要一次真正的文化革命。整个人类文明的延续，可能就取决于我们能否进行这种变革，归根结蒂，取决于我们对东方神秘主义某些'阴'的观点的接受能力，体验自然界的整体性的能力，以及与之和谐地共存的才艺"[1]。这一认识是立足地球村的现实而对人类面临的困境所作的反省。

　　众所周知，人类正面临着前所未有的能源短缺、生态恶化、人际关系疏离三大危机。这些危机的产生源于人类理性价值不断确证实践中的人类中心主义价值观，它丢弃了地球村本有的整体性、联系性的规则。就是在今天面对危机的情况下，仍然有科学家根据地球在两百年后爆炸的预测，认为人类为逃离地球而移居其他星球时必须迅速提高速度，这给我们的信息仍然是人类理性可以决定一切，人类并没有在危机面前进行真正的反省。客观事实证明，单纯依靠科学技术是无法解决能源、生态问题的。要解决人类面临的危机，需要人类重新确立自己和自己所生活地球的关系。基于这样的认识，采取俭约的生活之道，无疑是解决三大危机值得尝试的最为现实的方法之一；也正是在这样的前提下，西方一些思想家在本世纪初就提出了21世纪是中国道家哲学的世纪的结论。

　　在构建和谐社会的实践中，我们在面临三大危机冲击的同时，还有来自日益严重的食品危机等问题的威胁，这就要求我们在和谐社会建设的方法上进行严肃的反思，寻找和谐社会建设的俭约之道，以避免不和谐结果的出现。

一

　　在词义上，"和"与"谐"具有相同的意义，即相安、谐调的意思，《尔雅》指出："谐，和也。"二者是互释的。在中国思想史的长河里，倡言和谐并不是21世纪人类的首创，从总体上看，最早提倡和谐，最具有代表性的是儒家和道家。对儒家、道家思想的梳理自然也是和谐社会实践方法论视野中的基本课题。在构建和谐社会的文化资源研究中，儒家思想无疑受到了足够的重视。但是，对儒家和谐思想的认识，笔者认为存在一个误区，就是没有弄清楚它的实质。儒家所倡导的和谐是以人为中心，重视的是人际社会的和谐，而无视人是宇宙中的客观事实，因而人的社会和谐是等级式的序列。具体而言，表现在以下两方面。

第一，"人和"为主干。在审视儒家文化时，我们发现，儒家思想的本质是自己本位，一切都从个人一己开始设计要求，而不是从团体或集体开始，尽管这样，这也并不等于说在中国，个人都得到了很好的安顿，其价值及人格得到了真正的实现。恰恰相反，从个人一己开始的表面图式，通向的却是个人完全为集体所消解的结局，这种消解是集体强势性压迫所致。因为个人本位的思考模式，其内容仅仅局限在个人对自己的克制，而丝毫没有集体对个人履行责任的要求。自己本位的文化图式，实际上跟儒家片面地强调"人和"的思维分不开，孟子说过："天时不如地利，地利不如人和。三里之城，七里之郭，环而攻之而不胜。夫环而攻之，必有得天时者矣，然而不胜者，是天时不如地利也。城非不高也，池非不深也，兵革非不坚利也，米粟非不多也，委而去之，是地利不如人和也。故曰域民不以封疆之界，固国不以山溪之险，威天下不以兵革之利。"[2]2693在天时、地利、人和的链条里，人和具有最重要的位置，成为价值坐标的中心。历史经验告诉我们："封疆之界""山溪之险""兵革之利"，是不能达到"域民""固国"和"威天下"的，所以关键在于人和，天时、地利必须围绕人和而运行。荀子也讲人和，"农夫朴力而寡能，则上不失天时，下不失地利，中得人和，而百事不废"[3]149-150；"上取象于天，下取象于地，中取则于人，人所以群居，和一之理尽矣"[3]248，天时、地利、人和都是服务于人的，因此，"和一"即和谐之理，只有在"人所以群居"的范围里才有价值。

第二，等级序列是其特征。在儒家那里，和谐并非自然的效应，始终带着人为的痕迹，而且这种痕迹是以承认等级为基础的。"礼之用，和为贵。先王之道斯为美，小大由之。有所不行，知和而和，不以礼节之，亦不可行也"[4]8，就是最好的说明。礼仪的效用，在于确立以追求和谐的目标为重心，先王的政治实践充分说明了这一点，无论何事都由此运作。但在遇到行不通的时候，如果不用规矩制度即"礼"来加以节制的话，也是不行的。显然，和谐并不是毫无条件的，它必须行进在社会礼仪的轨道上，它的切入口和基点都是社会秩序的安定。孔子的"礼"，在孟子那里就是"道"，孟子推崇"得道者多助，失道者寡助。寡助之至，亲戚畔之；多助之至，天下顺之。以天下之所顺，攻亲戚之所畔，故君子有不战，战必胜矣"[2]2693。这里的"道"，显然也是人道。要实现人和，其关键就在于能否"得道"；得道就能得到他人的辅助和支持，其正面的极端表现就是趋向"天下顺之"，如能这样，就不用打仗了。另一方面，"天下有道，小德役大德，小贤役大贤；天下无道，小役大，弱役强。斯二者，天也。顺天者存，逆天者亡"[2]2719，得道的境遇，也就是"天下有道"。显然，在有道的境遇里，明显存在役使的情况，这是为大小之间的等级性所决定的。

礼、道体现的等级性，在《中庸》那里就是"节"，即"喜怒哀乐之未发，谓之中；发而皆中节，谓之和；中也者，天下之大本也；和也者，天下之达道也。致中和，天地位焉，万物育焉"[2]1625，这里的"中节"，明确地规定为人的喜怒哀乐之情符合社会礼仪之节，而不是个人本性。尽管有"天地位""万物育"的认识，但这都是在人具有支配地位的前提下的认知，人是万物的尺度，人与其他万物的关系是非平等的。简言之，儒家所强调的和谐，是人和，不是宇宙自然之和；即使是人和，也必须依归于社会性礼节的轨道。在这里，人自己本性的存在价值消失殆尽，人也不为自己的本性所规定，而规定于外在的其他因素，自己本位的外在形式，最终为社会本位、官僚本位的本质所代替，这是儒家思想的片面性所在。

二

下面再来看道家的"和"。对道家"和"的认识，我认为可以从以下几方面入手。

（一）"和"的词义

这里主要从动词的层面切入主题，在这个意义上，"和"有两种用法。一是上声的"和"。在词义上是谐和、和调的意思，是行为主体主动有意识地采取的一种行动，诸如"道冲而用之或不盈，渊兮似万物之宗。挫其锐，解其纷，和其光，同其尘。湛兮似或存，吾不知谁之子，象帝之先"[5]10，"古之人其备乎！配神明，醇天地，育万物，和天下，泽及百姓，明于本数，系于末度，六通四辟，小大精粗，其运无乎不在"[6]1067"夫至乐者，先应之以人事，顺之以天理，行之以五德，应之以自然，然后调理四时，太和万物"[6]502，就是在这个意义上的用例。

在这个意义上的"和"的用例中，对象上反映出的特点，在一定程度上都与自然相联系，"光""天下""万物"无疑都显示了这个特点。所以，在道家那里，与人为相联系的东西是不会成为这一层次"和"的行为对象的，诸如

"和大怨，必有余怨，安可以为善……天道无亲，常与善人"[5]188-189，就是这种情况的说明。调解谐和深重的怨恨，必然会留下一些怨恨，可以德报怨，但这怎么能成为妥善的方法呢？自然的理则没有任何偏爱，永远贯穿于善待众人的实践之中。"亲"就是一种偏的行为，"无亲"显示的就是没有偏颇的倾向，这就是前文提到的与自然性相联系的公平性、平等性。怨恨本身就是人为的东西，所以，老子对"和大怨"是否定的。因此，在这个意义上，和谐就绝对不是和稀泥的行为，体现的是公平的特点。"光""天下"无论对谁，都是公平的；"万物"的用法也是宇宙视野哲学体系里的一个本质性的概念，它强调人不是万物的主宰者，而是万物的一部分，这正是道家之所以为道家的标志性概念之一[7]。

二是入声的"和"。它显示的是和谐地附和的意思，即《说文解字》中"和，相应也"所说的"相应"的意思。无论是附和还是相应，其对象都是外在于自己的存在，它要求行为主体主动地与外在客体的行为保持一致，诸如"天下皆知美之为美，斯恶已；皆知善之为善，斯不善已。故有无相生，难易相成，长短相较，高下相倾，音声相和，前后相随"[5]6-7，就是最好的用例。音声虽然是"相和"，看起来似乎没有主次之分，其实不然，"音"在"声"的前面，"声"是回音、回声的意思，没有音就不可能有回声，这仿佛形影相随的关系，没有"形"就不可能有"影"，因此是"影"相随于"形"。

所以，在道家这里，动词层面的"和"，体现的是无条件的公平性，以及客体第一性的特点，正是在公平性和客体第一性那里，行为主体单一主观追求的意志及实现的倾向得到了最大的消解，主体和客体获得双赢的条件得到了最大限度的铺垫。

(二)"和"的依据

在儒家"和为贵，礼之用"的模式里，和谐既是礼仪的现实目标，礼仪的现实实现又是和谐得以价值实现的唯一途径。换言之，儒家讲和谐，主要是为追求礼仪现实落实的最佳土壤和条件。所以，在这个意义上，儒家"和"的依据在现实，在礼仪的规定。可是，在道家那里，他们也没有无视现实。例如，老子认为，"大道废，有仁义；慧智出，有大伪；六亲不和，有孝慈；国家昏乱，有忠臣"[5]43，大道流行的时代是最为辉煌的时代，是最值得人们向往的年代，人类理性的发展、人类文明的演进，是从辉煌走向衰落的一个漫长过程，尽管在这个过程中，人类理性的价值不断得到确证和提升，但人类在自身理性价值得到确证的实践过程中，自身的生存境遇也随即趋向了与自身理性相悖的征程。人类今天面临的三大危机就是这一情况的最好说明。人类文明的实践，其实一直在努力回复辉煌和谐的奋斗之中，而通过仁义道德来达到这一目的就是具体的明证。由于仁义道德的出现，没有以人的内在本性为依归，所以，一开始就走向了一条迷失的道路，伪诈、不和谐、混乱等情况就是具体表征。庄子在这一问题上的运思轨迹与老子毫无二致。"古之人……莫之为而常自然。逮德下衰，乃燧人、伏羲始为天下，是故顺而不一，德又下衰，及神农、黄帝始为天下，是故安而不顺。德又下衰，及唐、虞始为天下，兴治化之流，泄淳散朴。离道以善，险德以行，然后去性而从于心。心与心识，知而不足以定天下，然后附之以文，益之以博。文灭质，博溺心，然后民始惑乱，无以反其性情而复其初。"[6]550-552人类最初的生活图景给我们的启示是：大家过着自然的生活，互相之间互依互存。即达尔文所说"适者生存"的道理。人类理性的发展，是一步一步地向"离道以善，险德以行"推进的，是道德的不断衰落，最后的结果是人们无法返回自己本来的本性，一切都失却了和谐而趋于"不和"。究其原因，就是人类在实现自己理性价值时，没有尊重外在客观存在的本性、规律，一切以人的主观意志即"心识"为依归。

既然"去性"是远离和谐的原因之一，那么，依归本性就不失为复归和谐的有力举措之一。因此，本性在这里就成了道家和谐的依据。在道家看来，"天地与我并生，而万物与我为一"[6]79，就是说，宇宙是由万物组成的，而不是宇宙中有万物。虽然这里牵涉的因素是相同的，但强调的重点是完全相异的，道家强调的显然是前者，绝不是后者。所以，在最终的意义上，没有万物就无所谓宇宙。这里的起始点和参照系只能是万物，这是在理解道家思想时必须引起重视的。简单地说，万物是宇宙得以成立的基本前提和条件。因此，在道家那里，消解现实生活的不和谐而复归和谐，作为依据的只能是万物的本性。"可乎可，不可乎不可。道行之而成，物谓之而然。恶乎然？然于然。恶乎不然？不然于不然。物固有所然，物固有所可。无物不然，无物不可。故为是举莛与楹，厉与西施，恢诡谲怪，道通为一……因是已。已而不知其然，谓之道。"[6]69-70这段话说的就是这个道理。这里，"可""不可""然""不然"是不同的评判概念。众所周知，评判离不开一定的依据和标准，但庄子这里没有一个凌驾于万物之上的不变的准则。此外，庄子列举的其他八种情况也一样。"莛"是草本植物的茎，是小枝的意思；"楹"是柱子，意表大；"厉"是病丑人；"西施"是美姬；"恑"是志气大的意思；"诡"是违反本心的意思；"谲"意表欺诈，"怪"为怪异任性。这些概念具有各自的内涵即自身的规定性，它们之所以能够存在，在于它们得到了依归自身本性而运作的大道的协助和支持，就是"道行之而成，物谓之而然"。大道即因循万物各自的本性而与万物保持和谐一致，并非无视万物规则而坚持一己之见。所以，对大道而言，自己与万物的境遇，始终是"不知其然"的完美状态。这与老子把大道运行看作最高境界的运思完全一致。

儒家是以礼仪来保持社会和谐，道家则是以保持万物本性来保持社会和谐。所以，道家追求和谐，其出发点虽然是现实的不和谐，但和谐的依据却不是现实的要求，而是万物的本性，道家是尊重万物本性的哲学，这是道家与儒家的本质区别。

(三)"和"的真意

在和谐问题上，由于儒家所依据的是"礼之用"，是外在的社会要求，而社会要求在中国古代，随着时代的变化永远是一个变化的存在，不同时代有不同的礼仪要求。不过，有一点是不变的，那就是社会永远要求民众与它保持一致，但具体的社会，很少考虑为民众利益的实现、生活的保障等提供最大的发展条件。因为，外在的礼仪从来没有把民众的合乎自身本性的生活纳入自己的视野。在这里，个人如何与自身本性保持和谐一致永远是一个乌托邦，人们没有相应的考虑和应对经验，这是问题的本质所在。

在道家看来，人自身就是天地和谐运作的产物，即："舜问乎丞：道可得而有乎？曰：汝身非汝有也，汝何得有夫道？舜曰：吾身非吾有也，孰有之哉？曰：是天地之委形也；生非汝有，是天地之委和也；性命非汝有，是天地之委顺也；子孙非汝有，是天地之委蜕也。故行不知所往，处不知所持，食不知所味。天地之强阳气也，又胡可得而有邪！"[6]739世间没有什么造物主，人是自然的产物。所以，道家强调的和谐有两方面的意义。其一，是自然之和。道家强调自然之和，诸如"道生一，一生二，二生三，三生万物。万物负阴而抱阳，冲气以为和"[5]117，"冲气以为和"的状态就是阴阳和谐的状态，庄子的"吾又奏之以阴阳之和，烛之以日月之明；其声能短能长，能柔能刚；变化齐一，不主故常；

在谷满谷,在坑满坑。涂却守神,以物为量"[6]504,"古之人,在混芒之中,与一世而得淡漠焉。当是时也,阴阳和静,鬼神不扰,四时得节,万物不伤,群生不夭,人虽有知,无所用之,此之谓至一。当是时也,莫之为而常自然"[6]550-551,都是具体的证明。"阴阳和静"的状态,是一个"鬼神""四时""万物""群生"各自得到自身本性协调发展的状态。由于万物以自身为标准,不攀比外在的他者,所以,万物之间产生的景象也是浑然谐和的图画。在万物中,人类虽然是具有知性的动物,但人类知性并没有用武之地,大家只服从一个规则,就是"莫之为而常自然"。其二,是依归本性轨道的和谐。阴阳的和谐昭示的是万物之间的和谐。就具体的物而言,其和谐就是依归本性的和谐,这是道家和谐依据所昭示的必然结论,正如《老子》第五十五章所说:"含德之厚,比于赤子。蜂虿虺蛇不螫,猛兽不据,攫鸟不搏。骨弱筋柔而握固,未知牝牡之合而全作,精之至也。终日号而不嗄,和之至也。知和曰常,知常曰明,益生曰祥,心使气曰强。物壮则老,谓之不道,不道早已。"[5]145-146含德深厚的人,与初生的婴儿不相上下。蜂蝎毒蛇不咬刺他,凶鸟猛兽不搏击他;由于其筋骨柔弱,所以握拳固实而无任何缝隙,他还不知道男女交会之事,但小生殖器却会自然勃起,这是精气充足的缘由;成天号哭而任声之自出,但气不逆滞,这是元气醇和的至高境界。醇和是恒常的状态,认识醇和是明慧的举措;有意营生则通向妖祥之境,心机主使醇和之气是逞强的表现。万物过分强壮就意味着走向衰老的旅途,这称为不合道,不合于道就会早早夭亡。本性是离不开欲望的满足的,强行遏制欲望,对人性的发展是极为不利的,诸如"心使气"就是人力彰显的表现,这是违背自然之道的。

在儒家的模式里,追求社会的和谐,但个人人性的和谐没有得到妥善安置,所以,在没有个人和谐的氛围里,即使有社会和谐,其基础也是非常脆弱的。人为社会活着,社会不为人活着,人与社会实际处在分离或游离的状态。但在道家这里,宇宙是为万物而存在的,没有万物就没有宇宙存在的必要。所以,唯一得到重视的是万物,因此和谐就成了万物和谐的同义语,而万物和谐在万物依归自身本性轨道的运作上得到了具体的落实。这是万物第一的图景,万物为自身存在,宇宙为万物而存在,同样,社会也因为人的存在而充盈,没有人就没有社会的存在。

三

以上是在与儒家的对比中，对道家"和"的一些理论问题所进行的辨明，这在一定程度上昭示了道家和谐的特点，但这绝对不是问题的全部，对于我们今天和谐社会的建设也没有根本的意义。笔者认为，在和谐问题上，道家最能彰显自己思想特色的是其方法论。鉴于学术界对儒家和谐的偏爱，我想在讨论道家方法论之前，仍然以与儒家的对比来展示道家方法论运思所包含的俭约魅力。众所周知，在儒家的观念中最重要的就是仁道，仁道也是今天我们仍然要保留和发扬的。但问题的关键是，我们在没有对仁道内涵加以辨明的情况下就加以肯定，这实在是一个很大的误区。

（一）儒家仁道的本质是血缘性

毫无疑问，在孔子的仁学思想中，有一个很重要的观点，认为如果一个人不能践行仁道的话，对作为社会人必备的礼乐就无从谈起了，即："人而不仁，如礼何？人而不仁，如乐何？"[4]24 掌握仁的行为之方，并能行仁德的话，就能把握符合规范又合理的善恶标准，即"唯仁者能好人，能恶人"[4]35，"苟志于仁矣，无恶也"[4]36，这样根本就没有什么忧虑、忧愁、忧患，即"仁者不忧"[4]95。就个人而言，行不行仁道，其决定权完全在自身，而不在外在的其他因素，即"我未见好仁者，恶不仁者。好仁者，无以尚之；恶不仁者，其为仁矣，不使不仁者加乎其身。有能一日用其力于仁矣乎？我未见力不足者。盖有之矣，我未之见也"[4]36-37。孔子没有见过爱好仁德的人和厌恶不仁的人，他认为一个人真正爱好仁德，那就会觉得没有什么超过仁德了；能厌恶不仁，本身就是仁德行为，就会谨防自身染于不仁。只要用心力去行仁德，就一定能成功，每个人都具备这样的心力，所以，"子贡曰……伯夷、叔齐何人也？曰：古之贤人也。曰：怨乎？曰：求仁而得仁，又何怨"[4]70，"仁远乎哉？我欲仁，斯仁至矣"[4]74。说的是，伯夷、叔齐由于互相推让，都不肯做孤竹国的国君，就跑到了国外，子贡问孔子他们有怨悔吗？孔子认为，他们求仁德，就能得到仁德，因此，没有什么怨悔。这就告诉人们，仁德是可以求得的。在具体的实践中，则必须依归礼来行动，即"颜渊问仁。子曰：克己复礼为仁。一日克己复礼，天下归仁焉。为仁由己，而由人乎哉？颜渊曰：请问其目。子曰：非礼勿视，非礼勿听，非礼勿言，非礼勿动。颜渊曰：回虽不敏，请事斯语矣"[4]123。"克己复礼为仁"① 说得是：克制自己，使自己的行为始终回归礼仪的轨道，这就是仁。只要一日这样，天下就会如同我之践行仁德之心，仁满寰宇了。成就仁德完全在自身，而不在别人。在具体的实行次序上，则在于用礼仪来规范自己的"视""听""言""动"等行为，这几乎包括了人的一切行为。当个人与仁发生矛盾时，应该做的就是"无求生以害仁，有杀身以成仁"[4]163，也就是说，不能为了求生而危害、损害仁德的光辉，而应该用自己的性命来成就仁德的价值实现。这就是在两难选择中，孔子给我们提供的抉择路径。同时，孔子也设定了中国几千年一以贯之重视道德价值而轻视个人利益的思维定势，非常深远地影响并禁锢着中国人的思维，这种导向的消极之处就是为抽象的道德规范而牺牲个人的性命和全部生活的意义。

历史告诉我们的是，仁学就是按照这样的取向不断得到丰富和发展的。到孟子时代，不仅孔子"杀身以成仁"的思想以"生，亦我所欲也，义，亦我所欲也，二者不可得兼，舍生而取义者也"[2]2752得到坚持，而且孔子"仁者，爱人"的思想，也得到"亲亲，仁也"[2]2756，"仁之实，事亲是也"[2]2723的彰明。"亲亲"彰显的是血缘的特性，也就是说，仁是围绕人的血缘性关系而具体展开的。在操作实践上，它的实质就是"事亲"，即侍奉亲族。这一情况在郭店竹简的资料中也可以得到佐证，诸如"仁为可亲也"[8]。非常明显，儒家的仁道是以血缘为前提的，血缘亲体现的是偏的特点，即偏于血缘关系。但是，在一定的社会里，所有的人并非都有一脉相承的血缘关系，没有血缘关系的人群与有血缘关系的人群如何实现和谐？这在儒家思想体系里是无法找到答案的。换言之，儒家的规则注意的是特殊性的方面，而不是共同性的方面，社会的公平、是非观正是在各种特殊性的设置中烟消云散的。所以，中国人办事，首先想到的是找关系，从来没有指望依据遵循社会规则来完成，我们的社会不是没有规则，而是有很多的规则，但得不到遵循。在中国特殊的文化氛围里，为大家所熟知的是：规则不过是表面文章，它的内容与实在的血缘优先是相悖的。因此，对中国人而言，在儒家思想占统治地位的氛围里生活，规则和实际的行动从来没有统一过。

---

① "克己复礼"并不是孔子的创造，而是他借鉴古代文化的结果。《春秋左传·昭公十年》载有："仲尼曰：古也有志，克己复礼，仁也。"参见，[清] 阮元校刻. 十三经注疏 [M]. 北京：中华书局，1980：2064.

儒家强调仁，反对不仁的行为，这在孟子那里得到了进一步强化。孟子认为："不仁而得国者，有之矣；不仁而得天下者，未之有也。"[2]2774 即"不仁"可以一时获得国家，但是无法长久取得天下，因为仁是治国理政、整治天下的重要条件。在这里，仁与不仁是对立的，表明儒家选择血缘的偏作为实行社会和谐秩序的武器，而排除了公正即"不仁"在社会整合中的作用。

（二）道家"不仁"的实质是公平自然性

儒家因推重偏于血缘关系的仁道而否定"不仁"，道家则因张扬真正的仁而选择"不仁"，从而在社会秩序整治实践上，给我们提供了方法论的启示。道家虽然选择"不仁"的方法，但道家对道德本身从来都不轻视，我们也不能依据"绝圣弃智，民利百倍；绝仁弃义，民复孝慈；绝巧弃利，盗贼无有"[5]45，就简单地得出道家否定仁义的结论。其实在出土的竹简《老子》里，同样的文献"绝智弃辩，民利百倍；绝巧弃利，盗贼无有；绝伪弃诈，民复季子"，便足以供我们参考。

道家推重的和谐，一切随顺自然，没有人为的附加，"知之者不言，言之者不知。闭其兑，塞其门，和其光，同其尘，锉其锐，解其纷，是谓玄同。故不可得而亲，亦不可得而疏；不可得而利，亦不可得而害；不可得而贵，亦不可得而贱。故为天下贵"[5]147-149。在和光同尘的境遇里，既不可得到亲近的待遇，也不可得到疏远的待遇；既不可得到利益的光顾，也不可得到灾害的造访；既不可得到高贵的地位，也不可得到卑贱的发落。正因为这样，才为天下贵。换言之，道家式的和谐是"至仁无亲"[6]498的境界。

与自然和谐相一致，道家选择的方法也是自然而然即"不仁"。"仁"在《说文解字》里释为"亲"。仁的最初的意义并非亲，亲是在仁的词义的演绎发展过程中被赋予的，这是否与孟子视仁为"亲亲""事亲"有紧密的关系，无疑是一个值得研究的问题，但许慎的解释与儒家思想存在紧密关系这一点肯定是毫无疑问的。亲是一种偏，其依据在血缘。道家提出不仁，就是强调不偏，是对偏的否定，也是对其血缘依据的一种对抗。正如庄子所说，"大仁不仁……仁常而不成"[6]83。大仁是不以仁来标明自己身份的，仁常局限于亲情而无法获得成功。道家选择不仁，还有其深层的道理，即"天地不仁，以万物为刍狗；圣人不仁，以百姓为刍狗。天地之间，其犹橐籥乎？虚而不屈，动而愈出。多言数穷，不如守中"[5]13-14。天地无所偏爱，任凭万物自然生长；圣人无所偏爱，任凭百姓自己生活。天地之间，难道不像是一个风箱吗？体内虽然虚空无物，但它一动，其风随之而出，愈动而风愈出，其用不穷屈。偏离自然无为的轨道，过分摄取知识的话，则势必迅速走向穷竭的境地，所以，不如坚守中虚之道，实现自己的恬淡虚静。

不仁的方法是自然的方法，不需要任何人为心计，给人提供适合他们本性发展的最好的外在条件。就人而言，不会因外在行为的主观臆想性所携带的利益差异而受到任何伤害，因为在这里行为的依据永远在行为客体的人那里，而不在主体的人那里。仁是人为心计的结晶，遇到具体情况，总要在血缘远近的天平上先行衡量，然后再依此做出行为选择，实在是劳人的事务，而且这种劳不仅仅局限在体力，还主要在心理，在依据血缘远近而做出选择的行为中。由于具体的行为所携带的利益不同，所以，在相同境遇里，人所受到的待遇是相异的。正是这种相异的行为，伤害了无数个人。人是平等的，在社会里生存的人，必须按照社会的规则来行事，不能依据血缘的狭隘规则来行事，这就是我们应该借鉴道家"不仁"而否定儒家"仁"的方法的理由所在。

四

道家的自然和谐、万物合乎本性轨道发展的和谐，以及以"不仁"为实现和谐的实践方法的运思，对我们化解危机，建设真正温馨的和谐社会无疑具有参考价值和启发意义。

（一）宇宙是一体而无分际的

在中国文字的视野里，宇宙本是两个字。就"宇"而言，我们有"宇内"的说法，故表空间的意思。从郭象对"有实而无乎处者，宇也"[6]800所作的"宇者，有四方上下，而四方上下未有穷处"的注释来看，显然也是从空间的维度加以认识的。就宙而言，代表古往今来所有的时间。庄子认为"有长而无本剽者，宙也"[6]800，"剽"通"标"，意为树木的末端，引申为表面的、非根本的即末节的，所以，"无本剽"就是没有本末的意思。郭象"宙者，有古今之长，而古今之长无极"的解释，也可以帮助我们进行深入理解。简言之，宇宙代表空间和时间的意思，具有无穷和无极的特点。

在道家的视野里，只有一个宇宙，它为万物而存在。而且，宇宙的存在绝非为了限制万物，而是给万物设置了一个开放而无限的世界，这是听任自然声音的结果，绝非人为之作；宇宙本身就是自然行为的典范。我们常说的天长地久,就是因为天地自然运作的结果,所以,"天地所以能长且久者,以其不自生,故能长生"[5]19,"天道运而无所积,故万物成……夫虚静恬淡寂漠无为者,天地之平而道德之至也……夫明白于天地之德者,此之谓大本大宗,与天和者也;所以均调天下,与人和者也。与人和者,谓之人乐;与天和者,谓之天乐"[6]457-458。其中,"不自生"就是"虚静恬淡寂漠无为",这是实现"天和"的根本。

道家由不仁而来的"天和""天乐",就目前来看,还是一个美丽的童话故事,取代"天和"的是生态的严重危机。"天和""天乐"的失落,正是人类无视宇宙规律而执意强为的结果。所以,要消解危机而重温"天和""天乐"的美梦,就要从道家"不仁"即施行公正平等的行为之方中吸取营养。

(二)人类是万物中的一分子

道家的思想昭示人类要保持美好的家园,必须保持宇宙一体而无分际的视野,不能仅仅看到人类自身而采取无节制的行为。没有"天和""天乐"是无法实现"人和""人乐"的,因为,"夫明白于天地之德者,此之谓大本大宗,与天和者也;所以均调天下,与人和者也。与人和者,谓之人乐;与天和者,谓之天乐"[6]458。人在地球村生活,必须利用外在的资源,没有外在资源的支持,人类是无法延续的,这是事实。但问题的关键是如何去利用自然资源?这就要求我们具备万物的视野,地球村是由万物组成的,人是其中的一个部分,人不能代表万物,万物是一个生物链,生物链的所有环节健康有序才能保证生物链的生命不竭,从而赋予宇宙以价值。在世间万物中,所有生物都是生物链的必然环节,具体环节的消失意味着它在生物链中的功能的丧失。就生物链而言,具体环节功能的丧失,在一定程度上并不能立即终止生物链的平衡,但超过一定的度时,这种平衡势必被打破。我们现在所处的境况,无疑就是平衡遭到破坏的情形。

人作为万物之灵的崇高性,不在于人类理性的高超性,而在于责任的重大性。人类必须以万物的视野来行为,维系世间万物的生态平衡,人不能为了自己的生存或福利,无视其他物种的生命价值,乃至任意残害其他物种的生命。"齐田氏祖于庭,食客千人。中坐有献鱼雁者,田氏视之,乃叹曰:天之与民厚矣!殖五谷,生鱼鸟,以为之用。众客和之如响。鲍氏之子年十二,预于次,进曰:不如君言。天地万物与我并生,类也。类无贵贱,徒以小大智力而相制,迭相食；非相为而生之。人取可食者而食之，岂天本为人生之？且蚊蚋嘬肤，虎狼食肉，岂天本为蚊蚋生人、虎狼生肉者哉！"[9]这段话说明了万物之间根本不存在贵贱的差别，各自存在着自己的生活疆界，人类无权任意侵犯其他物种的疆界，因此，这是对人类中心主义的有力回击。当下，地球的植被正在减少，树木、花草等不断被拔地而起的商品房所替代，人类生活在不断筑起的工事之中，这不仅降低了人类的生活质量，而且其他物种赖以生存的环境也在不断地被剥夺。因此，人的欲望必须节制，以协调人与自然的关系。

（三）人类社会需要确立先人后己的价值模式

在现实生活里，人无时不生活在两种分离中：一是内外的分离，二是言行的分离。说到个人内外的分离，表现在人际关系的疏离，近在咫尺，远隔天涯。社会利益的分配存在严重的不均，个人依靠外在的环境无法获得属于自己的利益，缺乏安全感，但外在的社会是客观存在的，个人无法逃离它。所以，人与外在的环境及外在于自己的他者始终处在对立之中，不仅人与外在环境缺少和谐，而且人的内心也没有和谐，个人的力量无法凝聚为推动社会的力量，反而成为消解社会的不利因素。

说到个人言行的分离，表现在社会层面，即为人们为了生存，"说一套做一套"。现实生活中，道德的滑坡很大程度上就在于我们说的头头是道，行动却与言语相背离，并且这日渐成为人们的生存方式和行为方式，这是非常可怕的。如果在这种情况下，社会的评价指标侧重人的言论而不是人的具体行为的话，其后果是十分危险的，它将毁坏社会的诚信体系。

要消解这两种分离带来的消极影响，借鉴道家的思想是可行的。道家"不仁"即公正不偏的方法，把个人看成人际关系中的必要环节，而非必然环节，必要环节的价值实现，只能在必然环节价值实现的过程中才能完成，这就是道家先人后己模式的价值观。老子认为："圣人无①积，既以为人，己愈有；既以与人，己愈多。故②天之道，利而不害。人之道③，为而不争。"[5]192圣人无积无藏而内心虚静，内心虚静而无牵挂，故无所不为他人，自己却愈益富有；虽然

---

① "无"，通行本为"不"，现据高明撰《帛书老子校注》（北京，中华书局1996年5月）帛书本改定。
② "故"，据帛书乙本增补。
③ "人之道"通行本为"圣人之道"，现据帛书乙本改定。

尽量给予他人，但自己反而愈益充足。所以，自然的道理，是利益万物而不加害；人类的道理，当是顺性而为。个人与他人处在协和的关系之中，个人利益在他人利益实现的过程中实现，离开他人利益的实现，就无个人利益的实现。

在这种先人后己的模式里，个人内心始终处在和谐之中，这就是"形莫若就，心莫若和。虽然，之二者有患。就不欲入，和不欲出。形就而入，且为颠为灭，为崩为蹶。心和而出，且为声为名，为妖为孽"[6]165，这里的"就"是依顺而非同一，如同一就势必陷入颠危的险境之中；"和"是谐和，但不是自己能力的彰显，如炫耀自己的能力，这势必走上追求名声的灾难之途。所以，"和"是不外求的内在的谐和，其实质就是内在德性的和谐，它源于万物一体的运思，即"自其异者视之，肝胆楚越也；自其同者视之，万物皆一也。夫若然者，且不知耳目之所宜，而游心乎德之和"[6]190-191。在道家看来，内在德性的涵育，实际就是和谐的修炼实践，即"德者，成和之修也。德不形者，物不能离也"[6]214-215。其中，"成和之修"不仅仅表现在内在的和谐，而且涵盖外在和谐的方面，而这一德性从来没有通过名称来炫耀自己，因此，万物始终与它不相分离。所以，"天地有官，阴阳有藏。慎守女身，物将自壮。我守其一以处其和，故我修身千二百岁矣，吾形未常衰"[6]381，遵顺自然规律，依归自己的本性，万物必将得到自然的发展和成长。对个人而言，依照自然无为之道来行为，保持和谐的心态，这不仅实现了自身的长寿，而且为外在生物链的和谐做出了最大的贡献。

为什么个人依归本性轨道而自然行为，能够获得适合本性的发展？这是因为人性所特有的"自能"机能，"我无为而民自化，我好静而民自正，我无事而民自富，我无欲而民自朴"[5]150里的"自化""自正""自富""自朴"就是自能的具体化，人性这种特征，也为西方心理学研究的成果所证实。正如马斯洛所说："我们的机体远比一般所认可的更值得信赖，有更强的自我保护、自我指导、自我控制的能力……各种新近的发展已表明有必要从理论上假定机体内有某种积极生成或自我实现的倾向。这种倾向不同于机体内自我保护、自我平衡或体内平衡等倾向，也不同于适应外界刺激的倾向。"[10]当然，马斯洛本人就受到老子思想的强烈影响，他直接用"道家式"来概括道家思想的独特性，并多次引用《老子》，甚至用"生命之道"来概括老子的思想。这是值得我们认真思考的。

非常明显，道家走的是从内向外的路径，内在的和谐是其基础。由内在和谐的个人组成的社会，无疑具备了牢固的和谐的基础。个人在欲望横流的现实中保持平静的心态，行为不离开自己的本性轨道，这是有借鉴意义的。今天人际关系疏离的危机，正是人类迷失自己而成为他者的牺牲品所致。因此，个人如果能依顺自己本性而为，不为外在物欲所左右，不仅自己内在的和谐可以保证，而且可以以平稳的心态去面对外在他者，从而把内在的和谐延伸到外在的他者，人际关系疏离的问题就会迎刃而解。

总之，道家"不仁"的方法，昭示我们不能背离自己本性的轨道来追求欲望的满足，个人不能与他人对立，人类不能与他物对立，只有在自己和他人的协调中，在给他人创造实现价值的条件中，个人价值和利益才能得到保证。同样，人类必须与宇宙他物保持一致，在最大限度地尊重他物的过程中，来润滑万物生物链的生命力，从而实现自身的和谐，这是我们消解危机的唯一出路，也是我们营建和谐社会的最为俭约的路径。任何想通过人类理性来摆脱三大危机的做法，都是幼稚可笑的。我们不能采取主动给予的方法，这是过分彰显个人意欲的行为，应该采取接受的方法，这是基于尊重外在他者的做法。正如李约瑟总结的那样："道家的心理状态在根本上就是科学的、民主的；儒家与法家是社会的、伦理的。儒家的思想形态是阳生的、有为的、僵硬的、控制的、侵略的、理性的、给予的。道家激烈而彻底地反对这种思想，他们强调阴柔的、宽恕的、忍让的、曲成的、退守的、神秘的、接受的态度。"[11]和谐不在于标语口号的美丽，而在方法实践的得当！

参考文献：

［1］Fritjof Capra. The Tao of Physics：An Exploration of the Parallels Between Modern Physics and Eastern Mysticism［M］. Fourth Edition. Boston：Shambhala, 2000：307.

［2］阮元. 十三经注疏［M］. 北京：中华书局, 1980.

［3］王先谦. 荀子集解［M］. 北京：中华书局, 1954.

［4］杨伯峻. 论语译注［M］. 北京：中华书局, 1980.

［5］王弼. 王弼集校释［M］. 楼宇烈, 校释. 北京：中华书局, 1980.

［6］郭庆藩. 庄子集释［M］. 北京：中华书局, 1961.

［7］许建良. 道家万物的视野及世纪意义［J］. 云南大学学报（社会科学

版），2011（1）：29—41.

[8] 李零. 郭店楚简校读记［M］. 北京：北京大学出版社，2002：139.

[9] 杨伯峻. 列子集释［M］. 北京：中华书局，1979：269—270.

[10] 马斯洛. 基本需要的似本能性质［M］∥动机和人格. 许金声，等，译. 北京：华夏出版社，1987：89.

[11] 李约瑟. 道家与道教［M］∥中国古代科学思想史. 陈立夫，等，译. 南昌：江西人民出版社，1990：71.

道德榜样与道德人格[*]

任何一个时代都会涌现出体现这个时代道德理想的先进人物。在社会主义的中国,这样的榜样层出不穷,他们是时代的骄傲、社会的财富、民族的脊梁。在他们身上,我们能发现一份感动,找到一股能量,获得一种动力。这源于他们身上散发着人格的魅力和人性的光芒。

一、社会发展需要道德理想

任何社会都会设计出包括理想社会道德状况的理想目标。一般来说,一个社会的道德理想无外乎三个方面。

一是一种理想的社会状态。人作为社会性的存在物,总是把自身对幸福生活的热切期望寄托在对未来美好的理想社会的追求中。例如,中国人向往"天下为公。选贤与能,讲信修睦""人不独亲其亲,不独子其子,使老有所养,壮有所用,幼有所长"(《礼记·礼运》)的"大同"社会;古希腊人希冀国王开明理智、武士勇敢善战、自由民懂得节制,三个阶层各司其职、彼此友好、和谐共存的理想国。人类的这些美好追求在长期的阶级对立中没有也不可能得到实现。马克思主义在深刻揭示人类社会发展的客观规律的基础上,真正把实现每一个人的全面自由的发展,把个体与社会整体的和谐发展作为未来理想的共产主义社会的本质规定。马克思设想的共产主义是"人和自然界之间、人和人

---

[*] 基金项目:江西省高校人文社会科学重点研究基地招标项目"井冈山精神与社会主义核心价值观研究"(JD104)。
作者简介:曾建平,男,江西新干人,井冈山大学教授,博士,博士生导师,研究方向为伦理学和马克思主义基本原理。
原载《武陵学刊》2011年第2期。

之间的矛盾的真正解决,是存在和本质、对象化和自我确证、自由和必然、个体和类之间的斗争的真正解决"[1]185。人类超越阶级对立的第一个理想社会是社会主义社会,它为实现每一个人的幸福和自由创造了条件,是通向人的自由全面发展的现实阶梯。改革开放多年来所取得的巨大成就的基础上,中国共产党提出构建社会主义和谐社会就是当前我国人民所期待的一种理想社会状态。

二是一套理想的价值体系。任何道德理想都必须在理想的价值体系指导下才能实现。马克思说:"在考察历史进程时,如果把统治阶级的思想和统治阶级本身分割开来,使这些思想独立化,如果不顾生产这些思想的条件和它们的生产者而硬说该时代占统治地位的是这些或那些思想,也就是说,如果完全不考虑这些思想的基础——个人和历史环境,那就可以这样说:例如,在贵族统治时期占统治地位的概念是荣誉、忠诚,等等,而在资产阶级统治时期占统治地位的概念是自由、平等,等等。"[1]552社会主义核心价值体系是社会主义制度的内在精神和生命之魂,它决定着社会主义的发展模式、制度体制和目标任务,在所有社会主义价值目标中处于统摄和支配的地位。没有社会主义核心价值体系的引领和主导,构建和谐社会、建设和谐文化就会迷失方向。党的十六届六中全会首次明确提出,社会主义核心价值体系是马克思主义指导思想、中国特色社会主义共同理想、以爱国主义为核心的民族精神和以改革创新为核心的时代精神、社会主义荣辱观。这四个方面的基本内容相互联系、相互贯通、有机统一,共同构成一个完整的价值体系。其中,马克思主义指导思想是社会主义核心价值体系的灵魂,中国特色社会主义共同理想是社会主义核心价值体系的主题,以爱国主义为核心的民族精神和以改革创新为核心的时代精神是社会主义核心价值体系的精髓,社会主义荣辱观是社会主义核心价值体系的基础。只有在社会主义核心价值体系的指导下,才能建立社会主义和谐社会。

三是一批先进的道德榜样。人分百种,形形色色。这种差别也可以从道德层面来划分,孔子说:"人生有五仪:有庸人、有士、有君子、有贤人、有大圣。"(《荀子·哀公》)所谓"五仪",就是从道德境界来划分的五个层次的人。据此,如果用一个人遵循了什么样的社会道德标准,即其对社会贡献的多少与他从社会的索取多少的比值来衡量的话,那么,可以大致把人划分为五类:圣人、贤人、凡人、小人、恶人。所谓圣人,是指那些对社会贡献远大于报酬的先进人物和民族英雄,他们把自己的整个生命都献给了社会,其道德标准是

"大公无私"。所谓贤人是指一生都处于贡献大于报酬状态的人,像现实生活中的各个行业、各个领域的模范、标兵、榜样,其道德标准是"公而忘私"。所谓凡人,是指依靠自己诚实劳动,换得正常报酬的普通人,他们的贡献量与报酬量大体相当,其道德标准是"公私兼顾"。所谓小人,是指那些使用一定的方法,以较小贡献来索取较大报酬的人,他们所使用的方法往往不直接损害具体的他人利益,而是从社会系统的局部涨落中赢得属于社会公有的额外报酬,他们的道德标准是"大私小公"。所谓恶人,是指社会中一小撮不择手段,不讲贡献,专门从社会窃取大利的人,像以权谋私的贪官污吏,见利忘义的狡诈商人,以及坑、蒙、拐、骗、偷、抢、黄、赌、毒等犯罪分子,他们不守社会道德,为非作歹,作恶多端,其道德标准是"大私无公""以私害公""损公肥私",其公德量是负值。

一般而言,一个社会的道德状况大致有五种状态。其一,上扬状态——圣人出现,贤人增多,凡人安居,小人减少,恶人隐匿;其二,增益状态——凡人大多数成为贤人,这是一种"开明盛世",但绝大多数人的"超常贡献"往往会养出一小撮"恶人"无偿占有绝大多数人的劳动成果,导致贫富分化严重,社会公德容易走向反面;其三,滑坡状态——这是社会公德由"太平盛世"向"腐朽乱世"转化的初级阶段,其显著标志是社会的恶人增多,贤人减少,社会公德渐渐被遗弃,"克己利人"变成"利己克人";其四,亏损状态——恶人当道,小人横行,圣人消匿,贤人少有,凡人难做,大多数凡人堕落为小人,此乃"腐朽乱世",天怒人怨,社会动荡不定在所难免;其五,平衡状态——圣人虽有但极少,贤人不多但在增加,小人常见但在锐减,恶人灭迹,凡人多数且渐趋贤人状态。

可见,一个理想的社会必须出现圣人、涌现贤人,凡人见贤思齐,小人见不贤而改之,恶人幡然悔悟。在这批由圣人贤人组成的第一"先进方阵"的引领下,整个社会道德状况将不断增益、不断上扬。时代出英雄,榜样影响时代。社会主义社会不能没有"圣人""贤人"这股社会正气力量,他们是我们这个时代的理想道德人格,体现着绝大多数人的人生追求和价值取向,体现着社会主义社会做人的方向和人格标准。

二、榜样的力量在于其人格的光芒

道德榜样之所以叫人感动,使人感佩,令人感怀,主要原因不在于他们人格中的其他成分，如智慧、能力、知识、思维、形象、身份等，而在于他们的道德人格，在于他们的道德人格所散发的人性光芒。人格中的非道德因素可能使人仰慕、赞美，却难以使人震撼，唯有其中的道德因素才能激荡人的心灵，振奋人的精神，搅动人的思想。这是由于道德人格是一种特殊的精神力量。

道德人格是人们身上所具有的种种人格中的一种精神风貌，是道德生活中所表现出来的人格样态，是个体的人身上所具有的道德规定性，它是表明一个人的整体道德素质和道德面貌的概念，它是人的道德境界、道德标准和文明行为的水平和层次的标志。这种规定性所标示的是，人格是人之所以是人、人与动物的根本区别，道德人格是人与人相区别的品格。

首先，人们之所以会被榜样人物所感染，基本原因在于人所共有的人性基础。人类脱胎于动物，形成了与动物界具有质的差异的人类社会，"凡是有某种关系存在的地方，这种关系都是为我而存在的；动物不对什么东西发生'关系'，而且根本没有'关系'；对于动物来说，它对他物的关系不是作为关系存在的。因而，意识一开始就是社会的产物"[1]533。马克思在这里鲜明地指出，人与动物的根本差别之所在，但是，这并不是说，作为关系性存在的人从此就与动物毫不相干，只能一往无前地朝着"人"的方向发展。人类依然或多或少还残存着动物身上的那些本能或兽性。马克思说："吃、喝、生殖等，固然也是真正的人的机能。但是，如果加以抽象，使这些机能脱离人的其他活动领域并成为最后的和唯一的终极目的，那么，它们就是动物的机能。"[1]160正因为在撇开人的社会关系时，人的某些机能直接来源于动物的机能，人们可能落入"禽兽境界"，甚至"兽下境界"（所谓禽兽不如）。正如恩格斯所说："人来源于动物界这一事实已经决定人永远不可能完全摆脱兽性，所以问题永远只能在于摆脱多些或少些，在于兽性或人性的程度上的差异。"[2]106恩格斯的精辟论断一方面表明，人性中沉淀着兽性，即当人没有正确的精神导引时，在某种境遇中，人所具有的兽性仍然会发作；另一方面也说明，人性只有在精神的引导下才能超越这些自然性、本能性、动物性、劣根性，从而获得做人的资格——人格。道德是使人获得做人资格的一种本质规定。荀子说："水火有气而无生，草木有生而无知，禽兽有知而无义，人有气有生有知亦且有义，故最为天下贵。"（《荀子·王制》）"义"把人与万物区别开来。

作为人与动物相区别的规定性，人格是人这一物种与生俱来的、从其族类那里获得的规定性。这种规定性与人的种族、民族、相貌、健康等自然性禀赋，与人的知识、智慧、能力、财富、职位等后天性禀赋都没有必然联系，而只与作为人的这种存在相关联，这就是康德所说的永远只能把人当作目的来看待的原因。这种人所共有的人性，就是人与人之间的共同人性，即作为人所应该具备的基本因素或"纯粹人类感情"。在人性的共性基础上，或许未经诸多的教化，人们之间的情感也能产生共鸣共振共通共感。随着人类文明的发展，这种共同人性并没有渐渐消失，而是越来越丰富和趋于认同。据此而言，榜样人物的道德人格之所以能从心灵深处"打动人""震撼人"，是有着这种共同人性的基础的，因此，"一个社会的道德人格建构只有在人性的共性的基础之上，才能被大多数人自觉自愿地接受，也才有感召力，社会对人格的塑造也才不是一部分人对另一部分人的意志的强加，在这种条件下形成的道德人格也才是真正意义上的道德人格"[3]418。

其次，人们之所以会被榜样人物所感动，根本原因在于人所向往的道德理想。作为人与人相区别的规定性，道德人格是划定人的境界高低的一种品格，是后天养成或教化的结果，是人们作为道德理想所追求的人格状态。如果说，共同的人性表明的是作为个体的人所具有的相同属性，而且这种属性的存在是作为个体的存在物，那么，人不仅具有自然属性，同时也具有社会属性。这就是说，人既是"个体的存在物"，又是"社会的存在物"，只有人才能把这两个方面内在地统一于一身。人的这种二重性是由个人与社会的必然关系所决定的，它反映了一个基本事实。社会是由人组成的，没有个人就无所谓社会；而社会又是每个人之间的一切社会关系构成的有机整体。如果说人性的自然属性还存在着所谓的物种基因基础，而且在这一点上，人与人并没有太大的差别的话，那么，人性的社会属性则完全是后天获得的。恰恰在这一点上，人与人之间显示出巨大的差别。道德人格是一种社会属性，是人们在后天的社会关系和道德实践活动中所获得的规定性，它是具体的。每个人所属的社会关系不同，所参与的社会生活不同，他的道德人格必然打上他所属生活的烙印，具有他的特性。这就是人们的道德境界之所以千差万别的缘由所在。我们强调这种差别的存在，实际上要指明的是，人性所要追求的不是差别，而是求真、臻美、尚善的共同理想。人类对于道德理想的渴望正是人追求崇高的天性使然。先进人物作为人们崇尚的对象是做人的一种道德理想，这种道德理想规定的内在超越性，实际上是一种创造性的人生理念，它鼓励人们去建构有意义的人生。它诠释了人是什么，引导着人该怎样去做，以丰富人类对自己的目的性、可能性和潜在力的认识，使人的全面发展获得持久的精神动力[3]424。人们的这种共同理想、共同追求既与人性的共性相干，更与人类所存在的公共利益相关，而且前者是次要的，后者才是决定性的。

马克思主义从来不认为存在所谓超越时空的抽象人性，而是从人的社会关系和社会实践角度来肯定人所共有的利益基础和共同背景之上的共同人性。由此出发，他们认为在人类的社会生活中存在一些起码的、简单的、共同的规则，这些规则是超越种族、阶级、人类发展阶段的，而为"人"所共享和共同遵守的准则。马克思在《国际工人协会成立宣言》中大声疾呼，要求努力做到使私人关系之间应该遵循的那种简单的道德和正义的准则，成为各民族之间的关系中的至高无上的准则。恩格斯在论及资本主义社会同时并存的封建主义道德、资产阶级道德、无产阶级道德时指出："这三种道德代表同一历史发展的三个不同阶级，所以有共同的历史背景，正因为这样，就必然具有许多共同之处。"[2]99列宁在《国家与革命》中也说，人们摆脱了资本主义奴隶制"就会逐渐习惯于遵守多少世纪以来人们就知道的、千百年来在一切行为守则上反复谈到的、起码的公共生活规则"[4]。正是由于对这些公共生活规则的认可，人们才认同文明礼貌、助人为乐、爱护公物、保护环境、遵纪守法等基本道德规范，才会从那些默默无闻、兢兢业业地践履着这些道德规范的先进人物身上发现人格的魅力，寻找到人性的力量和前进的方向。

最后，人们之所以会被榜样人物所感染，重要原因在于人所共冀的社会理想。作为社会与社会相区别的规定性，道德人格又是构成社会道德风貌的内在基础，是人们所期望实现的理想社会的道德前提。道德人格不仅标示着人与动物的差别，人与人的差别，而且也标示着社会与社会的差别，因为人的本质在其现实性上是一切社会关系的总和，作为个体人身上所存在的道德人格必然体现在道德行为上，形成一个社会的总体道德风貌，表达这个社会所具有的道德状态。不同社会所体现出来的道德水平实际上是这个社会全体公民个体道德境界状况的直接显示，是这个社会公民个体道德人格层次的外在表现。

每个社会都会有自己的理想。理想具有扬弃现实、高于现实、超越现实的特征，是感召、激励和鼓舞我们为之奋斗的力量源泉。中国特色社会主义共同理想凝聚了全国各族人民的共同利益，把党在社会主义初级阶段的目标、国家的发展、民族的振兴与个人的幸福紧紧地联系在一起，把各个阶层、各个群体的共同愿望有机地结合在一起，极具广泛性和包容性，具有强大的感召力、亲和力和凝聚力。当个人的发展与共同理想的实现联系在一起时，那些先进人物的道德人格就是一个坐标、一个参照系，因此，那些在实现共同理想中的先行者必然成为人们关注和感动的对象，必然成为人们景仰和学习的榜样，必然会成为影响和引领人们实现共同理想的坚强力量和实践动力。

三、学习榜样就是要塑造高尚的道德人格

学习道德榜样，不仅需要由衷的感动，更需要切实的行动。由感动到行动，由见贤思齐到身体力行，榜样的力量才能真真切切地得到体现，先进人物的道德人格才能扎扎实实地得到传承。为此，我们必须下大力气抓好以下三个方面的工作。

首先，着力完善道德评价机制，形成正确的道德评价。所谓道德评价是人们依据一定的道德原则对道德行为之善恶性质做出的价值判断。它包括自我反思和社会评价两种方式。就个体而言，需要依据自己所认可和信仰的道德准则来比照他人的言行、对照自己的言行，以做出正邪、善恶的评价，形成正确的荣辱观。这就是良心的作用机制。但是，良心不是与生俱来的，而是个体的人在与社会关系的互动中形成的。如果一个人失去良心的自我反思机制，那么他就无法获知善恶的界限、美丑的差别、正邪的鸿沟，任何社会道德规范对他而言只能以"他律"的形式而存在，不能形成约束自我的"自律"，也就很可能以恶为荣，以善为耻。因此，良心的自我评价是人们为善为恶的一个首要基础。

但是，使人们学习道德榜样，形成高尚的道德人格，既需要个体追求所信仰的道德理想作为动力基础，也需要社会形成善恶的正确评价机制。如果一个社会的道德评价声音微乎其微时，当善不受褒扬、恶不遭鞭挞之时，那么，这个社会所崇尚的道德规范就会失去其效用，善恶的边界就容易被混淆，人们的言行将会无所适从，道德滑坡或堕落在所难免。相反，当社会评价越健全越成熟，而善被崇敬恶受挞伐之时，那么，"这种强有力的社会评价，能够造成一种特殊的善恶分明的氛围，使不道德的行为者受到强大的精神压力，感到羞愧、内疚甚至无地自容；使那些'助人为乐''见义勇为'的行为受到尊敬、感到

光荣"[5],从而通过个体的良心机制调整自己的行为方式,以善为荣、以恶为耻、以道德榜样作为行为的方向。因此,道德评价就是对善恶、是非、正邪的正确划分和评价,以此来形成人们正确的荣辱观。

道德人格的形成与道德评价的机制是否健全,有着密切关系。道德评价具有约束性和导向性功能,使人"见善则迁,有过则改"。道德心理学的研究成果表明,儿童的道德观念正是在父母的不断纠正不断鼓励中得到树立的。在走向社会之后,人们多是通过他人对自己言行的反应来判断、修正、调整、激励自己的言行。因此,大张旗鼓地表彰先进人物,旗帜鲜明地树立道德典型,大力弘扬社会正气,就是在进行有组织有目的的道德评价,就是要使道德榜样成为实现社会道德准则的载体,以使人们通过他们,看到自己的行为方向,实现自己的道德理想。

其次,重在养成道德习惯。道德人格是通过人们长期、日常、连续地表达出来的精神风貌,不在于一时一地的一事一举,而在于使人们养成良好的道德习惯。"做一件好事"是一种道德行为,出于情境的感染,一些人也可能在此时此地做出善举,但却不一定能够随时随地表达善行;"做一辈子好事"是一种道德习惯——把践履道德规范当作一种日常生活方式,是一系列的、连贯的、经常的道德行为。为什么同一个人在同一事件上,不同的时候不同的地方可能会表现出完全不同的道德倾向呢?其原因在于,他所具有的道德人格还没有定型,他所认同的道德准则还没有固化为一种道德习惯。而与此相反,那些道德榜样所表现出来的道德行为却是一以贯之,持之以恒的。他们之所以能够克服困难不为外力所动摇,长期表现出道德习惯,在于他们具有稳定的道德认识、坚定的道德情感、坚强的道德意志、巩固的道德信念。因此,道德习惯是人们在道德上知、情、意的统一和归宿。对行为主体来说,养成了道德习惯,道德律令就不再是外在的,而是内心的自律要求,他的行为方式从他律、自律走向了他律与自律的统一,从义务、良心升华为价值目标。

最后,着眼于提升道德境界。道德境界表明人的道德水平是一个不断攀升的过程。在这个过程中,最为关键的是要发展道德需要,要使个体从无道德需要发展到有道德的需要,从非道德需要发展到道德的需要,从低层次的道德需要发展到高层次的道德需要,从"无"到"有",从"非"到"是",从"低"到"高"的境界转变,从遵守起码的公共规则到遵守基本规范再到履行核心要求，这些既是道德认识的量变过程又是道德境界提升的质变过程。表彰先进人物，弘扬社会正气，就是要激发人们的道德需要，促进人们的道德境界攀升。没有需要就没有向上向前的动力。

当然，道德境界的提升不仅取决于个体的道德需要和道德努力，还取决于一定的社会历史条件。也就是说，道德境界的提升总是在一定的社会物质生活条件中进行的，不可能完全超越社会历史条件的限制。因此，道德教育切忌一刀切、标准化，而是要按照《中国公民道德建设纲要》的要求，"坚持把先进性要求与广泛性要求结合起来。要从实际出发，区分层次，着眼多数，鼓励先进，循序渐进。积极鼓励一切有利于国家统一、民族团结、经济发展、社会进步的思想道德，大力倡导共产党员和各级领导干部带头实践社会主义、共产主义道德，引导人们在遵守基本道德规范的基础上，不断追求更高层次的道德目标"。那种一味强调先进性，忽视普遍性的要求往往会导致揠苗助长式的困境；那种脱离广泛性，过分追求纯洁性的号召往往会形成刻舟求剑式的恶果。因此，道德境界的提升需要从现实出发，区分层次、分类指导，鼓励先进、照顾多数，循序渐进、务求实效，切忌脱离实际，超越人们的思想觉悟水平，就会欲速不达。

参考文献：

[1] 马克思，恩格斯. 马克思恩格斯文集：第1卷 [M]. 北京：人民出版社，2009.

[2] 马克思，恩格斯. 马克思恩格斯文集：第9卷 [M]. 北京：人民出版社，2009.

[3] 黄明理，徐贵权. 伦理学原理新论 [M]. 南昌：江西人民出版社，2005.

[4] 列宁. 列宁专题文集（论社会主义）[M]. 北京：人民出版社，2009：29—30.

[5] 罗国杰. 伦理学 [M]. 北京：人民出版社，1994：433.

中国传统道德观念中的"核心正能量"
——兼论实现"中国梦"的民族精神基因*

实现中华民族的伟大复兴，圆十三亿人民一个"中国梦"，是新一届中央领导集体的重大决策，也是党的"十八大"精神的精髓所在。面对风云变幻的国际形势和国内社会经济建设所遇到的阻力与困难，在我们这样一个有着五千年悠久历史的文明古国，要真正实现中华民族伟大复兴的"中国梦"，对传统文化的继承和发展不仅是必要的，而且是必须的。"中国传统文化源远流长、博大精深，是形成中国梦的思想基因。"[1]由于"中国传统伦理道德是一个多层面的矛盾复合体，体现了时代性与超越性、阶级性与民族性的矛盾统一"[2]。因此，要从探究支撑"中国梦"的民族精神基因的角度，去其糟粕、取其精华，对传统道德观念中所蕴含的正能量，特别是对其中在培育滋养中华民族精神方面起到至关重要作用且对实现"中国梦"也是必不可少的"核心正能量"① 进行挖掘和探源，对坚定文化自信，实现中华民族的伟大复兴有重要意义。

一、保合太和、和而不同的和谐观念

中华民族历来是重视和谐的，这可从回溯中国文化的源头得到印证。在中国传统文化中，和谐体现的形式各异，在表述上也不尽相同，如和合、中和、

---

* 基金项目：国家社会科学基金项目"传统人伦观的价值合理性及其现代审视研究"（13BZX071）。

作者简介：桑东辉，男，黑龙江哈尔滨人，哈尔滨市社会科学院特邀研究员，博士，研究方向为中国伦理思想史。

原载《武陵学刊》2017年第1期。

① 无疑，中国传统观念中的正能量内容是很丰富的，但其中一些正能量对中华民族精神的养成是起到关键和主要作用的，这部分的正能量我们称之为"核心正能量"。

时中、太和。从观念的发生学原理看，和谐思想大致起源于以下几个方面。首先也是最主要的方面是天道的和谐。《易经》强调天尊地卑、阴阳和合的观念，提出了天地人三才之道，对世间万物从和谐角度进行了分析和类比，如天健地坤、小往大来、否极泰来、革故鼎新、七日来复、既济未济、生生不息、顺天应人、刚柔相摩、八卦相荡、男女构精、万物化生等，不一而足。这些观念有的讲矛盾的对立转化，有的强调循序渐进，有的阐述新旧变化。但不论各卦的卦义如何迥异，也不论爻辞多么不同，有一点是共同的，那就是和谐。从古到今，几乎众口一词都肯定《周易》的基本精神是强调中和、时中。《易·乾·彖》曰："乾道变化，各正性命，保合太和，乃利贞。"《庄子·天下》也敏锐地指出："《易》以道阴阳。"今人金景芳指出："易是尚中的。"[3]余敦康也认为，《周易》的智慧在于"和谐"[4]。张立文更是将"易"的这种文化特质总结为和合二字，并提出了"和合学"①。不唯《易》，天道和谐的观念是先秦人们的普遍认识，先秦元典中随处可见类似的记载。如孔子的"天何言哉？四时行焉，百物生焉。天何言哉"（《论语·尧曰》）何尝不是对天道和谐规律的颂赞。《荀子·天论》中所描述的"列星随旋，日月递炤，四时代御，阴阳大化，风雨博施，万物各得其和以生，各得其养以成，不见其事而见其功，夫是之谓神；皆知其所以成，莫知其无形，夫是之谓天"又何尝不是对天道和谐特质的阐扬。"和者，天地之所生成也"（《春秋繁露·循天之道》）、"阴阳和合而万物生"（《淮南子·天文训》）等观念早已成为古人的普遍共识。除了天道和谐外，和谐的精神还来自于音乐和调羹等日常生活中的和谐现象。关于音乐的和谐，荀子和晏子都有论说。《荀子·乐论》虽然论的是乐，但其出发点和落脚点都在于倡导和谐。荀子非常肯定乐的"和"功能，指出音乐对于调节不同群体之间的矛盾、构建和谐社会作用巨大。"故乐在宗庙之中，群臣上下同听之，则莫不和敬；闺门之内，父子兄弟同听之，则莫不和亲；乡里族长之中，长少同听之，则莫不和顺。""故乐者，天下之大齐也，中和之纪也，人情之所必不免也。"无独有偶，据《左传·昭公二十年》记载，晏子也以音乐来解释和谐，认为，"一气，二体，三类，四物，五声，六律，七音，八风，九歌，以相成也；清浊，

---

① 参见，张立文. 和合学——21世纪文化战略的构想（上、下）[M]. 北京：中国人民大学出版社，2006.

大小，长短，疾徐，哀乐，刚柔，迟速，高下，出入，周疏，以相济也。君子听之，以平其心，心平德和"。进而，晏子还以调羹来比喻和谐，指出："水火醯醢盐梅，以烹鱼肉，燀之以薪，宰夫和之，齐之以味，济其不及，以泄其过，君子食之，以平其心。"（《晏子春秋·外篇第七·景公谓梁丘据与己和晏子谏第五》）但音乐和调羹都只是比喻，先秦思想家的和谐观归根到底是要落在处理君臣上下关系的现实政治生活中的，这也就是晏子所说的："君臣亦然，君所谓可，而有否焉，臣献其否，以成其可，君所谓否，而有可焉，臣献其可，以去其否，是以政平而不干民无争心，故诗曰：亦有和羹，既戒既平，鬷假无言，时靡有争，先王之济五味，和五声也，以平其心，成其政也。"（同上）由此可见，和不是无原则的和，而是互补共济、相辅相成的。对此，史伯的论述最为经典。《国语·郑语》记载了史伯的话："夫和实生物，同则不继。以他平他谓之和，故能丰长而物归之。若以同稗同，尽乃弃矣。故先王以土与金、木、水、火杂，以成百物。"从被后世奉为"五经"的中华文化经典看，尽管《诗》《书》《礼》《易》《春秋》其主旨立意和功能不尽相同，但其共同精神都体现了"中和"的思想，而且这种和谐理念渗透到政治、经济、文化生活的各个层面，并在一定程度上决定着国运昌明。汉末仲长统在《昌言·法诫》中有言："和谐则太平之所兴也，违戾则荒乱之所起也。"费孝通曾将中国古代的和谐观念与大同思想联系起来，提出"各美其美，美人之美，美美与共，天下大同"的观点，体现了中国传统和谐观念的普世性和现实意义。

二、社稷至上、公忠体国的爱国观念

尽管传统文化大力高扬保合太和、天下大同的精神，但在阶级社会，特别是在奴隶社会和封建社会时期，保合太和、天下大同的理想更多地停留在乌托邦的空想层面。为了解决现实的社会危机，古代圣哲将关注点落在现实世界，提出、丰富和发展了社稷至上的观念，即民族国家观念。可以说中国传统文化对国家观念十分重视。在民族国家产生的历史上，社稷是国家的代称。忠于社稷体现了中国传统的爱国主义精神。春秋时期子产就提出了"苟利社稷，死生以之"，表达了为了国家社稷大业不惜生命的忠勇精神。尽管由于受到阶级局限性的影响，在中国长达两千多年的封建社会，"忠"更多地被表述为忠君，但在源头上，"忠"不仅仅是忠君，更是忠于社稷，因为忠君只是因为君乃"社稷主"。如果君主的行为危害到社稷安危，臣民是有不服从的权利的。因此，在《左传》《国语》的记载中，多见国君因为贵族和臣民的反对而出奔，甚至被废、被弑的。尽管有的不是国君自身的过错，而是陪臣执国命导致的君主被架空，但从另一个侧面也反映出春秋时期的君权并非是绝对的。"忠"是一种双向义务："君使臣以礼，臣事君以忠。"如果"君视臣如草芥"，则"臣视君如寇仇"。这并非后来变异后形成的"君要臣死，臣不得不死"的忠君那样绝对化。秦汉以降，"忠"向片面忠君转化，特别是汉代确立了"三纲五常"的权威地位后，"君为臣纲"被上升到国家意识形态的高度，忠君成为臣子的绝对义务。但即便如此，在传统忠德观上，社稷至上观念仍是"忠"的题中之义。在实践上，一旦忠君与忠社稷发生冲突，仍以忠于社稷为主来进行抉择。如西汉时期霍光废掉昌邑王，就是出于为汉代国家社稷负责的"忠"的行为。随着君主专制的强化，到了宋明时期"三纲"绝对化，"忠"不仅几乎完全转换成忠君的狭隘概念，甚至出现了愚忠的现象。但在士大夫的眼里，忠于社稷仍是忠臣的不二选择，所以才有了"土木堡之变"后，于谦等大臣为了明代江山社稷而拥立明景帝的举动。与社稷至上观念相伴随的，是公忠体国的思想成为中国封建社会的主旋律。在中国历史上，不同朝代都不乏为了国家利益献身的忠臣义士。比较有名的如汉代出使匈奴被扣19载的苏武、宋代精忠报国的岳飞、宋元之际高扬"正气歌"的文天祥等。当然，由于时代所限，古人的爱国观念常常与民族观念纠结在一起，表现出严华夷之辨的狭隘民族观念。早在先秦就有"裔不谋夏、夷不乱华"的观念，华夷分野在历史上是非常明显的。特别是到了明末清初，后金崛起，明朝灭亡后，很多思想家站在民族主义的角度反对满族入侵中原。但也有人将民族主义与爱国主义进行了区隔，将忠于封建王朝还是忠于天下苍生进行了区分。顾炎武就提出了亡国与亡天下的区别，认为亡天下者，匹夫匹妇与有责焉，而一家一姓的灭亡是不值得人们为之牺牲的。这种观念应该说是有进步意义的。剔除忠君误区和民族主义偏狭，国家至上、公忠体国观念对今天继承和发扬传统的爱国主义精神仍有现实意义。

三、将心比心、以己度人的忠恕观念

中国传统观念非常重视人际交往，在人际交往方面特别提倡忠恕之道。《论语·里仁》载："子曰：'参乎！吾道一以贯之。'曾子曰：'唯。'子出，门人

问曰：'何谓也？'曾子曰：'夫子之道，忠恕而已矣。'"按照传统儒家的解释，忠恕近仁。《论语·子路》载：樊迟问仁。子曰："居处恭，执事敬，与人忠。虽之夷狄，不可弃也。"直接将"与人忠"归之于仁。以忠恕为仁在古人那里是共识。《说文解字》曰："恕，仁也。从心，如声。"清人刘宝楠的《论语正义》也主张"恕即为仁也"。一般来说，儒者多以"己欲立而立人，己欲达而达人"（《论语·雍也》）来释"忠"，以"己所不欲，勿施于人"（《论语·卫灵公》）来释"恕"。朱熹在《论语集注》中进一步指出："尽己之谓忠，推己之谓恕。"从现代交往理论看，"忠"与"恕"的共同之处在于二者都是在处理我与他者关系时对我的限制和要求，二者均强调换位思考。但二者对换位思考的原则在外延上是有所不同的："忠"是在处理我为人做事时的原则，而"恕"则不仅仅包括我为人做事时的"己所不欲，勿施于人"，更包括人为我做事时我应如何换位思考去体谅别人的意义。从这个意义上讲，"恕"的外延大于"忠"的外延。比较起来，"恕"更为抽象，"忠"更为具体。只有心中有恕，才可以做出行动上的忠[5]。因此，忠恕之道所倡扬的是一种将心比心、以己度人、换位思考的社会交往理念，即主张在社会交往中，首先要从自己的喜好出发判断同样的事情给他者所带来的感受。如果自己的行为会让他者不舒服则不应去做，这也就是所谓"我不欲人之加诸我也，吾亦欲无加诸人"（《论语·公冶长》）。"忠恕之道是儒家伦理思想中处理社会以及人际关系的行为'絜矩'，在历史上散发出智慧的光芒，对我们现代人培养德性、修身安己有重要借鉴意义。"[6]对于忠恕之道的普世价值，很多研究者将其视为西方道德语境中的"黄金律"（the Golden Rule），将忠恕之道作为会通中外、贯穿古今的人类所共同遵守的伦理准则。

四、爱敬父母、重视亲情的孝友观念

中国传统道德观念中，孝的观念出现较早。有的学者将孝观念的起源远推至原始社会后期父系氏族社会时期，也有的认为其产生于夏代或殷商时期，最保守的也肯定周代已经产生了孝观念[7]。《说文解字》对孝的解释是："善事父母者。从老省，从子，子承考也。"当然，这种解释比较晚，出于东汉许慎对孝字的阐释。康殷先生从孝字的字形分析认为，孝字"象'子'用头承老人手行走。用扶持老人行走之形，以表示'孝'"[8]。不过有的学者并不认同这种说

法，认为孝的字形上部像尸，下部像行礼之孝子，因此孝的最初意义是"祭必有尸"的"敬神""事鬼"，而非"事亲"之意[9]。不管对孝的起源的认识有何种分歧，可以肯定的是，到了周代孝已经成为一种社会普遍认同的道德德目，其核心价值在于爱养父母。孔子、孟子等先秦儒家非常重视孝道，把孝作为基本道德，并将孝由家庭伦理推扩至社会伦理。其中，孔子最先对孝的内涵和意义进行了辨析，廓清了时人将孝视为能养的肤浅看法。如在《论语·为政》中，子游问孝，子曰："今之孝者是谓能养。至于犬马皆能有养，不敬何以别乎？"便是对孝即养亲的流行观念的否定，对孝提出了更高的精神要求。在孔子看来，孝不仅要能养、能敬，还要能以礼事亲、以礼葬亲。所谓"生，事之以礼。死，葬之以礼，祭之以礼"，并大力宣扬三年之丧的丧葬习俗，以唤起人们的孝道情感。更重要的，孔子还提出孝子要继承父母遗志，三年无改父之道。先秦大儒荀子发展了儒家孝的观念，提出了"父有争子"（《荀子·子道》）思想，使孝德形式上更完备，内容上更丰富，理论上更完善，实践上更科学。中国传统文化高扬孝的精神并不仅仅是为了家庭内部的和谐，更主要是通过推己及人，层层外扩，达到治国平天下的目的。用孔子弟子有子的话说："其为人也孝弟，而好犯上者，鲜矣；不好犯上，而好作乱者，未之有也。君子务本，本立而道生。孝弟也者，其为人之本与？"（《论语·学而》）这才是儒家宣扬孝友道德的主要动因，并得到历朝历代统治者的普遍认可，由此形成了"求忠臣于孝子之门"的选人观念。无可否认，正如任何一种道德发展到权利与义务不对等的极端化程度，都会出现主旨与效果背离的情况一样，孝在秦汉以后越来越背离父慈子孝和父有争子的传统孝观念，而强调父为子纲，片面地宣扬割股事亲等非常规的极端孝行，助长了愚孝现象。不过，擦去这些时代、阶级的烙印，孝的超时代价值还是非常明显的。父慈子孝、兄友弟恭的家庭伦理在本质上是重人伦，而非"三纲"绝对化后的"父为子纲"的单向度权利和义务。因此，我们今天要实现中华民族伟大复兴的"中国梦"，首要重视的是家庭伦理，因为家庭是社会的细胞，家庭和谐是社会和谐的基础。

五、尚礼重义、谦和礼让的礼义观念

中国素来以礼仪之邦著称于世，尚礼重义是中华民族的传统美德。《管子·

牧民》曰:"礼义廉耻,国之四维。四维不张,国乃灭亡。"将礼义廉耻等社会道德上升到影响国运兴衰存亡的高度。"礼"字的繁体字是"禮",是会意字,从示,从豊。据古文字学家考证,礼字最初就写作"豊",该字下部的"豆"为器皿,上边的两个"王"为玉。"礼"字实际上表现的是以器盛玉献祭的仪式。因此,"礼"最初是起源于祭祀。随着社会的发展,"礼"也走下神坛,成为人们遵守的道德规范的重要德目。中国传统道德重礼,这无需赘言。但围绕"礼"的内涵,古人也经历了逐渐使之清晰与丰富的过程。在古代,人们普遍尊奉礼。作为中国文化的元典之一,五经中的《礼经》就包括"三礼",足见时人对礼的重视和践行。一部《春秋》暗含微言大义,《春秋三传》随处可见"××知礼","……,礼也"。但人们对礼的认识并不一致,甚至存在着重形式轻内涵的问题。孔子就反对只注重形式的奢华,而内心缺乏虔敬的伪礼虚仪,指出:"礼,与其奢也,宁俭。丧,与其易也,宁戚。"(《论语·八佾》)"居上不宽,为礼不敬,临丧不哀,吾何以观之哉?"(《论语·八佾》)在孔子看来,形式是内容的载体,内容通过形式来体现,因此孔子强调内容与形式相统一,对必要的形式主张保留。如当子贡欲去告朔之饩羊时,孔子曰:"赐也,尔爱其羊,我爱其礼。"(《论语·八佾》)明确表示要维护必要的形式。此外,孔子特别强调"礼之本",认为礼的本质在于诚,在于敬,在于"修己以敬"(《论语·宪问》)。一个真正知礼、懂礼、尊奉礼的人,绝不应只重程序上的仪,而更要保持心中那份恭敬虔诚。在春秋时期,人们对礼的认识尚不清晰,甚至还存在礼、仪不分的误区。据《左传·昭公五年》载,鲁国国君到晋国进行国事访问,"自郊劳至于赠贿,无失礼",晋侯认为鲁侯善于礼。而大臣女叔齐认为鲁侯的行为"是仪也,不可谓礼。礼所以守其国,行其政令,无失其民者也",毫不客气地否定了鲁侯知礼的说法。又,《左传·昭公二十五年》载,晋国赵简子问揖让、周旋之礼时,郑国子大叔尖锐地指出其所问的"是仪也,非礼也",并引其前任子产的话说:"夫礼,天之经也,地之纪也,民之行也。"通过以上的两场辩论可见,真正意义上的礼是内容和形式的统一,是内在精神上的虔敬和外在形式上的恭恪相结合。不仅如此,尚礼重义的传统还衍生了谦让之德。《周易》谦卦提倡人要做一个谦谦君子。"谦德"在实践中往往与"让"联系在一起,所谓谦让,就是要求个体在与他者交往中面对利益冲突要主动谦让。早在春秋时期,晏子就提出了"让,德之主也,让之谓懿德",并进而指出让德来自见利思义的精神品质，因为"凡有血气，皆有争心。故利不可强，思义为愈"（《左传·昭公十年》）。谦让之德在历朝历代都受到了人们赞许，特别是有一定社会地位的成功人士如能坚守谦让之德就更为人所敬重。两汉之间的大树将军冯异可谓能让军功者。清代权臣张英在家书中劝诫家人："千里家书只为墙，让他三尺又何妨；万里长城今犹在，不见当年秦始皇。"表现了一个官员的谦谦之德。在今天商品经济发达、但市场经济体系尚未健全的情况下，人们更需要发扬古人的谦让美德，在利益面前，特别是在个体与他者交往中，要做到互谦互让，这样社会才会和谐。

六、克勤克俭、力戒侈靡的勤俭观念

在中国传统道德的养成初期，勤和俭是分开的，是两个不同的道德德目，《尚书·大禹谟》曰："克勤于邦，克俭于家。"将"勤"作为社会应用范畴，而将"俭"纳入家庭应用范畴。同时二者又是紧密联系的。事实上，勤和俭是通用于家庭和社会的。就勤而言，勤既包括农与工肆之人，也包括统治者的勤，也即勤政。对于农民而言，所谓勤就是要不失农时，日出而作，日入而息，过着男耕女织的生活。如果怠惰农时，则对家庭和社会都会造成不利影响。所谓："一夫不耕，或受之饥，一女不织，或受之寒。"（贾谊《论积贮疏》）作为手工业者的"百工"不比农民自在，也要辛勤于自己的职业。《尚书·尧典》曰："允厘百工，庶绩咸熙。"而地位更为低下的商贾就更要靠辛勤经营来维系生计。在上古时期，商贾的辛勤品格甚至与孝道有关。《尚书》曰："肇牵车牛，服远贾，用孝养厥父母。"到了明代，商品经济逐渐发达，商人的"勤"得到了褒扬。《三言二拍》中塑造的秦重、蒋兴哥、杨八老、施润泽等都是辛勤经营的商人代表。在古代社会，勤不仅是农工商等社会下层人民的品德，也被上升为臣德和君德。对于大臣来说讲求一个忠勤。这样的例子非常多，夙兴夜寐，早出晚归，甚至天不亮就要等待早朝。而帝王之勤的早期代表首推大禹。为了治水，他三过家门而不入，不仅"身执耒臿，以为民先，股无完胈，胫不生毛"（《韩非子·五蠹》），甚至患上了半身不遂的疾病。有研究者指出，所谓禹步可能是大禹治水过于辛苦，患上了半身不遂（即古人所说的"偏枯"）的疾病。统治者的确有很强的示范作用，如打春牛、力籍田，以及用自己的实际行动来劝农课勤。因此，勤政是对历代为政者的基本要求。有一些帝王更是勤政的表率，如明朝末帝崇祯皇帝就是一位非常勤奋的皇帝，励精图治，史称其"在位十有七年，不迩声色，忧劝惕励，殚心治理"（《明史·本纪第二十四》）。在中国自给自足的小农经济和血缘宗法社会组织中，历朝历代统治者都强调重本抑末，他们所谓的本就是农。因此，社会倡导的勤不仅体现在劝课农桑，而且悯农的措施也体现在倡俭节用中。俭在先秦时期曾是单独的德目，《易》"否卦"大象曰："君子以俭德辟难。"《周易》专有一"节卦"。这里的"节"有两层意思，一层是节度的意思，一层是节俭的意思。对于"节卦"的节俭含义，《彖传》明确指出："天地节而四时成，节以制度，不伤财，不害民。"朱熹的《周易本义》也把节俭作为"节卦"的应有之义来看待，认为"节卦"的一个重要内容是"治理其财，用之有节"。春秋时期也已将节俭视为一种崇高的道德，所谓"俭，德之共也；侈，恶之大也"（《左传·庄公二十四年》）。崇尚节俭的思想在先秦诸子百家中得到了普遍呼应，其中墨子便是最主张节俭的，且他的节俭观集中体现在节用、节葬、非儒、非乐等方面。在分析社会贫困原因时，墨子指出，其根源在于"恶恭俭而好简易，贪饮食而惰从事，衣食之财不足"（《墨子·非命中》）。特别是统治阶级横征暴敛，在宫室、衣服、食饮、舟车、蓄私等方面追求奢华，不尚节俭，从而造成了国家的昏乱局面。墨子呼吁统治者"节于身，诲于民"，只有这样，才能"天下之民可得而治，财用可得而足"（《墨子·辞过》）。这就是"其用财节，其自养俭，民富国治"（《墨子·辞过》）的道理。墨子还基于"其民俭而易治，其君用财节而易赡也"（《墨子·辞过》），将培养崇尚节俭之德的社会风气作为治国手段，并自觉践行节俭。总的来看，尽管勤与俭内涵不同，但二者有互补关系，因此很早人们就将勤和俭合二为一，成为一个德目，倡导克勤克俭。这两个德目之所以合二为一，恐怕主要还是由经济基础决定的。不过，古代社会生产力不发达，因此，要富国富民往往需要开源与节流并重。勤即是开源，俭即是节流，勤俭合为一个德目，更能体现开源节流的思想。正是这种小农经济生产力不发达和靠天吃饭的不确定因素，在血缘宗法家族中为了延续家族生存，人们都认同于勤俭德目，很多家训族规都将勤俭作为重要内容加以强调。朱伯庐的《治家格言》中写道："一粥一饭，当思来处不易；半丝半缕，恒念物力维艰。"传统的勤俭观念在市场经济快速发展、工业生产规模庞大、资源开发利用史无前例的今天，更具时代价值：大到建设资源友好型社会、节约型社会，具体到"光盘行动"、绿色低碳的生活方式等都是对传统勤俭观念的传承和发展。"历览前贤国与家，成由勤俭败由奢"这句古训即使在科技快速发展的今天仍然具有十分重要的现实意义。

综上所述，"在人民创造自己灿烂文明史的背后，始终跳动着、支撑着、引领着他们的力量，正是中国人民的精神。源远流长的中国精神，始终流淌在中华儿女的血脉里，构成了代代相传的文化基因"[10]。以上六个方面的内容只是传统道德观念所蕴含的正能量中的一部分，相对于其他正能量而言，这些道德观念在民族精神基因养成中具有核心地位，对我们今天丰富、完善和发展中华民族精神具有文化指示作用，对社会主义核心价值观的培育和践行具有重大意义。当然这些"核心正能量"由于其产生于特定历史时期，必然带有一定的时代和阶级的局限性。但其之所以可被视为"核心正能量"是因为在剔除其局限性后，仍蕴含着超越时代和阶级的现实价值，对我们今天实现中华民族伟大复兴的"中国梦"是起正面作用的。因此，我们将以上几个方面作为传统道德观念中的"核心正能量"提出来，以期对"中国梦"的实现和对文化强国战略的实施提供理论支撑。

参考文献：

[1] 孙民. 中国道路与马克思主义实践观——兼论中国梦的思想境界 [J]. 湖北社会科学, 2013 (7): 24—27.

[2] 张锡勤. 中国传统道德举要 [M]. 哈尔滨: 黑龙江大学出版社, 2009: 1.

[3] 金景芳, 吕绍纲. 周易全解 [M]. 长春: 吉林大学出版社, 1989: 165.

[4] 余敦康. 中国智慧在周易，周易智慧在和谐 [N]. 光明日报, 2006-08-24.

[5] 师霞. 孔子忠恕思想的内涵 [J]. 孔子研究, 2007 (5): 4—8.

[6] 黄小娟. 孔子的"忠恕之道"与现代社会的道德精神 [J]. 前沿, 2009 (6): 174—176.

[7] 肖群忠. 中国孝文化研究 [M]. 台北: 五南图书出版股份有限公司, 2002: 11—15.

[8] 康殷. 文字源流浅说 [M]. 北京：荣宝斋, 1979：39.

[9] 舒大刚. 从先秦早期文献看"孝"字的本来含义 [M]//万本根, 陈德述. 中国孝道文化. 成都：巴蜀书社, 2001：209.

[10] 毛跃. 论"中国梦"的价值意蕴和实践基础 [J]. 浙江学刊, 2013（6）：146—151.

共享发展理念中的传统文化基因[*]

共享发展是以习近平同志为核心的党中央提出的治国理政新理念,蕴含着丰富的理论内涵和实践价值,是习近平新时代中国特色社会主义思想的重要组成部分,是全面建成小康社会、建设社会主义和谐社会的重大决策部署,是实现中华民族伟大复兴的重要理论支撑。作为承载新时期发展重任的指导思想和重大战略,共享发展理念的提出不仅是马克思主义与中国实践相结合的思想结晶,是马克思主义中国化的产物,也是对中华传统文化批判继承的结果,是汲取了中华民族优秀传统文化精华而形成的新理念。本文旨在挖掘中华传统文化中所蕴含的共享发展理念的宝贵资源和精神基因,深化理解共享发展理念对中国传统文化遗产的批判继承和扬弃创新。

一

共享发展理念主要体现在政治层面的是公平正义原则。"共享发展理念反映了党的宗旨和社会主义的本质要求,注重解决整个社会的公平和正义问题,强调以人民为中心的发展思想。"[1]回顾历史,共享发展理念在我国有着深厚的传统文化积淀。

首先,在政治体制方面,中国传统文化中不乏共享发展的思想因子。在先秦时期的元典中有一些关于伏羲、炎黄、尧舜禹等传说的记载,其中不乏原始军事民主制时期的政治文明成果。先秦的儒、墨、道、法诸学派都从不同角度

---

[*] 基金项目:国家社会科学基金项目"传统人伦观的价值合理性及其现代审视研究"(13BZX071)。
作者简介:桑东辉,男,黑龙江哈尔滨人,哈尔滨市社会科学院科研处特邀研究员,博士,研究方向为中国伦理思想史。
原载《武陵学刊》2018年第2期。

追忆过那段原始的"和谐社会",对原始政权更替的禅让制多持肯定态度。而原始军事民主制时期的禅让制是当时历史条件下对部落联盟或早期民族国家发展的共建共享。尧在对舜进行深入细致的考察后,决定将国家权柄禅让给舜。同样,舜也通过责令鲧治理洪水来考察他,但鲧因治水失败无法保障人民的安定而丧失了帝位。鲧的儿子禹奉命带领人们继续治水,"身执耒臿以为民先,股无胈,胫不生毛,虽臣虏之劳不苦于此矣"(《韩非子·五蠹》)。禹曾三过家门而不入,终于平治了水患,因而得以绍继舜的帝位,参与和继续领导了对华夏民族国家的共建共享。进入阶级社会后,尽管原始军事民主制的政权共享发展模式已经失去了存在的土壤,但周代分封制下的贵族层级治理结构一定程度上也体现了政治上共建共享的精神。例如,西周立国后曾两次大规模分封诸侯。第一次,除了分封姬姓子弟为诸侯,还分封了功臣,如封功臣姜尚于齐。同时,坚持"兴灭国,继绝世"(《论语·尧曰》)的原则,对此前曾存在过的古老部落后裔一一进行了封邦建国,如封黄帝后人于蓟、封帝喾后人于祝、封舜后人于陈、封夏后人于杞、封纣王之子武庚于殷故地,昭示了"周王朝有宽宏之大德,无独擅天下的私心"[2],且尊重包容各国文化传统,体现了共建共享理念。第二次,在周公平定管、蔡二叔和武庚的联合叛乱后又大肆分封同姓子弟。"昔周公吊二叔之不咸,故封建亲戚以蕃屏周。管蔡郕霍,鲁卫毛聃,郜雍曹滕,毕原酆郇,文之昭也。邘晋应韩,武之穆也。凡蒋邢茅胙祭,周公之胤也。"(《左传·僖公二十四年》)据《荀子·儒效》载,周初分封七十二国,姬姓占了五十三。这种分封制在某种程度上就是当时历史条件下共建共享发展理念的体现。且不说周厉王危机后的周召共和,就是春秋战国时期周天子式微,王政下移,由所谓的"礼乐征伐自天子出",逐级下降到"自诸侯出""自大夫出"乃至"陪臣执国命"(《论语·季氏》),这也一定程度体现了贵族层级治理的共建共享理念。尽管这种政治共享体现的是狭隘的宗法等级制下的贵族专政,但不容否认这也是一定层级上的共建共享发展的实践。这种共享发展在晋国六卿、鲁国三桓、郑国七穆等贵族联合执政中体现得较为充分。周代分封制所体现的是政治上共享的层级性和差序性,在人类社会没有真正迈入共产主义社会前,这种共享发展的层级性和差异性是始终存在的。

其次,在法治建设方面,也一定程度地体现着公平正义精神。即便是在君主专制时期,无论是统治阶级的舆论宣传还是百姓的思想意识,都认同"王子犯法与庶民同罪"的观念。当然,这种观念在阶级社会里是大打折扣的,即便是在周代这样的宗法分封制度下,也坚持"礼不下庶人,刑不上大夫"(《礼记·曲礼》),根本做不到法律面前人人平等。而秦以后直到清朝的君主专制时期,法律的公平正义就更难以实现了。三国时曹魏的《新律》将"八议"正式纳入法律处罚制度中,规定了皇亲国戚、达官显贵、贤士功臣等八种人犯罪需要皇帝亲自裁决并可减轻处罚,实际上为特权阶级享受特权开了口子。至于社会地位上,等级社会的森严就更严明了,从宗法社会的国野之别到君主专制时期的君民霄壤,都背离了共享发展理念中的平等原则。尽管如此,历史上的开明君主为了维护自身统治,都或多或少地向大臣或百姓让渡部分权利,这一定程度上体现了共享发展的基本精神。中国传统法文化对公平正义原则是比较重视的。这从法字的构成和起源就能看出。"法"字古代写作"灋"。《说文解字》曰:"灋,刑也。平之如水,故从水;廌所以触不直者去之,从去。""法"字由三点水和廌组成,含有"平之如水"和"触不直"的双重意义。因为廌就是獬豸,即古代传说中"触不直"的独角神兽。《墨子·明鬼下》载,齐庄君的臣子有王里国与中里徼"讼三年而狱不断","齐君由谦杀之,恐不辜;犹谦释之,恐失有罪",于是采取原始神判的办法,"使之人共一羊,盟齐之神社",结果"读王里国之辞既已终矣。读中里徼之辞未半也,羊起而触之,折其脚,祧神之而槁之,殪之盟所"。墨子通过"鬼神之诛"来说明赏善罚恶的"天志",但透过原始神判的表象,我们不难发现其中所蕴含的朴素的共享发展的司法理念。在当时人看来,正是因为"民之为淫暴寇乱盗贼,以兵刃、毒药、水火,退无罪人乎道路率径,夺人车马、衣裘以自利者"(《墨子·明鬼下》),才造成了天下大乱,破坏了共享发展的社会根基。而法治的作用就在于维护社会秩序,扫除阻碍共享发展的障碍。

复次,在官德建设方面,体现了仁者爱人的理念。在"群经之首,三玄之冠"的《易经》中,体现的是尚中公正的政治伦理。正是在尚中公正的理念下,先秦士人建立了以天下为家、以民为本的政治伦理观念。从西周的"民惟邦本,本固邦宁"(《尚书·五子之歌》)到孟子的"民为贵,君为轻,社稷次之"(《孟子·尽心下》),从子产的"苟利社稷死生以之"(《左传·昭公四年》)到墨子的"摩顶放踵以利天下"(《孟子·尽心上》),从老子的"民之饥,以其上食税之多","民之轻死,以其上求生之厚,是以轻死"(《老子》第七十五章)

"天之道，损有余而补不足"（《老子》七十七章）到庄子的"顺物自然而无容私焉"（《庄子·应帝王》），"无为而万物化，渊静而百姓定"（《庄子·天地》），从通过激发良知良能"求放心"而实现"人皆可以为尧舜"（《孟子·告子下》）的性善论到通过"圣可积而致"达致"涂之人可以为禹"（《荀子·性恶》）的性恶论，体现的都是以民为本、仁民爱物、均安维稳的官德意识。此外，作为三纲之首的忠德在其原初意义上也非一味地忠君顺上而不乏"上思利民，忠也"（《左传·桓公六年》）的与民共享的内涵。先秦儒家的"修身齐家治国平天下"理念在后世儒者和士大夫身上更是得到了充分体现。"居庙堂之高则忧其民，处江湖之远则忧其君"的范仲淹念念不忘的是"先天下之忧而忧，后天下之乐而乐"的忧患意识和奉献精神。这种观念体现的是"民胞物与"的仁学思想。从张载"民吾同胞，物吾与也"（张载《正蒙·乾称》）到二程的"仁者，以天地万物为一体"（《河南程氏遗书》卷二上），从朱熹的仁包四德、五常到王阳明的"视天下犹一家，中国如一人"（王守仁《大学问》卷二十六），从康有为描绘的"至平、至公、至仁"的大同世界到谭嗣同的"仁为天地万物之源"（谭嗣同《仁学》上）的仁学，乃至孙中山的三民主义，无不体现对"仁者爱人"思想的传承和发展。传统仁爱思想对当今树立以人为本的理念，实现公平正义，达致共享发展具有重大的理论意义和实践价值。

二

共享发展理念更多地体现在经济层面。在建设中国特色社会主义的历史时期，共享发展理念相当程度地体现在共享经济发展成果上。"实现经济利益共享是马克思主义公平观对中国特色社会主义市场经济建设的价值取向。离开经济基础，无从谈起共享发展问题。"[3]这种经济上的共建共享理念在中国传统文化中也有不同程度的孑遗。

首先，在土地制度上的共享。虽然在"溥天之下莫非王土，率土之滨莫非王臣"（《诗经·小雅·谷风之什·北山》）的"家天下"君主制下，土地为君王所有，是谈不上共享的，但在周代初期，通过"授土授民"的分封制，将周朝治下的国土分封给诸侯，诸侯再二次分封给卿大夫，通过层层分封，在贵族层面形成了层级共享的局面，并在分封制的基础上实行了井田制，便有共享的体现。过去，一直有人怀疑井田制是否真实存在过，但现代考古发现已经证明，孟子所说的"方里而井，井九百亩，其中为公田，八家皆私百亩，同养公田，公事毕，然后敢治私事"（《孟子·滕文公上》）的井田模式是于史有据的。《诗经·大雅·大田》亦有言："雨我公田，遂及我私。""这里所谓公田，是指属于领主的土地，所谓私田，是指领主分给农奴的份地。"[4]尽管井田制的根本性质体现的还是阶级剥削关系，但这种劳役地租形式的土地制度在生产力极不发达的周代体现的是共建共享的发展理念，在当时是有进步意义的。

其次，在分配制度上的共享。井田制不仅是一种土地制度，还以劳役地租的赋税形式影响着分配制度。所谓"夏后氏五十而贡，殷人七十而助，周人百亩而彻，其实皆什一也"（《孟子·滕文公上》），尽管阶级社会中，分配制度由私有制所决定，但统治阶级为了维系自己的统治，也一再宣扬维护公平的分配制度。比如，在传统伦理道德体系中占有重要位置的"忠"就因其字形由中和心组成，而被赋予"忠分则均"（《国语·周语上》）的分配功能。《忠经·天地神明章》亦曰："忠者，中也，至公无私。"先秦时期，"无私，忠也"（《左传·成公九年》），"以私害公，非忠也"（《左传·文公六年》）的观念就已十分盛行，将忠德与无私的公平联系在一起。此外，孔子的"不患寡而患不均，不患贫而患不安"（《论语·季氏》）的均安思想，荀子的"分何以能行？曰义"的"义分则和"（《荀子·王制》）的观念也是对社会分配中公平正义原则的一种理想化表述①。应该说，阶级压迫下的不公平分配是历史的常态和实然状态，而追求"等贵贱，均贫富"的绝对平均主义则是一种空想。《礼记·礼运》所描述的"人不独亲其亲，不独子其子。使老有所终，壮有所用，幼有所长。鳏寡孤独废疾者，皆有所养。男有分，女有归。货恶其弃于地也，不必藏于己。力恶其不出于身也，不必为己。是故谋闭而不兴，盗窃乱贼而不作。故外户而不闭"的"天下为公"的大同社会是人们对社会公平的一种乌托邦式幻想，因为在物质财富极度匮乏的社会中，实现"含弘光大，品物咸亨"（《易·坤·象》）是根本不可能的，而在阶级压迫的阶级社会中，希望统治者在分配上"哀多益

---

① 这里必须指出的是，无论是管子还是荀子，他们的主张都不是绝对的平均主义，而是等级制下的相对平均，这就是管子"四民分业"的核心所在，也是荀子所谓"义分则和"的精髓之处。以荀子为例，在他看来，"分均则不偏，势齐则不壹，众齐则不使"，正是由于"两贵之不能相事，两贱之不能相使"的"天数"，决定了绝对的平均等一将造成纷争，所谓"势位齐，而欲恶同，物不能澹，则必争；争则必乱，乱则穷矣"。因此，"先王恶其乱也，故制礼义以分之，使有贫、富、贵、贱之等，足以相兼临者，是养天下之本也。《书》曰：'维齐非齐。'此之谓也"（《荀子·王制》）。

寡，称物平施"（《易·谦·象》）更是根本办不到的。因此，为了实现等级社会中的所谓公平，先秦思想家基于"人之生，不能无群，群而无分则争"（《荀子·富国》），提出了定分止争的分配原则，以改变"一兔走街，百人逐之"的无序混乱局面。在历史上，通过确定物权的方法来保护私有财产，其目的是维护统治阶级的长治久安。但以定分止争的分配原则来维护人民共建共享的基本物权在今天仍具有现实指导意义。在没有进入共产主义社会的情况下，按劳分配仍是社会主义社会的主要分配原则，是符合全体劳动者共享发展成果的这一基本理念的。

复次，人与自然的和谐共享。人不仅是"社会之子"，还是自然界的产物，是"自然之子"。因此，人与自然的和谐不仅是生态伦理的重要内涵，还是发展伦理的基本内核之一，更是共享发展理念的题中应有之义。中国传统文化中蕴含丰富的"天人合一"智慧，将人视为自然界的产物，所谓"民受天地之中以生"（《左传·成公十三年》），认为人应该效法自然。《周易》主张观象制器，老子提倡道法自然。在易理看来，天地人三才是相互联系的统一体，追求人与自然和谐统一的天人合一境界。基于"天地之大德曰生"（《易·系辞传下》）的理念，先秦时期就有了朴素的生态伦理观念萌芽。既然人与草木、禽兽不同，因其"有气，有生，有知，并且有义，故最为天下贵也"（《荀子·王制》）。所以，人类负有"赞天地之化育"（《礼记·中庸》）的历史使命，以期"辅相天地之宜"（《易·泰·象》）"曲成万物而不遗"（《易·系辞传上》）。在具体实践上，中国的先哲们提出了保护自然生态的主张。"子钓而不网，弋不射宿"（《论语·述而》）是孔子以身作则践行生态伦理的主张。子产反对因为祭祀禳灾而"蓺山林也，而斩其木"（《左传·昭公十六年》）的做法，体现了执政者保护自然生态的态度。《孟子·告子上》对因"斧斤伐之""牛羊又从而牧之"而对牛山所造成的破坏痛心疾首。《墨子·非攻下》对"芟刈其禾稼，斩其树木，堕其城郭，以湮其沟池，攘杀其牺牷"的非正义战争也是大加挞伐。《周礼》中记载了很多负有保护自然职责的官职，如虞人就是山林的管理者，古人入山打猎必须遵从虞人的导引，而不可竭泽而渔，过度渔猎。《周易》中"即鹿无虞，惟入于林，君子几，不如舍"（《易·屯·六三》），说的就是因为没有虞人引导而放弃狩猎计划。《易·比·九五》的"王用三驱失前禽"，记载的是古代围猎时网开一面的传统习俗。总之，在古代中国就存在朦胧的生态文明观念，主张"取予有度""有节"，反对违背自然规律的破坏行为。古人特别注重"时"的观念，主张"不违农时，谷不可胜食也；数罟不入洿池，鱼鳖不可胜食也；斧斤以时入山林，材木不可胜用"（《孟子·梁惠王上》）。这种观念在春秋战国时期已很盛行。《荀子·王制》所称颂的"圣王之制"，具体说来就是"草木荣华滋硕之时，则斧斤不入山林，不夭其生，不绝其长也；鼋鼍、鱼鳖、鳅鳝孕别之时，罔罟、毒药不入泽，不夭其生，不绝其长也"。应该说，"与天地合其德，与日月合其明，与四时合其序"（《易·乾·文言》）就是对先秦时期生态伦理观念的高度概括。在周代礼仪制度中关于生态制度建设的规定也较为完备，如《礼记·月令》明确规定了孟春之月"禁止伐木，毋覆巢，毋杀孩虫，胎夭飞鸟，毋麛毋卵"，仲春之月"毋竭川泽，毋漉陂池，毋焚山林"。《大戴礼记》中"卫将军文子"亦有"开蛰不杀，当天道也，方长不折，则恕也，恕当仁也"的古训。从儒家传统伦理中的"天人合一"到老庄哲学的"道法自然"，"无一不提示着一个朴素而明晰的生态伦理原理：这就是天人合一的宇宙本体论命题；物我一体的价值生存命题；人与自然和谐互动的人自伦理命题"[5]。"鉴于此，我们不难发现前现代社会人与自然在一定限度内保持一定的和谐，而不是对自然的疏离。从历史观念出发，传统伦理文化内蕴着人与自然同一性的精神资源。"[6]可见，传统文化中这些虽很朴素但很丰富的生态伦理价值观念对我们今天在全社会培养生态文化理念，树立尊重自然、保护环境的意识，仍是大有裨益的。

三

共享发展不仅体现在政治上要公平正义和经济上公正合理，还体现在社会生活层面要和谐共处。因此，共享发展绝不仅仅是决策者、组织者单方面的制度设计和实践努力，还包括全民自觉参与的共建共享，是上下互动、全民目标一致的发展理念。在某种程度上，共享发展体现了和谐社会的深刻内涵。因此，我们认为，共享发展还应包括每个社会个体对自身的道德约束和价值观念锻造。在这方面，中国传统文化有很多宝贵的精神遗产。

首先，在家庭伦理方面，中国传统文化主张家庭内部的有序和谐。如父子之伦的父慈子孝、夫妇之伦的夫义妇顺、兄弟之伦的兄友弟悌。由于中国传统社会是血缘宗法社会，因此家庭成员之间主要体现的是血缘关系，进而因为重血缘而重伦常。在家族内部，以血缘为纽带形成了上下尊卑、以父家长制为特点的伦常彝叙。这种血亲关系决定了家族内部是重亲情的,所谓"门内之治恩揜义"(《礼记·丧服四制》)。以父家长制为基础的家庭内部秩序,旨在建立家族内部的共享发展机制。"由自给自足的自然经济所决定,同时也是出于维系宗族的需要,古人往往聚族而居。"[7]数世同居、百口共爨,历朝历代皆不乏这样的家族,如唐代张公艺的九世同居、宋代陆九渊的十世义居等。其中,陆九渊家族更是"聚食逾千指,合爨二百年"(《陆九渊集》卷三十六《年谱》)。北朝士大夫华阴杨氏"家世纯厚,并敦义让,昆季相事,有如父子",史称其"一家之内,男女百口,缌服同爨,庭无间言;魏世以来,唯有卢渊兄弟及播昆季,当世莫逮焉"(《魏书·杨播传》)。一些家族因为共建共享而获得了更多发展机遇,如汉魏两晋时期的弘农杨氏、琅琊王氏、陈郡谢氏等家族因此而繁盛,终成簪缨世家。尽管由于战争、瘟疫、动乱等,大家族经常遭到破坏和冲击,但当世道太平后,血亲的向心力往往又很快凝结成一个大家族,同居共财,实现家族的共享发展。在古人看来,亲族和睦是家庭存续发展的根本保障,所谓"父子笃,兄弟睦,夫妇和,家之肥也"(《礼记·礼运》),将家庭内部和谐作为家族共享发展、兴旺发达的基础,而兄弟不和,妯娌不睦,帷幕不修,则为士大夫之耻。

其次,在社会交往伦理方面,中国传统文化非常重视构建良好的社会关系。在传统儒家伦理强调的五伦六纪中,都强调"朋友"一伦。早在《诗经》中就有"惠于朋友"(《诗·大雅·抑》)"嘤其鸣矣,求其友声"(《诗经·小雅·伐木》)的诗句。《周易》中也有"鹤鸣在阴,其子和之,我有好爵,与子靡之"(《易·中孚·九二》)"二人同心,其利断金"(《易·系辞传上》)的箴言,其体现的是交往伦理中的友道。无疑,"惠于朋友","我有好爵,与子靡之"等诗句已经超出了感情层面对友道的渴慕,表达的是共享发展的朴素观念。在朋友之道的共享发展理念中,古人很重视互助原则。荀子说:"友者,所以相有(同"右",助的意思)也。"(《荀子·大略》)此后,朋友之道的核心意蕴就定位在互助共济上。清代戴震也认同"友也者,助也",并明确指出:"明乎朋友之道者,交相助而后济。"(戴震《原善》卷下)朋友间的互助共济体现了共享发展的要义。不仅如此,在古人看来,朋友之间要实现共享发展,还必须坚持忠信的原则,这就是古人为什么一再强调"与人忠"(《论语·子路》)"朋友有信"(《孟子·滕文公上》)的原因所在。在中国传统社会中,忠信、诚信是社会交往的基本原则。儒家伦理强调在社会交往中"己所不欲勿施于人"（《论语·卫灵公》），认为唯有如此，才能建立起和谐共赢的社会关系。墨子也极力主张社会关系的和谐，他高扬的是"兼爱""非攻"的大旗，认为社会的无序混乱起因在于"不相爱"，因此，他主张"兼相爱，交相利"（《墨子·兼爱下》）。这里特别值得一提的是传统的中和思想。尽管中和思想是一个大概念，不仅仅局限在社会交往方面，但崇尚和合的传统中和思想从古至今在规范社会交往方面发挥着至关重要的作用①。

复次，在职业操守伦理方面，中国传统文化提倡安居乐业、忠勤敬业。据战国时许行追忆神农氏，"贤者与民并耕而食，饔飧而治"（《孟子·滕文公上》），就是说在原始社会时期，部落首长与民众是共建共享发展成果的。但到了阶级社会，社会阶层分裂，出现了"治人"的劳心阶层和"治于人"的劳力阶层，使得原始的共建共享，变成了民建君享。为了便于管理，维护社会稳定，管仲提出了"四民分业"的思想。按照职业分工他把被统治者大体划分为士、农、工、商四大类，使四民不杂处，即"圣王之处士也，使就闲燕；处工，就官府；处商，就市井；处农，就田野"。通过职业世袭，使"士之子恒为士""农之子恒为农""工之子恒为工""商之子恒为商"（《国语·齐语》），从而使阶层固化，达到安居乐业、安定繁荣的目的。为了使人民安居乐业，统治者还大力提倡夙夜为公、忠于职守的忠勤意识。在《忠经》中就专门有《百工章》，对不同职业的人，规定了忠于职守的具体义务。其实，早在春秋时期就明确了对公事的敬业忠诚原则。所谓"公家之利，知无不为，忠也"（《左传·僖公九年》），直接以尽心尽力于本职工作来界定忠，并将忠与职业道德联系在一起，提出"违命不孝，弃事不忠"（《左传·闵公二年》）的道德要求[8]。墨子更是

---

① 尚中、尚和思想在《周易》等元典中早有充分的体现，在西周政治家史伯的论述中也有明确的表述。史伯反对无原则的"以同裨同"，提出了"和实生物，同则不继"（《国语·郑语》）的重要思想。春秋政治家晏婴发展了史伯的和同观，晏婴以调味和羹、调音和声来说明和的内蕴。传统智慧中的"中和"观念本质特质是和，但这个和不是无原则的或者千篇一律的雷同，而讲的是中和，是在承认差别、承认个性前提下的和，所谓"君子和而不同，小人同而不和"（《论语·子路》）。儒家"致中和"的观念逐渐成为中华传统文化的核心价值取向，到了近现代，和的观念一直是中华民族的精神特质。费孝通提出的"美美与共"的中和观，张立文建构的和合学，特别是党中央提出建设社会主义和谐社会无一不是对传统中和思想的继承和发展。

对社会各岗位提出了忠于职守的要求，所谓"王公大人，蚤朝晏退，听狱治政，此其分事也；士君子竭股肱之力，亶其思虑之智，内治官府，外收敛关市山林泽梁之利，以实仓廪府库，此其分事也；农夫蚤出暮入，耕稼树艺，多聚叔粟，此其分事也；妇人夙兴夜寐，纺绩织紝，多治麻丝葛绪捆布縿，此其分事也"（《墨子·非乐上》），并将"立命而怠事"（《墨子·非儒下》）视为不称职。每一个有劳动能力的人，拥有相对稳定的职业岗位，是其获取收入、分享发展成果、实现自身发展和人生价值的必要前提条件[9]。因此，中国传统观念中所蕴含的安居乐业、爱岗敬业的忠勤特质和童叟无欺、诚实信用的职业道德，无疑是当今社会劳动者践行共享发展理念的价值圭臬。

四

诚然，共享发展理念，不仅包括政治层面、经济层面、社会层面的共享发展，从人类命运共同体精神出发，还包括国际社会和全人类的共享发展。正如有的学者所指出的那样，共享发展"还是一个具有国际伦理意蕴的发展理念。以习近平为总书记的党中央不仅致力于在国内提高社会发展成果的共享性，而且致力于提升我国推进中国特色社会主义建设事业的发展成果在国际社会的共享性"[10]。作为有着五千年文明历史的古老国度，中国历来不乏互助互利、和平发展的人类命运共同体意识和合作共赢观念。尽管在古代社会，中国还没有现代意义上的国际关系学说，但传统文化中固有的天下观以及诸侯分立时期的国家关系一定程度上体现了中国传统的国际关系理念。

首先，在国际交往方面，传统文化中蕴积着大量邦交准则和基本礼仪。早在先秦时期中国先民就逐渐形成了自己的天下观，认为天下犹如一个家庭。这在《周易·说卦传》中表现最为明显："乾天也，故称父；坤地也，故称母。震一索而得男，故谓之长男；巽一索而得女，故谓之长女；坎再索而男，故谓之中男；离再索而得女，故谓之中女；艮三索而得男，故谓之少男；兑三索而得女，故谓之少女。"而这个有父有母、有兄弟姐妹的大家庭就是一个命运共同体。在这种天下犹如一家的观念主导下，在万邦来集的西周时期就已经确立了国际关系中的交往原则。围绕周天子这个天下共主，根据诸侯国之间关系的远近亲疏，形成了"邦内甸服，邦外侯服，侯卫宾服，蛮夷要服，戎狄荒服"（《国语·周语上》）的五服制度。尽管这种"大一统"的天下观是以华夏族为中心并带有华夷之辨的狭隘特点的，但其中已含有"天下一家"的朴素的思想萌芽。此外,整个周朝时期,在周礼的框架下,形成了朝聘会盟的相关准则和礼仪制度。在周朝,诸侯国相互之间交往原则中最核心的是德和礼。所谓"先王耀德不观兵"(《国语·周语上》),确立了德在国与国交往中的基本准则地位,即便是在诸侯争霸过程中,霸主也往往注重以德服人。如"九合诸侯,一匡天下"的齐桓公之所以能成为响当当的霸主主要是他能尊王攘夷,迁邢存卫。晋文公称霸天下不仅仅在于勤王救宋,还得益于退避三舍的礼让和攻原得卫的信义①。春秋时期诸侯国间的交往特别重视礼仪,自古就有"牺象不出门,嘉乐不野合"(《孔子家语》卷一)的传统。"无论是朝、聘、会、盟等邦交礼仪,还是对使节的送往迎来,都严格遵照礼制来进行。凡是在邦交活动中恪守礼制的,就会受到人们的赞扬,甚至对其国也肃然起敬。"[11]如郑国执政子产在邦交中就非常重视礼,人们屡赞其"举不逾等","知礼""守礼"。即便是在激烈的对抗和战斗中,春秋时期的卿士大夫也不敢对礼有片刻疏忽,如在对战中坚持"不鼓不成列""不禽二毛"等传统军礼和习俗。总的来说,中国传统文化重视家国情怀,所谓"修身齐家治国平天下",从个人到家国天下都寄托着士人的责任感。尽管不乏以华夏为中心、严华夷之辨的偏狭,但其重视睦邻友好,和平共处,主张兼爱、非攻,反对战争和掠夺的倾向更加突出。这些都对我们今天在全球一体化语境下建设人类命运共同体和国际社会共享发展有着很好的启发与借鉴作用。

其次,在国际合作方面,传统文化素有开放包容、互助共赢的文化基因。早在春秋时期,合作互助就是诸侯国间合作的重点。强调在国际事务中,作为大国或盟主,要担当一定的国际义务,所谓"凡侯伯,救患、分灾、讨罪,礼也"(《左传·僖公元年》)。在"南夷与北狄交,中国不绝若线"(《公羊传·僖公四年》)的特殊历史时期,大国强国往往肩负打击蛮族入侵、维护地区和平的重任,齐桓公北御戎狄、迁邢存卫就是典型的大国担当。不仅"兴灭继绝"是国际义务,在生产力还不发达的古代社会,自然灾害频仍,因此,国际援助更是国家间不容推卸的责任和义务。比如,春秋时期,晋国发生灾荒,当时正

---

① 晋文公伐原示信的故事见《左传·僖公二十五年》。其曰:"晋侯围原,命三日之粮。原不降,命去之。谍出,曰:'原将降矣。'军吏以告,曰:'请待之。'公曰:'信,国之宝也,民之所庇也。得原失信,何以庇之?所亡滋多。'退一舍而原降。"这则故事在《韩非子·外储说左上》也有类似的记载。

值秦晋交恶，但秦国本着"天灾流行，国家代有，救灾恤邻，道也"的国际救济原则向晋国输粟救灾。"秦于是乎输粟于晋，自雍及绛相继，命之曰泛舟之役。"（《左传·僖公十三年》）不久，秦国也发生了灾荒，并向晋国"乞籴"，晋惠公却背信弃义拒绝履行援助义务。后来，晋国再次出现饥荒，秦穆公仍不计前嫌继续向晋国救灾输粟，"在春秋战国时期，秦国对国家利益和相对获益的关注绝不比其他国家少，但它在此次救灾外交中始终坚持的是国际道义优先的基本原则"[12]。这种国际道义优先原则在当今国际社会更具有重要的现实意义。在和平发展的时代主题下，反对霸权主义，反对恐怖主义，加强对自然灾害的国际援助仍是国际社会的共同责任。除了自然灾害发生时的国际互助外，从西汉张骞出使西域到东汉班超联合西域小国共抗匈奴，体现的是扶助弱小共抗强权，探索丝绸之路共赢发展的努力。而明朝郑和下西洋的壮举则开启了海上丝绸之路的风帆，表达的也是华夏中国爱好和平、共享发展的理念。

复次，在国家利益方面，传统文化也划定了国际交往中应坚守的底线。今天在国际交往中坚持的和平共处五项基本原则，就是底线要求。《左传·襄公十一年》记载，诸侯会盟盟书曰："凡我同盟，毋蕴年，毋壅利，毋保奸，毋留慝，救灾患，恤祸乱，同好恶，奖王室。"意思是说，所有同盟国不要囤积居奇，不要搞利益垄断，不要包庇容留犯罪；要承担救灾定乱、辅助王室的国际义务。这种国际义务早在商周时期就已经存在，而且即便是天子也不能违背。如周武王伐纣一个堂而皇之的借口就是"纣为天下逋逃主，萃渊薮"（《尚书·牧誓》）。也就是说，商纣王容留国际犯罪已经没有资格为天下共主，故而讨伐推翻之。由此不难看出，早在先秦时期，不以邻为壑，不搞利益垄断、贸易壁垒，不窝藏容留别国犯罪分子，不搞针对别国的分裂行为等已作为与救灾输粟等同等重要的国际义务。即便在战争期间，也不能对敌对国做出"井湮木刊"（《左传·襄公二十五年》）等破坏非军事设施、有损平民利益的违反人道主义行为。为了国家利益据理力争，也是政治家的使命。如郑国子产为了反对盟主晋国加重同盟国纳币负担，写信给晋国执政范宣子公开提出批评和抗议，最终范宣子听从建议，调整重币为轻币。在平丘会盟上，子产也为承担贡赋的事而力辩曰："昔天子班贡，轻重以列，列尊贡重，周之制也。卑而贡重者，甸服也。郑伯，男也，而使从公侯之贡，惧弗给也，敢以为请。"（《左传·昭公十三年》）从中午争到晚上，直至晋人许之才罢休。在维护国家利益上坚守原则和底线，历来为人们所尊重和称道；反之，出卖国家利益则为人所不齿。这样的实例在历史上有很多，苏武守节牧羊与李陵投匈奴、岳飞抗金与秦桧卖国等都是典型。应该说，维护国家民族利益不仅关乎民族气节和国家权益，更关系到国际社会的和平发展，是全球共享发展的重要保障。

综上所述，中华优秀传统文化和伦理道德是共享发展理念的重要思想资源和精神基因。"当国人觉醒于文化战略对一个国家和民族的命运极端重要之时，中国道德文化资源的现代转换与应用自然成为关注的焦点。"[13]而共享发展理念的提出，正是基于对中国传统优秀文化的传承和发展，特别是对中国优秀传统道德文化的转换和应用。正如有的学者所指出的，"从传统文化精髓汲取营养，自觉加强道德约束，是共享发展理念的题中之义"[14]。以上仅从政治、经济、社会、国际交往等方面，对中国传统文化中所蕴含的关涉共享发展理念的丰富资源和精神基因进行了初步梳理，以期对共享发展理念的深刻把握和现代践行有所裨益。

参考文献：

[1] 左乐平. 论共享发展理念的政治伦理意蕴 [J]. 中共福建省委党校学报, 2017 (1): 22—29.

[2] 王处辉. 中国社会思想史 [M]. 北京: 中国人民大学出版社, 2002: 52.

[3] 董朝霞. 论共享发展理念与中国特色社会主义 [J]. 思想理论教育, 2016 (8): 32—38.

[4] 翦伯赞. 中国史纲要: 第一册 [M]. 北京: 人民出版社, 1979: 39.

[5] 万俊人. 寻求普世伦理 [M]. 北京: 商务印书馆, 2001: 243.

[6] 张彭松. 人与自然的疏离——生态伦理的道德心理探析 [J]. 安徽师范大学学报（人文社会科学版）2016 (4): 453—459.

[7] 张锡勤. 中国传统道德举要 [M]. 哈尔滨: 黑龙江大学出版社, 2009: 135.

[8] 桑东辉. 传统忠德的当代转换及与社会主义核心价值观的契合 [J]. 道德与文明, 2014 (6): 68—73.

[9] 易培强. 共享发展与马克思主义理论创新 [J]. 当代经济研究, 2017

(3):33—41.

[10] 向玉乔.共享发展理念的伦理基础[J].伦理学研究,2016(3):15—18.

[11] 徐杰令.论春秋邦交的时代特点[J].管子学刊,2005(4):77—82.

[12] 王日华.先秦国家利益论及其对当代中国外交的影响[J].世界经济与政治,2012(11):136—154.

[13] 李建华,冯丕红.论中国传统道德文化理念的分疏递进[J].武陵学刊,2011(4):6—20.

[14] 彭怀祖.共享发展理念的伦理意蕴[J].毛泽东邓小平理论研究,2016(8):44—47.

"红船精神"对中华民族精神的传承与发展[*]

2005年6月21日,时任浙江省委书记的习近平同志在《光明日报》发表了《弘扬"红船精神" 走在时代前列》一文,首次提出"红船精神",并将开天辟地、敢为人先的首创精神,坚定理想、百折不挠的奋斗精神,立党为公、忠诚为民的奉献精神概括为"红船精神"的深刻内涵[1],为我们继承发扬"红船精神"指明了方向。应该说,习近平同志提出的"红船精神",不仅是对中国共产党建党历史和立党之本的全面回顾和精准定位,也是对马克思主义与中国革命实践相结合的深刻阐释和高度概括,更是对中国优秀传统文化和民族精神的继承升华和创新发展。

一、开天辟地、敢为人先的首创精神是对中华民族创造精神和革新精神的整合与发展

在中国传统文化中,创造精神是中华民族的优秀特质。在中国上古神话中,很早就有盘古开天辟地、女娲抟土造人、燧人氏钻木取火的传说。《易·系辞传下》较为详细地记载了原始先民发明创造的历史。其曰:"古者包牺氏之王天下也,仰则观象于天,俯则观法于地,观鸟兽之文与地之宜,近取诸身,远取诸物,于是始作八卦,以通神明之德,以类万物之情。作结绳而为网罟,以佃以渔,盖取诸《离》。包牺氏没,神农氏作,斫木为耜,揉木为耒,耒耨之利,以

---

[*] 基金项目:国家社会科学基金项目"传统人伦观的价值合理性及其现代审视研究"(BBZX071)。

作者简介:桑东辉,男,哈尔滨市社会科学院特邀研究员,博士,研究方向为伦理学和中国传统文化。

原载《武陵学刊》2019年第1期。

教天下,盖取诸《益》。日中为市,致天下之民,聚天下之货,交易而退,各得其所,盖取诸《噬嗑》。神农氏没,黄帝、尧、舜氏作,通其变,使民不倦,神而化之,使民宜之……黄帝、尧、舜垂衣裳而天下治,盖取诸《乾》《坤》。刳木为舟,剡木为楫,舟楫之利以济不通,致远以利天下,盖取诸《涣》。服牛乘马,引重致远,以利天下,盖取诸《随》。重门击柝,以待暴客,盖取诸《豫》。断木为杵,掘地为臼,臼杵之利,万民以济,盖取诸《小过》。弦木为弧,剡木为矢,弧矢之利,以威天下,盖取诸《睽》。上古穴居而野处,后世圣人易之以宫室,上栋下宇,以待风雨,盖取诸《大壮》。古之葬者,厚衣之以薪,葬之中野,不封不树,丧期无数,后世圣人,易之以棺椁,盖取诸《大过》。上古结绳而治,后世圣人易之以书契,百官以治,万民以察,盖取诸《夬》。"正是有了燧人氏、包牺氏、神农氏、黄帝、尧、舜等往圣先贤的发明创造,中华民族才从蒙昧野蛮走向文明开化。在中华元典中,《周易》较为系统地展示了中华民族的创造精神。在八八六十四卦中,首卦乾卦体现的就是创造精神。所谓"元亨利贞",这个元就是万物资始资生的原创状态。乾卦的核心价值在于创生原则,即所谓"大哉乾元,万物资始,乃统天"(《易·乾·彖》)。而整部《周易》的根本也在于创造精神,"生生之谓易"(《易·系辞传上》),"天地之大德曰生"(《易·系辞传下》)。按照易理而言,创造是《周易》的核心要义。对此,现代新儒家牟宗三进行了阐发,他认为,《周易》强调创造精神,但因创造一词经常被基督教用作创世纪的说法,因此,牟氏提出以创生原则来代指《周易》的创造精神[2]。应该说,从古至今,中华民族始终没有停止敢为人先、发明创造的步伐。从大禹治水到愚公移山,从中医中药的出现到四大发明,中华民族在探索自然、改造自然的道路上不断前行,创造了一个又一个中国奇迹。

除了创造精神,中华民族还特别重视革新精神。如果说创造是对前所未有的突破,是"有生于无",那么,革新则是在既有基础上的再创造,即创新,是"继往开来"。中华传统文化高度重视革新精神。《易·系辞传上》提出:"日新之谓盛德。"《礼记·大学》曰:"苟日新,日日新,又日新。"强调创新的重要性。《周易》六十四卦的革卦和鼎卦较为集中开显了创新的意义和价值,凸显的是革故鼎新,所谓"革去故也,鼎取新也"(《易·杂卦传》)。"天地革而四时成,汤武革命顺乎天而应乎人,革之时义大矣哉"(《易·革·彖》)。应该说,大到国家的建构，小到社会风俗的形成与变异，都离不开更始革新。按照社会历史发展轨迹来说，中华民族在迈向文明社会的进程中，由部落联盟到氏族国家的形成是创造性和开拓性的。在进入文明社会后，中华民族由禅让制到世袭制，由夏商周三代因革损益到秦代废封建而行郡县，乃至辛亥革命废除封建帝制建立中华民国到1949年中华人民共和国的成立，都是不断革弊开新的结果。应该说，改革创新是中华民族不断进取，始终屹立于世界民族之林的精神源泉。在中国历史上，一直以来都不乏与时俱进、继往开来的改革者。如果说汤武革命只是一家一姓的江山易主，那么周公制礼作乐无疑是一场全社会、全方位的深刻的系统变革。变法与改革是社会进步的重要推动力。在中国历史上较有影响的几次变法中，从商鞅变法到王安石变法，再到近代的戊戌维新变法，尽管改革者最终都落得个贬死窜逃的悲惨下场，但变法革新推动了中国社会的发展，并给中华民族注入了革故鼎新、变法图强的精神动力。今日，中国从站起来到富起来，再到强起来，都得益于和继续得益于改革开放。

毋庸置疑，创新是中华民族发展的不竭动力。中国传统文化中的创造精神和革新精神最终融汇成创新精神。"红船精神"所倡导的开天辟地、敢为人先的首创精神，集中浓缩了中国传统文化中的创造精神和革新精神，并将二者融汇为创新精神，进而升华出中国共产党开天辟地、敢为人先的首创精神特质。也正是靠了这首创精神，中国共产党才能从无到有、从小到大、由弱到强，一步步走向胜利，走向辉煌。从第一次国共合作到八一南昌起义，从创建井冈山革命根据地到二万五千里长征，从抗日战争开辟敌后战场到解放战争打垮国民党反动派，从新民主主义革命到社会主义革命，从改革开放到新时代中国特色社会主义，应该说，每一步都付出了前所未有的艰辛，也体现了中国共产党开天辟地、敢为人先的首创精神。而且这种首创精神不仅是马克思主义与中国实际相结合的产物，也是对中国传统文化中的创造和革新精神的继承与发展。

二、坚定理想、百折不挠的奋斗精神是对中华民族弘道精神和自强精神的整合与发展

中国传统文化中一直有着对道的不懈追求。在中国历史上，道已经内化为士人的精神追求和人格塑造，即所谓"君子谋道不谋食……君子忧道不忧贫"（《论语·卫灵公》），"朝闻道夕死可矣"（《论语·里仁》）。在《论语·述而》

中，孔子对君子的要求是"志于道，据于德，依于仁，游于艺"，将道放在君子修养的首位，并使之成为一个人安身立命的根本。由此在中国士人的精神追求中就加入了强烈的卫道、弘道、殉道精神，概括起来，这就是中华民族的弘道精神。在儒家道统里，道的意义十分重大。儒家"把'道'视为意义世界的终极依据，视为价值的本源，把求道当作终极的价值目标"[3]。中国传统观念认为，士人是社会的中坚和民族的脊梁，肩负着求道、传道、弘道、卫道的重任，所谓"铁肩担道义"。因此，弘道精神就成为士人的价值追求和道德坚守，所谓"士不可不弘毅，任重而道远"（《论语·泰伯》）。同时，凸显士人的主体精神，强调"人能弘道，非道弘人"（《论语·卫灵公》）。早在先秦时期就确立的这种弘道精神受到历代仁人志士的尊奉，古往今来，无数的民族先驱为了精神信仰、理想信念前赴后继，宁愿放弃荣华富贵，舍弃与家人的团聚，直至献出自己宝贵的生命。"富与贵，是人之所欲也，不以其道得之，不处也；贫与贱，是人之所恶也，不以其道得之，不去也。"（《论语·里仁》）"不义而富且贵，于我如浮云。"（《论语·述而》）"志士仁人，无求生以害仁，有杀身以成仁。"（《论语·卫灵公》）"生，亦我所欲也；义，亦我所欲也。二者不可得兼，舍生而取义者也。"（《孟子·告子上》）古圣先贤将弘道精神推崇到上天赋予自己的责任和使命的高度。"天将降大任于斯人也，必先苦其心志，劳其筋骨，饿其体肤，空乏其身，行拂乱其所为也，所以动心忍性，增益其所不能。"（《孟子·告子下》）仁人志士为了伟大的事业，为了道，可以冲破一切阻力，勇往直前。"道之所在，虽千万人，吾往矣。"（《孟子·公孙丑上》）为了践行弘道伟业，传统士人坚守气节。所谓"气者，志之帅"（《孟子·公孙丑上》），故而要"吾善养吾浩然之气"（《孟子·公孙丑上》），做到"三军可夺帅，匹夫不可夺志也"（《论语·子罕》）。

弘道的路上，充满了艰难险阻，因此弘道离不开自强不息的刚健坚韧精神，所谓"天行健，君子以自强不息"（《易·乾·象》）。为了道，要刚健勇猛，不畏艰险，百折不挠，一往无前。特别是遭遇困境和挫折时，更要不坠青云之志，砥砺奋进。司马迁在《报任安书》中说："文王拘而演周易，仲尼厄而作春秋。屈原放逐，乃赋离骚。左丘失明，厥有国语。孙子膑脚，兵法修列。不韦迁蜀，世传吕览。韩非囚秦，说难孤愤。诗三百篇，大抵贤圣发愤之所为作也。"司马迁自己也是屡遭厄运，备受打击和摧残，但为了心中坚守的道和责任使命，他不忘初心，忍辱负重，废寝忘食，终于完成了"究天人之际，通古今之变，成一家之言"的煌煌巨著——《史记》。"千锤万击出深山，烈火焚烧若等闲。粉身碎骨全不怕，要留清白在人间。"[4]自强不息的精神激励了中华民族一代又一代仁人志士。

奋斗是一个民族得以生存发展的基础。中国传统的弘道精神和自强精神集中体现为奋斗精神。"红船精神"中的坚定理想、百折不挠的奋斗精神正是对弘道精神和自强精神的整合提升与继承发展。为了救国救民，探索中国革命新道路，中国共产党人进行了艰苦卓绝的斗争和坚持不懈的努力。自从十月革命一声炮响给中国送来了马克思列宁主义，中国革命就有了指路明灯。马克思主义与中国工人运动相结合产生了中国的无产阶级政党——中国共产党，中国革命有了坚强的领导核心，从此，中国革命的各种力量聚集在中国共产党的旗帜下，为推翻三座大山、解放全国人民奋力前行。但是，中国共产党的奋斗历程并非一帆风顺。面对各种风险与挑战，中国共产党人始终坚定理想信念，百折不挠，克服了革命道路上一个又一个艰难险阻，纠正了一个又一个发展中的错误，不断校正航向，确保了中国革命的航船始终沿着正确的方向前进。"理想因其远大而为理想，信念因其执着而为信念。"[5]今天，我们已经踏上新时代中国特色社会主义的新征程，要实现中华民族伟大复兴的中国梦，必须始终坚定理想信念，以百折不挠的奋斗精神砥砺奋进。

三、立党为公、忠诚为民的奉献精神是对中华民族公忠精神和民本精神的整合与发展

中国传统道德中，长期以来，"忠"被尊奉为三纲之冠、八德之首，是最重要的德目之一。由于传统礼教的熏染，"忠"长期以来被等同于忠君这一偏狭的含义。事实上，在忠出现之初，它的原初意义是一个人对一切人、一切事的尽心尽意。这既包括对上级的忠诚，也包括对平等主体的忠信，甚至包括统治者对社稷、对百姓的尽心尽力。如果剔除狭隘的忠君意涵，"忠"更有为国、为民的公忠精神。"所谓道，忠于民而信于神。上思利民，忠也。"（《左传·桓公六年》）也就是说，当权者治国理政的核心是利民，这也是当权者所应践行的忠德。"夫上之所为，民之归也。"（《左传·襄公二十一年》）只有统治者积极践行利民的忠德才能获得人民归心，实现长治久安。反之，"不亲于民而求用焉，

人必违之"(《国语·周语上》)。在中国传统政治伦理中,忠是治国安民的根本。"忠,民之望也。"(《左传·襄公十四年》)正如《忠经·天地神明章》所云:"忠者,中也,至公无私。"忠和公都是相对于私而言的。所谓"自环者谓之私,背私谓之公"(《韩非子·五蠹》)。不仅公与私是对立关系,忠与私也是水火不容的。"以私害公,非忠也。"(《左传·文公六年》)"无私,忠也。"(《左传·成公九年》)正是由于公与忠的价值一致性才产生了"公家之利,知无不为,忠也"(《左传·僖公九年》)的公忠观念,并成为人们的普遍共识。在此基础上,更生发出公忠体国的爱国主义精神。

在中国传统政治伦理中,不仅强调公忠体国,而且很早就有了仁民爱物的民本观念。在《尚书·五子之歌》中就有"民惟邦本,本固邦宁"的说法,《孟子·尽心下》更明确提出:"民为本,君为轻,社稷次之。"公忠观念中的一个重要核心价值理念就是"上思利民"。应该说,体现了以民为本精神的爱民、利民、安民、养民、惠民等仁政思想和理念构成了中国传统政治伦理思想的重要内容。尽管中国传统民本观念所提倡的"泛爱众而亲仁"(《论语·学而》)、"博施于民而能济众"(《论语·雍也》)等思想其出发点是为了维护等级社会秩序,维护统治阶级的利益,而非真的要归政于民,实现民主,但在中国历史上,这种民本主义思想以及在民本主义思想指导下的仁政德治政治实践一定程度上缓和了阶级对立,或多或少缓解了阶级矛盾,在当时是有一定进步意义的。同时,对统治者来说,民本主义思想也有利于维护等级制度下的社会秩序。这也是历代政治精英和思想巨擘为什么要高扬仁政爱民大纛的原因。孔子主张"使民以时",博施济众,仁者爱人;墨子提倡"兼相爱,交相利"(《墨子·尚贤中》);管子提出四民分业的改革设想都意在使老百姓安居乐业,实现长治久安。宋代理学家张载主张"为天地立心,为生民立命,为往圣继绝学,为万世开太平",并在《西铭》中提出了"民吾同胞,物吾与也"的民胞物与思想。明清易代之际的启蒙思想家则极力宣扬"公天下"的观念,提出"一姓之兴亡,私也;而生民之生死,公也"[6]的思想。重民的民本思想始终是中国传统治理文化中的重要内容。

奉献是怀着一颗赤诚之心的全身心付出。中国传统文化中的忠德体现的就是对人对事要竭尽全部心力。"红船精神"中立党为公、忠诚为民的奉献精神正是对中国传统公忠精神和民本精神的整合和发展。当然,共产党人的奉献精神已经远远超越了传统忠于一家一姓江山社稷的"家天下"思想，也超越了一方面强调"民可使由之，不可使知之"（《论语·泰伯》），另一方面又鉴于"水可覆舟"的道理而为了维护长治久安才爱民、恤民、教民的民本主义。立党为公、忠诚为民的奉献精神是基于"人民是历史的创造者，是决定党和国家前途命运的根本力量"[7]这一历史唯物主义精神，是对立党为公、执政为民、全心全意为人民服务这一根本宗旨的细化和深化。所谓"大道之行，天下为公"（《礼记·礼运》），"得众则得国，失众则失国"（《礼记·大学》），立党为公、忠诚为民的奉献精神就是中国共产党坚持一切为了人民、一切依靠人民的人民立场的体现，是马克思主义人民观在当代中国的新发展。实际上，立党为公的这个"公"代表的是国家人民的根本利益。归根到底，立党为公、忠诚为民的落脚点都是人民，是全心全意为人民服务，是为国为民敢于牺牲、甘于奉献的精神情操。

综上所述，"红船精神"不仅是"中华民族精神在近代的特殊历史背景下的升华"[8]，"又引领和发展了社会主义先进文化，是文化自信的重要资源"[9]。今天我们继承和发扬"红船精神"，就是要继往开来，坚定文化自信，努力实现中华民族伟大复兴的"中国梦"。

参考文献：

[1] 习近平. 弘扬"红船精神"走在时代前列［N］. 光明日报，2005-06-21（A3）.

[2] 牟宗三. 周易哲学演讲录［M］. 上海：华东师范大学出版社，2004：12.

[3] 宋志明，吴潜涛. 中华民族精神论纲［M］. 北京：中国人民大学出版社，2006：49.

[4] 王强模，等. 历代抒情诗词［M］. 贵阳：贵州人民出版社，1984：460.

[5] 习近平. 习近平谈治国理政：第二卷［M］. 北京：外文出版社有限责任公司，2017：35.

[6] 王夫之. 读通鉴论［M］//. 船山全书：第10册. 长沙：岳麓书社，2011：669.

[7] 本书编写组. 党的十九大报告辅导读本［M］. 北京：人民出版社，2017：20—21.

[8] 陈水林. 红船精神是中华民族精神与马克思主义革命精神相结合的产物［J］. 党史文苑，2012（6）：67—70.

[9] 彭冰冰. 论红船精神与文化自信的内在契合性［J］. 嘉兴学院学报，2017（5）：101—107.

生态文明与尊重自然的伦理精神*

尊重自然是生态文明所蕴含的伦理精神。所谓伦理精神，是指人们在创造文明的过程中形成的为某一道德共同体所认同和遵循的伦理意识和道德价值观念的总和。作为一种伦理精神，尊重自然反映的是人类对大自然的一种道德意识，它渗透人们文明创造活动的整个过程和各个方面，在一定程度上支配生态文明的发展和演进。作为人类文明的最新形态，生态文明将超越以往各种文明，而其尊重自然的伦理精神也将是对以往各种文明类型的伦理精神的整合和超越，因此，我们要在认识论上科学地认可自然的本体地位，在价值观上形成对自然的积极评价，在实践中遵循关爱自然的行为规范。

一、尊重自然：文明与自然关系发展的必然要求

人与自然的关系是人类存在和发展的永恒主题。人类的生产、生活方式及人类对待自然的态度表现出不同的人与自然的关系意识，而不同的人与自然的关系意识又体现了人类文明形态的演进历程。因为文明不过是人类认识世界、改造世界创造财富所形成的结果。人类所认识和改造的世界中包括社会，更包括自然。自然是文明的根基，所以，人与自然的关系又表现为文明与自然的关系。自人类脱离野蛮进入文明阶段以来，人类文明大致经过了渔猎文明、农业文明、工业文明和正在经历的生态文明。其中，每一种文明蕴含的伦理精神都

---

* 基金项目：国家哲学社会科学基金项目"中国企业经济伦理实现机制研究（12BZX079）"。
作者简介：何为芳，女，湖北武汉人，武汉轻工大学马克思主义学院教师，博士，研究方向为马克思主义伦理思想；龚天平，男，湖北公安人，中南财经政法大学哲学院教授，博士，博士生导师，研究方向为伦理学原理和应用伦理学。

不一样。

第一,渔猎文明的伦理精神:崇拜自然。渔猎文明时期,人类开始制造和使用简单的劳动工具,以采集渔猎的方式从自然界中获取生活所需。这一时期生产规模较小,生产力水平极为低下,人类对自然的认识和改造能力非常有限,同动物一样消极适应自然。面对变化万千的自然现象和强大神秘的自然威力,人类只能通过口口相传的神话故事解释这些自然现象的起源,将风雨雷电等自然力作为崇拜的对象。"自然界起初是作为一种完全异己的、有无限威力的和不可制服的力量与人们对立的,人们同自然界的关系完全像动物同自然界的关系一样,人们就像牲畜一样慑服于自然界,这是对自然界的一种纯粹动物式的意识(自然宗教)。"[1]534

第二,农业文明的伦理精神:敬畏自然。农业文明时期,科学技术和生产力水平有所提高,人类开始积极适应自然,不断地改进生产工具和劳动方式,通过耕作农田、驯养家禽等对自然进行初步改造和利用。但这一生产方式对气候条件、自然资源、土壤肥力等有很大程度的依赖。人们认为,生活的好坏是由自然支配和决定的。因此,在农业文明时期,人们对自然心存敬畏,甚至要通过祭祀、祷告等宗教迷信方式祈求自然界风调雨顺,以获得自然的宽容和恩赐。这一时期,人类对自然的影响只是局部的、有限的。

第三,工业文明的伦理精神:支配自然。进入工业文明时代,科学技术的进步实现了生产方式的变革和物质财富的飞速增长,人类的生产和生活不再直接地受制和依附于自然,启蒙理性的兴起将人类从对自然的崇拜和敬畏中解放出来。人类认识到自身蕴藏的巨大能量,转而走向了对自然的控制和支配,以自然的主人自居。"自然力的征服,机器的采用,化学在工业和农业中的应用,轮船的行驶,铁路的通行,电报的使用,整个整个大陆的开垦,河川的通航,仿佛用法术从地下呼唤出来的大量人口"[2],人类对自然的支配获得了工业文明时代的生产方式、生产力水平和"人为自然立法"的伦理精神的推动、体现、辩护和呼应,终于引发了日益严重的生态危机,人与自然关系开始紧张、对立。

第四,生态文明的伦理精神:尊重自然。由于工业文明时期人类对自然无止境地索取和污染,造成自然资源几近耗竭,生态环境遭到严重破坏,以至于生态危机大规模爆发,如果任其发展下去,必然摧毁人类文明创造赖以行进的基础和前提。因此,人类虽不能掠过工业文明但必须超越工业文明而走进一种新的文明形态，这便是生态文明。生态文明是在深刻反思工业文明的弊端、继承既往所有文明优秀成果的基础上出现的新文明，是对以往各种文明的扬弃。而其所蕴含的伦理精神也与以往各种文明形态所蕴含的伦理精神不同，这种伦理精神既不表现为人类对大自然的顶礼膜拜，也不表现为人类把大自然当作自己役使和征服的对象，而是表现为人类把大自然视为与自己具有平等地位的对象和合作伙伴。这就是"尊重自然"的伦理精神。这种伦理精神克服了以往人类对自然的畏惧或控制态度，凝聚着人类对自然的科学认识和积极评价，人类通过践履其基本要求而促成人类与自然的共荣共生。

尊重自然的伦理精神是作为生态文明理论重要流派的环境伦理学的基本理念。环境伦理学认为，传统伦理学只涉及人对人的行为，只关注人与人的关系，只认可和尊重人类的价值，这无疑是不完整的。一种伟大的、完整的伦理学应该首先关注人对自然的态度问题，应该将伦理关怀的视野扩大到整个大地及所有生命。拓展道德关怀的范围、尊重自然界的其他生命形式是人类文明进步的必然要求和充分体现。自然价值论的创始人罗尔斯顿指出："一个人，只有当他获得了某种关于自然的观念时，他的教育才算完成；一种伦理学，只有当它对动物、植物、大地和生态系统给予了某种恰当的尊重时，它才是完整的。"[3]261 "衡量一种哲学是否深刻的尺度之一，就是看它是否把自然看作与文化是互补的，而给予她以应有的尊重。"[4]11

日益严重的生态危机已经淋漓尽致地展现了人类拥有的改造自然的巨大能力，但也昭示了不受伦理制约或受不恰当的伦理引导的人类社会将走向一个黯淡的、令人不安的前景这一事实。伦理学的职责和使命就是要引导人类以道德的视角正确认识、评价、关爱我们赖以生存的自然。只有先从价值观念上矫正人类对待自然的态度，在人与自然之间建立一种全新的、优化的伦理关系，人类才会从内心深处尊重自然，并相应地调整和转变自身的生产、生活方式，人类社会才能实现向生态文明的全面转型，人与自然才能良性持存、和谐共生。

二、认可性尊重与评价性尊重：尊重自然之伦理精神的两个维度

作为一种伦理精神，所谓尊重自然是指人类（个体、群体和整体）从内心对大自然的认可和积极评价的道德意识和态度①。它包括以下两个维度。

(一) 认可性尊重

所谓尊重，按《斯坦福哲学百科辞典》的定义是指"主体和客体之间的一种关系"，是主体从某种角度、以某种恰当合适的方式对客体做出回应。也就是说，尊重反映的是主体以特定的视角认识客体、主体和客体之间的关系及主体自身的一种行为活动。正如生物中心主义的代表人物保罗·泰勒所言："我们所考虑的对待生命的恰当的态度，取决于我们如何看待它们，如何认识我们与它们的关系。自然界对我们所具有的道德意义取决于我们看待整个自然系统的方式和我们在其中所起的作用。"[5]62 这样，尊重自然这一伦理观念就包括人对自然特别是生命的认可性尊重，认可性尊重有三方面的含义。

其一，认可养育生命的自然之本体地位。所谓认可，就是人类承认大自然特别是其他生命形式具有与自己平等的地位。认可自然就意味着作为主体的人类要科学、全面、正确地认识、承认自然这一客体的本体地位。给予其恰当的关注。无论是揭示人类与自然界其他生命具有共同起源的进化论，抑或是强调自然万物有机联系和相互依存的生态学，都有力地证明了自然的本体地位。首先，自然整体先于人类历史而存在。自然是无机物和有机物的统一体，是所有生命形式的生存前提。相对人类，自然是客体，具有一种先在的、本原意义上的本体地位。从历史角度来看，人类社会出现以前，自然已经存在了若干年。人类以及人类社会都是自然的派生产物，是自然创造生成的一个成员。即使只看自然中的各种生命形式，人类也是一个晚到者。罗尔斯顿说："生命是在永恒的由生到死的过程中繁茂地生长着的。每一种生命体都以其独特的方式表示其对生命的珍视，根本不管它们周围是否有人类存在。实际上，我们人类也是自然史的一部分。"[4]9-10 其次，自然不是由人类创造出来的，它的产生、形成、变化、运动等都是自在的、原生的，自然有其自身活动的目的和结果。而且自然的这种存在和活动都是循着其自身的本性进行的，也就是说，自然有其固有的、客观的、独特的运动规律，非人类所能改变。生物学、物理学等自然科学的发展表明，生物个体都循着本物种特有的方式和法则来执行生命功能，开展各项

---

① 受周治华的博士论文《伦理学视域中的尊重》（上海人民出版社 2009 年版）第三章第二节论述的启发，将"尊重自然"分为认可性尊重和评价性尊重。

生命活动。每个个体生物都是独特的、不可取代的,是自己生命目的的中心,并以自己特有的方式适应环境、繁衍生息,在生命活动中实现自身的善。"所有生物,无论是有意识的还是无意识的,都是生命目的论中心的,也就是说,每个生物都是一个由各种有目的活动构成的协调统一的有序系统,这个系统不断地力求保护和维持生物的生存。"[5]77这是生物与生俱来的目的行为,是原生的而非派生的。不仅如此,其他生物同人类一样拥有自身的善和福祉,它们也有适合自身存在和繁衍的环境或条件,并能有意识或无意识地趋向这些环境或条件,从而实现自身的善。人类对待其他生物的态度也可以促进或损害它们的善。人类要促进它们的善,就要"营造和保护对它有利的条件,或避免、消除、阻止对它不利的条件"[5]38。英国邓迪大学教授巴克斯特曾指出,如果人类以尊重的方式看待其他生命形式,对所有生命形式进行研究,便会发现,每一种生物的存在都是独特而神奇的,它们用自己的方式展现了生命形式的神奇片段[6]67。无论庞大或渺小,每一种生命形式本身都具有客观的神奇性,都有其内在价值及存在的目的,即维护自身的生存和繁盛。这一目的使生命体努力地进行自我保护、趋向繁荣。

其二,重视人与自然的依赖关系。作为主体的人类与作为客体的自然之间构成一种主客关系,这使得人类与其它生命一起,构成了生态整体。生态整体内部诸要素之间相互支持、补充,也相互制约、依赖,通过能量和信息的流通、交换,以保持生态系统内部动态平衡。"地球生物圈是一个由相互联系的有机体、物体和过程所构成的一个复杂但却秩序井然的网络结构,每一个物种都对其生存环境有所依赖,每一个生态系统都是一个小宇宙,保持生态系统的完整与稳定不论对人还是其他生命形式都是至关重要的。"[7]82正是在这个意义上,利奥波德提出了"大地共同体"的概念。他认为在大地共同体中,人类与其他成员是平等的。"土地伦理是要把人类在共同体中以征服者的面目出现的角色,变成这个共同体中的平等的一员或公民。它暗含着对每个成员的尊敬,也包括对这个共同体本身的尊敬。"[8]实际上,人类与其他生命形式有着共同的生命起源和同一个生存空间。"没有任何一个特定生态系统中的生命共同体可以孤立存在。它们都直接或间接地与其他生命共同体相联系。生命共同体之间的联系类似于生态系统中的种群之间的联系。其中一个共同体出了问题会影响到其他共同体。"[5]74任何一种生命形式的福祉,不仅有赖于其所存在的自然条件,还有赖于与其他生命形式的密切联系。因为所有的生命形式相互依存，组成生命之网，"如果我们试图摆脱与这张生命之网的联系，如果我们严重地扰乱了将这个结构紧密结合在一起的那些联系"[7]74，我们自然也就无法追求人类自身独特的价值，也破坏了自然界其他成员追求自身善的权利。甚至可以说，人类对其他生命形式的依赖程度大于它们对人类的依赖程度。人类的生存和发展需要良好的生态环境、充足的自然资源，依赖于其他生命形式的存在，"离开了其他物种，人类就失去了存在之根"[7]14；但若是人类全部地、绝对地、最终地从地球上消失，其他生命形式不但不会遭受损失，十之八九其福利还会得到提高[5]72，还会生活得更好。

其三，合理定位主体自身。尊重自然并非是指以客体为中心，将主体反置于边缘，而是始源于人类对自身有限性的深刻理解。人类只是地球生物圈的一个有机部分，自然界是人的"无机的身体"，"……人的肉体生活和精神生活同自然界相联系"[1]161，而人只是自然界的一部分。那种认为人类优越于其他物种的观念，为了满足人类的非基本需要向自然无限度地索取，以至于牺牲其他物种的基本需要的行为是狭隘的、无根据的，是站不住脚的。人类一味抬高自身在自然界中的主体地位，贬低其他生命形式的价值，无视自然规律和自然意志，妄图征服、支配、奴役自然，殊不知这些最终都会回报给人类自身。"……我们不要过分陶醉于我们人类对自然界的胜利。对于每一次这样的胜利，自然界都对我们进行报复。每一次胜利，起初确实取得了我们预期的结果，但是往后和再往后却发生完全不同的、出乎预料的影响，常常把最初的结果又消除了。"[9]559

因此，尊重自然也更深刻地体现为科学、全面、正确地认识人类自身、合理定位人类自身。印度伟大的民族解放运动领袖甘地认为，人类最伟大、最高贵之处与其说是改造自然，不如说是认识自己、改造自己。人类在面对自然客体时反省自身，才认识到作为自然中的个体的有限和无知，心存谦卑与敬畏，避免骄横狂妄，从更加广阔的自然环境和进化演变的视角来理解我们的历史、文化、生活方式以及个人的价值观[5]99。与大自然悠远而丰富的历史相比，人类的历史是稚嫩的、迟来的。不论人类蕴藏着多么巨大的力量，可以创造多么灿烂的文明，也不论人类的物质和精神生活多么丰富，人类始终是自然史的一部分，人类社会只是整个自然生态系统中的一个子系统。人类的生存必须遵循生态规律，不能脱离自然。因为"……人本身是自然界的产物，是在自己所处的环境中并且和这个环境一起发展起来的"[9]38。自然界是人类获得生产和生活资料的直接的也是惟一的来源。人类创造的物质文化、政治（制度）文化和精神文化财富都是建立在对自然资源的占有、利用和消耗的基础上的。"没有自然界，没有感性的外部世界，工人什么也不能创造。"[1]158因此，谨慎而全面地认识自然、人类自身，以及人类与自然的联系、依存是尊重自然的前提。对自然的认可尊重将支持我们形成对自然的积极评价。

（二）评价性尊重

尊重作为主体的一种行为活动，不仅指主体对客体的认可，也指主体对客体的积极评价。因此，尊重自然这一伦理观念就包括人对自然的评价性尊重。所谓评价性尊重，是指要在正确认识自然的基础上形成对自然价值的积极评价，使尊重自然成为人类的一种根本的、终极的道德态度。它要求作为道德代理人的人类"把所有地球自然生态系统中的食物，视为拥有自为的天赋价值的意向"，"把自然生态系统中生物的善，看成应该得到道德关注和关怀的意向，以及认为它们的野外生存作为自身目的和为了它们自身的缘故而应该得到保护的意向"[5]50。显然，评价性尊重建立在自然中的其他生命形式具有内在价值的基础上。因为内在价值是一个道德概念，谁拥有内在价值，谁就拥有道德地位，就应该得到人类的道德关注和关怀；而作为唯一的道德代理人的人类也就有了尊重它们的义务，即把拥有内在价值的实体作为目的，为了该实体自身来加以保护和促进[5]47。那么，自然拥有内在价值吗？我们可以肯定地回答：有。

其一，内在价值是价值主体因其自身的缘故而拥有的价值。所谓价值，是客体满足主体需要的属性、效用性，是客体对于主体需要的意义。人们一般以主体需要为依据，根据客体满足主体需要的程度，把价值分为两类：内在价值（或目的价值）和外在价值（或手段价值、工具价值）。罗尔斯顿说："工具价值指某些被用来当作实现某一目的的手段的事物；内在价值指那些能在自身中发现价值而无须借助其他参照物的事物。"[3]253内在价值又可以分两种：一是自在的内在价值——自身对他物的内在价值；一是自为的内在价值——自身对自身的内在价值。克里考特说："一个具有内在价值的事物，是由于它自身的缘故而被认为具有价值（valuable for its own sake），这种价值是自为的，但它不是自在的（valuable in itself）。"[3]154因此，所谓内在价值，就是指一事物因为自身的缘故而拥有的价值。同时，对于"价值"一词，人们又常常用"好""善""美"等来表示。因此，"内在价值"又可表述为价值主体因其自身的缘故而拥有的"好""善""美"，或拥有自己的"好""善""美"。自然拥有自己的"好""善""美"。而"好""善""美"就是和谐。自然生态系统本身就是一个和谐的整体，生命体与非生命体，动物与植物，地球与其他星体……构成了一个丰富的、多样化的体系，丰富的物种之间通过相互依存和竞争，协同进化，进而又增加了物种的多样性，使得自然生态系统充满活力。所以，自然生态系统拥有自己的差异、丰富、美丽、多样化、和谐和复杂。

其二，自然是一个具有实现自己目的的能力的"自我"，其价值独立于人的评价。自然界中的其他生命形式作为存在的主体，具有努力维持生存、趋向繁盛的存在目的，这是其他生命形式的内在价值之所在。整个生态圈中，有机体个体通过自身拥有的多种反馈机制维持物质运行的平衡，积极利用、选择周围环境和资源形成一个稳定的物质交换系统。这些系统不一定有意识或自我感觉，但它们有着主动维持生存和繁衍的存在目的，是具有实现这一目的能力的"自我"（selves），"自我必定拥有内在价值"[6]19。同时，自然的价值独立于人的评价和参与。传统的人类中心主义价值观认为，自然本无价值，价值的生成过程是人类通过劳动加工自然事物的结果，因此自然的价值是人类赋予的。事实上，自然支撑着地球上的一切生命，为所有物种提供适宜生长的环境，是所有生命的福祉之所在，因此所有的生命都在以独特的方式评价、利用自然，在与自然的紧密联系中体现价值的存在。即使人类不去评价自然，它的内在价值依然存在，因为人并非是唯一的价值评价者。评价的实质是"（某种形式的）认知，它帮助我们去标识出（register）事物的某些性能（properties）"，尽管在评价的过程中，我们需要加入个人经验的、主观的情感内容，"但是，如果认为自然事物所承载的价值完全是我们的主观投射，那就陷入了一种价值上的唯我论"[3]36。也就是说，评价的形式是主观的，但评价的内容——价值——是客观的。自然是人类确定价值的客观源泉。没有自然，人类的创造只能是无源之水。自然的价值不是源于人的主观感受，相反，是"客观的自然生命的神奇刺激、丰富和充实了人的认识和评价"[7]126，自然所拥有的壮观和丰富的景象使人身心愉悦，培育人的美感，激发人的求知欲，塑造人的良好品格。

其三，从系统论角度来看，自然具有系统价值，而系统价值则是一种比内在价值更具超越性的价值。在自然中，有机物从个体的角度来评价自然的内在价值和工具价值，只关注自身生命的保存、护卫自己同类的生命；而厚载万物的生态系统具有超越工具价值和内在价值的系统价值。"这个系统创造了生命，选择了那些主动的适应者，构造了在数量和质量上都日益多姿多彩的生命，支撑着无数物种的生存，在松散的共同体所允许的范围内逐步增加个体性、自主性和主体性"[3]260，使有机体和环境之间协同共存。尽管人类是生态进化所成就的最高级别的价值主体，但具有创造性和包容性特点的系统价值是更伟大的价值，是"某种压倒一切的价值"，系统价值的产生过程是先于人类个体的，也是人类个体价值产生的土壤[3]259-260。

在人与其他生命形式共存的自然中，不应仅仅用人的尺度去评价万物，而应引入生态系统的尺度来评价人，因为生态系统的美丽、完整和稳定也是评价人类行为正确、善良与否，衡量人类道德、文明进步与否的标准。对自然的积极评价和内在价值的认可就是要唤起人们对自然的尊重，从客观的自然价值观中推导出尊重自然的道德义务，并把它应用于构建尊重自然的具体行为规范。尊重自然的信念只有外化、具体化为关爱自然的行为规范，才能发挥最强大最深刻的规约、导向作用。

三、行为规则：尊重自然之伦理精神的践行

伦理精神既包括精神层面也包括实践层面。作为一种伦理精神，尊重自然既表现为人们关于自然的事实信念，也表现为人们关于自然的义务信念，两者是密切联系的，"这个世界的实然之道蕴含着它的应然之道"[3]313。因而，从尊重自然这一伦理观念的两个维度中，我们可以推导出人类的义务观念和道德行为模式。亚当·斯密提出，市场经济中有一只"看不见的手"，悄然指导、协调人与人之间的利益分配。而人与自然之间没有这样的调节手段①，因而需要规范伦理的介入、干预，在制度、规范层面限定人类行为的限度和范围，使尊重自然的伦理精神能真正有效地推动人类文明的进程。

---

① 人与自然之间的关系缺少自我调节工具，比如，有的资源或物种越稀少，就越发引起一些人的占有欲望，这就加速了这一资源或物种的消失。

87

第一，遵守不伤害的规则①。不伤害其他有机体的生命是尊重自然之伦理的底线原则，是人类对待其他生命形式最根本的义务。这个原则禁止人类做出伤害其他生命形式的行动。"在尊重自然的伦理中，最根本的错误或许就是伤害那种并不伤害我们的生物。"[5]110 以"敬畏生命"概括自己伦理理想的史怀泽，对善恶标准做出了明确的界定，认为对"生命意志"的尊重就是普遍的、绝对的原则。"善是保存生命、促进生命，使可发展的生命实现其最高价值。恶则是毁灭生命、伤害生命，压制生命的发展。"[10] 生命具有最高的价值，许多生命形式也有感受苦痛的能力，如果人类纯粹为了娱乐等非基本生存需要而伤害其他生命形式，这是为文明的进步所不能继续容忍的。

第二，尊重自然的限度。自然资源是有限的，生态系统的承受能力也是有限的，人类的活动应遵循自然规律和生态原理。这并不是要求人类在自然中无所作为，而是指人类的活动应该在自然资源和生态环境可承受的范围内进行，以符合自然客观规律的方式与生态系统中的其他成员相处。一是人类的生产活动要尊重自然的限度。工业文明时代人类的生产生活是与客观规律相违背的，其反生态的特点在自然观上体现为"征服自然""奴役自然""人为自然立法"，在价值观上表现为"唯资本至上""追求物质享受"，在生产方式上表现为高开采、高能耗、高排放。工业文明时代人类的活动不断触及生态系统中有限的资源储存和废物容纳的底线，最终导致资源锐减和生态环境恶化。人类社会只是整个生态系统中的一个子系统，人类的生产活动必然以自然资源和生态系统为基础，因此要承认自然资源的有限性和生态系统的整体价值、内在价值，尊重自然界物质循环和能量转化规律，以生态经济学成果指导生产活动。二是人类的消费活动要尊重自然的限度。生产与消费直接地联系在一起。工业文明时代的消费表现为过度消费、奢侈消费和浪费性消费，这样的消费方式造成了自然资源的巨大损耗和严重的环境污染问题。所以，尊重自然这一伦理观念就要求人类整体的消费水平也应以地球生态资源的承载力为基础，尊重物质的生态运动和循环规律，当代人对资源的消耗数量不可超出其再生能力，也不应当影响和牺牲其他生命形式的福祉和人类后代对自然资源的同等的使用权利。

---

① 泰勒提出的这个观点可以很好地回应现实生活中的生命冲突问题，比如，人类遭到其他生物袭击，或是被携带细菌的蚊虫叮咬等。

第三，赏识自然，维护生物多样性。在整个自然界中，人类整体位于自然进化金字塔的顶端，拥有完全的自我意识、道德能力、审美能力和实践能力，人类能够也应该从内心深处赏识自然，认识到自然具有独立于人类偏好的内在价值和重要性，做自然界的道德代理人，从而通过扩大道德关怀的范围关爱其他道德顾客和维护自然界生物多样性的行动，体现出人类高贵的生态良心和生态美学意识。尽管优胜劣汰是自然界的客观规律，但我们无法否认，进入工业文明时代以来，由于人类对自然不予尊重的生产生活方式已经造成6000多万年以来地球上最快、最严重的物种灭绝现象。全球气候变暖、大量森林被砍伐、空气和河流污染等自然环境的急剧恶化破坏了其他生命生存的环境，使越来越多的物种失去了适宜它们栖息的家园。这些物种一旦消失便无法重生。因此，人类应该通过自身的探索和实践，认识到与其他生命休戚与共的关系，积极保护自然界中的生物多样性，特别是保护那些受人类活动威胁而濒临灭绝的物种。不仅如此，人类还应该积极修复曾经遭受破坏的环境，使自然恢复到生态良好、稳定、平衡、和谐的状态，保持大地共同体的生机和活力。

参考文献：

[1] 马克思，恩格斯．马克思恩格斯文集：第1卷［M］．北京：人民出版社，2009．

[2] 马克思，恩格斯．马克思恩格斯文集：第2卷［M］．北京：人民出版社，2009：36．

[3] 霍尔姆斯·罗尔斯顿．环境伦理学［M］．杨通进，译．北京：中国社会科学出版社，2000．

[4] 霍尔姆斯·罗尔斯顿．哲学走向荒野·代中文版序［M］．叶平，刘耳，译．长春：吉林人民出版社，2000．

[5] 保罗·沃伦·泰勒．尊重自然：一种环境伦理学理论［M］．雷毅，等，译．北京：首都师范大学出版社，2010．

[6] Brian Baxter. Ecologism: An Introduction［M］. Edinburgh: Edinburgh University Press, 1999.

[7] 李培超．伦理拓展主义的颠覆［M］．长沙：湖南师范大学出版社，2004．

[8] 奥尔多·利奥波德.沙乡年鉴[M].侯文蕙,译.长春:吉林人民出版社,1997:194.

[9] 马克思,恩格斯.马克思恩格斯文集:第9卷[M].北京:人民出版社,2009.

[10] 阿尔贝特·史怀泽.敬畏生命[M].陈泽环,译.上海:上海社会科学院出版社,1996:9.

[11] 杨通进.环境伦理[M]//甘绍平,余涌.应用伦理学教程.北京:中国社会科学出版社,2008.

论低碳生活的伦理意蕴[*]

低碳生活是通过降低、减少日常生活中的碳（主要是二氧化碳）排放量从而实现低耗能、低开支、低污染目标的新兴生活方式，它是人类在经历了"自发低碳社会—高碳社会—和谐低碳社会"之后做出的理性抉择[1]。作为人类理性反思的结晶，低碳生活具有浓厚的伦理意蕴，即：生态正义是低碳生活的伦理依据；生态消费是低碳生活的伦理诉求；生态良知是低碳生活的伦理保障。

一、生态正义：低碳生活的伦理依据

低碳生活的提出是人类理性反思的结果。人类的发展史既是一部碳资源、碳能量的发掘、利用史，也是一部碳废料的排放史。人一方面出于生存和发展的目的从自然界中获取碳能量和碳资源，另一方面又将利用后的碳废料排放到自然界中，在"人—碳—自然"关系中，自然界不仅是人类生产生活所需要的碳资源、碳能量的供给者而且是碳废料的接纳者和承受者。通常情况下，"人—碳—自然"系统处于动态平衡之中，人类对碳资源、碳能量的发掘利用程度、对碳废弃物的排放与自然生态的承载能力、自净能力相协调。然而，当人类对碳资源、碳能量的发掘利用程度和对碳废弃物的排放超过了自然生态的承载能力/自净能力的时候，碳与人、碳与大自然之间原有的平衡状态被打破，碳不仅之于自然界成为了生态问题，而且成为之于人的社会问题。在采集狩猎文明时

---

[*] 基金项目："985"国家哲学社会科学创新基地"伦理文化与社会治理"研究成果；中南大学2010年大学生创新实验计划立项项目"城市低碳社区构建中公众参与机制研究"（101053345）。
作者简介：李建华，男，湖南桃江人，中南大学应用伦理学研究中心教授，博士，博士生导师，教育部"长江学者"特聘教授，研究方向为伦理学和公共管理学。
原载《武陵学刊》2012年第2期。

代，自然"作为一种完全异己的、有无限威力的和不可制服的力量与人们对立，人们同它的关系完全像动物同它的关系一样，人们就像牲畜一样服从它的权力，因而，这是对自然界的一种纯粹动物式的意识（自然宗教）"[2]，由于"稀少的人口、分散的社会形式、以自然材料为工具（壶、篮、箭和矛）和对'肌肉力量'的依赖，狩猎采集人对环境的影响一般很小并且是区域性的"[3]。进入农耕文明时代后，人类出现了畜牧业和种植业，粮食稳定供给，人口数量增加，但受生产力水平（主要是生产工具制造水平）限制，人类的生产活动基本上处于原初状态，有限的碳排放主要来自日常生活，气候、环境并未受到太多影响，因此人与自然的关系是和谐的。随着蒸汽机、纺织机的发明、使用，人类进入了工业文明时代。在技术理性（工具理性）的指导下，人类大量发掘、使用化石燃料，促使生产、生活的动力来源得到了极大改善，社会财富迅速积累，人们的生活水平显著提高，统治、征服、控制、支配自然的欲望随之成为这一时代的精神[4]。然而，事物有其两面性，工业文明在给人类带来方便和财富的同时也带来了问题和困扰。全球气候变暖、臭氧层破坏、森林锐减、大气污染严重、酸雨蔓延、农作物减产……高碳生产、生活模式已经把人类置于大气生态危机的阴霾中。随着《联合国气候变化框架公约》《京都议定书》的签订，"巴厘岛路线图"的制定，坎昆气候会议的召开即是人类对由高碳生产、生活模式所引起的大气生态危机的认同和回应。直面工业革命以来大气生态环境恶化的现状，作为理性存在者的人不得不对传统主客二分思维模式下的人与自然的关系进行重新定位，对高碳生产、生活方式进行反思。"低碳生活"即是在此背景下提出来的。低碳生活作为一种经验事实在人类历史上早已有之，然而作为一个指向未来的应然性概念则是在人类遭遇"高碳危机"后才提出来的。"高碳危机"是指进入工业社会后人类由于采用高碳耗、高碳排的生产、生活方式而导致的自然生态的恶化以及由此引发的次生问题和冲突。高碳生产、生活模式所带来的危机及其次生问题和冲突不仅破坏了人与自然之间的正义，而且导致了人与人之间的不正义。

人与自然作为一个统一的整体是生态正义的第一要义，是构建低碳生活的前提。人与自然究竟如何实现统一？生态整体主义伦理观认为："人作为大地共同体的普通公民、生命共同体的普通成员、生态系统的普通物种、生物链条上的一个普通环节、自然世界的一部分，参与到生态整体当中，并由此构成人与自然的整体关系。在这种人与自然的整体关系中，生态整体本身被认为是自然存在的最高目的且拥有最高的价值，生态整体的和谐、美丽与稳定被看作是最高的善，而人则作为生态共同体的一个普通成员为生态共同体的存在和实现生态整体本身的善承担着不可推卸的道德责任。"[5]生态整体主义伦理观把人看作自然的一部分，固然没有落于人类中心主义的窠臼，然而却陷入了"泛道德主义"的泥沼，作为自然（生物）意义上的人并不具有道德，更无道德责任可言，如果把人看作是自然的一部分，如同水、大气、土壤一样，表面上的确论证了人与自然的统一但实质上却以人的自然属性遮蔽或者消解了人之为人的社会属性。因为，倘若承认了人作为自然的一部分要对生态整体担负道德责任，那么也就承认了与人处于平等地位的自然的其他构成部分（水、土壤、大气等）也具有道德，拥有道德责任，这事实上是陷入了"泛道德主义"的误区。因此，"人作为自然的一部分，应该对自然负责"这一命题在生态学意义上是成立的，在伦理学意义上则不成立。

针对生态整体主义伦理观的困境，我们需要对人与自然的关系进行重新思考和定位。一方面，人在自然生态系统中是一种对象性的存在，人把自然生态系统中的其他存在物当作对象的同时，该对象也会把人作为对象。另一方面，人具有自然属性和社会属性。人的社会属性决定了人作为一种具有劳动创造性和自主思维能力的社会动物并不仅仅停留于得到本能层面的原始欲望的满足，而会追求更高层次的发展和自我价值的实现，这种发展和自我价值的实现主要是通过劳动达成的。"劳动首先是人和自然之间的过程，是人以自身的活动来引起、调整和控制人和自然之间的物质变换的过程。人自身作为一种自然力与自然物质相对立。为了在对自身生活有用的形式上占有自然物质，人就使他自身的自然力——臂和腿、头和手运动起来。当他通过这种运动作用于他身外的自然并改变自然时，也就同时改变他自身的自然。"[6]因此，劳动既是人改造自然的途径，也是人实现自我发展和完善的方式；劳动过程既是一个作为对象的自然被作为主体的人的主体化的过程，也是一个作为主体的人被作为对象的自然的客体化的过程；人既把自然界作为对象表现自己的本质，又把自己当作对象表现自然界的本质，在这个双向互化的过程中人与自然实现了统一。

然而在现实生活中人与自然之间为什么会出现对立呢？原因在于人在劳动过程中认为自己是自然界本质的存在物，而不再是把自己看成表现自然界本质的对象。与此相应，自然界也不再是人的自然界，而蜕变成了支配人的异己力量，从而把人和自然的本质割裂开来。高碳危机所带来的被动局面即是由于人类在"大自然一直被认为只对人类具有工具价值而人类却被视为是内在价值的唯一拥有者"的传统价值观的指导下[7]253，在追求高层次发展与满足的过程中，把作为碳资源、碳能量的供给者，碳废弃物容纳者的大自然当作无关紧要的"他者"，把自己当作大气生态环境的主宰和本质存在，不假思索地把人与大气生态环境的本质割裂开来所造成的。因此，针对眼下高碳危机造成人与自然对立的局面，我们需要重新弥合人与大气生态环境的分裂，在劳动过程中务必把以前作为"他者"的大气生态环境纳入"我"之中，既把大气生态环境作为对象表现"我"的本质，又把"我"当作对象表现大气生态环境的本质。因此，低碳生活作为对高碳危机理性反思的结果，作为指向未来的生活方式抑或概念，不管是作为一种补救措施还是防范手段都必须建立在生态正义的第一要义——人与自然的统一基础上。人与自然的统一是构建低碳生活的前提，如若否认人与自然的统一，那么低碳生活就既没有构建的必要，也没有实现的可能。

生态环境的使用、保护主体间的平等与公正是生态正义的第二内涵，低碳生活的构建是以大气生态环境的使用、保护主体间的平等与公正为基础的，其主要有两层含义：其一，所有主体都应拥有平等享用大气环境资源、清洁大气环境而不遭受资源限制和不利大气环境伤害的权利；其二，享用大气环境权利与承担大气环境保护义务的统一性。从性质上看，大气生态正义可分为程序意义上的正义、地理意义上的正义和社会意义上的正义。所谓程序意义上的大气生态正义强调同等待遇问题，即国际、国内大气生态公约、法规、制度应当是普遍适用的，每个国家、地区、个人在涉及与自己相关的大气生态环境事务时，都享有知情权和参与权，此即大气生态利益的分配正义。地理意义上的大气生态正义强调，在大气生态环境问题上付出与所得是对称的，即容纳碳废弃物的地方应该从产生碳废弃物的地方得到补偿，此为大气生态利益的补偿正义。社会意义上的大气生态正义强调，在整个社会中保障个人或群体应得大气生态权益的重要性，即不同国家、民族、团体、群体承受大气生态风险比例相当，此乃实质正义。从时空上看，大气生态正义包括大气生态种际正义、大气生态代际正义、大气生态代内正义。大气生态种际正义就是指人与大气生态之间保持适度、适当的开发与保护关系，保持人与大气生态之间的协调关系，既不能为了人的利益而破坏大气生态的持续存在，也不能因为保护大气生态而置人于死地，这也是大气生态伦理的主要内涵。大气生态代际正义是指当代人与后代人在利用大气生态资源问题上应保持恰当的比例，既不能为了当代人的利益过度利用大气生态资源而使后代人无大气生态资源可用，破坏甚至毁灭他们的生存基础，也不能为了子孙后代的需要而使当代人忍看眼前的大气生态资源弃而不用，自绝生存。当然，当今世界所面临的正义问题更多的是前者而不是后者。大气生态代内正义是指在同一时空下享用大气生态资源的权利与保护大气生态环境的义务的对应，既不能只享有或多享用大气环境资源而少尽或不尽保护大气生态环境义务，也不能只尽保护大气生态环境义务而少享用大气生态环境权利；既不能不顾大气生态环境主体的经济状况、文化传统、价值观念、社会心理等特质沿用千篇一律的伦理模式，也不能借口特殊性而不着眼于全球大气生态环境的共同好转，甚至损害人类共同利益。其中主要涉及发展中国家与发达国家之间的国际正义、后发民族与先发民族之间的族际正义、落后地区与发达地区之间的域际正义、弱势群体与强势群体之间的群际正义，而发展中国家与发达国家之间的国际正义是主要矛盾。因此，低碳生活实际上牵涉了大气生态利益的分配正义、大气生态利益的补偿正义、大气生态种际正义、大气生态代际正义和大气生态代内正义，它的构建是以大气生态环境的使用、保护主体间的平等与公正为基础的。

二、生态消费：低碳生活的伦理诉求

生态化的消费方式是低碳生活的本质要求。如前所述，高碳危机作为低碳生活的反思对象首先指向的是人与大气生态环境关系的恶化，其次才指向由人与大气生态环境关系的恶化所导致的人与人之间的博弈、冲突、矛盾和纷争。从表面上看高碳危机所导致的人与人之间的不正义是由人与自然之间的不正义所引发的，但实质上恰恰相反，人与大气生态环境之间的不正义最先是由人的不正义所引起的。人在大气生态环境方面的不正义主要表现为人在日常生活中把消费主义奉为圭臬，在过度开发、利用碳资源、碳能量的同时排放大量的碳废弃物，造成了大气生态系统的恶化与失调。人的不正义才是导致大气生态环境与人之间的不正义从而引发人与人之间不正义的根本原因。因此，人与大气生态环境关系的不和谐仅仅是人的不正义的表征，实现人的正义才是解决人与

大气生态环境的不正义的根本。

低碳生活倡导人们在日常生活中从自身力所能及的事做起，控制或者注意个人的二氧化碳排放量，究其实质就是让人们走出消费主义的泥沼，养成生态化的消费方式。所谓生态化的消费方式，是指对自然生态结构、功能无害（或较少有害）的消费方式，它是在满足人的基本生存和发展需要的基础上，以维护自然生态系统的平衡为前提的一种可持续的消费方式[8]89。

生态化消费方式的核心是实现可持续消费。所谓"可持续消费"是指"提供服务以及相关的产品以满足人类的基本需求，提高生活质量，同时使自然资源和有毒材料的使用量最少，使服务或产品的生命周期中所产生的废物和污染物最少，从而不危及后代的需求"。"对于可持续消费，不能孤立地理解和对待，它连接从原料提取、预处理、制造、产品生命周期、影响产品购买、使用、最终处置诸因素等整个连续环节中的所有组成部分，而其中每一个环节的环境影响又是多方面的。"[9]因此，可持续消费包括消费的可持续性和消费的发展性两层内涵。消费的可持续性不仅要求当代人满足消费发展需要时不能超过生态环境的承载力，而且强调生态环境的使用、保护主体在消费上的平等与公正。消费的发展性则明确指出，保护生态环境是以人与自然的可持续发展为前提的，人类不能因为只看到传统经济增长方式可能带来或已经带来的危害，看不到健康消费对于人和自然的积极价值而停止发展、停滞消费。上述两层含义告诉我们：人与自然是一个和谐统一的整体，人和自然都是目的，人类既不能只以自身的发展、消费为唯一目标而把生态环境当作手段或者将其视为敌对的"他者"，也不能只保护生态环境而自甘滑落到不发展、不消费的"零增长"境地，实现人与自然的和谐、长存与共荣才是可持续消费的应有之义。

可持续消费由绿色消费和适度消费两个维度构成，前者是就消费的性质而言的，后者则是就消费的程度而言的。绿色消费是低碳生活的本质要求。绿色消费是指选购绿色产品、减少生活垃圾、符合生态要求的生活方式。"危害到消费者和他人健康的商品；在生产、使用和丢弃时，造成大量资源消耗的商品；因过度包装，超过商品物值或过短的生命期而造成不必要消费的商品；使用出自稀有动物或自然资源的商品；含有对动物残酷或不必要的剥夺而生产的商品；对其他国家，尤其是发展中国家有不利影响的商品"[10]，均不属于绿色消费的对象，因此也是低碳生活构建过程中要避免的消费对象。绿色消费不仅要求消费对象是绿色的（节约、防污染和健康的），而且要求消费的观念、行为、方式和过程以及结果的"绿色化"[11]。

首先，绿色消费之所以是低碳生活在消费本质上的要求，在于绿色消费合乎低碳生活的人的目的性维度。高碳消费在很大程度上是一种非生态消费，非生态消费把本来是为了人的幸福的消费异化为纯粹为了获得身份差异和社会认同的手段，从而造就了一个无穷的欲望序列，以物（财富）的价值代替了人的价值，以物欲的满足替代了人的幸福。绿色消费是对高碳消费所带来的非生态消费不以人为目的的匡正。它"从维护人类社会长远发展的观点出发，坚持消费领域的可持续性，以过简朴和健康的生活为目标，在物质消费中偏爱'绿色产品'，在选购商品时宁肯多花点钱也乐意买绿色产品。也就是说，消费者从关心和维护个人生命安全、身体健康、生态环境、人类社会的持续发展出发，试图以自己强烈的环境意识对市场形成一股巨大的环保压力，以此引导企业生产和制造符合环境标准的产品，促进环境保护，以实现人与环境和谐演进的目标"[12]。"它不再以物质、财富的无限占有和消耗为目标，不再把消费数量作为个人价值和人生目的的标志，而是以对环境的保护、对社会的责任做为个人价值和人生的标准，自觉地把自身的消费行为纳入整个生态系统之中，积极促进生态系统的良性循环，维护生态平衡。在消费中坚持人的价值，以满足生存、保持健康为目的，尽可能地减少自己消费活动对生态环境的影响和破坏，追求人和自然的和谐相处。因此，绿色消费蕴含着一种生态意识，主动放弃了无节制的物质欲望，理性地根据生活需要进行消费，它把对自然的义务、敬重意识和生态意识与自我约束的理念融为一体，充分体现了消费的人的目的性。"[8]93

其次，绿色消费之所以是低碳生活在消费本质上的要求还在于绿色消费合乎低碳生活的自然的生态性维度。"人靠自然界生活"[13]，人类一方面从自然中获取消费所需要的资源，另一方面又将消耗后的废弃物复归于自然。自然既是消费的起点也是其终点，人的消费不能离开自然而存在。从消费的起点来看，一切消费都以自然界的存在为前提，自然是人类消费所需资源的供给者。随着生产力水平的提高和工业革命后技术理性的高扬，人类从自然界中获取资源的能力日益增强，人们已经不再满足于传统的生存需要，而逐渐热衷于发展需要和欲望需要的满足，消费主义观念在日常生活中逐渐蔓延。消费主义"把超过基本需求的欲望满足作为消费动机，并视其为人生的根本目的和体现人生价值的核心尺度，以消费更多的社会商品和占有更多的社会财富作为人生成功的标签和幸福的象征，进而在实际的生产生活中无所顾忌、毫无节制的消耗物质财富和自然资源"[14]，从而导致了消费规模扩大。大规模的消费一方面需从自然界中攫取更多的资源，另一方面会向自然界排放大量的废弃物，它不仅造成了自然资源的匮乏，而且导致了自然生态系统的紊乱、失调和恶化。从消费的终点来看，正是由于人类从自然界中攫取大量资源超过了自然的承载能力，同时向自然界排放大量的、自然无法消解的垃圾超越了自然的自净能力，从而使自然不再自然。与此相反，绿色消费以人与自然的和谐、可持续发展为旨归，以选择绿色产品为出发点，主张消费观念、方式、过程、结果的"绿色化"，不仅从根源上降低了对大自然中资源的消耗，减轻了自然对碳排放的承载能力，而且从过程和结果方面避免了废弃物的排放和污染，维护自然的自净能力。因此，如果说高碳消费以及非生态消费是使自然不成其为自然的"催化剂"，那么绿色消费则是使不"自然"的自然成其为真正自然的"还原剂"。

再者，适度消费是低碳生活在消费程度上的要求。何为"适度"？学界并无定论。通常情况下，适度消费表征的是一种理念，它是相对于过度消费和消费不足而言的。过度消费是指满足人类基本生存需要以外的超过自然生产能力的消费[15]，而"消费不足是指消费不能满足人的基本生存需要的状况"[8]90。过度消费在日常生活中主要有三种类型：超前性消费、挥霍性消费和畸形消费。超前性消费，在日常生活中集中表现为，着眼于现在，在"利益最大化原则"的指导下，当代人消耗了下几代人的能量和资源，污染了下几代人赖以生存的自然生态环境；挥霍性消费，是一种不以满足基本需要为目标而通过炫耀的方式大量消耗自然资源以获得虚荣心理满足的消费方式；畸形消费，是极少数暴富且素质低下的人所采取的一种非理智的反常消费。但不管是超前消费、挥霍性消费还是畸形消费，其最终结果都造成了自然资源的浪费和生态环境的污染、恶化。与过度消费相对的另一极——消费不足也会造成自然生态环境的破坏。消费不足通常是贫困的表征，贫困威胁着人的生存，不但会造成人们对环保不关心，而且还促使人们去破坏环境[16]。从环境学的角度看，适度消费是指消费活动必须与自然环境相协调。消费涉及从环境中攫取资源及攫取资源的方式，同时还涉及向环境排放废弃物。无论是过度消费还是消费不足都会增加对资源的压力，都会对环境造成很大破坏。因此，人类应该进行适度消费，以缓和人与环境资源的紧张关系，保持人类消费与环境供给和恢复能力的协调，这也是低碳生活在消费程度上所要求的。

三、生态良知：低碳生活的伦理保障

生态化的消费方式是低碳生活的伦理诉求。然而，生态化的消费方式如何养成呢？方式不外乎两种。其一，依靠他律被养成。例如国家通过出台低碳法律、法规、政策，强制执行。其二，通过自律养成。不管自律还是他律，其目的都是为了培养人的生态良知。一个人只有具备生态良知才可能养成生态化的消费方式，也才可能践行低碳生活理念。生态良知是指人类自觉地把自己当作自然生态环境中的一员，把自身的行为纳入到自然的整体活动之中，在此基础上形成一种维持人与自然生态环境和谐发展的深刻责任感和对自身行为进行生态环境意义评价的能力。生态良知的养成不仅是可能的，而且是构建低碳生活所必需的。

生态良知的养成是可能的，原因在于自然生态本身具有系统价值，而作为自然生态系统中最具内在价值的存在者——人本身具有理性，能够认识这种价值。自然生态有三种价值：内在价值、工具价值和系统价值。内在价值是指主体的心理兴趣的满足，这种满足本身就是可欲的，是某种自在的善的快乐。工具价值是某种有利于其他兴趣的满足的东西。客观事物，无论是否有生命，都具有工具价值，有助于主体的兴趣的满足。自然生态系统是一个由内在价值之经和工具价值之纬共同编制的网。尽管内在价值和工具价值都是自然生态系统不可或缺的构成，但二者并不是最重要的。因为"自然系统的创造性是价值之母，大自然的所有创造物，只有在它们是自然创造性的实现的意义上，才是有价值的……凡存在自发创造的地方，就存在着价值"[7]199。"在生态系统层面，我们面对的不再是工具价值，尽管作为生命之源，生态系统具有工具价值的属性。我们面对的也不是内在价值，尽管生态系统为了它自身的缘故而护卫某些完整的生命形式。我们已接触到了某种需要用第三个术语——系统价值（systemic value）——来描述的事物。"[7]188 自然生态的系统价值才是最高的价值，它是对自然生态的工具价值和内在价值的超越。

人的内在价值尽管是自然生态环境中最高的，但不可能高过自然生态的系统价值，因为人只是自然生态系统的作品，人的内在价值并不是其利益优先于

其他存在物利益的根据。自然生态的系统价值要求我们"既对那些被创造出来作为生态系统中的内在价值之放置点的动物个体和植物个体负有义务,也对这个设计与保护、再造与改变着生物共同体中的所有成员的生态系统负有义务"[7]12。认识到自然生态的系统价值及其重要性是培养生态良知的前提。然而,客观存在的自然生态的系统价值并不必然导致人的生态良知,生态良知的产生还在于作为自然生态系统的作品的人具有理性和情感。人是理性存在者,人的理性可分为科学理性与道德理性。科学理性是告诉我们依靠人自身的能力可以采用何种方式来发掘利用自然生态环境以及其中的能量、资源为人的生存、发展服务,其结果是科学的发现、技术的发明、物质的繁荣、消费的活跃;而道德理性则是告诉我们人之为人应该做什么,即如何在自然生态系统中妥当处理人的内在价值与工具价值、人与其他自然存在物之间的关系。因此,人类凭借理性不仅可以认识人在自然生态系统中的位置,认识自然生态的系统价值对于人的重要性,而且还能够将这种认识上升为对自然生态的情感,最后作为意志贯彻落实到具体的生活实践中。因此,人的理性是生态良知之所以产生的关键。

生态良知是构建低碳生活所必须的。

首先,生态良知具有普遍性,有助于低碳生活的普及推广。一只燕子并不代表春天的到来,持久地行善才能拥有幸福。同理,一个人过低碳生活并不能扭转全球气候变暖的现状,只有全人类都采用低碳生活模式,全民共同参与、持续参与,高碳危机才能从根本上得到解决。"低碳"不仅仅关乎某一个个体的生活而且还关涉全人类的生存与延续。因此,低碳生活需要在世界范围内推广普及,需要全人类的共同参与。然而,低碳生活能够在全人类推广普及吗?答案是肯定的,因为人皆有生态良知。如前所述,所谓生态良知就是维持人与自然和谐发展的深刻责任感和对自身行为进行生态环境意义评价的能力。这种责任和能力是在人运用理性认识自然生态的系统价值的基础上形成的,人是理性存在者,且是自然生态系统中具有最高内在价值的存在者,因此人都能够养成生态良知。反之而言,生态良知对所有的理性存在者都有效,亦即对于一个人来说是应当的东西,在类似的情况下,对于其他任何人来说也都是应当的。因此,生态良知作为康德意义上的法则是可普遍化的。

其次,生态良知作为人在生态环境意义上的道德自觉可以弥补低碳生活构建过程中政府强制措施和技术手段的不足。众所周知,低碳生活已成为时下风靡全球的新兴生活方式，许多国家和地区采取了一系列的措施和方法进行推广。例如，英国政府提出到2016年所有新建住宅全面实现碳零排放；日本政府在"低碳社会行动计划"中提出在未来3—5年内将家用太阳能发电系统的成本减少一半；德国政府计划每年拨款7亿欧元用于现有民用建筑的节能改造，另外还有2亿欧元用于地方设施改造，目的是充分挖掘建筑及公共设施的节能潜力……各国所采取的措施尽管取得了一定的成效，但并没有使人们从根本上树立起保护自然生态环境的低碳意识。究其原因在于，外在的强制措施或者技术性手段并不能让人们从内心深处树立起低碳生活的自律意识，这种自律意识是生态良知的集中体现。生态良知可以促使人们自觉地践行低碳生活理念，但政府采取的强制措施和技术手段却不能。因此，前者可弥补后者的不足。另外，政府采用强制措施和技术手段推广低碳生活模式需要较高的成本，而生态良知作为一种内化为个人的生活自律，它不需要外在的监督和惩罚，因此与外在的手段和方式相比，生态良知在低碳生活的构建中具有得天独厚的优势。

生态良知不仅是可能的而且是低碳生活构建所必需的，那么如何才能养成生态良知呢？关键要靠个体自己。

其一，要学习、了解自然生态知识，认识到自然生态系统之于人的重要性。生态良知是建立在对自然生态系统充分了解的基础上的。一个不具备自然生态知识的人固然也能做出有利于低碳生活构建的事，但他可能仅仅出于本能的自利而非责任的自律和自觉。因此，学习、了解自然生态知识是培养生态良知的前提。学习、了解自然生态系统的关键在于牢固树立如下观念：人是自然生态系统的作品，人与生态自然是统一的，人依赖于自然生态而存在，如若人类毁坏了自然生态系统，那么自然生态系统也将最终毁灭人类。

其二，要树立健康的消费观，并将其贯彻落实到生活小事中，养成勤俭节约、简单朴素、自觉自律、持之以恒的生活习惯。生态良知是后天培育的，生态良知的培育和低碳生活的构建都要求人们在日常生活中树立健康的消费观，从自己做起、从身边的点滴小事做起。健康的消费观亦即可持续的消费观。可持续的消费观要求我们在观念上，一方面抵御物质主义和消费主义的侵袭，另一方面避免陷入不消费、"零增长"的误区。生态良知要求在生活实践中从衣、食、住、行等生活小事着手，养成勤俭节约、简单朴素、自觉自律、持之以恒的生活习惯。例如，衣服用手洗代替机洗、就餐少用或不用一次性筷子饭盒、住房选用环保节能的建筑材料、出行多走路少开车、购物自带环保袋等。上述小事皆举手之劳，其关键在于持之以恒。

总之，促使人们形成生态良知是一项艰难的、复杂的工作，需要从观念和行动上下功夫，只有这样，才可能培养起人们的生态良知，也才可能从根本上为低碳生活的构建提供伦理保障。

参考文献：

[1] 苏丽君. 否定之否定律视域中低碳和谐社会的建构 [J]. 南华大学学报（社会科学版），2010（6）：35—38.

[2] 马克思，恩格斯. 马克思恩格斯选集：第1卷 [M]. 北京：人民出版社，1972：35.

[3] 查尔斯·哈伯. 环境与社会——环境问题中的人文视野 [M]. 肖晨阳，晋军，等，译. 天津：天津人民出版社，1998：49.

[4] 大卫·雷·格里芬. 后现代精神 [M]. 王成兵，译. 北京：中央编译出版社，1998：5.

[5] 曹孟勤. 自然即人人即自然——人与自然在何种意义上是一个整体 [J]. 伦理学研究，2010（1）：63—68.

[6] 马克思. 资本论：第1卷 [M]. 北京：人民出版社，1975：201.

[7] 霍尔姆斯·罗尔斯顿. 环境伦理学：大自然的价值以及人对大自然的义务 [M]. 杨通进，译. 北京：中国社会科学出版社，2000.

[8] 曾建平. 消费方式生态化的价值诉求 [J]. 伦理学研究，2010（9）：89—94.

[9] Unep. Elements for policies for sustainable consumption [R]. Nairobi, Symposium: Sustainable production and Consumption Pattern, Oslo, Norway, 1994.

[10] Elkington, Julia Hailes. The New Green Consumer Guide [M]. Simon&Schuster Ltd. 2007：233.

[11] 包庆德，张燕. 关于绿色消费的生态哲学思考 [J]. 自然辩证法研究，2004（2）：4—7.

[12] 曾建平. 环境正义——发展中国家环境伦理问题研究 [M]. 济南: 山东人民出版社, 2007: 255.

[13] 马克思, 恩格斯. 马克思恩格斯全集: 第42卷 [M]. 北京: 人民出版社, 1972: 95.

[14] 毛勒堂. 消费正义: 建设节约型社会的伦理之维 [J]. 毛泽东邓小平理论研究, 2006 (4): 61—65.

[15] 王丰年, 季通. 从生态学的角度考察过度消费 [J]. 自然辩证法研究, 2002 (4): 65—67.

[16] 李桂梅. 可持续发展与适度消费的伦理思考 [J]. 求索, 2001 (1): 78—81.

消费方式异化的伦理辨析[*]

消费既是人的对象性活动,又是人的价值性活动。作为对象性活动,人是消费的主体;作为价值性活动,人的自由全面和可持续发展是消费的目的。生态文明时代对人类的生活方式,尤其是消费方式提出了新的更高要求,需要对各种不合理的消费方式进行学理上的深层反思和实践上的根本性变革。

一、消费方式异化的主要形态及危害

根据消费能力和消费水平的不同,当前我国居民不合理的消费方式大体上可以分为三种类型:奢侈型、攀比型、无力型。

(一)奢侈型:为消费而消费冲击社会道德

从理论上对奢侈消费进行定义并得到广泛认同的是德国学者维尔纳·桑巴特,他认为:"奢侈是任何超出必要开支的花费。"[1]而"必要开支",可以通过两种方法来确定。一是参考某些价值判断(例如道德的或审美的判断),主观地确认"必要开支";二是建立一个客观的标准来衡量"必要开支"。也就是说可以从人的心理需要或者被称为个人文化需求的东西里,发现评判标准。前者随社会风气变化而变化,后者根据历史时期而改变。至于文化需求或文化必需品,可以随意画出一条线,然而这一任意的行为不应与上面提到的"必要开支"的

---

[*] 基金项目:国家哲学社会科学基金重点项目"'消费—生态'悖论的伦理学研究"(11AZX010);教育部人文社会科学项目"伦理学视野下的'消费—生态'悖论研究"(10YJA720005)。

作者简介:曾建平,男,江西新干人,井冈山大学教授,博士,博士生导师,"新世纪百千万人才工程"国家级人选,研究方向为伦理学;杨学龙,男,江西樟树人,宜春学院政法学院讲师,江西师范大学博士研究生,研究方向为马克思主义基本原理。

原载《武陵学刊》2013年第5期。

主观评判相混淆。国内学者多借鉴桑巴特的定义来界定奢侈消费，根据学者定义，我们可以从几个角度看待奢侈消费：一是奢侈消费与个人的收入及财力状况不相适应，二是奢侈消费与社会平均消费能力与消费水平不相吻合，三是奢侈消费过多地占用与消耗了社会、自然资源。在现实的"消费主义"的语境中，在不健康伦理理念的"操控"下，奢侈消费非但没有发挥出应有的作用和功能，反而冲击着社会道德与文明。

奢侈消费导致错误的财富观。马克思在谈到资本家的挥霍和奢侈时，曾指出："在一定的发展阶段上，已经习以为常的挥霍，作为炫耀富有从而取得信贷的手段，甚至成了'不幸的'资本家营业上的一种必要。奢侈被列入资本的交际费用。此外，资本家财富的增长，不是像货币贮藏者那样同自己的个人劳动和个人消费的节约成比例，而是同他榨取别人的劳动力的程度和强使工人放弃一切生活享受的程度成比例的。因此，虽然资本家的挥霍从来不像放荡的封建主的挥霍那样是直截了当的，相反地，在它的背后总是隐藏着最肮脏的贪欲和最小心的盘算。"[2]在奢侈消费之下，财富不再有精神与物质两个层面，而仅仅是指物质财富。人们对财富的拥有欲望，简单转化为对物质财产的占有欲望。这种欲望同时腐蚀着富人与穷人，让许多人为了掠取和占有财物费尽心机，甚至铤而走险，不择手段。人们看不起穷困之人，对富人充满敬佩、羡慕之色，却不问富人之财富来自何处、因何得来。然而，财富应该等同于人的创造性发展的生产力，而人的全面发展才是目的。西斯蒙第说过："如果这些成果，即我们称为财富的东西，不仅是物质的，同时也包含着道德的和智慧的结晶，不但可以作为享受，也是用来使人健康发展以达到完善地步的手段，我们是否能够肯定地说已经接近这个目的了呢？"[3]

奢侈消费过度消耗社会资源，影响生态环境。奢侈消费是对资源的不合理使用。为了满足奢侈消费的欲求，就必须加大物质资料的生产，而这种物质资料的生产，必然伴随着对人类赖以生存的生态环境或多或少的破坏。以产品过度包装为例，每年因产品过度包装砍伐的森林数量难以计数，生产产品包装的造纸、印染等行为对环境污染十分严重，产品消费后产品包装成为垃圾，不仅污染环境，还需耗费大量资金进行处理。为了满足消费需求，地球上的森林被大量砍伐，各种资源被无度开采，物种加速灭绝，自然灾害频发。近半个世纪以来，人类对地球资源的消耗、对地球环境的破坏比任何时代都更厉害，自然对人类的报复也越来越频繁。奢侈消费会增加整个社会的生态风险，以至最终酿成生态悲剧。

奢侈消费损害社会公正，引发仇富心理。奢侈消费损害社会公正首先表现为损害代内公正。受生产力水平与生产资料的限制，在特定的社会中一定时期内消费品供给的总量是恒定的，奢侈消费占用与消耗了更多的社会资源，必然使其他主体分配到的资源减少，让他们产生被剥夺感。从这个意义上说，奢侈消费实际上代表着社会消费的不平等。奢侈消费损害社会公正还表现为损害代际公正。比如耕地，我国农村曾提出过一个口号："但存方寸地，留与子孙耕。"即如果不注重耕地的合理利用与保护，子孙很可能是无地可耕了。当代人的奢侈消费，给后代人的发展埋下了隐患，由后代人为当代人的错误埋单。在我国当前社会环境下，奢侈消费还容易引发仇富心理和对公共组织的不信任，激化社会矛盾，引起社会冲突。因为经济体制的不健全，我国一些富有者的财富并不是通过辛勤劳动与合法经营得来的，而是通过钻法律空子、打政策的擦边球、权钱交易甚至暴力手段获得。普通百姓对这些富人的心理不是尊崇而是仇视，因为这些人通过不正当手段攫取了本应该属于大家的财富。富有阶层的奢侈消费，会增加人们的仇视心理，甚至激发部分人毁坏财物与抢夺财物的冲动。

(二) 攀比型：为面子而消费导致自我异化

攀比型消费主要是具有一定消费能力和消费水平的消费群体进行的消费活动，是一种为了面子而超越自身消费能力和消费水平的消费方式，也是目前资本主义社会的中产阶级和社会主义社会的中等收入群体比较偏好的消费方式。中产阶级和中等收入群体是消费的中坚力量，也是市场经济活动中商家争夺的主要消费对象。在漫天飞舞的商业广告和从众心理、攀比心理等的影响和刺激下，近年来中国的中等收入群体在高消费、奢侈消费浪潮中毫不示弱。中等收入群体为了要面子而热衷于攀比消费，不仅远远超出了自身的收入水平和支付能力，而且他们的大量休闲时间被这种"无休止"的消费剥夺，身心健康受到巨大伤害。在这种不合理的消费方式中，主体的消费对象和消费活动越来越成为与主体敌对的存在，导致消费者自我异化。

(三) 无力型：想消费而不能消费引发心理恐惧

任何时期，消费都要涉及到两方面的因素，即有东西可消费与有能力来消费。有东西可消费指的是消费品的供给。在生产力水平较低的时期，社会的物质产品不够丰富，人们的消费需求远远超过产品供给，生产什么就消费什么。面对品种不断丰富、式样不断翻新、价格不断攀升的消费品时，低收入群体不是不想购买而是无力购买，往往处于一种心有余而力不足的境地。况且，对于低收入群体来说，勤俭持家、艰苦朴素等生活传统由来已久且根深蒂固，即使偶尔有了点钱，他们也丝毫不敢冲动消费，因为尽管收入低，但必要的生活开支不仅丝毫不会少甚至还会不断增加，尤其是还要考虑孩子上学、子女结婚、家人生病等大额开支，轻消费、少消费、重节俭、多储蓄成为低收入者无奈的选择。事实上，不仅低收入群体如此，大多数中国人都保有少消费、多储蓄的生活传统，这也是为什么中国人的储蓄率一直居高不下的重要原因。低收入群体在消费问题上不仅受到自身收入水平的制约，而且常常出现心理失落甚至心理恐惧。面对高收入群体的奢侈消费、忘我消费，以及中等收入群体的攀比消费、超前消费，低收入群体不仅表现出可望而不可及的无奈，有时更表现出羡慕、妒忌、恨，由此产生强烈的心理失落感。消费对于低收入群体来说，不仅不是享受，反而成了一种心理负担，有时甚至是心理恐惧。

二、消费方式异化的伦理反思

当前，在我国居民消费方式中出现的种种不合理现象，对自然界、社会和人的自由全面发展产生了一系列负面影响，有必要进行伦理反思。

（一）错误挥舞消费主义大旗导致人类与自然相对立

人类来源于自然界，人类的生存和发展一刻也离不开自然界，自然界是人类的"衣食父母"。从这个意义上说，人类应该倍加珍惜自然界，就像呵护自己的眼睛一样呵护自然界，就像对待自己的父母一样与自然界和睦相处。正如党的十八大报告所强调的："面对资源约束趋紧、环境污染严重、生态系统退化的严峻形势，必须树立尊重自然、顺应自然、保护自然的生态文明理念，把生态文明建设放在突出地位，融入经济建设、政治建设、文化建设、社会建设各方面和全过程，努力建设美丽中国，实现中华民族永续发展。"[4] 在消费问题上，人类应该合理消费、文明消费、生态消费。然而，在消费主义的影响下，某些异化的消费方式将人与自然截然对立，为了满足人的无限欲望肆无忌惮地掠夺自然、践踏自然、破坏自然。在消费领域视自然为人类的奴隶、毫无克制地向自然索取的做法，不仅违背了自然规律、破坏了自然生态系统，而且威胁了人类的可持续生存和发展。

在消费主义大旗的挥动下，人类开始大规模地消费各种自然资源，包括不可再生资源。大量消费的背后是大量的污染和破坏，如对空气、水体、土壤等环境的污染和破坏，对动、植物的毁灭破坏，其结果是人类的生存环境不断恶化，"城门失火，殃及池鱼"，很多物种一个个灭绝。很难想象，人类会不会重蹈死去的伙伴们的覆辙而自我毁灭？事实上，早在100多年前恩格斯就给人类提出了警告："我们不要过分陶醉于我们人类对自然界的胜利。对于每一次这样的胜利，自然界都对我们进行报复。"[5]可惜的是，伟人的忠告在相当长一段时期内并没有引起人类的重视，聪明的人类直到品尝了自己犯下错误的苦果才开始觉醒和反思。然而，即使在今天，仍有一些国家、一些人尚未觉醒，依然沉浸在"商品拜物教"中，在异化消费方式主导下自觉或不自觉地与自然对立、与自然为敌。

（二）"强迫性消费"使主体与客体相颠倒

人是消费的主体，物是消费的客体，消费的实质就是客体满足主体的某种需要。因此，在某种意义上说，在消费问题上主体与客体应该是高度统一的，主体在消费时应该是自由自主的，客体应该适应主体的要求。然而，在奢侈型、攀比型等异化消费方式中，主体与客体的关系并非如此，主体在消费时要跟随客体走，主体并不自由也难以自主。这种"主客颠倒"真实地反映了在异化消费方式中主体与客体的尖锐对立和斗争。

首先，在异化消费方式下，主体在消费时并不自主。正如美国哲学家弗洛姆所言，对于某些人来说，"消费不是为了使用或者享受买来的消费物品，所以购买和消费行为成了强迫性的和非理性的目的。每个人的梦想就是能买到最新推出的东西，买到市场上新近出现的最新样式的商品，相比之下，使用物品得到的真实享受却成为次要的"[6]。对于购物狂来说，他们的消费是跟着时尚走，什么东西时尚就买什么，俨然变成了"物的附庸"。倘若他们不够富有，当发现一种时尚的商品自己无力购买时，他们的第一反应不是自己是否真正需要它，而是抱怨自己的收入太低以致囊中羞涩。因此，对于他们来说，生活的内容就是拼命赚钱、拼命消费，而且拼命赚钱也是为了拼命消费。

其次，在异化消费方式下，主体在消费时并不自由。现代社会，在铺天盖地的商业广告氛围中，人们在消费时总是自觉或不自觉地被各种商业广告左右着，人们对各种品牌、名牌的热衷和向往就是很好的例证。人们在消费时被各种商业广告左右，实质上是被广告所宣传的物品左右。当作为主体的人在消费时被作为客体的物品左右时，就很难彰显主体性，也就和动物没什么区别了。马克思对异化劳动下人的生存状况提出了强烈质疑："劳动对工人来说是外在的东西，也就是说，不属于他的本质；因此，他在自己的劳动中不是肯定自己，而是否定自己，不是感到幸福，而是感到不幸，不是自由地发挥自己的体力和智力，而是使自己的肉体受折磨、精神遭摧残。因此，工人只有在劳动之外才感到自在，而在劳动中则感到不自在，他在不劳动时觉得舒畅，而在劳动时就觉得不舒畅。因此，他的劳动不是自愿的劳动，而是被迫的强制劳动。"[7]159 在消费领域，就像在异化劳动下一样，人们也是不自由的。正如马尔库塞所指出的："在极其多样的产品和后勤服务中进行自由选择，并不意味着自由。"[8] 马尔库塞还将这种消费称为"强迫性消费"，也就是说，人们的消费并不是自由自主的，而是受控制、被操纵的。

（三）过度追求使用价值之外的心理满足使手段与目的相背离

消费是人有意识、有目的的经济活动，从这个意义上说，消费是满足人们某种需要的手段。很显然，手段是用来为目的服务的，消费作为手段，是为了满足作为主体的人的需要，其目的是为了实现人的自由全面发展，为了让人生活得更加幸福、更有尊严。

马克思主义政治经济学认为，任何商品都是使用价值和价值的统一体，无论是对消费者还是对生产者来说，都不可能兼得商品的使用价值和价值，消费者为了获得商品的使用价值就必须将商品的价值让渡给生产者，同样，生产者为了获得商品的价值就必须将商品的使用价值让渡给消费者。消费者购买各种商品正是为了获得其使用价值，用于满足个人的某种需要。然而，随着社会的不断发展、人类的不断进步，人们对商品使用价值的要求越来越高、越来越多，商品使用价值中包含的"有用性"的内涵越来越丰富，由此衍生出了身份价值、符号价值、象征价值等，并且随着人们对商品"原始使用价值"的消费逐渐饱和，人们越来越将消费兴趣转移到商品使用价值中的衍生价值上。例如，价值几百万元的手表、数千万元的汽车、上亿元的房子仍不乏买家，究其原因，是因为名表、豪车、豪宅等传递着买家的地位、身份、品位等信息，而地位、身份等恰恰是个人价值的重要表现。因此，消费在迎合人们日益萌生的需要的同时，也扩展了自身的职能，由满足人们的生存需要、发展需要扩展到表征人们的自我价值。人们消费的目的，"不在于满足实用和生存的需要，也不仅仅在于享乐，而主要在于向人们炫耀自己的财力、地位和身份。因此，这种消费实质是要向社会公众传达某种社会优越感，以挑起他们的羡慕、尊敬和妒忌"[9]。

在消费职能扩展的背景下，人们的消费理念、消费取向也发生了重大变化，人们对消费的追求不再局限在衣、食、住、行、用等方面，而更多的是考虑个人的身份、地位、情趣、品位等。于是，在消费主义泛滥的当下，各种异化消费方式不再将消费视作满足个人需要的手段，而是看作人生的重要目的，认为附加在消费品上或体现在消费方式中的那些消费功能之外的信息才是人生成功与否的标志，因而，崇尚物质主义，追求感官享受，沉迷于占有和消费尽可能多的物质产品，大肆宣扬多消费、高消费。由消费支撑着的人生就这样被简约为吃、喝、玩、乐。这种极端"物化"的消费方式是极具危害的，因为人的需要是多样化和不断变化的，人生的目的和价值在于为社会和他人做贡献，个人自我价值的实现有赖于个人的社会价值。"把精神满足寄托在占有和消费物质财富上也好，精神生活的低俗化也好，消费主义对人的存在和发展的根本危害在于，它把人的需要的丰富性归结为物质需要，把人生价值的实现降低为物质欲望的满足，从而大大缩小了人类与其他动物的差别，也从根本上颠倒了人生的目的与手段的关系。"[10]91 事实上，物质消费不过是实现人生价值的前提和手段，而不是人生价值的终点和目的。

（四）错误的舆论引导使欲望与理性相冲突

消费源于人的需要，需要实质上就是一种欲望。作为主体的人，具有与动物相同的欲望。马克思指出："人作为自然存在物，而且作为有生命的自然存在物，一方面具有自然力、生命力，是能动的自然存在物；这些力量作为天赋和才能，作为欲望存在于人身上。"[7]209 但是，与动物所不同的是，人还具有理性，人的欲望是受理性支配的。简言之，人是欲望和理性的结合体。欲望（desire）可以简单理解为对于需要（need）得到满足的愿望（will），欲望并不是什么十恶不赦的东西。从某种意义上说，合理的、善的欲望不仅是个人生存和发展的动力，也是社会发展、人类进步的动力。理性既是人们分析问题和解决问题的能力，也是人们用以辨别是非、分清善恶、控制行为的能力。

人的需要和欲望是多样化的，也是复杂的，甚至是无止境的，正因为如此，欲望离不开理性的引导和支配。在消费问题上，科学、合理、文明的消费方式应当是欲望与理性相统一的消费方式，即理性主导下的、受合理欲望刺激下的消费方式。这种消费方式能够较好地协调消费过程中涉及的人与自然、人与社会、人与人的关系，能够合理控制消费欲望、科学进行消费抉择，使消费符合个人自由全面发展的要求而又不危及自然、社会与他人的可持续发展。然而，受20世纪30年代英国经济学家凯恩斯的政府干预市场、刺激消费的经济理论的影响，人们的物欲膨胀，直接导致消费主义的泛滥和各种异化消费方式的产生。消费主义将人的物欲、权欲、性欲都与消费联系在一起，甚至将人的身体也看作消费品。西方著名哲学家、社会学家、后现代理论家鲍德里亚在《消费社会》一书中生动地描述了西方社会在消费主义支配下围绕"身体"所进行的消费，并将"身体"视作"最美的消费品"。

在异化消费方式的指引下，人的欲望通过消费主义这一载体被不断刺激。"在价值观上，它坚持欲望的满足就是幸福，认为人生的价值就在于欲望的满足，主张用各种办法刺激和解放人的欲望。在文化上，它用高贵和独特来装扮人们的欲望，通过不断更新时尚，使人们的主观欲望永远无法得到彻底满足。在时间维度上，它引导人们奉行'今朝有酒今朝醉'的哲学，注重当下，漠视未来，讲究当下活得足够刺激，畅快淋漓，努力让'当下的每一时刻都成为时尚中的经典'。一旦这种及时行乐的意识在人们的心理结构中扎下根来，情况就必然是：对自己来说，每个人只要有能力，就会无止境地去追求财富，变着花样去消费；对他人来说，要使他的钱袋向自己敞开，就必须想法刺激他的消费欲望，并使这种欲望不断变成购买和消费的行为。"[10]93然而，人的欲望是没有止境的，在消费问题上，如果任由过多的、无止境的欲望横行，必然导致主体的自我烦恼和痛苦，并伴随着人与自然关系的紧张、人与社会关系的疏远、人与人关系的淡化。因此，作为主体的人必须重归理性，用理性驾驭欲望，在理性的指引下合理消费、科学消费、文明消费。

三、消费方式异化的伦理追问

任何一种消费方式都涉及三个有关联的问题即"消费什么""为何消费""如何消费"。人们消费什么、为何消费、怎样消费既取决于生产什么、为何生产、生产多少，又取决于人们需要什么、为何需要、需要多少。人的需要是不断变化的，因此，消费方式也是不断变化的，而不断变化的消费方式应该置于道德批评的视域才能保持健康积极的方向。

（一）我们到底应该消费什么

消费既是人类社会的普遍现象，又是人类特有的活动方式。人们在消费时，首先面临的是"消费什么"的问题。所谓"消费什么"，意指消费的对象和指向，如作为产品的物品，或作为商品的物品；作为商品的使用价值，或作为商品的符号价值、象征价值；是以物质性消费的追求为重，还是以精神文化消费的追求为重；是青睐绿色产品的低碳消费，还是传统产品的高碳消费。在异化消费方式中，奢侈型消费更多地是注重商品的符号价值和象征价值，而忽视商品的使用价值；攀比型消费以追求物质消费为主，忽视精神文化消费；无力型消费作为一种无选择的消费，无论是物质消费还是精神消费，均没有满足人的基本需要。

在生产力落后、产品匮乏的年代，人们过着食不满腹、衣不裹体、居无定所的生活，"消费什么"的问题一直困扰着人们。那时，可供人们消费的产品有限，人们为了基本的生存和发展需要，在消费时追问得更多的是"我们能消费什么"。随着科技的进步，人类认识自然和改造自然能力的增强，可供我们消费的产品越来越多，人们在消费时无须再受制于"我们能消费什么"。当下，各大商场的商品琳琅满目，只要人们想消费的东西几乎都能买到，甚至许多没有想到的东西也有卖。在消费主义大潮的影响下，想消费什么就消费什么成了某些人的嗜好。

据媒体公开报道，近来广东不少富人流行"成人喝人奶"，"甚至可以直接对着奶头喝奶"。这一"新兴事物"在网络上引起了热议，有的赞成，有的反对。赞成者认为消费是个人的私事，消费无禁区，只要有能力想消费什么就可以消费什么；反对者认为这种奇特的消费方式有违社会伦理道德，消费有禁区，并非想消费什么就能消费什么。上述两种观点争论的实质聚焦在消费的对象到底有无界限的争论上。

事实上，消费既是个人行为，也是社会活动，它不仅从特定的角度展现着人的内在本质，而且承载着人类社会的经济、政治、文化、生态等多重意蕴，内含着一定的伦理向度和价值抉择。在产品极大丰富的今天，人们在摆脱"我们能消费什么"束缚的同时，"我们应该消费什么"便成为消费者需要思考和面对的问题。对于消费者而言，消费对象不是毫无界限的，不是想消费什么就能消费什么。总的来看，对"我们应该消费什么"的思考和判断需要符合以下原则：一是符合社会伦理道德规范，我们所追求的消费对象应该是当下绝大多数人能够认可和接受的，是社会伦理道德许可的；二是可持续发展的原则，我们所追求的消费对象应该符合子孙后代可持续发展的要求，是能源资源环境许可的；三是普遍正义原则，我们所追求的消费对象不能损害他人的利益，是他人正当消费许可的。

（二）我们消费究竟为了什么

消费究竟为了什么，即为何消费，追问的是消费的目的和意义。所谓"为何消费"，是指消费的理由和意义，如：是为满足需要而消费，还是为满足欲望而消费；是为满足生存等基本需要而消费，还是为满足享受需要而消费；是为满足自己的需要而消费，还是为满足市场的需要而消费。

在异化消费方式中，奢侈型消费以满足心理需要为主，远远超出了满足基本生理需要的范畴，更多地是为了满足个人无休止的心理欲望；其结果不是为了满足自己的需要而消费，而是为了满足市场的需要而消费。攀比型消费既满足生理需要，也满足心理需要，但常表现为以满足虚荣心为主的心理需要；消费的目的既是为了满足自己的需要而消费，也是为了追赶时髦而消费。无力型消费首先是满足自身的生理需要的消费，其目的在于追求生存的最低层次需要。

消费既是人的生理需要，也是人的心理需要；生理需要是满足自身生存的最基本需要，心理需要是建立在生存需要基础之上的更高层次的自我需要；生理需要维系人的生命，心理需要彰显人的价值。对于任何一个消费者而言，生理需要和心理需要二者缺一不可。那么，在消费问题上该如何平衡生理需要与心理需要？消费究竟是为了生理需要还是为了心理需要？消费需要的满足与个体的消费能力、社会的消费环境息息相关，只有当个体具备一定的消费能力，特定的消费需要才有可能得到满足；只有当个体具备消费能力且社会消费环境允许时，某些消费行为才有可能被认可和接受。就奢侈型消费而言，个体虽具备较高的消费能力，但当下的社会消费环境不允许个体毫无顾忌地奢侈浪费，因而得不到社会的普遍认可和接受，常被推向舆论和公众批判谴责的风口浪尖。就攀比型消费而言，由于个体不具备相应的消费能力，只是出于满足虚荣心的需要而盲目消费、超前消费，这种消费需要的满足实质上是一种"虚假满足"，当下的社会消费环境对此是不提倡、不鼓励的，因而也是普遍受质疑的。就无力型消费而言，个体因不具备相应的消费能力而缺乏必要的消费欲望，即使有某些消费欲望也常因无力消费而导致心理恐惧，这种异化消费方式既不利于社会的进步，也不利于个体的发展。

（三）我们应该如何消费

所谓"如何消费"，是指消费的手段和方法，它取决于对为何消费的理解。例如，是消耗商品的使用价值还是消耗其社会价值，是消费服务的内在价值还是展示其外在价值。由于个体的消费行为受自身消费能力、消费心理、消费取向以及社会资源环境、消费政策、消费导向等的影响，因此，个体在消费抉择时，既要考虑自身因素，也要考虑社会因素，坚持个人需要与社会许可的统一。就当下中国而言，消费者要摒弃奢侈型、攀比型等异化消费方式，追求适度型、绿色型、文明型等科学消费方式，为社会主义生态文明建设作出应有贡献。

适度型消费方式就消费的数量而言，与之相对应的是奢侈浪费型的消费方式。消费数量的多少不仅直接影响消费者需要的满足程度，而且影响生态环境，关系子孙后代的长远发展。法国经济学家萨伊曾经指出："把消费限定在一个过于狭窄的范围，就会使人得不到他的资产所允许的满足；相反，过多的豪爽的消费则会侵蚀到不应该滥用的财富。"[11]所谓适度型消费方式，是指消费的数量和质量既符合消费者自身的消费能力，又符合生产力发展水平和社会伦理道德规范。在生态文明时代，大力倡导适度型消费方式，在经济、环境、道德等方面都具有重要意义。在经济方面，适度型消费方式是与社会经济发展水平相适应的消费方式，有助于充分发挥消费对经济发展的拉动作用；在环境方面，适度型消费方式依据资源环境的承载能力进行消费，较好地处理了人与自然的关系，有助于发挥消费在自然生态系统循环中的调和作用；在道德方面，适度型消费方式既吸收了"崇尚节俭"等传统伦理智慧，又契合了"反对浪费"等当代道德要求，有助于发挥消费在道德传承中的桥梁作用。

绿色消费是基于消费主义引发的资源环境问题而提出的。所谓绿色型消费方式，就是要求消费者在购买、使用、回收、处理等消费过程中要充分考虑资源环境的因素；购买时，要购买符合环境标准的"绿色产品"；使用时，要尽量不造成或少造成对环境的污染和破坏；要尽可能回收、再利用使用过的产品，减少一次性使用；要选择环保的废弃物处理方式，尽量减少对空气、水、土壤等的污染和破坏。作为一种新的消费方式,绿色消费对消费者个人和生态环境都是有益的,体现了人的价值维度和自然的生态维度的统一。一方面,绿色消费以满足需要、保持健康为目的,倡导过健康、简朴、丰富的生活,坚持了人的主体性,彰显了人的价值;另一方面,绿色消费秉持高度的环境保护责任意识,自觉地将自身的消费行为纳入自然生态系统之中,促进自然生态系统的良性循环,维护自然生态系统的平衡。

文明消费是针对奢靡消费、愚昧消费、不道德消费等不文明消费理念而言的,重在突出消费的价值取向和道德倾向。消费既是一种经济行为,是经济学研究的重要对象;也是一种道德行为,是伦理学需要关注的重要领域。近年来,在消费领域出现的"人乳宴""胎盘宴""裸体宴"等不道德、反道德消费倾向,不仅玷污了神圣的人性、良知,而且腐蚀了人类的文明大厦。文明消费要求消费者要有强烈的消费伦理意识,正确认识自身的消费行为可能对社会和他人造成的影响,在社会伦理道德许可的条件下合理选择消费方式,既追求必要的物质消费以维系生命、健全体魄,又以高尚的精神消费陶冶情操、净化心灵。正如美国学者艾伦·杜宁所言:"当大多数人看到一辆豪华汽车首先想到它导致空气污染而不是它所象征的社会地位的时候,环境道德就到来了。同样,当大多数人看到过度的包装、一次性产品或者一个新的购物中心而认为这些是对他们子孙犯罪而愤怒的时候,消费主义就处于衰退之中了。"[9]102-103 奢靡消费、愚昧消费、攀比消费、一次性消费等不合理、不文明的异化消费方式衰退之时,正是适度消费、绿色消费、文明消费等科学消费方式兴起之时。只有当适度消费、绿色消费、文明消费等科学消费方式不断兴盛,"美丽中国"才有可能真正实现。

参考文献:

[1] 维尔纳·桑巴特. 奢侈与资本主义 [M]. 王燕平,侯小河,译. 上海:上海人民出版社,2000:79—81.

[2] 马克思恩,格斯文集. 马克思恩格斯文集:第5卷 [M]. 北京:人民出版社,2009:685.

[3] 西斯蒙第. 政治经济学研究 [M]. 胡尧步,等,译. 北京:商务印书

馆,1989:序言.

[4] 胡锦涛.坚定不移沿着中国特色社会主义道路前进 为全面建成小康社会而奋斗——在中国共产党第十八次全国代表大会上的报告[N].人民日报,2012-11-18.

[5] 马克思,恩格斯.马克思恩格斯文集:第9卷[M].北京:人民出版社,2009:559.

[6] 艾里希·弗洛姆.健全的社会[M].欧阳谦,译.北京:中国文联出版公司,1988:135—136.

[7] 马克思恩,格斯文集.马克思恩格斯文集:第1卷[M].北京:人民出版社,2009:159.

[8] 马尔库塞.单面人[M].左晓斯,等,译.长沙:湖南人民出版社,1988:6.

[9] 艾伦·杜宁.多少算够——消费社会与地球未来[M].毕聿,译.长春:吉林人民出版社,1997:5.

[10] 高文武,关胜侠.消费主义与消费生态化[M].武汉:武汉大学出版社,2011:91.

[11] 萨伊.政治经济学概论[M].陈福生,等,译.北京:商务印书馆,1997:567.

论天人合一的道德主体性[*]

"究天人之际"是中国传统哲学的核心问题。儒家哲学回应天人之际问题的主流倾向表现为"天人合一"。主流意指儒家并非一致认同天人合一。荀子本属儒家,在天人关系上,虽不否认天人之关联,但从整体层面看荀子的思想,强调的是"明于天人之分"(《荀子·天论》)。程颢虽然认同天人合一观,但反对天人合一中"合"的说法,认为:"天人本无二,不必言合。"(《二程遗书》卷六)不管从何角度质疑天人合一,天人之间的关联都是不可否认的,这种关联是在对道德主体的肯定和弘扬的基础上建立起来的。

一、天与帝的承接:人格主体的凸显

天在中国传统哲学中是一个古老且具有多重内涵的范畴。汤一介认为在中国历史上,天有三种含义,分别为:自然之天、主宰之天和义理之天[1]。冯友兰认为天有五种含义,分别为:物质之天、主宰之天、运命之天、自然之天和义理之天[2]。天有不同的内涵,其多重内涵并非同时形成。中国传统哲学探讨天人之际问题的过程中,对待天的两种相互矛盾的态度始终交织在一起:一种因未知而敬畏、拒斥;一种因探索世界的本能动力而欲了解,试图打破天的权威,与其建立某种关联。在这两种态度的同时作用下,天拥有复杂的内涵。其在不同的理论中,有不同的内涵,甚至在同一理论系统中亦有多重含义。

---

[*] 基金项目:广东省教育科学"十二五"规划项目"儒家经典在马克思主义基本原理概论课程教学中的应用"(2013JK354)。
作者简介:林晓希,女,辽宁抚顺人,中山大学哲学系博士研究生,研究方向为中国文化与现代化;胡志刚,男,江西上饶人,中山大学哲学系博士研究生,广州大学华软软件学院思想政治理论教研部讲师,研究方向为历史哲学。
原载《武陵学刊》2015年第4期。

"天"字在甲骨文中已经出现，写为"禿"，是人的形状。王国维《释天》中道："古文天字，本像人形……是天本谓人颠顶。"[3]意为人的头顶。对天的人事，最初产生在自然层面，在有限的认识能力和认知范围内，无法找到合理解释天的途径，使上古之人对头顶之天充满敬畏之情，诗云："敬天之怒，无敢戏豫；敬天之渝，无敢驰驱。"（《诗经·大雅·板》）诗亦云："天命不彻。"（《诗经·小雅·十月之交》）"浩浩昊天，不骏其德，降丧饥馑，斩伐四国。"（《诗经·小雅·雨无正》）诗句中显露出对天意不确定性的担忧，因敬畏而臣服的未知对象就是天。"天"在《说文解字》中的解释为："天，颠也。至高无上，从一、大。"其中，"至高无上"和"一"说明天的原初性。上古社会思维发展程度有限，对原初问题的追问不会表现为思辨的哲学，而是走向神秘主义和原始宗教，天成为原始宗教多神崇拜的对象之一。

《礼记·祭法》中写道："山林、川谷、丘陵，能出云，为风雨，见怪物，皆曰神。""皆曰神"表明崇拜对象并非只有天，而是万物皆有灵。人类社会处于初级阶段，没有基本的社会组织原则，如《吕氏春秋·恃君览》中提到："其民聚生群处，知母不知父，无亲戚、兄弟、夫妻、男女之别，无上下、长幼之道，无进退、揖让之礼，无衣服、履带、宫室、畜积之便，无器械、舟车、城郭、险阻之备。"当时亦没有道德准则，同野兽几乎没有区别，《列子·汤问》对此描述道："长幼侪居，不君不臣。男女杂游，不媒不聘。"这个时期人的自我意识薄弱，被笼罩在万物有灵的阴影中。这种带有宗教性质的崇拜处于蒙昧状态，天的概念亦较为含混，有时是自然之天，有时是作为万物有灵的崇拜对象。

在多神崇拜的阶段，天人合一并未发生，原因有二：第一，人的崇拜对象并非只有天，此时的崇拜有多样性和分散性；第二，拥有主宰之义的人格神不是天，而是帝，天不具备人格主体意义。当天取代帝，承接了帝的内涵和地位之时，天人合一观开始形成。天作为宗教崇拜对象的内涵逐渐淡化，自然之天和人格神意义的主宰之天的内涵逐渐增强，天已经具有了人格意义，主体意味凸显，但仅为人格主体，自我意识较为模糊，虽能意识到自我的存在，但这种意识，置于由对自我和世界有限的认知、无限的不解所构成的敬畏和崇拜的意识之中，处于这种意识所支配的与天趋同的状态。

二、"仁"概念的提出：道德主体性的建构

天的概念承接了帝的内涵，拥有人格主体意义，天人合一开始形成。但此时的天人合一，只具备人格主体意义，并不具备道德主体意义。天人合一这个命题本身由人提出，实为人对自我与世界关系的一种探索和解读，是人的意识对自我剖析的理论回应。当这种意识尚未认识到自我的道德主体意义时，天人合一尚未建构道德主体性，只有人的道德主体意识苏醒，并形成一定理论体系时，天人合一中的人、与之相联的天才会具备道德主体性意义，天人合一的道德主体开始建构。完成天人合一的道德主体建构并将其理论化始于孔子"仁"的概念的提出。

"仁"的概念并非孔子首创，孔子以前的文献记载中就曾出现过关于"仁"的表述。如"以君成礼，弗纳于淫，仁也"（《左传·庄公二十二年》），"畜义丰功谓之仁"（《国语》中）等，上述文献中"仁"的含义较为模糊，而孔子则界定了"仁"的本质，使人们对"仁"的认识进入了一个新阶段。《论语》中多处出现关于"仁"的表述，如："巧言令色，鲜矣仁。"（《论语·颜渊》）"观过，斯知仁矣。"（《论语·里仁》）"刚、毅、木、讷近仁。"（《论语·子路》）"泛爱众而亲仁。"（《论语·学而》）"宪问：……'克、伐、怨、欲不行焉，可以为仁矣？'子曰：'可以为难矣，仁则吾不知也。'"（《论语·宪问》）"樊迟问仁。子曰：'爱人'。"（《论语·颜渊》）"颜渊问仁。子曰：'克己复礼为仁。'"（《论语·颜渊》）等。朱熹将"仁"解释为："仁者，本心之全德。"（《论语集注》）上述界定有两层含义：第一，"仁"由人而发；第二，"仁"与道德规范有关，是全部道德的总称。孔子对道德规范进行了总结，提出"仁"是道德规范的总称。"仁"的概念的提出，表明人类自我道德意识的成熟，人作为存在物需具备双重属性，不仅是作为自然主体的存在，更是作为道德主体的存在，且后者更为重要的是决定了人是否为人的本质属性。

孔子不仅用"仁"来总结以往的道德规范，而且将这种道德规范理论化，通过引入"礼"的概念，形成一整套关于"仁"的理论。"孔子把'礼'的可适用范畴扩大到所有人，把'礼'的内在根源归结于人的某种诚挚的内心感情。这样，在孔子那里，'礼'的实践就不具有社会强制的性质，而是一种对社会伦理的自觉履行，是一种道德实践。"[4]该理论形成了由克己复礼—仁—爱人的理

论进路,明确赋予了人的道德主体身份,强化了人的道德主体意识。"仁"在孔子那里凸显出来,天的主宰之义仍在。《论语》中有几处谈到天,其含义为主宰之天,如:"王孙贾问曰:'与其媚于奥,宁媚于灶,何谓也?'子曰:'不然,获罪于天,无所祷也。'"(《论语·八佾》)"子曰:'不怨天,不尤人,下学而上达。知我者,其天乎?'"(《论语·宪问》)孔子引入了"命"的概念,将"天命"结合使用,使"人"的主动性有一定程度的提高,如:"子曰:'吾十有五而志于学,三十而立,四十而不惑,五十而知天命……'"(《论语·为政》)"五十而知天命","天命"是可以知晓的。孔子虽然没有摆脱对天的权威性的认识,但通过"知天命"进一步提高了人的主体性,此时的人通过一整套"仁"的理论更加完整,可以构建和把握自我所在的世界。

孔子将人从自然和鬼神双重意义的天中剥离出来,而孟子则致力于将二者重新融合。孟子给天下的定义是:"莫之为而为者,天也;莫之致而至者,命也。"(《孟子·万章上》)不做就成的是天,不求而得的是命。虽然天在孟子那里仍然有主宰之天的权威性,但对其内涵的理解,孟子更侧重于其道德属性。孟子的天人合一思想主要表现如下:"尽其心者,知其性也,知其性则知天矣。存其心,养其性,所以事天也。夭寿不贰,修身以俟之,所以立命也。"(《孟子·尽心上》)由此可见,孟子天人合一的进路是:尽心—知性—知天。

三、"尽性知天":道德主体性的传承

"尽心"属方法论,心性相通,尽心则可知性,知人性,知人之本善之性。孟子认为人性本善,且此本善之性乃人人生而有之。《孟子·公孙丑》道:"人皆有不忍人之心。"《孟子·告子上》道:"恻隐之心,人皆有之;羞恶之心,人皆有之;恭敬之心,人皆有之;是非之心,人皆有之。恻隐之心,仁也;羞恶之心,义也;恭敬之心,礼也;是非之心,智也。仁义礼智,非由外铄我也,我固有之也,弗思耳矣。"孟子认为恻隐之心、羞恶之心、恭敬之心和是非之心四端及仁、义、礼、智四德是人生而有之的,这四德的来源是天。"此天之所与我者,先立乎其大者,则其小者不能夺也。此为大人而已矣。"(《孟子·告子上》)天之所以能赋予人性善的品质是因为天具有同样的品格,四端和四德既是人性,也是天性;正是因为天具有同样的品格,人的心性与天之德性融为一体,才可以实现尽心到知性,再到知天。天的根本德行被包含于人的心性之中,天

以善的形式成为人与生俱来的一部分，融入人中，成为人整体生命的一部分。正因如此，孟子进一步指出："万物皆备于我矣，反身而诚，乐莫大焉。强恕而行，求仁莫近焉。"（《孟子·尽心上》）形式上看是人没有天不足以为人，但实质上，道德主体的产生先于任何善恶观念，天的各种含义都是人所赋予的。这样一来，孟子建立了以共同德性为基础的、天在人中的天人合一观，形成了儒家哲学讨论天人之际的思想基础。

孟子之后的儒者在孟子的基础上，对天与人的关系做了不同角度的阐发，虽具体内容不同，但均遵循孟子所开创的模式，这种模式可以总结为四点：第一，在天与人的关系上，认同天人合一；第二，阐述天人合一理论时，以天、人共性为基础，进行天、人关系的融合，且此共性无论命名为何均具有一定道德属性；第三，天、人关系的融合模式是人作为主体一方，将天融入其中，成为主体的一部分共同存在；第四，天人合一的内在理路为：人—道德属性—天。

董仲舒的"天人感应"说也是道德主体性的天人合一的表现形式。其在《春秋繁露·顺命》中道："天者，万物之祖，万物非天不生。"天仍然具有权威性，这种权威的内涵与原始的天人合一阶段的主宰之天有所不同。他说："人之（为）人，本于天也，天亦人之曾祖父也，此人之所以乃上类天也。"（《春秋繁露·为人者天》）天被赋予了人性，天与人之所以能够实现"天人感应"，是因为"天人同类"。人的身体结构同天一样，如："天以终岁之数成人之身，故小节三百六十六，副日数也；大节十二分，副月数也；内有五脏，副五行数也；外有四肢，副四时数也；乍视乍瞑，副昼夜也；乍刚乍柔，副冬夏也；乍哀乍乐，副阴阳也。"（《春秋繁露·人副天数》）人的道德情感与天亦相同，如："人之血气，化天志而仁；人之德行，化天理而义；人之好恶，化天之暖清；人之喜怒，化天之寒暑；人之受命，化天之四时；人生有喜怒哀乐之答，春夏秋冬之类也。"（《春秋繁露·为人者天》）另有"仁之美者在于天，天仁也"（《春秋繁露·王道通三》）。董仲舒将天内化于人当中，认为天依托人而存在，天通过人表现出来。天与人共同构成了人的一部分，天影响人，人亦影响天。"故天瑞应诚而至"及"国家将有失道之败，而天乃先出灾害以谴告之；不知自省，又出怪异以警惧之；尚不知变，而伤败乃至"（《汉书·董仲舒传》），说明天是内在于人的，人的主体地位是确定无疑的，二者融为一体，天与人有着诸多的相同之处，所以"以类合之，天人一也"（《春秋繁露·阴阳义》）。

宋明儒学继续传承了这种理念。张载在《正蒙·乾称》中道："儒者则因明致诚，因诚致明，故天人合一，致学而可以成圣，得天而未始遗人。"这是中国传统哲学中第一次明确提出"天人合一"的概念。宋明时期的天人合一理论继承孟子所开创的模式，但相比之下更具体，系统性更强，且天的主宰之义出现得更少，多指义理之天。张载将诚作为天与人融合的共性，并引入了"气"的概念，指出："乾称父，坤称母，予兹藐焉，乃混然中处，故天地之塞吾其体，天地之帅吾其性。民吾同胞，物吾与也。"（《西铭》）"民胞物与"的思想充分说明了天与人是一个合而为一的整体，二者不可分割，成为共同的完整的生命；人的作用就是天的作用，知人必知天，人与天是统一的。类似的观点还有："天人异用，不足以言诚；天人异知，不足以尽明。所谓诚明者，性与天道不见乎小大之别也。"（《正蒙·诚明》）张载的天人合一观同孟子相似，遵循"天"到"道德属性"再到"人"的模式。程颢的"天人本无二，不必言合"（《二程遗书》卷六）以及"仁者以天地万物为一体，莫非己也。认得为己，何所不至？"（《二程遗书》卷二上），还有程颐的"安有知人道而不知天道者乎？道一也，岂人道自是人道、天道自是天道？"（《二程遗书》卷十八）和"道未始有天人之别，但在天则为天道，在地则为地道，在人则为人道。"（《二程遗书》卷二十二上）均以仁义礼智信的道德属性作为天与人的共同点并将其融合在一起。王阳明否认"理"，只承认"心"。他认为人心即为天地之心，人与天更为彻底的融合。

由此可见，天人合一的道德主体性理念的传承贯穿了几乎整个中国传统哲学的发展，这个意义上的天人合一是一种新的、有生命的、整体的存在。这种存在同天和人一样，是中国传统哲学中的主语，而非宾语；是一种完成的状态、一个事实而非一个过程。天人合一是理解中国文化特质的关键，文化是以人为主体的，但中国文化是以天人合一为内在主体的。道德主体性的天人合一观展现了一种和谐的状态，这种和谐并非仅仅意味着人与自然的和谐，而是一种圆融的和谐，它无所不包，体现了中国哲学思维的特色之所在。钱穆在近百岁高龄谈到天人合一问题时还这样说："天人合一观，虽是我早年已屡次讲到，惟到最近始激悟此一观念实是整个中国传统文化思想之归宿处。我深信中国文化对世界人类未来求生存之贡献，主要亦即在此。"[5]天人合一的道德主体意蕴，实为中国传统文化之瑰宝，不仅使人反思在天人关系中人的自我定位是否出现了偏差，更为解决当今众多社会问题、环境问题提供了最为原始的理论支撑。

参考文献：

[1] 汤一介．论"天人合一"[J]．中国哲学史，2005（2）：5—10.

[2] 冯友兰．中国哲学史新编[M]．北京：人民出版社，2007：103.

[3] 王国维．观堂集林[M]．北京：中华书局，1959：282.

[4] 崔大华．儒学引论[M]．北京：人民出版社，2001：30.

[5] 钱穆．中国文化对人类未来可有的贡献[J]．中国文化，1991（4）：93—96.

荀子伦理思想的生态之维及现实价值*

作为先秦儒家思想的集大成者，荀子的思想宗于孔孟而又别具一格，尤其是关于天人关系的论述，在先秦诸子中，最为精辟者也当属荀子。荀子所言之天，非主宰、运命、义理之天，乃是自然之天，故而其探讨的天人关系也就是人与自然的关系。可以说，早在两千多年前，荀子就已经把人与自然的关系问题作为深思沉潜的重要课题，而以现代性的学术视野对荀子的生态伦理思想进行解读，对我国的生态文明建设具有重要的借鉴意义。

一、"天人之分"：人与自然关系的形上之思

荀子的天人观集中体现于"明于天人之分"与"制天命而用之"（《荀子·天论》）这两个命题中。"明于天人之分"，故而要对天心存敬畏，尊重"天时""地财"，避免肆意妄为而违反天道；"制天命而用之"，则是自信"人有其治"，能够代天地言，有所为而彰显人道。所以，荀子的天人观虽然从表面上看已经与传统儒家的"天人合一"论有分歧，但在内容上却是承继并深化了它的生态意涵。

"明于天人之分"是荀子天人观的理论基石，其他所有关于人与自然关系的思考都立足于此。荀子认为，无论是自然界还是人类社会，都有其自身的发展规律与存在价值，"天有其时，地有其财，人有其治"（《荀子·天论》）。并且，

---

* 基金项目：国家社会科学基金重大项目"推进当代中国社会公民道德发展研究"（12ZD036）。
作者简介：宋文慧，女，山东临沂人，南京大学哲学系博士研究生，研究方向为中国传统伦理思想。
原载于《武陵学刊》2015年第6期。

自然界的价值并不同于人类创造之物的价值，前者是内在的、固有的，后者则由人类付出的劳动决定。也就是说，自然的价值是内生的，不是依据人的需要而被赋予的。此外，天、地、人各有其存在之理，天地的变化不会因为人之情感的好恶而有所改变，"天不为人之恶寒而辍冬，地不为人之恶辽远而辍广"（《荀子·天论》）。所以，天不能定人之祸福，人亦不能胡作非为，干扰天即自然界的正常运行，即"不与天争职"（《荀子·天论》）。"明于天人之分"就是要明确人与天具有不同的职分、功能，人既不能妄自菲薄，将所有的希冀都归之于天；亦不能狂妄自大，把所有的意愿强加于天。

人虽不应"与天争职"，但却能"制天命而用之"。荀子在《天论》一文中问道："大天而思之，孰与物畜而制之？从天而颂之，孰与制天命而用之？望时而待之，孰与应时而使之？因物而多之，孰与骋能而化之？思物而物之，孰与理物而勿失之也？"而人之"物畜而制""制天命而用""应时而使""骋能而化"，都是以"参于天地"为前提的，即以尊重自然万物发展的客观规律为前提。由此可知，"制天命而用"实际上就是顺应"天时""地财"，从而服务于"人治"之目的，而非一种妄为。而人之所以能够"制天命而用"，乃在于人为万物之灵，是世界万物中唯一具有理性的存在，如荀子所言，"人有气、有生、有知，亦且有义，故最为天下贵也"（《荀子·王制》）。并且，人有辨别能力，不像禽兽那般"有父子而无父子之亲，有牝牡而无男女之别"（《荀子·非相》）。所以，人之于有气之水火、有生之草木、有知之禽兽具有不可推卸的道德责任，此种道德责任不仅在于人有知辨之能力，可以为之负责，还在于人本身就是自然的一部分，与其它自然万物都是由气构成的，彼此之间具有一定程度上的亲缘关系，所以应当为其负责。

很显然，荀子的天人观也是一种"天人合一"论。只不过与传统的"天人合一"观不同的是，它是在分的基础上的合，不是艺术的、审美的、体悟的，而是现实的、理性的。传统的"天人合一"论根植于农耕文明时期人们的生产生活，钱穆先生指出："农耕生活所依赖，曰气候、曰雨泽、曰土壤，此三者，皆非由人类自力安排，而若冥冥中已有为之布置妥贴而惟待人类之信任与忍耐以为顺应，乃无所谓战胜与克服。故农耕文化最内感曰'天人相应''物我一体'，曰'顺'和'和'。"[1]而这种以"顺""和"为特征的天人关系论，实际上就是摆脱物—我、己—他之分，将自身完全融于自然。当然，所谓物—我、己—他之分本身就是人类文明发展、人的意识逐渐成熟之后的产物,而摆脱物—我、己—他之分与其说是人类理性认识之自觉与克服,则毋宁说是一种"与天地万物为一体"(《二程集·遗书》)的修为与境界。但是,并非每一个人都能达到这种修为与境界。而生态文明建设并不是个别人的修为,而是全体社会成员面向自然的道德实践,所以通过理性认识自然界的重要性,故而敬畏与热爱自然,是一条更具有现实可能性与普遍践行力的路径。

在当今社会,"科学的发展,大机器的使用逐渐完成了对自然的'祛魅',即自然的神秘性遭到层层剥离,人类似乎已经无需接受自然的任何恩赐,它已经在人类的拷问之下交出它所有的财富,袒露出了它所有的秘密"[2]。很显然,传统的"天人合一"思想所根植的农耕文明土壤已经逐渐流失,而在工业文明时代,人对自然的态度不是"顺"与"和",而更多地体现为对抗与征服。如何在主客二分的人与自然的关系中,在人对自然的改造能力日趋提高的现实状况下,使人能够理性认识人与自然的共生关系,则需要一种新的天人观的指导,而荀子关于天人关系的形上之思恰恰更贴近于现代工业文明的思维方式。荀子强调"天人之分",承认自然界有其自身的发展规律与存在价值,并指出"天地者,生之本也"(《荀子·礼论》),"天地者,生之始也"(《荀子·王制》)。人的生命由自然赋予,并由自然供养,所以人不仅要敬畏自然,还要对自然心怀感激之情。而人作为"最为天下贵"者,在人与自然的关系中,是唯一具有意识和能动性的存在,天地有大德、大美而不言,而人要代以言之。人"制天命而用之",不仅是说人能够认识自然之规律从而利用自然,更在于人能够自觉承担起为自然代言,做自然传声者的责任。张载所云"为天地立心"(《张载集·近思录拾遗》)即为此意。人为万物之灵,也当为自然之心。

二、"以义制利":经济发展的道德规约

生态危机的产生很大程度上可以归因于人类对于无限经济增长的追求。尤其是工业革命以来,科学技术对提高生产力的作用有目共睹,以至于人类对技术理性的崇拜达到了迷狂之境,而这也似乎使人类"无限地统治自然界,把宇宙变成为一个可以无限猎取的领域"[3]235的梦想变成了现实。然而旨在确立人对自然的主体地位,将自然单纯视为经济质料的发展模式得来的不是自然俯首帖耳的臣服,而是自然对人类的疯狂报复,人类对自然的损毁反过来开始毁灭人类自身，以至于有学者感慨道："人类进行毁灭的能力是如此之大，如果这种毁灭能力实现了，整个地球就会成为一片空地。"[3]213所以，经济无限增长的神话已经在各种环境问题的呈现中被打破，人类也越来越清醒地认识到，必须对经济发展加以必要的限制才能保证人类永续生存。而荀子"以义制利"的思想，就是试图以道德来规约人的经济活动与社会的经济发展。当然，这一原则的提出并非是一个孤立的命题，而是建立在荀子整个思想理论体系之上的。

首先，"以义制利"的原因在于"人之性恶"。荀子认为人"生而有好利焉"（《荀子·性恶》），并且"饥而欲食，寒而欲暖，劳而欲息，好利而恶害"（《荀子·荣辱》），"目好色，耳好声，口好味，心好利，骨体肤理好愉逸"（《荀子·性恶》），即追求感官的享受。而与之相对的是，自然界满足人的生存需要的资源却是有限的，如果每个人以享乐为目的进行消费，不仅会造成自然资源的枯竭，也会造成天下"出于争夺合于犯分乱礼而归于暴"（《荀子·性恶》）。所以，需要通过礼义对人的求利之欲加以限制。

其次，"以义制利"的可能性在于"涂之人也，皆有可以知仁义法正之质，皆有可以能仁义法正之具"（《荀子·性恶》），即人是可以向善的。在荀子看来，人具有自然与社会的双重属性，"人之性恶，其善者伪也"（《荀子·性恶》），自然属性使人易受欲望的引诱，而社会属性则使人能够对欲望加以克制，所谓"仁义法正之质"即是人的社会属性的体现。人虽"生而有欲"，但亦有知、辨之能力，并且义乃是使人区别于动物而"最为天下贵"者。人类社会的发展虽然受"好利恶害"之本性的驱动，但人能够自觉人性之缺陷，通过"化性起伪"，对人的欲望加以调控。在这一过程中，老师的作用非常重要。荀子十分重视师的作用，在他看来，"礼者，所以正身也；师者，所以正礼也"（《荀子·儒效》）；师能够引导人向善，没有师的指导，即使满腹经纶的人也容易走向歧途，"故人无师法而知，则必为盗；勇，必为贼；云能，则必为乱；察，则必为怪；辩，则必为诞"（同上）。在环境教育中，荀子所谓的师就是在环境保护方面做出突出贡献的个人、集体以及负有直接环境教育责任的老师。前者将空洞的口号化为真切的实例，从而激励人之环保意识的产生；后者则通过理论的传播，使学生形成包括忧患意识、责任意识、参与意识在内的环境伦理意识。

再次，"以义制利"的核心在于节。何为"以义制利"？荀子释义为："内节于人而外节于物者也，上安于主而下调于民者也。内外上下节者，义之情也。"

(《荀子·强国》）荀子这里所讲的"利"主要指个人私利。"以义制利"，就是通过礼义节制人为一己之私利而从事的片面追求财富增加、经济增长的活动，以此来使"欲必不穷于物，物必不屈于欲"（《荀子·礼论》），防止人逐利的经济活动破坏自然生育养长的时机。所以"以义制利"的核心在于节。而在现代社会中，节的最重要含义就是理性消费。理性的消费要求人自觉地检验其消费观念与消费行为，而检验的原则就是看其"是否真正符合人的本性和人的发展，是否体现了相应的价值理性和人文关怀"[4]。也就是说，真正理性的消费应当关注人的全面发展，而非仅仅着眼于人的物质需要的满足；真正理性的消费，应当是把人看作人，而不是像动物一样无限制地满足自身的需求而不加节制；真正理性的消费，应当不仅关注个人利益的实现，还要关注全人类利益的实现。尤其是在全民尚利的社会氛围中，更应当杜绝马尔库塞所言的"按照广告来放松、娱乐、行动和消费，爱或恨别人所爱或恨的东西"[5]。真正理性的消费，是以节用而不是以浪费为原则的消费，更不是受广告引诱而盲目的消费。

最后，"以义制利"要以"富国裕民"为前提。因为道德的实现是建立在一定的经济基础之上的，要求贫穷的人隐忍其对利益的追逐，不仅不利于社会的发展，也不符合人道精神。并且，儒家的传统中历来不排斥人对基本生活需要的追求。如孔子指出，人都有求利的欲望，"富与贵，是人之所欲也"（《论语·里仁》），并且治理国家的第一步应当是使百姓"足食"，"富之"而后"教之"。孟子则认为普通百姓没有一定的资产，就不能安分守己，不能安分守己，就会放荡无耻，无恶不作。所以明君必须"制民之产"，使百姓"仰足以事父母，俯足以畜妻子，乐岁终身饱，凶年免于死亡"（《孟子·梁惠王上》）。荀子则直接指出："义与利者，人之所两有也。"（《荀子·大略》）在以"人的依赖关系"为特征的古代社会尚且肯定人对基本物质利益的追求，更遑论以"物的依赖性"为特征的现代社会。生态文明建设的实现必然要以百姓生活水平的提高为保障，而不能以贫穷为代价，因为贫穷也是生态环境最大的威胁。就像联合国在《只有一个地球》的宣言中指出的："贫困是一切污染中最坏的污染。"尤其对发展中国家而言，面对的是消除贫穷与保护环境的双重压力。而事实也证明，贫困已经成为发展中国家在全球自然环境保护中推卸责任时所用的最堂而皇之的理由。由此可见，"富国裕民"乃是可持续发展得以实现的必然前提，否则"以义制利"的原则就会沦为一句没有现实根基的口号。

生态文明建设需要以"以义制利"为道德原则，以改变经济发展过热导致生态环境受到破坏的社会现实。改革开放以来，中国实现了由传统的自然经济、计划经济向现代市场经济的转型，其变化令人叹为观止。几千年来困扰中国人的温饱问题在数十年内得到解决，不能不说是"人类奇迹"。然而，由于社会主义与市场经济的联手在世界上尚属首例，没有思想与实践的前鉴，中国的经济发展"自然有摸着石头过河式的探索性尝试，也会有撞击反弹式的试错效应，还会出现哪里遇到阻碍就会先改哪里、哪里出现漏洞就先补哪里的随机行为"[6]，市场经济的发展所引发的人们对于金钱的狂热，使得拜金主义、享乐主义等腐化思想逐渐蚕食人的灵魂，全民逐利，尤其是以环境为代价的不合理的生产生活方式已经大大破坏了中国人的生存环境。因此，立足于道德教化对人的好利之性的变革应当成为当代中国生态文明建设的重要课题。

三、"圣王之制"：面向自然的法制规训

"明于天人之分"的关键是培养人的理性认知，"以义制利"的原则则有赖于人的"化性起伪"，如果说二者的实现都与人的主观学习与修养密不可分，那么"圣王之制"则更多强调法制的客观制约。不同于理念的培养与道德的育成，法制带有明显的强制性，这也在现实层面上保障了人与自然的和谐相处。荀子之所以强调法制的建构，与其人性恶的理论预设直接相关，他认为，"人之生固小人，无师无法则唯利之见耳"（《荀子·荣辱》），而"法者，治之端也"（《荀子·君道》）。法制的建构具有两个方面的功能：一是引导；二是奖惩。前者立足于现实世界的实然，而为人们确立价值应然的方向；后者通过对人的行为后果的评价达到激励或是威慑的效果。所以，"圣王之制"的法制规训可以说是实现人与自然和谐相处不可缺少的环节。

所谓"圣王之制"，即"草木荣华滋硕之时则斧斤不入山林，不夭其生，不绝其长也；鼋鼍、鱼鳖、鳅鳝孕别之时，罔罟毒药不入泽，不夭其生，不绝其长也；春耕、夏耘、秋收、冬藏四者不失时，故五谷不绝而百姓有余食也；污池渊沼川泽，谨其时禁，故鱼鳖优多，而百姓有余用也。斩伐养长不失其时，故山林不童，而百姓有余材也"。（《荀子·王制》）大自然的天然府库提供了人类生存所需的直接与待造的物品，所以圣王的法制要求人们尊重自然万物的生长规律，砍伐捕捞按时令进行。具体来说，对"圣王之制"的理解可以从以下

三个层面展开。

第一,"圣王之制"即圣王的法制。一方面,荀子继承了前人"祖述尧舜,宪章文武"(《礼记·中庸》)的传统,借圣王的名义使自己的主张合理化,并且荀子的主张也确实有其理论传承,比如《国语·鲁语》就有"且夫山不槎蘖,泽不伐夭,鱼禁鲲鲕,兽长麑䴠,鸟翼鷇卵,虫舍蚔蝝,蕃庶物也,古之训也"的记载,《逸周书·文传解》亦有"山林非时不升斤斧,以成草木之长;川泽非时不入网罟,以成鱼鳖之长;不麛不卵,以成鸟兽之长"之语;另一方面,法制的合理建构又成为评价君王是否圣明的标准之一,即真正的圣王能够做到长虑顾后,周顾到社会发展的全局,而非仅仅着眼于眼前的蝇头小利。所以,能否意识到自然资源的合理利用与保护的重要作用,也是对圣王的要求之一。在现代社会,能否对环境保护产生理性自觉,应当成为检验执政党之执政能力的标准之一。

第二,"圣王之制"的核心在于"时"。"时"有"时禁"与"时弛"两重含义。"时禁"即在植物繁殖生长的时节、动物孕育的时期禁止百姓去砍伐、捕捞;"时弛"即引导百姓在适当的时间做耕耘收藏、砍伐养长之事。可见,"圣王之制"就是要求人们按照大自然的节奏、万物生长的节律来对待自然。而"时"又以"节"为前提,节制欲望故而节约用度。节制欲望的方法除了前文述及的礼义教化外,以奖惩为方式的法制规训则更直接有效。与前者需要一个潜移默化的过程相较,后者则具有立竿见影的效果。而欲望的节制达到的客观效果就是用度的节约,节用方能在"时禁"期有余用而不妄为。在当今社会,尽管有学者声称"我们已经进入了一个新的纪元,一场决定性的人文'革命'把痛苦而英雄的生产年代与舒适的消费年代划开了"[7],然而"舒适的消费年代"刚刚来临就已经暴露了致命的弊端,是在痛苦中生存还是在享受中死亡也成为当代人面临的必选题。所以,节用的理念不仅没有过时,反而是人们必须正视的理性选择。

第三,"圣王之制"的实现要有具体的执行者承担相应的职责。荀子主张应当设专门的官员管理草木山林沼泽之事,这类官员被称之为虞师之官,他们的职能是"修火宪,养山林薮泽草木鱼鳖百索,以时禁发,使国家足用而财物不屈"(《荀子·礼论》)。选择贤能的人管理与人们生活日用相关的自然资源,一方面能够使自然物按照生长周期前后相续,从而源源不断地供人类使用;另一方面也在客观上使自然万物"不夭其生，不绝其长"。由此可见，对自然资源的利用应当选择具有相应职业技能的人来管理，这一见解在荀子所处的时代是难能可贵的。

"圣王之制"的法制规训集中体现了荀子生态思想的现实主义品格，因为在法制层面的生态保护可以说是对自然资源的最有力保护。由此可见，荀子总是"从现实世界中的实然出发，以此为基点而立论设策，并以此为前提来确立价值的应然，其致思的方向也定位于现实的效应"[8]。他认为一种理论"贵其有辨合、有符验。故坐而言之，起而可设，张而可施行"（《荀子·性恶》），所以他的立论根基是现实的经验世界，而非高不可攀的理想王国。当然，作为先秦儒家思想的集大成者，荀子也认同孔子"道之以政，齐之以刑，民免而无耻；道之以德，齐之以礼，有耻且格"（《论语·为政》）的论断，所以他提出"礼者，法之大分，类之纲纪也"（《荀子·劝学》），"礼义生而制法度"（《荀子·劝学》）。质言之，在荀子看来，法制的根本精神是礼义。而在生态文明建设中，法制只不过是构建人的环保精神的一种手段，它最终的目的是促成人的内在自律精神的生成，即自觉的环境保护意识的生成。

总之，荀子作为先秦儒家思想的集大成者，其生态伦理思想不仅见诸于"明于天人之分"与"制天命而用之"的天人观中，还表现在他从人之主体自律与客观他律的双重维度提出的"以义制利"与"圣王之制"的思想中。前者从形而上的角度为人们处理人与自然的关系提供终极依据，而后者则立足于教化与强制的双重手段，保证人与自然之间的和谐相处。三者环环相扣，共同构成了荀子生态伦理思想的完整体系。放眼今日中国，过度追求经济利益不仅会导致拜金主义、享乐主义等腐朽文化的滋生与人们道德灵性的失落，还有环境破坏、资源枯竭等肉眼可见的恶果。也正是在诸多问题与危机的逼迫之下，生态问题才逐渐成为人们关注的焦点，而生态文明建设的提出以及"美丽中国"的呐喊更是表明了改变经济发展模式、实现社会可持续发展的迫切性。所以，以此为背景对荀子的生态伦理思想进行现代解读不仅具有理论意义，亦具有现实的实践价值。

参考文献：

[1] 钱穆. 中国文化史导论［M］. 北京：九州出版社，2011：1.

[2] 刘湘溶．人与自然的道德话语——环境伦理学的进展与反思［M］．长沙：湖南师范大学出版社，2001：126．

[3] 霍克海默，阿尔多诺．启蒙的辩证法［M］．重庆：重庆出版社，1990．

[4] 唐凯麟．对消费的伦理追问［J］．伦理学研究，2002（9）：34—38．

[5] 马尔库塞．单向度的人——发达工业社会意识形态研究［M］．重庆：重庆出版社，1988：6．

[6] 张鸿翼．儒家经济伦理及其时代命运［M］．北京：北京大学出版社，2010：288．

[7] 波德里亚．消费社会［M］．南京：南京大学出版社，2001：71．

[8] 储昭华．明分之道：从荀子看儒家文化与民主政道融通的可能性［M］．北京：商务印书馆，2005：319．

跨越义与正义的鸿沟
——构建现代中国法律的伦理基础*

中国的法律与法制发展很大程度上受西方现代文明的影响，从概念的引进，到法律的制定，到法治的推崇，无不打上移植的烙印，水土不服的现象比比皆是：缺乏法律精神的法律制度、没有伦理基础的法律规则、法律规则与规则难以成为逻辑统一体、政治问题与法律问题不分等，使得中国现代法律具有现代外形而缺乏现代精神。法律基本精神在中国的法律文化构建中严重欠缺：司法自治是西方Law（法律）和Judge（法官）的基本内涵，而移植之后"法官"则是"官"文化的体现；Rights（权利）和righteousness（正当、义）所蕴含的合理、正义的观念被"权力和利益"（权利）所代替；Law本义具有的"正义"灵魂却被仅仅解释为"工具"。法律精神的欠缺导致法律形式之下充斥着长期以来中国封建大一统社会固有的落后观念，权力、等级、强权、歧视、利益都隐藏在法律的合法外衣之下。

缺乏正义思想传统的中国，在法律的现代化进程中面临着先天不足的窘境，法律作为现代社会中流砥柱的作用远未开启，法律的不确定性明显[1]。尤其是目前中国社会进入转型期，社会价值多元化，法律的作用越来越重要。如何发挥法律在中国深化改革中的"寻规导矩"作用①，聚焦法律的现代精神价值与深厚伦理基础显得尤为重要。

---

* 基金项目：北京高等学校教师培训中心"高级访问学者"项目（2014—2015）。
　作者简介：沈敏荣，男，上海人，首都经济贸易大学经济伦理与法律伦理研究中心主任，法学院教授，博士，研究方向为经济法律伦理、公司法和竞争法。
　原载《武陵学刊》2016年第6期。
① 现在学者讨论的"二次改革"的核心内容之一就是顶层的制度设计。

一、现代法律的伦理结构：法律正义的逻辑及伦理基础

在西方，自古希腊、古罗马以来，将法律视为"正义"的同义词就成为共识，正如古罗马法学家乌尔比安所言，法律是正义的学问。自文艺复兴以来，古希腊、古罗马文明复兴，法律作为正义的观念在人本主义思想的影响下重新得到诠释，成为了现代法治思想的基础。

文艺复兴将人从神的光环下解放出来，重新从人的角度，而非从神出发来解释人及其社会属性。这种解释与基督教思想对人的解释并不冲突，只是认识角度不同。文艺复兴的思想与古希腊、基督教的思想一样，认同人身上所具有的神性，认为只要方法得当，就可以将人的潜力发挥出来，为此，孕育出了十四、十五世纪灿若繁星、多才多艺的百科全书式人物：伏尔泰、卢梭、狄德罗、达·芬奇、伽利略等。如何将人的发展设计成为社会的基本规则，就成了文艺复兴之后思想家孜孜不倦探讨的主题[2]413。

人的发展需要自身兴趣爱好的支持，不是外在强力所能完成的。正如文艺复兴对中世纪的反思所意识到的，社会需要的并不是强制人的发展，或是信仰，而是划定人的势力范围，让其自由发展。这就是自然人的思想。只有保持人的自然属性，人的发展、人的潜力的发挥、人的神性恢复才有希望。由此，文艺复兴提出人的自然状态、人的自然属性、人的自然美是社会发展的基础，也是社会制度合理性的基础。这种对人的多样性的承认得到了自然界、生物学界经验的支持：物种的多样性是物种繁衍的基础，单一物种只能导致消亡①。自然人的思想成了西方社会科学的逻辑起点，无论是霍布斯的《利维坦》、洛克的《政府论》，还是卢梭的《论人类不平等的起源》，以及罗尔斯的《正义论》、罗伯特·诺齐克的《无政府、国家与乌托邦》，都是以此为逻辑起点的。

现代法律也以此为起点，给人提供自由的空间，这就是物权的绝对性：任

---

① 1859年11月，达尔文经过20多年研究而写成的科学巨著《物种起源》出版。在这部书里，达尔文旗帜鲜明地提出了"进化论"的思想，说明物种是在不断的变化之中，是由低级到高级、由简单到复杂的演变过程。《物种起源》的出版，在欧洲乃至整个世界都引起轰动。托马斯·亨利·赫胥黎（Thomas Henry Huxley，1825—1895），他竭力传播进化学说，是第一个提出人类起源问题的学者。他还首次提出"不可知论"一词，认为人们只能认识感觉现象，"物质实体"和上帝、灵魂一样，都是不可知的。他所倡导的社会进化论思想对近现代社会影响极大。

何他人、第三人、组织或是国家，都需要尊重这种绝对权利，这是人与生俱来、人之所以为人的权利，具有神圣不可侵犯性。这种"神圣性"不再是中世纪的"神性"，而是超越了人的意志，具有不可规定性，这是人之所以为人的自由，如果没有了这种自由和多样性的保障，人就没有发展的空间。这种发展的空间只能留待自然人自主开发，任何的社会强制都是无效的。

社会除了提供自由的空间，还需要提供发展的空间，在古希腊，这种空间就是公民治理共和国城邦。正如亚里士多德所说，个人自身的道德修养无法在当时诸城邦林立的社会中立足，只有在城邦中，个人才可以实现自己身上的神性，而脱离于城邦之外，人是没有办法实现自然所赋予的与生俱来的目的的。"凡人由于本性或由于偶然而不归属于任何城邦的，他如果不是一个鄙夫，那就是一位超人"，而作为正常的一般人，唯有在城邦中，才有可能发展。"一个城邦的目的是在促进善德"[3]138，"城邦还应该计及优良的生活而要求大家都具有文化和善德"[3]151。

但是以共和国的方式训练公民是在城邦国家的前提下，城邦公民首先是道德共同体，互相之间彼此了解，有强烈的羞耻和荣誉感，依据亚里士多德《政治学》所说，最优的城邦国家以 1 万公民为佳，而如果人数众多，公民不再相互了解，甚至是陌生人，搭便车现象严重，共和国与公民的训练方式就堪忧了[2]290。近代的民族国家正是出现了这样的危机，才使得政治从亚里士多德的"善的艺术"和中世纪的"上帝之城的善"[4]变为近代霍布斯所言的"必要的恶"。

亚当·斯密解决了人如何在现代社会发展的难题，他提出的人在市场与财富中发展的思路奠定了现代社会的基础[2]55。在其《国富论》中，斯密指出人的发展在于后天努力，而非先天差别，后天基于分工与训练决定了人的比较优势。因此，人人依其兴趣与爱好，在分工与交易中训练自己的比较优势，就会形成绝对比较优势，而人人以自己的绝对比较优势进行市场交易，在不知不觉中，个人的自私自利行为促进了社会整体福利的提升[5]15。由此，社会需要的是政府尽少干预的契约自由，同时，为了促进交易和当事人意思自治的顺利进行，契约法对当事人合意提供全程指导，设计出不同情况的合理条款，供当事人选择（Opt-in）；或是提供补充条款（Opt-out），以弥补当事人有限理性的不足。由此而形成以意思自由与契约自由为核心、与政治社会相分离的市民社会。人们在社会中，只要后天努力，就可以从一个默默无闻的小子变成世界首富，比尔·盖茨、马克·扎克伯格、拉里·佩奇、谢尔盖·布林等就是最好的注解，证明契约社会与市场经济设计的合理性。

一方面，现代社会的物权法与契约法如此设计正是基于对人的自然属性与人的发展的认识，人需要保持自身的自然属性，从而确保自身与众不同的兴趣与爱好，也需要通过竞争与外在刺激，不断地激发自己的斗志和释放自身潜力。这正是现代社会建构的基本伦理基础。另一方面，这个结构的有效建立需要以法律的强制方式来保障。对于物权的侵犯，对于人的自然基础（人身）、身份、利益、名誉、隐私等的损害，法律以强力的方式进行救济，从而保护人的人格完整，保护人的尊严。这就是现代市民法（私法）上的自然人、理性人与人格人的基本伦理逻辑关系，也是现代社会秩序正义的逻辑基础。文艺复兴以来对人的认识，使得市民社会与经济社会代替政治社会成为现代社会的基础，成为人在现代社会的主要成长平台。

西方的现代法律思想是在文艺复兴自然人思想复兴的基础上，进而将之与基督教对人的认识相结合，改造了关于人发展路径的认识，从而有16世纪的新教改革①，瓦解了罗马教廷的单一化控制，为现代社会的成型奠定基础。这些文化与日尔曼文化中的尚武好动、勇敢忠诚、重视荣誉、冒险进取[6]相结合，构成了西方社会的三大传统渊源。建立在西方文化基础上的现代法治思想，强调自由、民主、分权，将社会建立在发展之"义"的"共识"（Common Sense）基础之上，通过意见交流（民主），或是市场交换（价格）实现公开性治理：共和国的民主政体、市场经济的自由市场都在这一理念下产生。而如果缺乏"共识"，或是"共识"难以取得，西方的这一套现代治理模式就会出问题，所以在西欧的近代社会演进中，从中世纪走出来的大的君主国，不断地经历分裂与分化，最后形成以"民族共识"为最大公约认识的社会治理单位，这就是现代社会的"民族国家"。这种局限性在18世纪末美国的建国史上就曾发生过，

---

① 基于对《圣经》的理解，新教与天主教最大的区别是，人人可以通过《圣经》取得与神的联系，而非必须通过罗马教会。其中的路德派主张信仰上自主自治，反对教会的思想和行政控制，强调"因信称义"（justification by faith）的教义，即人在上帝面前得到救赎，不被定罪，得称为"义"，全凭内心的真正信仰，而不在于遵行教会规条，故又称"信义宗"。

最后美国的建国之父们找到了一个折衷的方案，就是迄今尚在的"联邦"①。由此可见，现代化就是如何将现代的对人的认识和人的发展的共识与本民族传统结合，没有这种结合，现代化和现代制度的构建是不可能成功的。

从上面的分析可以看到，不同的社会对人的认识近乎相似，对德性的认识也几乎相同，不同的是对发展路径的认识，即在发展之"义"上各不相同。现代社会正义思想源于个体发展之义，社会正义的核心与落脚点是个体的发展，由此也决定了社会应保障个体的发展。基于正义的法律是现代社会合作、运行的基础，由此而形成"真理"（Truth）、"德性"（Virtues）、权变之义（Righteousness）、正义（Justice），再到权利（Rights）的逻辑过程。法律是"不得不为"的"义"（Righteousness）的思想的体现，权利（Rights）是人之所以为的必须空间，义务（Duties）是不得不为的行为和责任。在中国传统思想中，"义"是人之所以为人必须要为的。从中文的结构也可以看出，"正义"的基础词是"义"，"正义"是诸多"义"中最基础、最重要的"义"，或是"义"的公约集合。因此，"正义"并非凭空而生，而是产生于"义"之上。理解法律正义根本在于理解"义"，如果在"义"的理解上出现偏差，那么，希望正确地理解"正义"几乎是不可能的；而如果能够很好地理解和把握"义"的含义，对"正义"的理解与把握就水到渠成了。

二、源于"义"的"正义"：从义到正义的逻辑路径

美德的权变之义在西方传统中受到了高度重视。亚里士多德的《政治学》和《尼各马可伦理学》专门讨论了美德在不同政体中的权变和不同培养方式对人的美德的影响。《圣经》的主旨思想是"义人"和"义"的思想如何在这一歪曲扭僻的世间生存、发展与传播，《新约》依"义"的纽带将陌生人结合成兄弟姊妹。霍布斯的《利维坦》正是从美德的权变出发表达了国家对个人美德毒害的深深担忧，并对"义"在近代社会的生存提出了自己的看法。亚当·斯

---

① 现代共识模式不适用于疆域巨大的国家，因为疆域越大，个人发展之"义"的共识度越低；当社会缺乏共识时，现代社会就失去运作的基础了。在美国独立战争之后建立起来的是具有独立主权国家的松散联合："邦联"。如何在美国这样一个大的疆域中建立起一个独立的国家，这正是这一时期美国建国之父们探寻的主要问题。最后，他们找到了一个界于自治与统一国家之间的结构模式：联邦。这一思想历史在《联邦党人文集》中得到了充分反映。

密在《道德情操论》中提出财富对人的美德具有至关重要的影响，进而在《国富论》中提出分工与交易培养人的美德和绝对比较优势，离开财富讨论美德的权变在近代社会毫无意义。马克思延续了这一传统，提出了经济基础决定阶级和个人的性格与德性。西方传统的发展脉络深深地打上美德权变的烙印，正是在这一基础上构建出西方近现代社会制度[2]413。

亚里士多德对此早就进行了归纳，正如亚里士多德指出，城邦在个人的发展中具有基础性地位，理想城邦政体的基本原则是培养最优良公民的基本原则，即促进最优良的生活。"世有三善，身外诸善、身体诸善、灵魂诸善。幸福生活在灵魂诸善：城邦与个人相同，应各修四德（智、勇、礼、义）庶几可得真正快乐。配备身外诸善（衣食所需）和身体诸善，而能勤修灵魂诸善，达成善业，这就是最优良生活。"[3]454

公民的成长与共和国"善的艺术"具有密不可分的关系，因此，共和国政治的"善"对公民的发展之"义"具有决定性影响，因此，"正义"应该在城邦的权力结构和运作氛围中去寻找，正如亚里士多德指出："政治学应研究理想政体，兼及现实问题，例如在现实条件下什么是可以做到的最优良政体；什么是大多数城邦可能施行的最优良政体；怎样保全现实政体。"[3]445他在古希腊200多个城邦国家治理经验的基础上，比较了最常见的四种政体：共和、平民、寡头和潜主。"说明其各类并分析怎样的公民团体适宜于怎样的形式，以及各种形式的公民团体适宜于怎样的形式，以及各种形式怎样可以可能和怎样而归堕毁，又怎样可以保全。"[3]445

亚里士多德指出，正义并不是凭空而生，而是依据不同政体、不同势力团体发展的"义"而确定。"为政应尚中庸，以中产者为主的共和政体介于贫富之间，可以协调两阶级的争端，较为稳定而适宜一般城邦。混合政体须求质量间的平衡。要是国内多数的平民已强于多数的富人，则势必建立平民政体，反之则势必建立寡头政体。倘使中产阶级的势力超过贫民和富室，即数和质的联合势力，或者仅仅超过两者之一，就可建立共和政体。平民和寡头政府的立法家如能在其所建质数偏胜，即阶级偏向的政体中，重视中产者的作用，一定有裨于实际。""伪善徒然引致祸害，当少数人为治的政体使人民受到虚文的苦难而无实权，这是不足取的。"[3]448

由此，亚里士多德在政治中寻找到诸"义"中的核心：政治道德特重公平，正义依公平原则，把等量事物分配于相等的人们。政治权利的分配标准当以对该团体的实际贡献（功绩）为衡：每一公民尽多少义务就取得多少权利[3]449，"所以，谁对这个团体所贡献的美善的行为最多，按正义即公平的精神，他即比和他同等为自由人血统（身分）或门第最为尊贵的人们，或比饶于财富的人们，具有较为优越的政治品德，就应该在这个城邦中享受到较大的一份"[3]143-144。这就是分配正义。但是这种正义法则依据不同的"义"的标准而作修正。"财富、出身、才德和集体多数四者并存于城邦之中，各自按其对于城邦的贡献而争取作为享受政治权利的标准。如果依平民主义，则理应驱除才德优胜的人们，以维护多数统治，放逐律可视为一种适当的政策。如果依据才德标准，则国内有出类拔萃的圣贤，就该奉为君王。"[3]449

从以上分析我们可以清楚地看出亚里士多德从"义"到"正义"的逻辑路径。其中财富并不是必选项，而在近代社会，财富成为了必选项，其中的关系就更为复杂，而且，亚当·斯密得出的结论与亚里士多德完全相反，但是从"义"到"正义"的逻辑路径并没有改变。

亚当·斯密在其《道德情操论》中讨论了人在社会中如何实现美德①的问题。在人实现美德的研究中，亚当·斯密发现财富的作用非常巨大，是人组成社会、人的发展与美德实现过程中一个不可缺少的环节，这也是亚当·斯密为什么写《国富论》的原由。在亚当·斯密的逻辑体系中，分工非常重要，是基础。分工是"磨练和发挥个人的才能"。《国富论》以分工为证论的基础，这本书的第一篇的第一章就是"论分工"。这一思想贯穿这一著作论证体系的始终。在亚当·斯密的理论中，分工是为了发挥自身的绝对优势，发挥自身工作效率高的方面。而分工同时也导致了人的才能的不同。"人的才能相当部分是后天培育的。"人的才能上的优势，很大部分原因是源于分工。"这就鼓励大家各自委身于一种特定的业务，使他们在各自的业务上，磨练和发挥各自的天赋资质或才能。"这是绝对优势和自由竞争的基础。

人人基于自己的比较优势进行分工，不断地磨练，造就了不同人的绝对"比较优势"，每个人都基于自己的绝对比较优势，生产社会所需的商品进行交

---

① 参见，亚当·斯密. 道德情操论［M］. 蒋自强，等译. 北京：商务印书馆，1997. 在伦理学领域，亚当·斯密不是一流的学者，他的《道德情操论》的影响力远不及他的老师大卫·休谟的《人性论》，甚至他的著作在伦理学领域也鲜有人提及。

易，个人的自私自利行为一方面为自己积累了巨大的财富，另一方面，无形中也促进了社会整体财富的增加，这就是著名的市场经济"看不见的手"的作用。

引入分工与交易，意味着财富在人的发展中具有基础地位，不同的财富决定了拥有者的性格。第一种是通过劳动获取财富的劳动者，劳动的属性是劳动工资与社会对劳动的需求、社会财富呈正相关关系[5]241，因此，劳动者的利益与社会的利益是一致的，也就是劳动者的发展之"义"是符合社会利益的。尽管两者利益同向，但亚当·斯密指出，劳动者"没有了解一般社会利益的能力，更没有能力理解本身的利益与社会利益的关系。他们的状况不能让他们有接受各方必要消息的时间，即使有此时间，他们的教育和习惯，也不能使他们对任何消息做出适当的判断。因此，在公众集议时，只在特殊场合即在雇主为着自己的特殊目的，而不是为着劳动者的利益，出来鼓励并支持劳动者发言的场合，劳动者才发表意见。此外，劳动者能发言，很不多见，其议论受到尊敬的，更为少闻"[5]242。因此，劳动者的"义"符合社会利益，但是，劳动者在管理社会能力上存在欠缺，使得他们的"义"无法成为社会"公义"①。

第二种是通过运用资本获取财富的资本家。资本家的分工属性使得这一阶级由于"终日从事规划与设计"，有敏锐的理解力，而且最为富裕，为社会所尊重，具有领导社会的能力[5]242。这也印证了亚当·斯密论证的基础——"人与人之间的差异，看来是起因于习惯、风俗与教育，而不是起因于天性"[5]15。但是，资本家的发展之"义"与社会利益相反："不论在哪一种商业或制造业上，商人的利益在若干方面往往和公众利益不同，有时甚至或相反。扩张市场缩小竞争，无疑是一般商人的利益。可是前者虽然往往对于公众有利，后者却总是和公众利益相反。"[5]242 "他们通常为自己特殊事业的利益打算，而不为社会一般利益打算，所以，他们的判断，即使在最为公平（不总是如此）的场合，也是取决于关于前者的考虑，而很少取决于关于后者的考虑。"[5]242

资本这一财富形式使得资本家具有管理社会的能力，但是他们的"义"与社会整体的利益相反，因此，他们的"义"也不能跃升为社会之"公义"。"因此，这一阶级所建议的任何新商业法规，都应当十分小心地加以考察。非小心

---

① 马克思正是在继承亚当·斯密劳动创造财富、分工决定性格的理论前提下，提出通过革命的方式将无产阶级的"义"上升为社会"公义"，并通过教育的方式和无产阶级先锋队的方式，使其具有将自身的"义"转化为社会"公义"的能力。

翼翼，抱着怀疑态度做了长期的仔细检查以后，绝不应随便采用。因为他们这般人的利益，从来不是和公众利益完全一致。一般地说，他们的利益，在于欺骗公众，甚至在于压迫公众。事实上，公众亦常为他们所欺骗所压迫。"[5]243

第三种是靠土地地租获利的地主，他们的分工形式使得"地主阶级的利益，是和社会一般利益密切相关，不可分离的"[5]241。但是，由于获取地租是一种消极的方式，因此"他们不用劳力，不用劳心，更用不着任何计划与打算就自然可以取得收入这一阶级所处的安乐稳定地位，使他们自然流于懒惰。懒惰不但使他们无知，并使他们不能用脑筋来预测国家规章的后果"[5]241。因此，地主的"义"虽然与社会的利益相符合，但是，他们没有能力将自己的"义"升华为社会的"公义"。

正是由于亚当·斯密对近代市场经济三个阶级的"义"做出的分析，无法从中提炼出"正义"的法则：与社会利益相一致的阶级没有能力将自身的"义"转化为社会"公义"，而有能力转化的阶级则与社会的利益相反，因此，斯密最终的结论是，国家无法掌握经济社会的"正义"，完全从竞争市场中退出，市场经济的正义法则是：自由和完全竞争。正是由于现代社会任何一个阶级都有不足的地方，单独的任何阶级都不可靠，而整个社会制度却需要建立在坚定的基础之上。亚当·斯密在否定了阶级作为市场经济社会制度的基础之后，重新提出了将人作为社会制度的基础的看法："每个人改善自身境况的一致的、经常的、不断的努力是社会财富、国民财富以及私人财富赖以产生的重大因素。这不断的努力，常常强大得足以战胜政府的浪费，足以挽救行政的大错误，使事情日趋改良。"[5]315 由此，亚当·斯密得出的结论是：减少国家的干预，发挥市场和自由竞争的作用——这就是亚当·斯密的自由市场经济：国家尽可能的作为，仅仅局限于安全、契约的强制履行以及有限的几个方面。这就是亚当·斯密的思想和他的论证过程，在这一过程中，现代社会的秩序建立起来，现代国家的理念也确立起来了。

三、从"义"到正义的断裂：中国传统中"义"的思想

现代社会正义思想源于个体发展之"义"，那么，中华传统之"义"是否也是在同样意义上使用的呢？

同样，中华传统的"义"也是人发展的应有之义。"万事莫贵于义"（《墨

子·贵义》),奉行义,并不是为了他人的赞扬或批评,而是为了实践"道"(真理)①。"义"来源于世间固有法则,要为事物本来的面目来取舍,坚持世间原有的法则,不要以众人的评价标准为标准。即使是天下的人都不为"义",个人还有为义的必要②。正如孔子所说:"君子义以为质,礼以行之,孙以出之,信以成之。"(《论语·卫灵公》)"君子喻于义,小人喻于利。"(《论语·里仁》)"君子有四忧:德之不修,学之不讲,闻义不能徙,不善不能改。"(《论语·述而》)

"义"最为本原的解释是"事物的本来含义",是透过现象而揭示事物的本质。因此,在语言使用上,"义"直接与最终价值相联系,如"仁义""道义""真义"等。"义"就是指事物最本质的含义,事物的本来面目。"义,人之正路也。"(《孟子·离娄上》)"义者,万物自然之则,人情天理之公。"(《舜水文集·杂说》)

因此,这里,"义"和"德"都指向人的发展,"德"是从静态上归纳人的发展路径,在各种文明中,对这一问题的归纳近乎一致;而"义"是从动态上讨论人的潜力的实现路径,"义"是"德"的权变,即根据不同的环境、不同的时间做应该做的事情,做正确的事情(Righteousness),这就需要因时、因地而变,东西方文明的分歧由此而生。

厚德载物,德是人发展的基础,但德如何实践需要有"义"的支持。因为德性本身具有静态特点,在应用中具有不确定性。首先,德本身难以把握。德并不是孤立存在的,需要取决于其他因素,如"好学""好礼"等。如果没有好学,而光有德本身,好事情会变成坏事情。孔子讲的"六言六弊"就是这样③,没有"好学",好品德就会滑向反面。同时,德本身还有程度与均衡的问

---

① 参见,吴毓江撰,孙启治点校. 墨子校注 [M]. 北京:中华书局,2006:644.《墨子·耕柱》原文为:"且翟闻之为义 非避毁就誉,去之苟道,受狂何伤!"
② 参见,吴毓江撰,孙启治点校. 墨子校注 [M]. 北京:中华书局,2006:670.《墨子·贵义》原文为,子墨子自鲁即齐,过故人,谓子墨子曰:"今天下莫为义,子独自苦而为义,子不若已。"子墨子曰:"今有人于此,有子十人,一人耕而九人处,则耕者不可以不益急矣。何故?则食者众,而耕者寡也。今天下莫为义,则子如劝我者也,何故止我?"
③ 子曰:"由也!汝闻六言六蔽矣乎?"对曰:"未也。""居!吾语汝。好仁不好学,其蔽也愚;好知不好学,其蔽也荡;好信不好学,其蔽也贼;好直不好学,其蔽也绞;好勇不好学,其蔽也乱;好刚不好学,其蔽也狂。"

题，不考虑场合、环境，就不能实现德的目的，如孔子讲的"言必行，行必果"的美德，如果不考虑场合、环境，仍然是"小人"所为①。因此，孔子提出在实现人的发展过程中，"实事求是"是基本，"子绝四：毋意，毋必，毋固，毋我"（《论语·子罕》）。这就会有对德的选择，甚至是对德的完全抛弃，其中没有任何机械、教条之义。

其次，每个人的成长环境、性格不同，不同的人，对不同的德的需求也不同。在孔子的弟子中，有的以德行见长，有的以言语见长，有的以政事见长，有的以文学见长。不同的人需要"因材施教"，对其道德的要求也应该是不同的。孔子对学生并不要求统一，而是让学生各言其志②，在自身兴趣爱好的基础上，因材施教，让其发挥自身的潜力。

最后，德与德还会互相冲突。在孔子的仁学体系中，有很多"德"，如"仁、知、信、直、勇、恭、慎、刚、毅、木、讷、诚、忠、恕、孝、悌、义、智、好学、中庸、以德报怨"等，能否在同一时间内全部做到，这是有疑问的。就孔子的优秀弟子而言，德行第一的颜回，在提问辩论环节上也有欠缺；言语第一的宰我，其勤奋欠佳；政事第一的冉有，曾为虎作伥，正义与邪恶不分，气得孔子要清理门户。这些德，要一起实现非常困难。这时，就需要有轻重缓急的权衡，这也是为什么孔子殁后，儒分八家，这八家并不是在仁学目标上有分歧，而是在实现手段上存在分歧，是对德性处理上的不同。因此，德性问题的关键是如何实现的问题，而这正是"义"所要解决的。正如孔子所言："君子之于天下也，无适也，无莫也，义之于比。"（《论语》）也正如孟子所言："言不必信，行不必果，唯义是从。"（《孟子》）

没有"义"，德性的实践就会困难重重、危机四起。"……义者，谓各处其宜也。"（《管子·心术上》）《中庸》也说："仁者，人也。……义者，宜也。……""义者，人道之宜，裁万物而与天下共睹，是故信其属也。"（戴震《原善》卷下）德的权变唯有"义"才能识别。荀子说："言己之光美，拟于舜、禹，参于天地。"说自己的高大美好，可比拟于古代圣王，德比天地，这好像是

---

① 参见《论语·子路》。原文为："言必信，行必果，硁硁然小人哉！"
② 参见《论语·先进》。"子路、曾皙、冉有、公西华侍坐。"孔子让其各言其志。子曰："回也，非助我者也，于吾言无所不说。"德行：颜渊，闵子骞，冉伯牛，仲弓。言语：宰我，子贡。政事：冉有，季路。文学：子游，子夏。

"夸诞"，虚夸荒诞；君子"与时屈伸，柔从若蒲苇"，顺应时世，或屈或伸，能做到像蒲苇一样柔弱顺从，这与"慑怯"相似，与胆小怕事具有形式上的相似性；君子能做到"刚强猛毅，靡所不信"，任何时候都不屈服，这与"骄暴"，即骄横暴躁相似。这些形式上的相似性只有在遵循了实质上的"义"之后才可以区分。"以义应变，知当曲直故也"，这些变化只有依据"义"进行判断，才能知道其中的曲直，做到该曲就曲，该直就直，否则，"权变"离开了"义"，就会受"欲"的支配，"权变"的意义也就丧失了①。

同时，"义"为权变提供了准则，防止"不义"，是其权变异化的防火墙。"行一不义，杀一无罪，而得天下，不为也。"就是说，即使以"得天下"这一"至势"来相利诱，也不应背离"为仁"之途而单行"术"。"君子行不贵苟难，说不贵苟察，名不贵苟传，唯其当之为贵。"[7]就是说，君子行事不在于建立多少功勋，君子的学说不在于清晰与否，名声不在于多么广泛流传，唯其符合道义最为可贵。

正是由于人的多样性，不同的人有不同的发展之"义"，"一人一义"是常态，孔子的仁学正是持这样一个态度[2]299，"物之不齐，物之情也"（《孟子·滕文公上》），"维齐非齐"（《书经》）。如果这样的话，就有问题了，因为人是社会之人，不同的人有不同的"义"，正如墨子所说："一人则一义，二人则二义，十人则十义，其人兹众，其所谓义者亦兹众。是以人是其义，以非人之义，故交相非也。"（《墨子·尚同》）那么，社会的整合是否需要有一个"公义"或是"正义"？如果需要，如何在诸多"义"中确定这个"公义"或是"正义"呢？因此，这里的问题就转变为在诸多"义"中寻找到关键或基础之"义"，使其充当诸"义"的龙头，其他的"义"则在这一基础上顺势建立起来，反之，如果失去了这一关键或基础，其他诸"义"的建立是如何努力也建立不起来的。因此，寻找到与"义"相适应的"正义"就成了各个社会发展阶段保持社会活力的基础。

---

① 参见，王先谦撰，沈啸寰、王星贤点校.荀子集解［M］.北京：中华书局，1988：41—42.《荀子·不苟》原文为："君子崇人之德，扬人之美，非谄谀也；正义所指，举人之过，非毁疵也；言己之光美，拟于舜、禹，参于天地，非夸诞也；与时屈伸，柔从若蒲苇，非慑怯也；刚强猛毅，靡所不信，非骄暴也；以义应变，知当曲直故也。《诗》曰：'左之左之，君子宜之，右之右之，君子有之。'此言君子能以义屈信、变应故也。"

>>> 第一编 中华德文化在公共生活中的现代践行

中国传统有丰富的"义"的思想资源,四大名著之一《三国演义》的核心思想就是讲"义"的,其中"桃园三结义""华容道义释曹阿瞒""千里走单骑"等都成为妇孺皆知的传奇,关羽也被尊为"关圣""武圣",成为"义"的代表。但是如何将"义"上升为"正义",中国传统文化并没有很好地解决这一问题,政治"正义"的思想未完整形成,体现出丛林化倾向:成者王,败者寇。中国传统"外儒内法"式的统治也充分说明了这个问题。中国强大的"大一统"传统极大地弱化了中国传统中"公义""正义"思想①,中国现代的法律很大程度上是"势"与"术"层面的运用,未能找到自身真正的力量源泉和道德伦理的基石。

在孔子的思想中,"为政"在仁学中非常重要,是个人成长的重要平台,但"为政之义"在孔子那里并没有解决好。思想上,在个人的成长层面,通过践行德而导向仁,而在实际操作层面,"义"是取舍标准,但是到了政治层面,仅仅将"德"与"政"连结,提出"为政以德"的理想,如何将"义"与"政"结合,是孔子没有解决的问题②,由此他的政治理念也为子路所诟病。其实,孔子也发现了"德"与"政"的结合有问题。他指出,上古是"斯民也,三代之所以直道而行也",而今是"道之不行,久矣"(《论语》)。

正是在"正义"问题上,儒墨两家分道扬镳。墨子将"义"突显出来,成了维系社会关系的基本准则。"天下之所以乱者,生于无政长"(《墨子·尚同》),由是,必须要"一同天下之义"。而这个"义"直接出于"天志","故

---

① 《淮南子·道应训》指出了大一统社会的精髓:"王若欲持之,则塞民于兑,道全为无用之事,炊扰之教,彼皆乐其业,供其情,昭昭而道冥冥。……以此移风,可以持天下不失矣。"(见,刘安著,陈静注释. 淮南子[M]. 北京:中州古籍出版社,2010:201. 宋儒认为"做官夺人心志"(见,朱熹、吕祖谦. 近思录[M]. 北京:中州古籍出版社,2008:409.),无正义的政治与人的发展之"义"背道而驰。这种对政治统治方式本质的深刻反思在犹太教那里就开始了,自从有了文明的善恶标准,人类就被逐出伊甸园,人类的罪恶由此开始,人类属灵的生命就被人的善恶遮蔽,奄奄一息了。当希伯来人要选择扫罗为王时,先知撒母耳的告诫确实让人警醒,也对西方近代政治传统的发展产生了深刻影响。

② 孔子自身的表现也自相矛盾,一方面,孔子讲"危邦不入,乱邦不居"(《论语·泰伯》),另一方面,佛肸叛乱,孔子却欲前往,无怪乎,子路对其不满。见《论语·阳货》,佛肸召,子欲往。子路曰:"昔者由也闻诸夫子曰:'亲于其身为不善者,君子不入也。'佛肸以中牟畔,子之往也,如之何?"子曰:"然,有是言也。不曰坚乎,磨而不磷;不曰白乎,涅而不缁。吾岂匏瓜也哉?焉能系而不食?"

145

子墨子之有天之意也，上将以度天下之王公大人为刑政也，下将以量天下之万民为文学出言谈也……故置此以为法，立此以为仪，将以量度天下之王公大人卿大夫之仁与不仁"（《墨子·天志中》），这种"公义"需要符合"三表"：一是"上本之于古者圣王之事"，二是"下原察百姓耳目之实"，三是"发以为刑政，观其中国家百姓人民之利"（《墨子·非命上》）。这在理论上成立，但在实践中，如何操作就成问题了，由此，墨子用简单的方法来实现统一，即用"天子""巨子"来实现统一，即"天下之百姓皆上同于天子"，而"天子又总天下之义，以尚同于天"（《墨子·尚同》），而非像古希腊传统，或是延续自身理论逻辑，采取通过明确"正义"的内涵，通过构建制度的方式从"义"中推导而出。墨子思想的这一简单化处理是其理论的致命缺陷，使其不足以抵御大一统社会长期的挤压，其显学地位仅维持400年，其后续影响力只限于民间与地下①。

儒家后来的发展，其重点在于补充完善"为政"的思想，并希望借此提炼出正义的思想。孟子将"仁"与"政"结合，而不是将"义"与"政"结合，提出的仍是以德为基础的应对之策："穷则独善其身，达则兼济天下。"（《孟子·尽心章句上》）这与孔子的"天下有道则见，无道则隐"（《论语·泰伯》），"邦有道，则知；邦无道，则愚"（《论语·公冶长》）一脉相承，但"公义""正义"的思想仍未彰显。

荀子由此深入，指出"权变"在为政中必不可少，"势与术"在为政中决定了君子之仁能否实现，但"仁义"是其底限[8]。这种反向演绎也是成立的，如果进一步推演，"公义""正义"的思想就呼之欲出了。但当时的时代已容不得"正义""公义"的生存了，诸侯争霸已近末期，社会大一统的趋势已越来越明朗。所以，荀子的弟子韩非对"势与术"的进一步研究，得出的并不是社会"公义"的结论，而是"义"与"正义"的完全断裂，这反映了大一统社会政治呈现出的非理性特点，不支持"正义"模式的产生。韩非子指出："上古竞于道德，中世逐于智谋，当今争于气力。"（《韩非子·五蠹》）其认为道德、仁义的成长模式已不再适用，"世主美仁义之名而不察其实，是以大者国亡身死，

---

① 当然，这样对墨家和墨子而言已是苛求。社会思想的发展源于丰富的社会实践，古希腊200多个城邦的实践给社会正义的思想提供了丰富的源泉。

小者地削主卑。何以明之？夫施与贫困者，此世之所谓仁义；哀怜百姓不忍诛罚者，此世之所谓惠爱也。夫有施贫困则无功者得赏，不忍诛罚则暴乱不止……吾以是明仁义爱惠之不足用"（《韩非子·奸劫弑臣》）。

道家的思想传统也不支持"义"的思想，比如，"大道废，有仁义；智慧出，有大伪"（《道德经》18章），"绝圣弃智，民利百倍；绝仁弃义，民复孝慈"（《道德经》19章），"故失道而后德，失德而后仁，失仁而后义，失义而后礼，夫礼者忠信之薄而乱之首"（《道德经》38章）等，虽然可以保存人的自然属性，但也无法推导出正义的世俗法则。

从"义"未能发展出"正义"的思想，从而使政治社会无规则、标准可言①，这就使中国传统上的法律基本上都在"律"的层面上运用，而鲜有在"法"的层面上的考量，对"律"的运用也是行政官员，而非自成独立体系。这对现代的"法官"和"律师"制度的形成产生了巨大的不利影响，也对现代中国法律的引入和法律体系的形成产生了巨大的不利影响。

四、缺乏正义的现代化尴尬：法律的引入与伦理的欠缺

没有"义"，德性与世俗价值的连结就会困难重重、危机四伏，而缺少了德性，财富、地位、荣耀会蒙蔽人的灵魂，诱使人们与魔鬼做交易。因此，从"义"中引出核心价值，建立社会的正义秩序对于防止邪恶和犯罪尤其重要，对现代社会尤其如此。现代社会所释放出来的人的自然属性、人的自利理性、人的物质欲望，都是近代社会以前人类长期否定的，尤其是财富对人类灵魂的腐蚀作用，没有法律正义的约束，必然加剧社会的礼崩乐坏，纲常沦丧。现代性赋予法律以基础地位与作用，因此，对于现代社会而言，寻找法律正义的内核及其传统文化的渊源，建立法律正义的基础尤其重要。

中国法律的现代化源于西方的影响。从19世纪洋务运动开始，西方的影响从器械到制度，再扩及文化各方面，推动了中国的现代化进程；20世纪80年代

---

① 明末清初，当时的一批有识之士对专制主义进行激烈的批判。其中黄宗羲指出："三代以下，天下之是非一出于朝廷。天子荣之，则群趋以为是；天子辱之，则群擿以为非。簿书、期会、钱谷、戎狱，一切委之俗吏。时风众势之外，稍有人焉，便以为学校中无当于缓急之习气。而其所谓学校者，科举嚣争，富贵熏心，亦遂以朝廷之势利一变其本领。……"（见，黄宗羲.明夷待访录［M］.北京：中华书局，2011：39.）

开始的改革开放，也受到西方的深刻影响，法律的现代化也不例外。从宪法的制定，到刑法、民法通则、行政诉讼法、合同法、公司法、证券法、物权法、侵权行为法、反垄断法等，无不受到西方先进立法例的影响。但在外国法律引入的过程中，一个突出的问题就是法律伦理的欠缺，法律正义得不到传统文化的支持，从而出现基本法的危机。

五、跨越义与正义的鸿沟：回归"道—德—义—正"的伦理结构

法律是现代社会智慧的结晶，将社会共识通过基本法的形式体现出来，通过民主决策的方式形成法律规则，从而实现人民治理的目标，实现古希腊以来"社会是训练社会成员的大学校"的理想。法律的现代化就是要将这种共识以法律的方式体现出来。近现代法律伦理逻辑的建立遵循着"道—德—义—正"的结构模式，从这一结构出发可以检讨我国法律伦理结构的不足，并加以提升和改进。

回归中国的传统，我们发现关于人的发展的智慧并不欠缺，而且，东西方在这一方面的智慧相差无几[9]。道家讲人有鲲鹏之志①，儒家创始人孔子讲"仁者不忧，智者不虑，勇者不惧"（《论语·子罕》），"我欲仁，斯仁至矣"（《论语·述而》），亚圣孟子讲"浩然之气"，荀子讲人身上有神奇的力量②，佛家讲本性自足，人人皆有佛性，这与《圣经》上讲的神依自己的形像造人完全相似。因此，社会的合理性和正义在于如何将人的这种力量发挥出来，这是社会正义的逻辑起点，也是推动西方社会现代化的基本伦理动力[2]417。

---

① 参见《庄子·逍遥游》。道家的经典《庄子》指出，人具有无穷的潜力，如果将这种力量发挥出来，是人原来能力的无数倍，这才是人在大变动社会可以倚靠的力量。"北冥有鱼，其名曰鲲。鲲之大，不知其几千里也；化而为鸟，其名为鹏。鹏之背，不知其几千里也；怒而飞，其翼若垂天之云。是鸟也，海运则将徙于南冥。南冥者，天池也。齐谐者，志怪者也。谐之言曰：'鹏之徙于南冥也，水击三千里，抟扶摇而上者九万里，去以六月息者也。'"

② 参见《荀子·赋》。荀子指出，这种力量非常神奇，"有物于此，居则周静致下，动则綦高以钜。圆者中规，方者中矩。大参天地，德厚尧、禹。精：微乎毫毛；而大，盈乎大寓。忽兮其极之远也，攭兮其相逐而反也，卬卬兮天下之咸蹇也。德厚而不捐，五采备而成文。往来惛憊，通于大神，出入甚极，莫知其门。天下失之则灭，得之则存。""有物于此，生于山阜，处于室堂。无知无巧，善治衣裳。不盗不窃，穿窬而行。日夜合离，以成文章。以能合从，又善连衡。下覆百姓，上饰帝王。功业甚博，不见贤良。时用则存，不用则亡。"

人的发展，是一个由内而外的自我认同的过程，需要全身心地投入，外在的力量仅仅是必要的外因辅助。人的发展具有不确定性、不可规定性，需要在"兴于诗"中不断地"如切如磋，如琢如磨"（《论语·学而》），需要"听其言，观其行"（《论语·公冶长》）。这正是现代社会"自由"的伦理基础，孔子由此而有"仁学"的不可言说、因材而施教，都是缘于人发展的复杂性，也是基于对人的根本属性的认识。在对人的根本属性的认识上，东西方的差别无几，但是，在如何发挥人的潜力上，东西方的差异极大，而且，在各自的传统中，呈现出百家争鸣的态势，不同的人，认为自己的发展方式具有独特性，这正是"一人一义"。这时候，就需要社会制度的构建，以获取社会的最大公约数，这正是现代社会法律规则形成的机制，也是现代法律具有合理性和约束力的伦理基础。以此观之，在中国的传统之中，蕴含着两种渊源①：大变动社会的生存智慧和大一统社会的生存法则。当社会礼崩乐坏时，大变动社会的生存智慧就凸显出来了，如明末清初，当时的有识之士对儒学的批判又重新回归到孔子仁学的思想之中，让我们看到孔子仁学的强大生命力[10]，但是当社会进入到大一统的状况时，大一统的生存法则又回归现实，社会自觉不自觉地走上追逐"富禄寿喜财"的路径中。

正是由于这两种传统在当下转轨社会中都有影响力，因此，在我国现实生活中，社会对到底要培养什么样的人认识不清晰或存在内在的矛盾；在国家与市场的关系问题上思路不清，这直接导致了现代社会的三大基本法（即宪法、物权法、反垄断法）运转不灵。要解决这一问题，需要借鉴西方、传统和现代经验，对相关基本概念进行明确界定，这样，才有坚定的思想基础，各家观点才有讨论和争论的坚实基础。但不管如何，我国的现代化是在现代开放的框架下运行的，因此，必须遵循共同的规律。

首先，社会的发展必须建立在社会成员发展的基础之上。这是自人类社会以来，无数历史经验一再证明了的。马克思主义更是强烈地指出，个体的强大是社会维持稳定与强盛的基础。忽视或扼杀个体强大的整体大可能会出现或维持一段时间，但是，就社会或民族的整体发展而言，是不可持续的，甚至是灾

---

① 对于中国传统的不同渊源问题，作者另有专文论述，见《大变动社会与仁学智慧》（待发表）。

难性的。社会的现代性体现在个体的发展与社会整体的发展是一致的[2]272。因此，在基本的现代性这一"真理"（道）的认识上是没有问题的，现代性的意义在于促进个人的发展与进步、个人自然属性的保持、判断力的提升和实现做人的尊严。

自近代以来，中国逐渐走出大一统社会，进入巨大的变动社会之中。现代性所要求的社会发展建立于个体发展的基础之上，逐渐成为社会共识。1949年建立的"人民共和国"，从政治上接受了古希腊确立的共和国与公民共同发展的理念，这一传统经过文艺复兴而成为现代社会追求的理想。自20世纪80年代以来的改革开放逐渐确立的市场经济，接受了自亚当·斯密以来确立的人在经济社会中发展的这一现代社会确立的主流发展模式。尽管在这两条路径孰优孰劣、社会应以何种途径为基本发展路径上还存在着争议，但是，这两条路径所确立的人与社会共同发展的思路是相当明确的，而这种开放性正是跨越中国传统思想中"义"与"正义"鸿沟的基础，为中国整合传统思想中"义"的思想，产生符合中国实际的"正义"思想奠定了基础。以墨子、荀子为代表的古圣先贤未竟的建立社会"正义"的事业将会在现代中国逐渐成为现实。

其次，经济社会在近现代的展开也正是为了实现个体发展与社会整体发展的一致性，这正是市场化改革的真正意义所在。因此，经济社会往往能在民族国家的层面上更好地展开，类似于城邦国家的小区域国家，则更多体现出政治社会或公民社会的特点。从人类发展史的角度看，将财富作为人的发展的途径并非是最优的选择，财富也可能会遮蔽美德，但是现代民族国家的现实使得这种次优的选择成为社会成员发展的首选，当然这种选择并不意味着财富对美德的排挤就不存在了。因此，在制度设计中，如何防止经济社会对人的侵蚀与市场经济的效率安排具有同等重要性，现代社会对财富的强调意味着社会制度需要在这两种价值取向间取得平衡和统一。由此，在现代经济社会中，对诚信（Bona fide）和信义（Fiduciary）的强调成为市民法和经济法的最基本的原则，没有这两个基本价值，私法与经济法的运转就会失灵。因此，在立法中，法律设计必须考虑是否符合这两个核心价值和法律伦理。

现代社会中，经济社会、市民社会与政治社会并不存在根本性的冲突，而是在不同的领域完成共同的使命。在民族国家的市场经济条件下，市民社会与经济社会都不可能独立地完成人的发展，而需要经济社会、市民社会与政治社会的共同作用。西方近现代社会自14—19世纪长达500年的形成史告诉我们，现代化的制度改造任重道远，唯有抓住"道"（真理）和"义"（正义）两个支点，才不会迷失方向，才有可能完成现代化改造，而这两个支点正是目前我国转轨时期伦理建设的弱点[2]415。

再次，法律中正义的产生并非完全基于正义理论，或是基于某一社会阶层的制度设计，需要社会成员、各阶层的发展之"义"的支撑。现代社会的结构是建立在文艺复兴思想基础上的培养社会成员的模式，因此，它强调的不是结果，而是过程，即如何依据不同社会成员的特点而使其自由发展，并使社会成员的发展之"义"呈现多元化。因此，法律的正义一方面在于保障这种多元之"义"的实现，另一方面，需要在这种多元之"义"的基础上，归纳出共同的"公义"或是"正义"，这正是现代法律的使命。这样的社会，才是一个健康的社会。由此可见，现代社会的伦理可以归纳为"道"（个人成长、社会发展的真理）——"德"（作为基础的道德、原则）——"义"（生存的权变及应对的标准）——"正"（为政、社会环境外在约束的重要性）的内在逻辑，这样可以厘清各种传统思想、实践经验是否符合现代性。道德的扩大化、圣人思想的固化、"义"的潜规则化和弱化、财富的异化都不符合现代性的要求，而符合这一伦理逻辑的思想则是符合现代开放社会的生存智慧的。其中对"德"的过度强调和对"义"的忽视正是现代中国转型期无法克服思想混乱和人的精神图像模糊的根本原因。不仅中国传统文化中具有丰富的"义"的思想，而且在民间社会中也存在丰富的"义"的思想资源，如何开发与整合正是现代化的基本使命。

在"道—德—义—正"的这一伦理框架下，社会成员的发展得到极大保障，社会的美德得到极大张扬，而且，人人皆有灵活性，个性和自由得到最好的体现，社会健康运行在社会成员的共识之上，这正是现代社会生命力旺盛的奥秘所在，也是国家强大和民族复兴的奥秘所在。

（本文在写作过程中，与美国爱荷华大学法学院John Reitz教授作过交流讨论，在此表示感谢。）

参考文献：

[1] 沈敏荣. 法律的不确定性 [M]. 北京：法律出版社，2001：8.

[2] 沈敏荣. 市民社会与法律精神——人的品格与制度变迁 [M]. 北京：

法律出版社,2008.

[3] 亚里士多德. 政治学 [M]. 吴寿彭,译. 北京:商务印书馆,1996.

[4] 奥古斯丁. 上帝之城 [M]. 吴飞,译. 上海:上海三联出版社,2009:37.

[5] 亚当·斯密. 国民财富的性质和原因的研究:上卷 [M]. 郭大力,王亚南,译. 北京:商务印书馆,1994.

[6] 张竹筠. 不应忽视欧洲文学中的日耳曼文化根基 [J]. 学术交流,2007(2):183—187.

[7] 王先谦,沈啸寰,王星贤. 荀子集解 [M]. 北京:中华书局,1988:37.

[8] 沈敏荣. 仁的价值与时代精神——大变动社会的生存之道 [M]. 北京:人民出版社,2010:653.

[9] 沈敏荣. 仁者无敌:仁的力量——大变动社会的生存之道:上册 [M]. 北京:人民出版社,2015:301.

[10] 沈敏荣. 仁者无敌:仁的力量——大变动社会的生存之道:下册 [M]. 北京:人民出版社,2015:933.

以德治国与推进国家治理现代化[*]

国家治理体系和治理能力现代化是一个循序渐进的过程,需要采取多种方略加以推进。中国是一个具有悠久德治传统的国家,自古追求以德修身、树德立业,形成了崇德、尚德、尊德、养德的优良传统。中国共产党历来十分重视道德建设的重要作用,先后实施了公民道德建设工程,提出培育和践行社会主义核心价值观的战略任务。习近平总书记指出:"新的历史条件下,我们要把依法治国基本方略、依法执政基本方式落实好,把法治中国建设好,必须坚持依法治国和以德治国相结合,使法治和德治在国家治理中相互补充、相互促进、相得益彰,推进国家治理体系和治理能力现代化。"[1]因此,以德治国是中国共产党在新形势下推进国家治理体系和治理能力现代化的必然要求。

一、以德治国是推进国家治理现代化的必然要求

作为一种特殊的意识形态,道德源于人们的社会实践活动,并对人们的社会实践产生能动的影响。一个社会的道德状况往往反映了该社会主流的价值,不仅对公民的经济关系进行自觉、自愿的调整,而且潜移默化地塑造他们的政治主体意识,正如列宁所说:"道德是为人类社会上升到更高的水平,为人类社会摆脱对劳动的剥削服务的。"[2]因此,以德治国是当代中国特色社会主义国家治理体系和治理能力现代化的必然要求。

---

[*] 基金项目:国家社会科学基金项目十八大以来党中央治国理政新理念新思想新战略研究专项工程"习近平治国理政的政治生态思想研究"(16ZZD010)。
作者简介:张亚东,男,甘肃静宁人,北京师范大学马克思主义学院博士研究生,研究方向为中共党史学理论和马克思主义中国化。
原载《武陵学刊》2017年第2期。

首先，道德建设为中国特色社会主义民主政治的发展创造了重要条件。众所周知，道德建设具有广泛性和普遍性的特点，是更加贴近于大多数公民社会生活的重要方面。在实践中，公民个人往往是通过道德这个生活中最早也是最普遍的话题，介入社会公共领域的。个人对其他公民、社会乃至于国家的认知首先源于道德意义的评判。从个体及社会层面的好与坏、真与假、善与恶，到政治层面的清正与枉法、清廉与腐败、清明与污浊的比较与评判，都是在道德评价的基础上发展起来的。"道德上的认知和评价成为包括政治认知和评价在内的社会认知和评价的起点和基础。"[3]因而可以说，坚持以德治国，加强道德建设，对于促进社会主义民主政治进一步发展具有重要意义。

其次，道德建设为中国特色社会主义市场经济的良性发展提供了价值规范。一方面，社会主义市场经济是信用经济，以契约精神、诚信原则为基石。缺乏道德规范的市场经济必然导致盲目竞争、风险放大、交易成本增加、市场机制效率下降。另一方面，在市场经济条件下，资本的逐利性得到了完全释放，一些个人将利益视为人生的第一诉求，容易导致拜金主义、享乐主义、极端利己主义等道德失范现象，从而侵蚀社会长远发展的道德基础。社会经济的发展离不开对道德规范与精神价值的尊重，古典经济学家亚当·斯密曾反复强调："所有的人，即使是最愚蠢和最无思考能力的人，都憎恶欺诈虚伪、背信弃义和违反正义的人。"[4]所以，以习近平总书记为核心的党中央积极倡导社会主义核心价值观，明确提出："开展各项生产经营活动，要遵循社会主义核心价值观要求，做到讲社会责任、讲社会效益、讲守法经营、讲公平竞争、讲诚信守约……要注重经济行为和价值导向有机统一，经济效益和社会效益有机统一，实现市场经济和道德建设良性互动。"[5]581

再次，以德治国是推进中国特色社会主义文化强国建设的客观要求。文化是民族生存和发展的重要力量，数千年来人类社会的发展总是与文化的进步相伴而行。在改革开放进入不断深化的新时期，以习近平总书记为核心的党中央提出建设中国特色社会主义文化强国的伟大任务，指出："推动文化大发展大繁荣，兴起社会主义文化建设新高潮，提升国家文化软实力，发挥文化引领风尚、教育人民、服务社会、推动发展的作用。"[5]24以德治国强调的是以善德来促进善治，把社会主义核心价值观融入国家治理的方方面面，以提升公民的基本道德素质，用正确的思想价值引导群众，以良好的文化风尚服务社会，这恰恰与建设中国特色社会主义文化强国的基本任务是一致的。

最后,以德治国是促进社会主义社会和谐稳定的基本保障。自古至今,道德具有促进社会向上向善的作用。在当代社会治理中,法律与制度具有"管大不管小"的特点,这就决定了它难以面面俱到。但在法律与制度未曾覆盖的地方,并非就没有善恶是非,并非就不需要进行规范。相对来说,道德可以填补法律与制度在社会治理中的缺失与不足,起到褒奖善行义举、引导向善风尚、维护社会稳定的重要作用。正如学者韩东屏所说,"道德还能使制度所建构的机械、僵硬的社会秩序变得润滑、柔和"[6],从而将实现治理效能与道德提升相互促进。所以,要把以践行社会主义核心价值观为抓手的道德建设,"作为社会治理的重要内容,融入制度建设和治理工作中,形成科学有效的诉求表达机制、利益协调机制、矛盾处理机制、权益保障机制,最大限度地增进社会和谐"[5]582。

二、在推进国家治理现代化进程中处理好德治和法治的关系

在治国理政的具体实践中,道德和法律都是重要手段。一般来说,法治具有权威性和强制性的"硬"特点,是调整社会成员行为方式的基本规范;德治则凭借其"软"特质,通过说服力和劝导力促进社会成员思想道德水平的提升。因此,以德治国与依法治国共同构成当代中国特色社会主义国家治理体系和治理能力现代化的重要依托。习近平总书记指出:"治理国家、治理社会必须一手抓法治、一手抓德治,既重视发挥法律的规范作用,又重视发挥道德的教化作用,实现法律和道德相辅相成、法治和德治相得益彰。"[7]185

坚持依法治国和以德治国相结合,是对人类社会治理经验的科学总结。在人类社会发展的历史长河中,法治和德治一直紧密联系,都是国家稳定有序、社会健康发展的基本保障。对二者关系的探求与实践,在中国古代就开始了。春秋战国时期,孔子提出了"宽以济猛,猛以济宽,政是以和"(《左传·昭公二十年》)的重要思想。在他看来,道德对于稳定社会秩序固然起着非常重要的调节作用,但是也不能忽视法治的规范作用。孟子继承了孔子的德治思想,认为:"以力服人者,非心服也,力不赡也。以德服人者,中心悦而诚服也。"(《孟子·公孙丑上》)在此基础上,荀子进一步提出:"治之经,礼与刑,君子以修百姓宁。明德慎刑,国家既治,四海平。"(《荀子·富国》)实际上荀子将

德治置于法治之上。到汉代，董仲舒强调："刑者德之辅"（《春秋繁露·天辩在人》），认为德治和法治可以相辅相成，由此确立了儒家"德主刑辅"的基本治国之策。此后，中国历朝历代的为政实践都一直延续德法合治的治国之道。再从世界范围来看，凡是坚持法治原则，并注重发挥道德调节作用的国家，往往国家治理成效显著，社会稳定有序。法国著名启蒙思想家孟德斯鸠指出："一个公民，因为丧失了道德的观念，以致违反法律，刑罚可以把他从社会里清除出去。但是，如果所有的人都丧失了道德观念的话，刑罚能把道德重新树立起来么？刑罚可以防止一般邪恶的许多后果，但是刑罚不能铲除邪恶本身。"[8]所以，在中国特色社会主义国家治理的具体实践中，法治和德治相互依存、相互补充。

坚持依法治国和以德治国相结合，也是坚持走中国特色社会主义法治道路的客观要求。自新中国成立以来，中国共产党在法治建设、道德建设方面进行了艰辛探索。中华人民共和国成立初期，党和国家先后公布实施了一系列法律法规，领导人民开展了广泛的思想道德建设活动。"文革"给党和国家带来了不可估量的损失，社会主义法治建设、道德建设也遭遇了严重挫折。党的十一届三中全会以来，社会主义法治建设、道德建设得到了恢复和发展：从党的十五大提出"依法治国"的基本国策，到2000年中央思想政治工作会议提出"以德治国"的基本国策，再到党的十八届四中全会提出"全面推进依法治国"重大战略任务，一条独具中国特色的社会主义法治道路日渐明晰。"这条道路的内涵十分丰富，其中一个重要方面就是要坚持依法治国和以德治国相结合，强调法治和德治两手都要抓、两手都要硬。"[9]因此，"法治和德治不可分离、不可偏废，国家治理需要法律和道德协同发力"[1]。唯有统筹推进德治建设和法治建设，才能在中国特色社会主义法治道路上大步向前，更好地建设法治中国。

三、坚持以德治国推进国家治理现代化的基本路径

以德治国，建设社会主义法治国家是一项具有全局性、复杂性的战略任务，需要全社会共同努力。在具体实践中，坚持以德治国推进国家治理体系和治理能力现代化，可以从三个方面着力。

（一）加强党员干部的思想道德建设，带动社会形成正确的道德风尚

毛泽东曾说："政治路线确定之后，干部就是决定的因素。"[10]中国共产党

作为中国的执政党,广大党员干部是其形象的代言人,他们能否在学习、工作及日常生活严于律己、以身作则、率先垂范,是坚持以德治国,提高全社会思想道德水平的关键所在。孔子言:"苟正其身矣,于从政乎何有?不能正其身,如正人何?"(《论语·子路》)孟子也说:"上有好者,下必有甚焉者矣。"(《孟子·滕文公上》)党员干部的言行举止对广大人民群众来说具有示范效应,党员干部的德行操守会对社会的道德风尚产生重要的导向作用。习近平总书记在分析党内存在的突出矛盾和问题时强调:"要解决党内存在的一些突出矛盾和问题,必须把党的思想政治建设摆在首位,营造风清气正的政治生态。"[11]因此,提升党员干部的品德修养,在实际工作中做到以德惠民、身体力行,是以德治国中急需解决的重要问题。

第一,立德标准要高,树立服务意识。所谓立德就是明确人生的价值取向和坐标。作为中国共产党的党员干部要踏实践行全心全意为人民服务的宗旨,加强思想道德建设。在党员队伍建设问题上,执纪必严,而且党纪应严于国法,官德须高于民德。为了保持较高的立德标准,党员干部要加强学习。一方面,党员干部要提高自身的理论修养和履职水平,"认真学习马克思主义理论特别是中国特色社会主义理论体系,掌握贯穿其中的立场、观点、方法,提高战略思维、创新思维、辩证思维、底线思维能力,正确判断形势,始终保持政治上的清醒和坚定"[5]342。另一方面,各级党员干部要向立德的榜样学习,认真学习他们的先进事迹,树立为人民服务的意识,"拧紧世界观、人生观、价值观这个'总开关',做到心中有党、心中有民、心中有责、心中有戒,把为党和人民事业无私奉献作为人生的最高追求"[12]。

第二,育德要求要严,树立自律意识。所谓育德就是培养、提升党员干部的思想觉悟和道德水平,而自律就是在别人不知道的情况下仍然保持谨慎和严格要求自己,按照道德原则办事。党员干部始终要铭记"日省其身,有则改之,无则加勉"的道德格言,因为个人的党性修养、道德水平必须要靠自己的终生努力来不断培养、提升,它们不仅不会随着党龄的增长和职务的升迁而自动提高,还会有经受不住各种诱惑考验而自毁长城的风险,所谓"逆水行舟,不进则退"。党员干部要把育德放在关键位置,树立自律意识,努力加强党性修养,加强品格陶冶。所以,党员干部即使在无人监督的环境里,也要不断提醒自己,严格律己,还要加强家风家规的道德教育,严格律亲[13]。

第三，监督力度要大，树立民主意识。马克思主义认为，无产阶级革命政党与其他政党的显著区别，就在于它能够接受人民监督、发扬民主，在批评与自我批评中不断团结壮大。党员干部民主意识强不强，关键看能否正确地对待广大群众，在工作中能否把人民群众的需要放在第一位，始终自觉接受广大群众的监督和批评。因此，党的十八届三中全会通过了《中共中央关于全面深化改革若干重大问题的决定》，提出："健全反腐倡廉法规制度体系，完善惩治和预防腐败、防控廉政风险、防止利益冲突、领导干部报告个人有关事项、任职回避等方面法律法规。"[5]532党的十八届六中全会审议并通过了《中国共产党党内监督条例》，要求："各级党组织应当把信任激励同严格监督结合起来，促使党的领导干部做到有权必有责、有责要担当，用权受监督、失责必追究。"[14]这些制度为党员干部提供了用权准则，是他们身体力行的基本道德规范。

（二）以社会主义核心价值观为指引，推进公民道德建设

所谓公民思想道德建设，"是一个国家在法律允许范围内进行的一项重要的社会建设，基本任务是促使公民遵守和履行公民思想道德规范、维护社会的公序良俗"[15]。一般来说，以德治国要求必须加强公民思想道德建设，而公民思想道德建设应以社会主义核心价值观为基本导向。习近平总书记指出："我们要按照党的十八大提出的培育和践行社会主义核心价值观的要求，高度重视和切实加强道德建设，推进社会公德、职业道德、家庭美德、个人品德教育，倡导爱国、敬业、诚信、友善等基本道德规范，培育知荣辱、讲正气、作奉献、促和谐的良好风尚。"[16]总之，社会主义核心价值观是当代中国公民思想道德建设的总纲和根本遵循。

第一，以培育和践行社会主义核心价值观为重要抓手，实施公民道德建设的系统工程。在当代中国的道德建设中，社会主义核心价值观占据核心位置，对社会共同价值准则的形成起着重要的引领作用，因此，要重视社会主义核心价值观的宣传和践行。首先，把培育社会主义核心价值观融入国民教育的全过程。义务教育阶段是一个人道德观念形成的关键时期。社会主义核心价值观的培育要从小抓起、从学校抓起，把它贯彻于基础教育的每一阶段。在此基础上，将其进一步延伸至高等教育、各类职业技术教育以及成人教育阶段。这样，才能把公民思想道德建设的基本要求融入国民教育的总体规划之中，落实到教育、教学、科研和管理服务各个环节，从而形成道德教育的长效机制，"引导广大人

民群众自觉践行社会主义核心价值观,树立良好道德风尚,争做社会主义道德的示范者、良好风尚的维护者"[1]。其次,把践行社会主义核心价值观落实到国家治理的具体实践中去。各级政府、各个部门都要始终坚持社会主义核心价值观的基本要求,在各项工作中遵循公民思想道德建设各项规范,"最大限度实现和最大程度保证依法治国与以德治国、经济行为与价值导向、经济效益与社会效益、市场经济与道德建设的有机统一和良性互动"[17]。最后,加强社会主义核心价值观在群众中的宣传教育。社会主义核心价值观作为当代中国的核心价值理念,在思想政治教育和理论宣传中理应居于主导地位。所以,要把践行社会主义核心价值观,推进公民思想道德建设落实到广大党员干部的理论学习之中,成为他们日用而不觉的价值尺度;把它贯穿于各种新闻媒体宣传中,形成各类主流媒体宣传核心价值观、宣传公民思想道德教育的强大声势;把它运用到互联网、微博、微信、新闻客户端等新媒体之中,形成社会主义核心价值观、公民思想道德在新媒体传播宣传上的舆论强势;加强文化领域的创新,将社会主义核心价值观、公民思想道德规范渗透到不同类型的文化产品之中,坚持以文化人,"用栩栩如生的作品形象告诉人们什么是应该肯定和赞扬的,什么是必须反对和否定的,做到春风化雨、润物无声"[7]134。

第二,拓宽公民思想道德建设的主体和载体,创新路径方式。一方面,公民思想道德建设的主体不只是政府、政党,也可以是公民个人、企业组织、行业协会、各类学校、社会团体、各地村镇、街道社区等。公民思想道德的载体既可以是传统的,如课程、媒体、文学艺术、建筑、习俗、风气、模范等,也可以是新兴的,如软件、网站、即时通讯工具等。所以,尊重和发挥公民的思想道德建设的主体意识,不应只强调公民的道德义务,即把推进公民思想道德建设简单地理解为向公民单方面灌输,简单粗暴地要求公民接受社会主义核心价值观和思想道德规范,还要充分认识到政府有责任和义务为公民营造接受它的思想道德环境和舆论氛围、制度体系,提供公共思想道德产品。只有公民作为思想道德主体自觉自愿地选择和接受,公民思想道德规范才会从政府、社会的"他律"变为公民的"自律",从而"内化为个人的道德品质,外化为个人的道德行为"[18]。所以,拓宽公民思想道德建设的主体和载体,让公民思想道德建设成为公民自己的诉求是提升全社会道德水平的必由之路。另一方面,努力实现社会主义核心价值观和公民思想道德规范的"大众化",特别注意教育和实践方式的创新。当前需要注意的是，感性化、生活化的特征在意识形态领域日益明显，意识形态的"非意识形态化"有所增强。针对这种状况，我们要不断创新公民思想道德建设的路径方式，通过广大人民群众喜闻乐见的感性方式来表达理性观念，通过"接地气"的各类传播手段来宣传主流的政治观点、价值理念、道德范畴和意识形态，让普罗大众积极主动接受、认可和维护以社会主义核心价值观为代表的公民思想道德规范，"使之像空气一样无处不在、无时不有，成为全体人民的共同价值追求，成为我们生而为中国人的独特精神支柱，成为百姓日用而不觉的行为准则"[7]134。

（三）坚持依法治国和以德治国相结合，强化法律对道德建设的促进作用

众所周知，国家治理现代化需要法治和德治相辅相成，共同发挥作用。但是，以德治国是一个复杂的系统工程，而借助广大民众的内心信念、社会舆论和传统习惯来协调人际关系和构建社会基本秩序的道德规范，在实践中往往会遇到诸多挑战，难以有效发挥作用。这个时候，法律作为具有权威性和强制性的社会规范，能够为道德建设提供制度支撑与刚性约束。因此，必须用法律的权威来增强人们培育和践行社会主义核心价值观的自觉性，"以法治体现道德理念、强化法律对道德建设的促进作用，实现法律和道德相辅相成、法治和德治相得益彰"[7]159。

第一，用法律保障道德建设，通过严格执法、公正司法营造扬善惩恶的社会风气。在一个正常社会中，法律是道德的风向标，坚持严格执法、公正司法，既是对法律尊严的捍卫，也是对先进道德价值的彰扬。反之，执法不严、司法不公，不仅挑战了法律的权威，也是对社会恶行的肆意纵容。因此，必须严格执法公正司法，发挥法治扶正祛邪、激浊扬清的社会教化功能，促进风清气正，从而增强广大人民群众的道德自觉和道德自律。首先，要坚持严格执法，对那些损害公共利益、人民权益和危害社会秩序的行为要及时予以惩治，从而为社会主义道德建设"保驾护航"。其次，要坚持公正司法，依法制裁和惩处各类违法犯罪行为，"努力让人民群众在每一个司法案件中都感受到公平正义"，感受到善有善报、恶有恶报的司法铁律，以法律的巨大震慑力为道德建设提供有力的法治保障[7]168。最后，司法机关也要加大执法司法的公开力度，加强对执法司法活动的监督，注意保障人民群众参与司法的积极性，对司法领域的腐败零容忍，坚决清除害群之马，更好地守护公平正义、弘扬美德善行[7]171。

第二，以法治推进德治，用法治的力量解决道德领域存在的突出问题。众所周知，法律是道德的底线，也是道德的保障。当前社会上一些伤风败俗、激起公愤的丑恶行为反复出现，提醒我们仅仅依靠所谓"叩问良心"的劝诫，进行传统的道德教育是远远不够的，必须"通过法律的强制力来强化道德作用、确保道德底线，推动全社会道德素质提升"[7]185。首先，要推进中国社会诚信体系建设。诚信是为人之本，也是道德之基。不仅公民个人需要恪守诚信的原则，组织团体也要守法守信。当下中国失信现象屡有发生，败坏了社会风气，打击了人心。因此，要抓紧构建国家诚信管理监督机制，将公民个人和组织团体的信用记录在案，进而完善诚信奖惩机制，形成具有中国特色的社会诚信维护体系。其次，大力开展道德领域突出问题的专项治理工作。加大对道德失范行为的整治力度，对于那些道德讹诈、网络造谣传谣、传播淫秽色情信息等违法乱纪行为，该劝导的劝导，该通报的通报，该处罚的处罚，促使人们引以为戒、扬善弃恶。再次，要加强对食品药品、电子产品、生活用品等关系到人民群众切身利益与安全的领域的监督、执法力度。相关部门要依法严肃查办各种见利忘义、制假售假、以次充好等广大群众反响强烈的案件，要让那些损人利己、败德违法之人付出巨大的代价，以图令行禁止之效，"发挥对整个社会的警示教育作用，推动形成良好的社会价值风尚和社会道德秩序"[9]。

参考文献：

[1] 坚持依法治国和以德治国相结合 推进国家治理体系和治理能力现代化 [N]. 人民日报，2016-12-11（1）.

[2] 列宁. 列宁全集：第39卷 [M]. 北京：人民出版社，1986：306.

[3] 罗国杰，夏伟东. 以德治国论 [M]. 北京：中国人民大学出版社，2004：283.

[4] 亚当·斯密. 道德情操论 [M]. 蒋自强，等，译. 北京：商务印书馆，2015：112—113.

[5] 中共中央文献研究室. 十八大以来重要文献选编：上 [M]. 北京：中央文献出版社，2014.

[6] 韩东屏. 论道德文化的社会治理作用——从道德与制度的比较推论

[J].河北学刊,2011(5):7—12.

[7] 中共中央文献研究室.十八大以来重要文献选编:中[M].北京:中央文献出版社,2016.

[8] 孟德斯鸠.论法的精神:上[M].张雁深,译.北京:商务印书馆,1959:375.

[9] 雒树刚.坚持依法治国和以德治国相结合[N].人民日报,2014-11-24(7).

[10] 毛泽东.毛泽东选集:第2卷[M].北京:人民出版社,1991:526.

[11] 习近平.关于《关于新形势下党内政治生活的若干准则》和《中国共产党党内监督条例》的说明[N].人民日报,2016-11-03(2).

[12] 习近平.在庆祝中国共产党成立95周年大会上的讲话[N].人民日报,2016-07-02(2).

[13] 田旭明.家正国清:优良家风家规的伦理价值探索[J].武陵学刊,2014(5):15—19.

[14] 中国共产党党内监督条例[N].人民日报,2016-11-03(6).

[15] 陆晓禾.社会主义核心价值观与公民道德建设:新路径·新举措·新载体[J].道德与文明,2015(2):5—9.

[16] 习近平.习近平谈治国理政[M].北京:外文出版社,2014:159.

[17] 李泽泉.社会主义核心价值观视域下的公民道德建设[J].中国特色社会主义研究,2015(4):73—78.

[18] 冯留建.社会主义核心价值观培育的路径探析[J].北京师范大学学报(社会科学版),2013(2):13—18.

现阶段我国实现共同富裕的道德补偿机制研究*

共同富裕是社会主义制度和社会主义道德观的本质体现,也是社会主义制度优越于以往一切社会制度最根本的地方。然而,我国的共同富裕不是"同时富裕""同步富裕",也不是中国传统社会主张的绝对平均主义意义上的"均富",而是让"一部分地区、一部分人可以先富起来,带动和帮助其他地区、其他的人,逐步达到共同富裕"[1]149。这种"先富"帮"后富"、最终达到共同富裕的制度设计,从一开始就预设了两种相辅相成的道德补偿机制:一种是基于道德理想的道德补偿机制,一种是基于道德义务的道德补偿机制。在通往共同富裕的"先富"阶段,后一种道德补偿机制占主导地位,而在"共富"阶段,前一种道德补偿机制则跃居主导地位。现阶段,我国的贫富两极分化加剧、城乡收入差距拉大已成为一个极为严峻的社会问题,实现"先富"带"后富"有效避免"两极分化""社会解体"的现实诉求,要求我们建立并完善实现共同富裕的道德补偿机制,以促进我国共同富裕政策的良性运行,真正地实现共同富裕,实现真正意义上的共同富裕。

一、道德补偿与共同富裕的制度设计

"道德补偿"是伦理学研究中的一个重要概念,对于这个概念,学术界并没有展开广泛而深入的研究。从仅有的几篇文章来看,它们把道德补偿同道德失

---

* 基金项目:中南大学创新驱动项目"基于国家主流意识形态安全的高校思想政治教育资源优化配置与综合创新研究"(2015CX011)。
作者简介:王浩斌,男,湖南双峰人,中南大学马克思主义学院教授,博士,硕士生导师,中南大学马克思主义理论博士后流动站研究人员,研究方向为马克思主义基本原理。
原载《武陵学刊》2017 年第 3 期。

范、道德成本看成相对应的概念,认为"道德补偿是对道德主体行为选择的回报……可分两种情况:一是主体性补偿,即道德主体因其行为获得心理上的平衡和精神上的慰藉;二是非主体性补偿,即社会对道德主体行为的精神褒誉和物质利益的补偿"[2]46。这种理解有失偏颇。我们认为,道德补偿作为对道德主体行为选择的回报,既包括了好的回报即"精神褒誉和物质利益",同时也包括了坏的回报即对道德主体的伤害,这种道德补偿实质上就是一种道德代价。因而,道德补偿既可以理解为补偿性的,也可以理解为代价性的,或者说,道德代价就是道德补偿的另一种表现形式。

如果我们的研究不只是注重外在形式,而是深入探寻问题的根源的话,那么,我们会发现马克思早就明确地使用了"道德补偿"的概念。1856年马克思《在"人民报"创刊纪念会上的演说》中指出,社会的发展进步往往是以牺牲道德作为补偿或代价换来的,即"技术的胜利,似乎是以道德的败坏为代价换来的。随着人类愈益控制自然,个人却似乎愈益成为别人的奴隶或自身卑劣行为的奴隶。甚至科学的纯洁光辉仿佛也只能在愚昧无知的黑暗背景上闪耀"[3]4。马克思在这里辩证地表达了两层意思:一方面,人类社会的发展进步都付出了惨痛的道德代价,这是"不应该的",是一种"恶";另一方面,道德补偿是催生社会进步及发展的软实力,在社会发展和进步过程中是"应该的",是一种"必要的恶"。关于这一点,马克思还有类似的表述。在《不列颠在印度的统治》一文中,马克思一方面从道德的角度强烈谴责了英国在印度犯下的罪行,"从人的感情上来说,亲眼看到这无数辛勤经营的宗法制的祥和无害的社会组织一个个土崩瓦解,被投入苦海,亲眼看到它们的每个成员既丧失自己的古老形式的文明又丧失祖传的谋生手段,是会感到难过的"[4]765。另一方面,马克思认为英国在印度的统治推动了印度的社会发展,具有积极意义,即"英国不管干了多少罪行,它造成这个革命毕竟是充当了历史的不自觉的工具"[4]766。由此可见,马克思是将"道德补偿""道德代价"作为社会发展进步的重要因素来对待的。

共同富裕是社会主义制度和社会主义道德观的本质体现,也是社会主义制度优越于以往一切社会制度最根本的地方。事实上,在新中国成立初期实现共同富裕这一价值目标的过程中遭遇了马克思提到的"道德补偿"和"道德代价",有着深刻的历史教训。众所周知,新中国成立后,照搬苏联的社会主义发展模式，建立起了高度集中的计划经济模式，这种模式立足于集体主义和共产主义的道德理念，坚持公有制和分配中的平均主义，以平均主义实现同步的"共同富裕"。历史表明，新中国成立初期的制度设计和发展模式选择，尽管在当时对于集中有限的人力、物力和财力迅速恢复战争创伤、建设完整的国民经济体系是十分必要的，但是这种制度设计因为过于强调和追求集体主义的道德理想，忽视个体利益合理表达的弊端越来越大，以致严重限制了社会主义制度优越性的发挥，阻碍了生产力的发展和人民生活水平的提高。这种以牺牲个体利益作为补偿的社会发展，短时期可以，长时间不行。由于它割裂了道德理想与道德义务、集体与个体之间的有机联系，因而，它不利于个体积极性、主动性和创造性的充分调动，不利于社会生产力的解放和发展。

纠正这种只注重集体主义的道德理想和对集体利益的道德补偿、忽视对个体利益进行保护的道德义务和对个体利益的道德补偿的错误做法，是党的十一届三中全会以来以邓小平为代表的党的领导集体在实施改革开放政策和设计"四个现代化"蓝图时认真思考的重大问题，也是我国建构两种不同类型道德补偿机制的历史根据。

二、"先富"过程中的道德补偿机制构建

如前所述，现阶段我国共同富裕的制度设计源于党的十一届三中全会后对传统社会主义制度的反思与改革。针对传统社会主义设想的"同时富裕"和"同步富裕"导致的弊端，邓小平提出了一种新的思路，即非均衡动态地实现共同富裕的"共富"策略，这就是"先富"带"后富"，最终实现"共富"的制度设计。这种制度设计的一个重要特点在于将保护合理的个体利益纳入整个社会主义的道德体系之中，并事实上预设了两种相辅相成的道德补偿机制：一种是基于道德理想的道德补偿机制，一种是基于道德义务的道德补偿机制。前一种补偿机制的实质就是追求精神褒誉而牺牲部分物质利益，后一种补偿机制则恰恰相反，就是以道德代价换取物质利益的迅速增加。

作为一种非均衡但协调发展的制度设计，邓小平设想的"共同富裕"首先要解决的中心问题不是"共富"及其道德理想的问题，而是如何实现"先富"以解决"共同贫穷"的现实问题，说到底就是解决发展的问题，而这恰恰构成了"先富"过程中道德补偿机制构建的前提和基础问题。首先，从马克思主义

唯物史观维度看，经济发展和社会进步始终是道德发展的基础，"不是意识决定生活，而是生活决定意识"[4]73。其次，社会主义制度优越性的根本体现在于能够创造出比资本主义更多更大的社会生产力，因而，发展问题是根本性的问题，发展生产力是社会主义的本质要求和根本原则。最后，这是由中国社会主义初级阶段的特殊国情决定的。邓小平对"文化大革命"中忽视发展生产力、过分追求空洞的道德理想的错误进行了批判和反思，指出："'四人帮'叫嚷要搞'穷社会主义''穷共产主义'，胡说共产主义主要是精神方面的，简直是荒谬之极！我们说，社会主义是共产主义的第一阶段。落后国家建设社会主义，在开始的一段很长时间内生产力水平不如发达的资本主义国家，不可能完全消灭贫穷。所以，社会主义必须大力发展生产力，逐步消灭贫穷，不断提高人民的生活水平。"[1]10-11把发展放在各项工作的首位，坚持以经济建设为中心，大力发展社会生产力，这是邓小平对社会主义和"共同富裕"作出的新理解，即"共同富裕"的重心应放在"富"上，而不应该首先考虑"共同"的问题，也就是在当时的条件下要追求"发展优先"，进一步解放和发展社会主义社会生产力，提高我国的综合国力，进而提高人民的生活水平。

在现代社会中，如何更快地实现"富强"的目标，涉及体制机制的选择。历史表明，近代以来市场机制在优化资源配置、充分调动个体劳动者生产积极性主动性和创造性上发挥着不可替代的作用，马克思、恩格斯在《共产党宣言》中对以市场经济为基础的资本主义生产方式在解放和发展生产力上所发挥的积极作用给予了高度评价："资产阶级在它的不到一百年的阶级统治中所创造的生产力，比过去一切世代创造的全部生产力还要多，还要大。"[4]277在经历了计划机制配置资源失灵的惨痛教训之后，我们把社会主义和市场机制有机结合起来，确立了市场配置资源的基础地位，市场规律和价值规律得到了尊重，强调市场既是社会主义经济运行的主要调节手段，也是实现社会主义"先富"目标的主要方式。由于市场机制是一种侧重追求个体利益和微观经济主体利益最大化的制度设计，在个体与社会的关系上，坚持"个体优先""兼顾社会"的道德补偿原则，极大地释放了个体劳动者的生产积极性和主动性，推动了社会生产力的发展，我国的综合国力在改革开放以来得到极大的提升，经济总量在2011年跃居世界第二的位置，人民生活水平总体得到很大改善。当然，在人民生活水平总体提高的同时，贫富两极分化、地区发展不平衡、环境恶化、温室效应等问题凸显出来。

既然实现"先富"目标在当代中国具有优先性,那么必然会出现"谁先发展""谁后发展",谁支持谁、"先富"与"后富"的问题。市场机制的最大优势在于机会平等,但它不能解决"起点公平"的问题,加上"先富"的那部分人与"后富"的那部分人之间会形成事实上的"差等公平",再加上改革开放以来我国采取的"效率优先、兼顾公平"的原则,无疑会产生社会发展代价意义上的道德补偿问题。"一部分地区、一部分人可以先富起来",这既是"效率优先"的体现,也是市场机制发挥作用的必然结果。因为市场机制提供的机会平等的背后往往是起点的不平等,其中包括几种情况:一是个体社会地位的不平等,那些社会地位较高、社会关系较广的必然会先发展起来;二是继承遗产、拥有雄厚资源优势的个体,因经济基础好也会先发展起来;三是那些自身条件优越、能力较强的个体也会先发展起来。当然,我们不是强调那种起点绝对公平意义上的机会平等,而是追求那种依靠勤奋劳动合法经营而形成的"差异平等",也就是说,能力较强、合法经营的"先富"应该鼓励,这样拉开的"差距"应该得到社会的认可。就是说,一个人创造的劳动价值是另一个人的两倍,那么,这个人的收入应该是另一个人的两倍才算公平,否则,就是不公平,就是"差异平等"。这才是"兼顾公平"的重要体现。因此,"先富"的实现不是不择手段和不讲前提的,而这个前提就是诚实劳动、合法经营。

但是,"先富"和"效率优先"的价值导向,毕竟是以牺牲部分公平作为代价的;"兼顾公平"是以"效率优先"为前提的,能兼顾当然是公平的,在不能兼顾的条件下,公平还须让位于效率,这样,就社会的长远发展和整体发展来说内在地需要一个道德补偿机制。对于"先富"的主体而言,"效率优先"是其道德义务,因为发展的任务"天然地"落在他们的身上,"兼顾公平"是其道德理想,当两者发生冲突之时,其道德理想暂时让位于其道德义务,因为发展是第一要务,在这个意义上,"先富"是以牺牲部分道德理想为代价践行其道德义务的结果,由此形成的道德补偿就是丰厚的物质回报;而对于"后富"的主体而言,尊重"先富"者的诚实劳动和合法经营是其道德义务,做到"不仇富",支持一些人、一些地区先发展起来是大局,因为只有这样,才能为社会主义的整体发展奠定强大的物质基础,为共同富裕的实现准备充分的条件。同时,"兼顾公平"不等于"不顾公平",这样,对实现"共同富裕"的憧憬以及

"兼顾公平"中"部分公平"的实现,构成了"后富"主体的道德理想。当"后富"主体的道德理想与道德义务发生冲突之时,其道德理想也会让位于其道德义务,在这个意义上,"后富"主体是以短时牺牲部分物质利益换取其道德理想的实现作为道德补偿,支持一部分人、一部分地区先发展起来,最后实现共同富裕。由此可见,在共同富裕的"先富"阶段,不论是对"先富"主体还是对"后富"主体而言,都是以牺牲其部分道德理想来实践其道德义务的,其实质是一种基于道德义务的道德补偿机制,尽管在这种道德补偿机制之中,有道德理想的成分,但其不占主导地位。

三、"共富"过程中的道德补偿机制构建

改革开放以来,我国的社会主义现代化建设取得了前所未有的巨大成就,社会生产力也获得了突飞猛进的发展,当然,作为改革的伴生物,我国的贫富差距和城乡差距也在不断扩大,按照国际通行的衡量标准,把基尼系数0.4作为收入分配差距的"警戒线",我国的基尼系数由改革开放时的0.28上升为2000年的0.412,此后12年来国家统计局就再未公布过超过警戒线的基尼系数。这表明,我们在推进社会主义现代化建设和实现"共同富裕"的过程中,正处在逐步实现由"先富"优先到"先富帮后富"的重要阶段,否则,我们的"共同富裕"就会变成"两极分化"。如果这样,我们的社会主义就是走了邪路了,因为"社会主义不是少数人富起来、大多数人穷,不是那个样子。社会主义最大的优越性就是共同富裕,这是体现社会主义本质的一个东西。如果搞两极分化……民族矛盾、区域间矛盾、阶级矛盾都会发展,相应地中央和地方的矛盾也会发展,就可能出乱子"[1]364。也就是说,我国共同富裕的制度设计,其"先富"也是有限度的,不是无限度的、导致"两极分化"的。

如果说在实现共同富裕的"先富"阶段,我们事实上预设了一种基于道德义务的道德补偿机制,那么,在实现共同富裕的"共富"阶段,我们也必须努力构建一种基于道德理想的道德补偿机制,只有这样,我们才能有效避免社会的贫富两极分化,真正推进"先富"帮"后富",最终实现真正意义上的"共同富裕"。当前阶段要推进"先富"帮"后富"、避免两极分化,不是主张放弃"发展"主题,已经发展起来的地区和个人不需要再发展的问题,而是如何实现"科学发展"的问题。因此,在共同富裕的"共富"阶段,其道德补偿机制的

构建同样面临着一个前提和基础，只不过这个前提和基础不再是单纯追求经济增长，注重GDP考核，而是注重以人为本追求绿色可持续的科学发展。也就是说，这种发展始终把实现好、维护好、发展好最广大人民的根本利益作为党和国家一切工作的出发点和落脚点，是一种注重人的主体地位、追求人的全面发展、人与自然和谐的科学发展。当然，从道德的角度来讲，这种发展体现了"共同富裕"的道德理想：发展为了人民、发展依靠人民、发展成果由人民共享。

在共同富裕的"共富"阶段，无论是先富裕起来的还是需要靠传、帮、带的"后富"者，都面临着道德补偿的问题。对于先富起来的道德主体而言，以自己的切实行动帮助后富者实现富裕的梦想是其最基本的道德义务，这是先富者必须服从的"大局"，其道德理想不仅在通过帮助后富者而得到实现，而且由于自己承担支持"后富"使国家实现了协调发展和科学发展，为自己的再发展创造了更多的机遇和条件，由此而言，"先富"者以牺牲暂时的较小的利益获取了长远的更大的科学发展，这是对他们的道德补偿。而对于"后富"者，其道德理想在于不断通过学习"先富"经验、提升发展能力获得较好发展，从而逐步缩小发展差距，而其道德义务在于通过自身努力和辛勤劳动，而不是"等、靠、要"，因为"先富"帮"后富"不是捐助式的资助，不仅仅是"授之以鱼"，更重要的是"授之以渔"，不只是"输血"，更重要的帮其"造血"，不管怎样，"后富"都能以获得直接或间接的帮助作为道德补偿。而要有效地推进"先富"帮"后富"，完善"共富"过程中的道德补偿机制构建，仅仅强调以人为本的科学发展是不够的，还需要我们统筹兼顾，实现社会和谐，推进社会管理体制创新。而且，这是实现"共富"过程中道德补偿机制构建的重要实现途径。统筹兼顾就是在共同富裕的制度设计之时，就要做好相关制度安排，通过转移支付，运用价格和税收杠杆，推动城乡、东中西部地区协调发展，处理好个人利益和集体利益、局部利益和整体利益、当前利益和长远利益的关系，最终实现发展成果由人民共享，让人民有更多获得感。这是社会主义的本质要求，也是共同富裕的精神实质之所在。

综上所述，共同富裕既不是"同时"富裕也不是"同步"富裕，而是"先富"帮"后富"、最终达到"共同富裕"，这就决定了无论是"先富"阶段还是在"共富"阶段，都面临着道德补偿机制的构建问题。而这个道德补偿机制说到底，实质就是以经济发展换取道德补偿的互动关系问题。如果追求经济发展优先，那就事实上形成了一种基于道德义务的道德补偿机制；如果追求以人的发展为本，那就事实上形成了一种基于道德理想的道德补偿机制。现阶段我国在实现共同富裕的过程中，由于发展的主题没有变，尽管发展的形式发生了变化即由传统发展向科学发展转变，"先富"的过程还远没有结束，而"先富"帮"后富"的过程就已经开启，在这种"先富"与"后富"交叉并存的过程中，我们既要努力建立和健全基于道德义务的道德补偿机制，追求"发展优先"，同时也要重点建立和健全基于道德理想的道德补偿机制，做到以人为本、科学发展。

参考文献：

［1］邓小平．邓小平文选：第3卷［M］．北京：人民出版社，1994.

［2］王凡．道德失范·道德成本·道德补偿［J］．广西社会科学，2003（1）：45—47.

［3］马克思，恩格斯．马克思恩格斯全集：第12卷［M］．北京：人民出版社，1965.

［4］马克思，恩格斯．马克思恩格斯选集：第1卷［M］．北京：人民出版社，1995.

第二编 02

中华德文化在职业生活中的现代践行

中国传统道德信仰教育的四维建构及其借鉴*

中国传统社会以伦理道德建设为本位,道德教育居于整个教育体系的中心位置。对儒家伦理规范的虔诚信仰是古代道德教育的显著特点。孔子说:"子以四教:文,行,忠,信。"(《论语·述而》)即教育的主要内容是古典文献、处世规则、良心品德和社会信用。"行、忠、信"直接以德育为目的,即便是"文"也被后人视为"载道"的工具。中国古代为确保儒家伦理内化为自觉道德行为,将道德教育渗透于音乐、诗歌、历史等课程内容之中,并常常与封建礼教结合在一起。道德信仰呈现内容综合化、形式多样化、设置渐进性等特点,并且注重隐形德育教育。剔除中国传统道德教育的封建性外衣,"诗教""乐教""礼教"和"史教"对现代道德教育的课程设置和教育方法等具有重要的借鉴价值。

一、诗教为先:吟诗作赋以"树人"

中国堪称诗歌王国,以吟诗作赋来慰藉心灵、教化人心的传统由来已久。诗教在规范伦理、人文关怀方面与西方的宗教作用相类似。"诗教"一词来源于《礼记·经解·第二十六》所引孔子的话"入其国,其教可知也,其为人也,温柔敦厚。诗,教也"。也就是说,温柔敦厚的人是受到诗教化的结果,后文还进一步解释为:"其为人也,温柔敦厚而不愚则深于诗者也。"可见,通过诗教可

---

* 基金项目:国家哲学社会科学基金青年项目"当代中国社会转型期信仰虚无主义问题研究"(10CKS022)。

作者简介:杨金华,男,湖北郧县人,华中科技大学马克思主义学院副教授,博士,研究方向为高校德育。

原载《武陵学刊》2013年第4期。

以使人形成关于世界、自然、社会和自我的价值观念。宋代叶适说:"自文字以来,诗最先立教。"(《叶适集·卷十二》)西周时期的最高学府——太学,在学校教学的课程设置上主张:"春秋教以《礼》《乐》,冬夏教以《诗》《书》。"(《礼记·王制》)《礼记》中记载有孔子对古代文献及其伦理教化作用的重视,孔子经常告诫他的学生:"小子何莫学乎诗?诗,可以兴、可以观、可以群、可以怨。"(《论语·阳货篇》)也就是说,《诗》的德育效果主要体现在四个方面:一是可以激发情感意志;二是可以考察社会风俗盛衰;三是可以增进相互情谊;四是可以批判不合理的政治。在先秦时期,诗教"可以兴"的功能受到格外重视,以诗歌作为情感教育的素材;通过吟诗作赋,可以丰富情感空间和内心世界,能使一个人变得情感丰富、心灵敏感,同时,形成优雅、节制、更富美感的情感表达方式。通过诗教培育仁爱之心、悲悯情怀和温柔敦厚的道德品行,成为中华民族持续时间最长久的德育方式。

诗教理论要求统治者避免运用刺刀加皮鞭等暴力征服的治理手段,而是按照由亲及疏、出内及外、出近及远的顺序,以教育宫廷为起点、用诗歌艺术风化天下而正夫妇,培育人民温柔敦厚的性情,创造淳朴柔顺的民风习俗,培养和亲、和敬、和同的伦现情感,做合乎伦理道德规范的顺民[1]。即所谓"诗三百,一言以蔽之,曰思无邪"(《论语·学习篇》)。也正是"诗教"具有培养仁人君子济世救民的特殊功能,受到历代统治者重视。到汉武帝时,国家成立了学馆,进行官方色彩的"诗教"。也就是在这个时候《诗》开始称《诗经》。后来又出现民间学馆,类似孔子的私人办学,这种民间意义上的诗教是对官方诗教的有益补充。到了东汉末年,儒学大师郑玄为毛诗作笺注,学毛诗的人越来越多。隋、唐以后,形成了以诗歌创作进行"诗教"的传统,并从官方到民间大面积流行。唐玄宗开设科举,除五经外,还以诗赋取士,极大地强化了"诗教"的特殊地位。莘莘学子纷纷以能歌善诗为能事,诗人和诗歌的数量急剧增加,"诗教"也进入鼎盛时期。到了清代,"诗教"仍然是学校的德育课程的必修课。可见,正是由于"诗教"不但能使学生抒发情感、陶冶情操,而且可以教化人心、规范行为;以审美、情感和心灵教育为核心的"诗教"历来也受到国家重视和世人尊敬,被列入德育课程之首。

二、乐教为纲:节奏旋律"人之道"

中国传统教育认为礼乐同源,乐与政通,所谓"凡音者,生于人心者也,乐者，通伦理者也"。声音是情感的载体，情感是声音的灵魂，声情并茂是歌唱艺术最完美的审美境界。"是故审声以知音，审音以知乐，审乐以知政，而治道备矣。"（《礼记·乐记》）也就是说，乐能使人欣喜欢爱，亲近相爱；音乐可以使民心向善，可以感人至深；通过音乐教育可以培养心性达到人伦清明、教化风俗、天下治平[2]22。据文献记载，早在五帝之世，即已制乐施教。《尚书·舜典》中说舜命夔典乐、"教胄子"，《史记》作"教稚子"；《说文》作"教育子"，王引之说"育子，……是入学习乐，在未冠之时"（《经义述闻·尚书上》）。可见，古人就十分重视青少年对音乐的鉴赏和理解。到了周代，更是以乐德、乐语、乐舞教国子，乐教课程就更为完备。在"乐教"课程中，"乐德"尤受重视。所谓"乐德"，即通过优美的音乐旋律，培养立身处世的胸襟气度，涵养济世救民的个性人格，塑造相敬相和的道德品质，从而达到"无相夺伦，神人以和"的伦理秩序[3]。对于"乐德"，孔子有过一番精彩的论述："吾自卫返鲁，然后乐正，雅颂各得其所。"（《论语·子罕篇》）也就是说音乐可以传递微妙感受、抒发灵性之美、拨动心灵之弦，符合美学标准的音乐舞蹈可以彰显古典伦理思想，体现宗法等级观念。在孔子看来，一个人的道德修养过程可以分为三个阶段，即"兴于诗，立于礼，成于乐"（《论语·秦伯篇》）。如果说诗教是修身之先，礼教可以立身，那么乐教就可以成性。与礼教以强制性的方式约束外部行为不同，乐教既可以"形道"，又可以"乐心"，也就是说"形道"之乐在"乐心"的过程中便将"道"融入情感，同时又使自然情感得到道德的升华，从而达到使道德与情感合二为一。

强弱不同的和声、长短各异的节奏与各具特色的旋律组成各不相同的乐曲。在古人看来，这些风格迥异的和声、节奏和旋律，具有表现"人之道""性术之变"的功能，这些正是儒家伦理精神的体现。汉武帝设立乐府，专门收集、整理、改编和创作音乐，不仅在内容上体现"和"的精神，形式上也是以"和"为美。纵观乐府的结构组成，它已具备了音乐教育和音乐表演的完整概念，有实施音乐教育的教材（演出的合唱、器乐作品），师资力量与教学设施齐备，师生关系明确，有稳固的教学场所[4]。据史书记载，到明清时期，国家设有官学、教坊，还有宫廷雅乐，在地方学校的课程设置中，还可以看到乐教的内容，"生员专治经，以礼、乐、射、御、书、数设科分教"（《明史》卷六十九）。乐教则着重于内在修养的培养，通过乐教的灌输和陶染，使道德理念内化于心，从而实现个人的自觉约束。此所谓:"礼乐皆得,谓之有德。"(《礼记·乐记》)"乐教"不仅发挥了"乐"本身所具有的感于人心的陶冶作用,亦在道德培养过程中不断对人施教,从而使人的道德素养不断改变、提升和臻于完善。古代的音乐教育观念突出音乐教育与道德教育的相互渗透;音乐教育目标上突出陶情冶性,强调通过音乐以情动人,培养高尚德行。音乐教育方法上突出感受领悟,强调以内心教化的方式陶冶人的情感,全心投入与全程体验以获得自我满足的内在精神需要,在审美感知中收到"广博易良"的社会效果。

三、礼教为本:礼仪教化"兴民德"

在中国封建社会,统治者为了实行贵贱、尊卑、亲疏有别,基于宗法血缘关系,确立了一整套行为规范和典章制度。在漫长的传统社会中,"礼"浸润到了我国社会生活的方方面面,"礼"不仅位居六艺之核心,且贯穿从小学到大学教育的全过程[2]42。《礼记·曲礼》中说:"夫礼者,所以定亲疏,决嫌疑,别同异,明是非也。"所谓礼教,即以"仁义"为道德原则,以"爱人"行为标准处理人与人之间的关系;倡导用礼仪和礼义来完善人性、塑造完美人格,即"致礼以治躬则庄敬"[5]。中国古代礼教是"礼"普及和传承的重要手段与途径,通过礼仪活动推行礼教是古代学校道德教育的重要内容,可以说,礼教是古代教育的核心与灵魂。先秦时期,小学讲授"六艺"(礼、乐、射、御、书、数),大学传授由孔子删定的《六经》(诗、书、礼、易、乐、春秋),学校教育成为礼教的重要场所。古代礼教的具体内容包括六仪,教六仪的目的是为了"节民性""兴民德"(《王制》),通常从孩提时开始,把封建社会等级序列当中仪式化的东西,通过模仿形式而变为孩子们的行为习惯。礼教是接通个人与社会的存在关联,是打通身、家、国、天下间蔽障的通道。从根本上说,"礼"是封建社会中等级秩序的标志、人际关系的准则,礼教是封建统治者为巩固其等级制度和宗法关系,调整伦理行为和社会活动的礼法条规和道德标准。

汉代董仲舒"罢黜百家、独尊儒术",将"三纲五常"的严格等级制度确定为儒家伦理道德的核心思想,学校教育以《六经》作为教学内容,进一步把等级观念和尊卑长幼系统化、条理化。董仲舒极力维护上尊下卑的纲常观念,认为礼教均是"治道之具",强化礼教的教育功能可以"明留卑、异贵贱"(《汉书·董仲舒传》)。到了唐朝,德育是每一个受教育者都必修的重要课程,德育由礼部统一实施，把儒家经典作为道德教育的法定内容。为统一教学内容，唐太宗命颜师古对《五经》进行考订，并颁行作为全国学校经学教育的统一教材，命孔颖达撰写《五经正义》作为科举取士标准答案，同时规定《孝经》和《论语》为科举制度的必考课目。《五经正义》十分强调"礼"的教育，把"礼"看作"安名分，严尊卑，序贵贱，守上下"的根本[6]。宋明理学更注重对儒经中忠、孝、仁、义等道德义理的阐发，朱熹定"儒家九典"使之成为礼教的圣典圣经，并将"礼"提高到天理的高度。以理学观点阐发儒家道德义理的《四书集注》，成为各级教育机构实施道德教化的经典课本，并用学校教育与科举考试的方法来传播。按照程朱理学思想，学校教育的主要内容是灌输"三纲五常"思想，强化维护封建社会政治秩序的道德理念[7]。明清两代为钳制思想巩固统治，更加重视程朱理学，规定《四书》《五经》为荐贤科举的必读书，确立科举考试以程朱理学的观点为标准和内容。所以，以"礼教"为主要内容的理学课程受到历代统治者的重视，成为各级学校德育的基本内容。

四、史教为辅：观古辨今"别善恶"

中国自古就重视历史教育，除了强调历史的经世致用之外，用历史进行道德教育，历来也受到世人的重视。《周易·大畜》就有"君子多识前言往行，以畜其德"。说明历史教育在人生修养方面起着重要的作用。孔子在《春秋》里首创"贬褒义例"，在字里行间"寓褒贬，别善恶"。司马迁称其"上明三王之道，下辨人事之纪，别嫌疑，明是非，定犹豫，善善恶恶，贤贤贱不肖……"（《史记·太史公自序》）。所以，历史教育又是历代统治者进行人伦道德教育的一种好方法。从董仲舒"罢黜百家、独尊儒术"开始，我国古代教育以儒家学说为主要内容，把《六经》作为学校教育的主要教科书。由于古代经史不分，"立经皆史"。经学文献里保存了大量历史资料，学了"经"就获得了文化知识，同时也学到了丰富的历史知识。唐朝政府对历史教育很重视，规定国子学、太学、四门学，把《左氏春秋》作为正经的大经，国子学的生员要学习三年。从隋开始到唐进一步完善的科举考试，常从历史典故中出策问题目，如"三杰佐汉孰优"[8]。南宋著名理学家朱熹曾讲学于白鹿洞书院，他重视历史教育，要求学生必须做到"制度之无不考，古今之无不知"。朱熹写《通鉴纲目》，标榜以春秋笔法"辨名份，正纲常"。

中国古代社会历史类课程教材以史籍经传为主，如《春秋左传》《三国志》等。历史类德育读物在宋代开始出现，以后渐趋增多。尤其宋明两朝，历史类的德育读物大量出现，如王芮《历代蒙求》，吴化龙《左氏蒙求》，胡宏《叙古蒙求》等，反映出中国古代良好的历史教育传统和道德教育传承。阅读《史记》《资治通鉴》等长编巨著需要掌握一定的文史知识、具备抽象思维能力和社会生活阅历，这对青少年来说有很大难度。于是，中国古代一些文人学士编辑历史教科书，把历史故事改写为语音押韵的诗句，或用朗朗上口的韵文，附以简单明了的注释，既是史书，又是文学作品；既可以弘扬历史知识的精神内涵和人文价值，又发挥历史教育的德育功能。随着历史教育的发展，出现了更多适合学校教育的历史教本，《二十二史》和《资治通鉴纲目》也开始成为地方官学规定的历史教材。这些历史教材主要是选辑流传古今的历史故事或历史人物的嘉言善行，如孔子周游列国传儒学，商鞅南门立木讲诚信，信陵君救赵流美名，等等。一个个栩栩如生、呼之欲出的历史人物对青少年的启迪与影响不言而喻；历史人物的嘉言善行，在润物细无声中激发着青少年的历史责任感。可见，让青少年学习中国历史知识，不仅能够传承文化血脉和凝聚族类意识，而且可以构建是非善恶美丑的道德准则。尤其是历史人物的道德品质，如精忠报国、忧国忧民、天下为公的崇高人格，震撼着青少年的道德心灵，提高道德觉悟，改变道德信仰的发展轨迹。

五、古代传统道德信仰教育的当代意义

古代社会建立在一家一户自然经济和血缘宗法等级基础之上，德育形式和德育内容具有鲜明的阶级性和严格等级性，以伦理政治化、政治伦理化为课程设置的价值取向；以"明人伦"，教化天下为课程设置的目标。无论是"诗教""乐教"和"礼教"，都强调维护君君臣臣、父父子子的等级秩序，加强社会各阶层控制，以实现"江山永固""皇位永存"。只要我们剥去传统德育封建性的外衣，抛弃其保守性和局限性的一面，就会发现传统德育课程体系的合理内核，对现代思想道德课程建设具有重要的借鉴价值。

（一）构建综合性全方位的德育课程

以儒家经典为中心的中国传统德育课程设置，所涉及的课程和科目，不仅包含道德伦理方面的知识，而且还贯穿政治、哲学、历史、文学、教育学等人文学科。就六经而言,《诗经》是民歌,属文学;《尚书》是历史文献;《春秋》是当代史;《乐》是音乐,属文艺;《礼》是礼仪秩序和道德规范;《易》是古代哲学。用人文知识的教学内容来进行道德教育,拓展了道德教育课程的内容和范围,使道德教育在一个更为广泛的发展平台进行。中国古代德育课程体系发展,从西周淳朴的文武兼备到孔子的"文,行,忠,信",再从汉的单一化的经学课程,到唐的以经学为主体、以艺学为两翼,德育课程经过一元化到多元化的多次变革,逐步将学生的实践活动全部纳入德育课程之中,强调通过学校生活、家庭生活和社会生活相结合培养学生的思想道德素质。在现代道德教育课程设置中,应当认真借鉴中国传统教育中的审美陶冶方法,通过文学、美术、音乐等类课程的学习,使青年学生在美的熏染中感受道德的力量,心灵得到净化,达到以美育促德育的效果[9]。多种学科的合力育人功能,全方位多时空的系统筹划,避免了由直接德育学科科目进行德育教育的狭隘性,逐渐形成包括道德教育和知识教育相融合的比较完整的课程体系。

(二)实施多样化多层次的德育形式

就中国古代德育课程而言,也体现了形式的多样化。例如传统道德教育的典型教材《急就篇》,选辑常用汉字和成语,依典章名物、历史故事、诗歌词赋分类编纂,既便记诵,又切实用,是多样化德育课本的代表。就传统德育教材而言,如《三字经》《百家姓》《千家诗》也呈现多样化趋势,在内容上,把常用单字组织成通顺的、能够表达一定意义的句子;在语言上,押韵自然、结构简单,易于朗读背诵。欣赏音乐阅读诗歌作品,虽然不属于直接的道德教育,但它在审美情趣的培养上却有不可低估的作用。让学习者在寓教于乐中真正获得自由的道德发展空间,自主开展道德的学习和实践,形成对非道德生活的免疫力,达到陶冶道德情操,培育健全人格的德育目标。德育课程不仅要求有足够口径的宽,更要求其概念的纵深拓展。《三字经》《百家姓》在我国道德教育中获得成功,不仅仅在于它们作为教材各自的个体优势,而是优势互补,发挥的是整体优势。在现代德育过程中,可以通过内容丰富、形式多样的德育活动,保证德育内容的连续性和完整性,将古典诗词、音乐美术、礼仪常识甚至历史知识与道德情感相连接,通过"动之以情、晓之以理、坚之以力"的德育方法,内化为青少年的"仁爱之心""情义之格""礼仪之用"。

(三)显性德育与隐性德育相得益彰

就课程结构的总体而言，中国古代德育体系特别看重显性课程设置。无论是"诗教""乐教"和"礼教"，都强调维护上下不移的秩序，使统治者的"江山"永固，"天下"太平。但是，中国传统德育课程设置也非常注重显性德育和隐性德育的有机结合。比如《千字文》的编写就体现了教材内容的故事性和趣味性，注重在潜移默化中的道德感染和熏陶，善于将现实政治要求与儿童生活日用巧妙结合，融为一体。既保存了显性德育形式，又创造了看图识字、读诗明志、审美育人等新体裁，实现显性德育与隐性德育的有机结合。在现代德育课程建设过程中，学校开设一定的德育学科课程十分重要。但是，对学生进行道德教育，并不能局限于学校开设的德育科目及相关的教学内容、活动和计划。更为重要的是，学校教育还"润物无声"地"教"给学习者很多其他方面的经验。比如教师在教学过程中有意、无意流露出的思想倾向，学习者在课堂内、在学校物质环境和精神文化环境中获得的具有教育性的体验经验等，都构成一种"隐性课程"，对学习者的道德及其发展起着潜移默化的累计性影响。道德教育并非只是让学生记住抽象、教条的道德规范，而更应该让学生不知不觉地内化体验道德规范并且践行道德规范，从而达到完善道德人格的目的[10]。当前德育课程中，"乐教""诗教"等隐性德育方式不被重视甚至是被完全忽视，而古人主张用诗歌、音乐、舞蹈等艺术形式进行德育，达到布道而不说教、生动而不空洞，避免"惟义理养其心"，对现代德育不无启发。

参考文献：

[1] 陈桐生. 礼化诗学：诗教理论的生成逻辑 [M]. 北京：学苑出版社，2009：2.

[2] 祖国华. 传统"乐教"道德教育功能及其现代启示 [J]. 社会科学战线，2010（8）：21—25.

[3] 孙培青. 中国教育史 [M]. 上海：华东师范大学出版社，2000.

[4] 马东风. 音乐教育史研究 [M]. 北京：京华出版社，2001：93.

[5] 钱玄，钱兴奇，等.《礼记》译注 [M]. 长沙：岳麓书社，2001：258.

[6] 冯晓林. 中国隋唐五代教育史 [M] // 新编中国教育史：上册. 北京：

人民出版社，1995：35.

[7] 郭齐家. 中国教育思想史［M］. 北京：教育科学出版社，1987：257.

[8] 姬秉新. 历史教育学概论［M］. 北京：教育科学出版社，1997：53.

[9] 檀传宝. 论儒家德育思想的三大特色与优势［J］. 教育研究，2002（8）：28—32.

[10] 佘双好. 儒家德育课程思想对现代思想道德教育的价值［J］. 伦理学研究，2002（2）：80—86.

师德内涵的二维阐释*

师德亦即教师道德。教师何谓,是种职业,还是角色,或两者兼有之?这是探究师德的前件性问题,对该问题的回答决定了人们对师德的理解。从逻辑上看,对师德的理解也存在三种可能:其一,若教师仅是一种职业,那么,所谓的师德就是一种职业道德,是所有"履行教育教学职责的专业人员"[1]3都必须遵守的行规和理应具有的职业操守,由此论之,师德仅限于教书育人职业过程中,在此之外的道德实践活动概不属于师德的规约、评价范围;其二,如果教师是一种角色,那么,所谓的师德就是角色道德,是具有教师这一身份或"扮演"教师这一社会角色者理当具有的德性—德行以及社会对其提出的道德要求与角色期待,如此,就要求教师不管是在教书育人中还是在此之外,都必须做得像个教师,这就促使我们不得不思考教师这一社会角色在与其他社会角色进行相互转换时所涉及的美德统一性(the unity of virtue)问题;其三,如果教师既是种职业又是种角色,那么,师德就是职业道德与角色道德的综合。如此,作为职业道德的师德与作为角色道德的师德之间存在何种关系自然成为了我们需要进一步深究并回答的问题。

---

* 基金项目:教育部哲学社会科学研究重大课题"中国道德文化的传统理念与现代践行研究"(08JZD006);湖南省高校创新平台开放基金项目(13K010)。
作者简介:冯丕红,男,云南大理人,广西科技大学社会科学学院讲师,博士,研究方向为伦理学基础理论;李建华,男,湖南桃江人,中南大学应用伦理研究中心教授,博士生导师,教育部"长江学者"特聘教授,研究方向为伦理学和政治哲学。
原载《武陵学刊》2015年第2期。

一、职业道德维度下的师德及其问题

就中国目前的现实看，师德通常基于职业道德维度进行界定①。众所周知，"每一个行业，都各有各的道德"[2]294，"职业道德是指从事一定职业的人员在职业生活中应当遵循的具有职业特征的道德要求和行为准则"[3]322，是"从业人员在职业活动中应当遵循的道德规范和必须具备的道德品质"[4]249。它是一个动态的历史范畴，是社会生产发展和社会分工的产物，是人们在职业实践中形成的规范[3]322。师德作为一种特殊的职业道德，是"人们在教育职业活动中所形成的比较稳定的道德观念、行为规范和道德品质的总和"[4]275，是"教师应遵守的道德原则规范和应具有的道德品质，是教师素质的核心"[5]2。师德有三个主要特征：鲜明的职业指向性、强烈的规范约束性、调节范围的有限性。由此观之，职业道德维度下的师德集中突出了教书育人这一行业的群体性特征，是一种基于群体性的道德规约——以群体之共同规范的名义来要求个体遵守践行，而非基于个体美德要求——以个体德性之养成为目的，以个体德性之外化（德行）为手段来诠释和满足具有相对普遍约束性的群体性道德规范。因此，职业道德维度下的师德是职业群体本位的，对教师职业群体共同规范的遵守优先于教师个体美德的养成。

当然，我们并不否认把师德作为一种职业道德进行研究的理论价值和实践意义，但是，仅基于职业道德维度考察师德是远远不够的。其原因有二：从逻辑上看，师德至少存在前文所提及的三种可能理解，仅将其界定为职业道德无疑有失偏颇；从理论阐释和日常实践看，把师德囿于职业道德维度之中，难免会导致一些显而易见的问题。

第一，会导致师德的"片面化"，从而形成思想认识上的误区。师德的"片面化"是指人们不能对师德做出全面理解，往往以点带面、以偏概全。基于职业道德维度，师德通常被理解为干好教书育人这一工作所应遵守的外在道德规范，而不是作为一名好教师理应主动养成的高尚的德性与德行，人们会习惯地

---

① 教育部《教师职业道德规范》《关于进一步加强和改进师德建设的意见》《关于加强和改进高校青年教师思想政治工作的若干意见》以及《国家中长期教育改革和发展规划纲要（2010—2020年）》等文件都从"职业道德"视角对"师德"进行了界定。目前国内关于"师德"的学术文献也大多基于"职业道德"这一研究视域。

以群体本位的师德规范代替尚且包含着个体美德之维的师德，这是仅基于职业道德维度考量师德所易导致的第一个误区。此外，还易让人产生错觉，认为所谓的师德就只是为教书育人工作或职业服务的，与职业者本身无关，于是在只见"职业"而不见"职业者"的思维导向下，师德成了干好教书育人这一职业的工具或手段，其本身并不具有价值性和目的性，这是仅基于职业道德维度考量师德所易导致的第二个误区。不管是以师德规范代替师德本身，还是把师德作为教书育人的手段而非目的，都没有看清师德内涵之"全体"，从而不可避免地陷于"片面"。在职业道德的逼仄维度中，教师被"裁剪"成一个纯粹的"职业者"而不是一个有血有肉的、平凡的生活中人，因此，师德很难与高尚的教师人格相联系，更不可能与教书育人工作之外教师在社会生活中所扮演的多重角色之社会期盼、道德要求相契合。

第二，会导致师德的"碎片化"，从而遭遇解释与实践困境。师德的"碎片化"指的是师德作为教师这一职业所应具有的美德与此职业之外的其他美德（如家庭美德、社会公德等）之间不存在必然性关联，呈现出相互分离的样态。按照麦金太尔的观点，美德具有统一性，同一主体的诸种美德之间相互依存，相互制约。同时，"某人生活中的一种美德的统一性，只有作为一种单一的生活（一种可以作为整体来设想和评价的生活）的特征才是可以理解的"[6]260。但在分工日趋精细化、复杂化、专业化的现代社会中，谋求一种单一的、整体性的生活方式是不可能的。在此境遇下，个体生活通常被所从事的职业及与之相关的可相互切换的各种角色分割成了不同的"板块"，呈现出"碎片化"特征。但在"碎片化"的生活表象之后也隐藏着一个不争的事实，那就是：此种生活的主体——某一个体所具有的同一性并没有因此"碎片化"。一方面，个体的内在人格通常是稳定的，另一方面，该个体通常具有特定的总的生活目标，在稳定的个体人格与整体性的生活目标之下，被职业、角色分割所导致的、看似"碎片化"的生活实质上存在着内在的整体性与有机性。如果我们仅从职业角度定位教师，仅从职业道德维度考察师德，忽视了"碎片化"生活所潜藏的内在有机整体性，那么，我们就会发现，本应由生活中相互依存的多元德性项目[7]69（如家庭美德、社会公德等）构成的、呈现出有机整体性的师德，被"职业"这把（或许是我们所理所当然认为的"唯一"）标尺"撕裂""阉割"了，在此视野下师德是"碎片化"的——仅是本真师德基于"职业"视野"管窥"后所截取的一部分（遵守教师这一职业群体之道德规范那一部分），仅是上班时间作为一名老师所要遵守的道德，它与下班后个人的其他道德要求之间不存在任何关系。例如，我是一名高校教师，上午我在学校从事教学工作，下午我在家照顾老人，晚上我参加社区活动……若仅限于严格的职业道德视角，上午才涉及师德，下午和晚上我的所作所为与师德无关。事实并非如此。试想：倘若我上午从事教学工作，兢兢业业，做了一名老师该做的，下午我在家施暴虐待妻儿老小，晚上我酗酒扰乱小区公共秩序，如此，我还是一名好老师？因此，仅基于职业道德维度考察师德，我们会因师德的"碎片化"而难以对现实生活中涉及的相关现象做出合情合理的解释，甚至会遭遇实践上的困难。在上述情境下，"高校教师的师德是究竟应当仅仅局限于其职业活动领域，还是应扩展到教师私人生活的领域"自然成为了一个具有普遍争议的话题[8]78。

第三，会导致师德的"平庸化"，从而不利于健康社会风尚的引领。师德的"平庸化"是指师德在社会生活中丧失了应有的强烈示范性。仅基于职业道德维度，师德顺理成章地被理解为教师这一"行当"所应遵循的"职业道德"。如此，"师德"在医德、军人道德等其它诸种职业道德中，在现实社会生活中所具有的突出示范性该如何体现？因为，按照"孝亲—尊师—看官—习典"的一般道德模范路径[9]78，教师在人的社会化、再社会化过程中扮演着"引路人"的特殊角色，是个体或群体学习、模仿以臻于道德至善的重要途径和榜样，被誉为"人类灵魂的工程师"[10]。"师德"因其强烈的示范性占据了引领社会风尚的道德高地，成为了名副其实的社会道德靶标，社会亦对之提出了"为人师表"的德性要求与"传道、授业、解惑"的角色期待，教师因之被颂扬为"太阳底下最光辉的职业"[11]。倘若仅从"职业道德"维度理解"师德"，那么，"师德"与其他职业道德将处于同一逻辑层面，"师德"在现实生活中所应表现出的强烈示范性将难以凸显，与之相应，"师德"对健康社会风尚的引领也就无从谈起。

第四，会导致师德的"形式化"，从而无益于高尚教师人格的养成。师德究竟是教师基于职业对既成的教书育人之道德规范的恪守，还是基于教师自身自由全面发展对高尚教师人格的执着追求？该问题实际上是学界关于道德理解之分歧在师德研究领域的逻辑延续。如果基于规范伦理视角，师德即是对教书育人职业规范的恪守；如果基于美德伦理视角，师德就是对高尚教师人格的追求。针对这两种观点，不同学者会做出不同判断，我们更倾向于后者。因为"规范本身并不表达道德性"[12]31，道德规范本身也是为人的德性养成服务的。一个具有高尚美德的人可以"从心所欲不逾矩"（《论语·为政》），可在臻于道德自由的境界下一定程度上抛开或免于规范的制约，但是规范的存在及理解却不能脱离美德，因为离开了美德的规范是无根的，师德也是如此。"师德在理论定位上是教师实践主体的一种品性，而它作为一种衍生形式才是社会规范——一种社会道德要求和标准。"[13]4高尚师德的培养是为高尚教师人格的形成服务的，高尚师德的培养固需教书育人职业之群体性道德规范的支撑和维持，但这些规范仅是种外在的手段，而不具有内在价值。如果我们仅从职业道德维度考察师德，那么，就只能看到师德工具性的一面，而不能看到其目的性的一面。以此指导教师日常实践，就会造成只要按照教师职业道德规范做了，就自以为养成了高尚师德的假象。一位奉职业道德规范为圭臬、纲常，只知照章从业，而无内在人格修为的老师，是否也配享孔子所谓"万世师表"之美誉？答案是否定的。因此，仅局限于职业道德维度，尤其是囿于群体性职业道德规范视角考察师德，会导致师德"形式化"——为遵守教书育人之规范而约束自己，而不是为追求教师自身的全面发展以形成高尚人格而遵守相应的职业道德规范。师德的"形式化"架空并亵渎了师德本身，同时也掏空了高尚教师人格的涵养根基，是我们应当极力拒斥和避免的。

仅基于职业道德维度考察师德是一种忽视生活常识与缺乏探索精神的表现，其所带来的危害并不只限于以上方面。因而，师德的界定亟需跳出逼仄的职业道德维度，走向更宽广的领域。

二、角色道德维度下的师德及其内涵

师德的探究之所以要跳出职业道德的逼仄维度，不仅是为了解决基于职业道德视角带来的理论和实践上的困境，还在于师德本身的特殊性。

一方面，师德具有强烈的渗透性和示范性，超越了一般职业道德。师德具有强烈的渗透性，"教师不仅仅是提供教育服务的教育工作者，是具有反思、批判、探究精神的专业教育教学研究者，而且还是不断进行道德学习和道德实践的专业道德操守者。在职业生活中教师道德会对学生产生道德影响，正是从这一意义出发，人们要求教师的公德与私德不能危及自己的职业任务的完成"[14]128-129，"师德不仅涵盖面远远超出职业道德的所辖范围，而且还渗透到公德与私德领域,使教师的整个生活都充满了作为一个教师所应具有的道德要求,而无课堂内外之别。即使教师走下讲台,走出教室,人们仍然会以'为人师表'的标准去看待他(她),衡量他(她),以致教师在社会公共场合以及私人生活中,也必须持有教师的身份标准……在人们眼中,教师应该是各个方面都很优秀的人物,无论是在校内还是在校外,而一般的职业道德中很少有师德这样的要求"[8]2;师德还具有典型的示范性,"学高为师,身正为范",教师还要面临"道德验证效应"——要求学生做到的,自己首先要做到[8]3。社会期望教师既要言传,更应身教,古今中外概莫能外,以至于师德成为了社会道德水准的公认表征,成为了引领健康社会风尚的旗帜和实现共同体优序良俗的典范。"师德不仅要求教师在教育中堪称楷模,而且在家庭和社会中做好表率。教师在道德方面(无论公德还是私德)一旦出了问题,总会引起社会上的强烈反响,因为这和人们对教师的道德期望形成了巨大的反差。"[8]4与之相应,社会生活并没有对其他职业道德,如会计职业道德、厨师职业道德等提出类似要求。师德本身的渗透性和示范性是其他职业道德所不可比拟的。那么,师德何以具有其他职业道德所不可比拟的渗透性与示范性?这是由教育的性质决定的。教育是"人对人的主体间灵肉交流活动(尤其是老一代对年轻一代),包括知识内容的传授、生命内涵的领悟、意志行为的规范,并通过文化传递功能,将文化遗产交给年轻一代,使他们自由的生成,并启迪其自由天性"[15]3,是"一个灵魂唤醒另一个灵魂"的过程,"对终极价值和绝对真理的虔敬是一切教育的本质"[15]44。教育事业本身的崇高性、虔敬性与教育下一代的严肃性、责任性决定了教师职业的特殊性。这还可从劳动视角得到更加有力的阐释:教书育人是一项教人向善的劳动;教书育人的对象是人而非"物"或"事",亦即教师的劳动对象是人——受教者,受教者是会受到教师影响的;教师既是教书育人这项劳动的劳动主体,也是达到教书育人这项劳动之目的的劳动工具,这是教师之为教师的两个紧密融合的维度,"教师用他们自己的身体与人格作为教育的工具(行言教、身教),教师的一言一行、一颦一笑都是'上所施下所效'的教育——劳动主体与工具无法剥离"[16]5;教师不管作为劳动主体还是作为劳动工具,本身都会对受教者产生影响。由此不难看出,与其他职业之劳动者与劳动手段相分离不同,在教书育人这项事业中,教师不仅作为劳动主体(劳动者)还作为劳动工具(劳动手段)而存在,这决定了教师本身具有天然的(只要是教师就必然有的）教育性。教师"天生"就是榜样①，教师的举手投足不仅涉及自身，而且直接影响受教者，这从根源上决定了师德本身的示范性。又因为教师对受教者的影响无处不在、无时不存，而不仅局限于教书育人职业活动中，故其具有了弥散性、渗透性。因此，教师需在职业活动的内外竭力保持道德上的（善的）一致性，亦即教师职业道德需与其他美德保持善的统一性，以避免相互冲突从而消解了教师本应具有的天然的教育性。

另一方面，师德是一种先于职业道德而存在的特殊的角色道德。师德到底是职业道德还是角色道德？我们主张从历史流变与个体发展的视角进行考察后再作判断。从历史发展角度看，教师作为一项职业，其产生需满足一定条件，通常而言，"人类教育活动的出现是教师职业产生的基础；社会生产力的发展是教师职业产生的根本原因；脑力劳动与体力劳动的分工是教师职业产生的前提。具备了上述三个条件，教师职业就可以从社会其它职业中分化出来，成为一种独立的职业"[17]，进而言之，"教师作为一种社会职业，是在教育有了相对的独立形态——学校以后才逐渐形成的"[18]2。与之不同，教师作为一种社会角色，在出现广义教育活动之时就已经产生。在学校尚未出现，教书育人还未成为专门职业之前，人类始祖就已经扮演了广义"教师"的角色，担当起了教化群氓，启迪民智的重任，例如，燧人氏"教民以渔"（《汉书·艺文志·尸子》），神农氏"斫木为耜，揉木为耒，耒耨之利，以教天下"（《易·系辞下》），"后稷教民稼穑，树艺五谷，五谷熟而民人育"（《孟子·滕文公上》）……尔后，教师大致经历了从兼职（东方以老者、能者、智者、官吏等为师；西方以僧侣、教士、神甫、牧师等为师）到专职（具有专业的知识结构，具备某学科的大量知识，经过专业化训练）的历史转变。"教师角色先于教师职业出现，兼职教师早于专职教师出现。这就决定了师德从诞生那一刻起就是一种角色道德。当教师

---

① 根据美国心理学家阿尔伯特·班杜拉（Albert Bandura）的"社会学习理论"，儿童、学习者的行为方式常常是模仿其所相信和崇拜的榜样人物而逐步形成的。不管教师愿不愿意，有无知觉，教师都有成为这种"榜样"的最大可能性（参见，檀传宝，等．走向新师德——师德现状与教师专业道德建设研究［M］．北京：北京师范大学出版社，2009：5．）。事实上，不只儿童如此，成年人的社会化与再社会化过程也主要是通过观察、模仿、反思现实生活中重要人物的行为来完成的。中国所谓"见贤思齐，见不贤内自省"（《论语·里仁》），"三人行，必有我师焉。择其善者而从之，其不善者而改之"（《论语·述而》）或是最好的诠释与印证。

成为一种独立的职业之后,其职业道德才成为师德中的主要部分。"[5]4 从个体发展视角看,师德随着个体从教开始产生,是一种后天获取的角色道德。教师对个体而言是一个自致性角色(或称成就性角色),是个体通过后天努力而获得的社会角色,教师尽管具有天然的教育性,天生就应是榜样,但并没有人天生就是教师。个体在成为一名教师前通常要历经社会化过程及社会角色的转变,如从一名不谙世事的学生或企业普通员工成为一名学识渊博、经验丰富的老师。与之相应,师德也具有"生成性"和"个体建构性"。"生成性"是指师德并不是封闭僵死的教条,而是一个与时俱进、不断发展的价值—规范、德性—德行体系;"个体建构性"强调师德养成要依赖教师个体,是教师个体不断积习以臻于至善,最终铸就高尚教师人格的复杂过程。师德的"生成性"和"个体建构性"决定了其阶段性,这与教师个体的角色转变程度是紧密相关的。按照个体成为一名教师的角色转变历程,师德的养成通常划分为四个阶段:第一阶段,个体由学生或其他社会角色逐渐转变为教师角色,这是师德养成的准备期;第二阶段,个体虽得到了相关机构的资质认证,成为一名被社会认可的教师,但其道德行为仅基于对既有的、外在的教书育人之基本行规的遵守,而非出于内在高尚教师人格之固有德性的自然外释,这是师德养成的规范期;第三阶段,教师个体在其工作、生活中遭遇外在教育行规与内在道德信念的冲突与磨合,直面同一件事情,教师是该以普通公民身份要求自己,还是应充分考虑自己的教师身份做出行为抉择,这是师德养成的磨合期;第四阶段,教师从被动遵守教育行规到形成稳定、高尚的教师人格,并能做到"从心所欲不逾矩",实现道德上的自由,这是师德的自由期[5]7。当然,这只是种粗略划分,但从中不难看出每阶段教师角色与其师德的对应性——每一阶段师德的本质和内涵都是由该阶段的教师角色决定的[19]。从职业生涯发展的角度看,教师个体在不同职业阶段,承担着不同的角色,各阶段角色要求以及与之相应的角色道德也存在着差异。倘若以职业道德来统括教师个体职业生涯各阶段的道德规范、价值理念,固然没有实质性错误,但难免过于粗陋。因此,不管是基于历史流变视角还是个体发展视角,将师德定义为一种先于职业道德而存在的特殊的角色道德都是比较合理的。

既然,师德不仅超越了一般的职业道德,而且是一种特殊的角色道德,那么,师德何谓?结合上述分析,我们尝试着对其做出界定。所谓师德是社会或

189

共同体对教师这一社会角色的道德要求、行为期待,以及教师在日常生活中养成的与教书育人职业或所从事的学科专业紧密相关且具有稳定性的个体德性—德行或群体性精神风尚的总和,它是一个特殊的开放性道德体系。师德并不是一个单一性概念,而是师德规范与教师德性—德行、个体性师德与教师群体性精神风尚共同构成的有机整体,是一个以教师为主体的、有特定范围与指向的狭义道德体系(与伦理学之广义道德体系相区分),故以"特殊"谓之。同时,不管是个体性师德还是群体性师德,都是教师基于共同体或社会所提出的道德规范与行为期望,在广阔的日常生活中养成的,并且会随着个体发展与时代变迁不断进行"因革损益",亦即师德作为一个特殊的道德体系具有整体性,但其本身并非封闭僵死、静止不变,而是随着社会发展与历史进步,不断进行"新陈代谢"——淘汰不合时宜的道德规范、价值理念,同时,吸取和纳入一些新的道德要求和行为期望,故以"开放"界定之。师德概念的界定与师德本身一样具有开放性,上述定义或许不是最好的,但却是最切中时弊的,其体系性和开放性可有效避免囿于职业道德视角考察师德所导致的"片面化""碎片化""平庸化""形式化"等流弊。

三、师德是职业道德与角色道德的统一

对师德的考察需从逼仄的职业道德维度走向宽广的角色道德维度,但这并不意味着角色维度下的师德应该把教师职业道德排除在外,恰恰相反,教师的职业道德是其角色道德的重要组成部分,二者是部分与整体的关系。其实,与师德相类似,医德、军人道德等亦存在上述关系,它们同样是职业道德与角色道德的统一。倘若把职业道德排除在角色道德之外,同样会陷于只见"职业"而不见"职业者"的"片面化"窠臼。因此,结合实际,依循职业道德与角色道德相统一的进路考察师德及其内涵,对推进社会主义道德建设具有重要意义。

师德的角色道德,由教师职业道德和角色美德两个有机维度构成。教师从事教书育人及相关活动,在与外部世界发生的诸种联系中须发挥特定的功能与作用以满足各关系主体的需求与社会期待,这就产生了教师角色。教师角色是教师在教书育人或与之相关的职业活动中的身份、地位及职责。"一直以来,人们尽管主要是从社会层面上去理解教师角色",认为"教师必须严格按照社会规定或期望的角色规范进行职业行为"[20],导致了对教师角色的片面理解,但也

确证了教师职业道德是其角色道德的重要组成部分的事实。事实上，我们还可以从个体层面理解教师角色，就是需要教师把外在的社会规定或所期望的角色规范内化为德性以养成稳定的教师人格，并自然而然地做出合乎社会规范与期望的行为，以此观之，教师角色道德还应该包括个体美德之维。在群体性外在规范视角下理解的教师角色道德集中体现为教师职业道德，而在个体性内在德性视角下理解的教师角色道德则集中体现为教师角色美德①。因此，角色道德视域下的师德逻辑地包含了教师职业道德与教师角色美德两个方面。其中教师职业道德通常以外在的、群体性规范形式呈现，教师角色美德则一般以内在的、个体性德性样态示人，二者彼此依赖，相互促进，对教师职业道德的遵守有助于教师个体角色美德的养成，个体角色美德的养成则有益于教师职业道德的落实与完善。不管是忽视了教师职业道德，还是忽视了教师角色美德，都会造成对师德的片面理解。

师德是职业道德与角色道德的统一，是职业道德与角色道德的合体。那么，职业道德与角色道德为何能够统一？综上所述可知，师德是一种超越了职业道德的角色道德，教师角色道德逻辑地包含了教师职业道德与教师角色美德两部分，因此，教师职业道德与教师角色道德是部分与整体的关系，二者具有统一性，合在一起构成了师德之整体。

教师职业道德与角色道德的统一性决定了师德建设既要加强教师职业道德建设，也要加强教师角色美德培养。加强师德建设是目前中国国家治理在教育领域的题中之意，也是道德治理在教育领域的重点、热点和难点。如何加强师德建设，这是国家、社会和教师个体不得不直面的问题。师德建设既要从完善教师职业道德规范入手，也要在教师角色美德养成的日常化、生活化方面下工夫。就前者而言，目前我国的教师职业道德规范不全面、细致、具体，主要表现为："第一，对教师工作的专业特性反映不够，一些条目只要将主题词换一下就可以马上变成其他职业的规范……第二，规范的制定随意性大，不全面、不具体。"[16]14 这就要求"教师职业道德理应向教师专业道德的方向转移……强调从专业特点出发讨论伦理规范的建立，而不再是一般道德在教育行业里的简单

---

① 角色道德与角色美德不同，角色美德主要立足于个体德性视角，而角色道德既包括个体性的角色美德，还包括群体性的道德规范。

演绎与应用；所建立的伦理标准都应有较为充分的专业和理论的依据，充分考虑教师专业工作和专业发展的特点与实际；师德规范在内容上全面、具体、规范，要求适中"[16]12-13。就教师角色美德养成而言，我们任重道远。在"以规范代德性"以及道德工具化的境遇中，教师角色美德亦即教师个体德性的养成成为了一个边缘性的话题，一系列教师失德乱象相继曝光，在很大程度上昭示了当下中国师德的危机，但人们在放言谴责释放一腔道德激情之外很少对其进行冷静而深入的探究，加之，教师角色美德的养成是一个个体私人性的、长期而复杂的积习过程，主要依靠个体在日常生活中自觉的点滴之"行"，因此，在追求眼球效应与轰动效果的社会氛围中，在以"短平快"和普遍性为特征的社会心理支配下，关于教师角色美德的养成问题被边缘化、无人深入探究也就在情理之中了。但是，人们对教师角色美德养成问题的漠视不但不能否认该问题的重要性，而且进一步凸显了研究的紧迫性。这就要求每一个教师个体都要充分联系自身实际，把国家所提出的教师职业道德规范与社会期望紧密结合起来，国家与社会亦需尊师重教，为教师角色美德的养成创造有利的氛围。只有每一个教师个体都行动起来，教师职业道德规范才不会成为"摆设"，师德建设所面临的"形式化"等困境才能从根本上解决。因此，师德建设离不开国家、社会的努力，但最终要落实到教师个体，这也再次确证了师德须从群体本位的职业道德规范拓展、深化为个体性的角色美德。当然，教师个体在日常生活中培养角色美德也会遭遇诸多困境，其中最突出的困境是：如何处理好教师角色与其他角色之间的关系，亦即教师个体如何在社会角色的转换中保持美德的统一性？在社会生活中，教师角色并不是孤立的存在，而是与其他社会角色联系在一起的。这样一组相互联系、相互依存、相互补充的角色就是教师角色集（或教师角色丛）。任何一名教师都不可能仅承担一种角色，而总是承担着多个社会角色，同一个教师个体所承担的多种社会角色又总是与更多的社会角色相联系，所有的这些角色就构成了教师角色集。教师角色集包括两种情况：一种是多种社会角色与教师这一角色一起集中在同一个教师个体身上，这主要强调的是该教师个体内部的关系；另一种是一组相互依存的角色，强调教师与其他人之间的关系。不管是哪一种角色集，教师都要面临如何处理各个角色之间的关系问题，具体到道德方面，就是要处理好各个角色之间的美德的统一性问题。保持各个角色道德之"向善"的统一性，亦即同一教师个体不管担当何种社会角色都要始终求善,追求道德上的卓越与人格上的完美,以此养成高尚而稳定的教师人格,做一个好人,做一名教师该做的。

基于角色道德,师德还有很多问题值得深入探究,我们的尝试仅是个开始,旨在抛砖引玉,以期引起人们对师德的关注,为师德建设提供相应的理论支持。

参考文献:

[1] 杨春茂. 师德建设规章制度汇编 [M]. 北京:首都师范大学出版社, 2014.

[2] 马克思,恩格斯. 马克思恩格斯文集 [M]. 北京:人民出版社, 2009.

[3] 伦理学编写组. 伦理学 [M]. 北京:高等教育出版社, 2012.

[4] 朱贻庭. 伦理学大辞典 [M]. 上海:上海辞书出版社, 2011.

[5] 李建华. 高校教师职业道德修养 [M]. 长沙:湖南人民出版社, 2010.

[6] 麦金太尔. 追寻美德 [M]. 宋继杰,译. 南京:译林出版社, 2003.

[7] 江畅. 德性论 [M]. 北京:人民出版社, 2011.

[8] 王露璐. 高校教师师德问题研究综述 [J]. 道德与文明, 2008 (6):76—78.

[9] 李建华,等. 德性与德心——道德的社会培育及其心理研究 [M]. 北京:教育科学出版社, 2000.

[10] 加里宁. 论共产主义教育和教学 [M]. 陈昌浩,沈颖,译. 北京:人民教育出版社, 1957.

[11] 傅任敢. 傅任敢教育译著选集 [M]. 长沙:湖南教育出版社, 1983.

[12] 赵汀阳. 论可能生活 [M]. 北京:中国人民大学出版社, 2010.

[13] 唐凯麟,刘铁芳. 教师成长与师德修养 [M]. 北京:教育科学出版社, 2007.

[14] 黄向阳. 德育原理 [M]. 上海:华东师范大学出版社, 2000.

[15] 雅斯贝尔斯. 什么是教育 [M]. 邹进,译. 上海:三联书店, 1991.

[16] 檀传宝,等. 走向新师德——师德现状与教师专业道德建设研究 [M]. 北京:北京师范大学出版社, 2009.

[17] 张彦山. 论教师职业的产生及发展 [J]. 新疆教育学院学报: (文综合版), 1996 (2): 22—27.

[18] 叶澜. 新编教育学教程 [M]. 上海: 华东师范大学出版社, 1991.

[19] 颜培红. 师德: 一种特殊的角色道德 [J]. 现代教育论丛, 2008 (9): 68—71.

[20] 耿国彦. 教师角色: 从"规定"走向"赢得" [J]. 教育发展研究, 2007 (5B): 23—26.

师德修养视域下的儒家君子人格*

君子人格是儒家提出的人格修养目标，是调节宗法伦理关系、维护社会等级秩序的标准，是修养者通过自身努力可以达到的现实道德人格。儒家君子人格是知识分子追求的道德人格范式，也是儒家关于师德修养的目标。当前教育教学和师德建设中，存在师道缺尊现象，即不少教师缺乏尊严感和庄重感。这种现象的"直接危害是教育伦理关系失衡，根本危害是师风与学风双衰落，师德与学德双缺损，妨碍学生受到应有的教育和实现应有的全面发展"[1]。新时代就是要让师德成为评价教师素质的第一标准，要"引导教师把教书育人与自我修养结合起来，做到以德立身、以德立学、以德施教"[2]。而中华优秀传统文化资源中蕴含着丰富的师德修养资源，深度挖掘儒家经典文本，还原这些资源的真实历史道德内涵并进行创造性转化、创新性发展，对于加强师德建设具有重要意义。

一、儒家君子人格的师德修养理念

（一）追求仁道的价值旨归

"君子务本，本立而道生。孝弟也者，其为仁之本与！"（《论语·学而》）

---

* 基金项目：国家社会科学基金项目"近代社会转型期国民人格塑造研究"（16BZX111）；江苏省高校哲学社会科学基金项目"中华优秀传统文化融入大学生思想政治教育实现机制研究"（2016SJB710089）；盐城师范学院党建与思政研究会重点项目"中华优秀传统文化与当代大学生思想政治教育研究"（16YCZDJZ003）；盐城师范学院"学习宣传贯彻党的十九大精神"专题研究项目"乡贤文化与社会主义核心价值观的农村培育研究"（17YCZX016）。

作者简介：张晓庆，男，山东费县人，盐城师范学院城市与规划学院副教授，博士，研究方向为中国传统伦理、生态伦理；刘楠楠，女，山东周村人，盐城师范学院商学院讲师，硕士，研究方向为高校思想政治教育。

原载《武陵学刊》2019年第1期。

这段文字指出了君子所求之道就是仁道，孝悌乃行仁的根本。"仁"就是真实的情感，其主要内容是爱人，"仁者爱人"。仁爱最初是源于血缘关系的亲亲之爱。相应的，孝悌也就成了仁最根本的道德要求，从孝悌开始加强自身修养，以维持宗法等级秩序。仁不仅是亲亲之爱，还是一种具有高尚道德境界的无私之爱。因为"仁之方"是推己及人的忠恕，所以，希望个体完善就应推及到每个人能实现自身完善，相应地，教育人、帮助人实现自身完善就成了仁的应有之义。

儒家对仁道的追求并不是抽象的，而是直指日用伦常。"弟子入则孝，出则悌，谨而信，泛爱众，而亲仁。行有余力，则以学文。"(《论语·学而》)这里的"文"是指"六艺"之文，"学"是狭义之学，专指学文，教育者要告诉教育对象弄清德行与文、艺的本末先后顺序，以先尽职修德为主。"不修其职而先文，非为己之学也。"[3]56孔子弟子子夏曰："贤贤易色；事父母，能竭其力；事君，能致其身；与朋友交，言而有信。虽曰未学，吾必谓之学矣。"(《论语·学而》)这里"未学"的"学"指的也是学文，而能行孝悌忠信之学，则是广义上的学，是一种道德教育、人格教育，是从整体上来讲的学，体现了孔子教育伦理追求的致道之学。正如游氏所言："三代之学，皆所以明人伦也。能是四者，则于人伦厚矣。学之为道，何以加此？子夏以文学名，而其言如此，则古人之所谓学者可知矣。"[3]57因为贤贤、事父母、事君、交友等是人伦的主要方面，必须凭借诚来实行，学的目的是达到易色、竭力、致身、有信的境界。可见，子夏强调的学仍然是与人伦之道相适应的务本之学。

君子以提高自身的道德修养、成就仁之道为学习目的。"百工居肆以成其事，君子学以致其道。"(《论语·子张》)这里的"道"就是为仁之道，也即师德修养之道。它一方面突出了学对于师德修养的重要性，另一方面也反映了君子之学是为求仁道，"君子谋道不谋食。耕也，馁在其中矣；学也，禄在其中矣。君子忧道不忧贫"(《论语·卫灵公》)。所以，君子所学不仅是实践技艺、典章著作，更是为人处世的道理，是成仁成德之学。君子求仁归根结底是服务于维护现实秩序的需要，如果说自身道德人格的完善是克己，那么追求理想社会秩序则是复礼。

(二) 合于天命的性善倾向

儒家基于对人性的认识提出了君子人格的修养目标。与孟子道性善，荀子讲性恶不同，孔子并没有明确讲性恶还是性善，只讲"性相近，习相远"(《论语·阳货》)。但通观《论语》,我们发现,孔子所论之性与天道联系在一起,并成为其师德观的前提。在《中庸》里,他更是将天道、人性与教育一体化了:"天命之谓性,率性之谓道,修道之谓教。"孔子讲"性相近,习相远",强调以先天之性的相近作为后天习善的基础,指出了师德修养目标即君子人格实现的可能。"性是气质之性,固有美恶不同矣,然以其初而言,则皆不甚相远也。但习于善则善,习于恶则恶,于是始相远耳。"[3]200孔子还多次强调人的德性是天赋的:"天生德于予,桓魋其如予何?"(《论语·述而》)孔子的"言必不能违天害己"[3]113说表明了他对天赋之德的自信。"子畏于匡,曰:'文王既没,文不在兹乎？天之将丧斯文也,后死者不得与于斯文也;天之未丧斯文也,匡人其如予何？'"(《论语·子罕》)这里的"文"其实就是道。"道之显者谓之文,盖礼乐制度之谓。不曰道而曰文,亦谦辞也"[3]125,这里还是讲人具有天赋之德,所以不能违天害己。孔子的师德观正是建立在天命之德和人性相近的基础上的。

那么,如果承认天命之德就意味着德性是先天的,是否就容易否定后天修习的作用？或者说,生而美质是否还需要学习？对此,孔子做了肯定的回答:"十室之邑,必有忠信如丘者焉,不如丘之好学也。"(《论语·公冶长》)这里的"忠信"就是天命之德,但是他仍然强调后天学习的重要性。"夫子生知而未尝不好学,故言此以勉人。言美质易得,至道难闻,学之至则可以为圣人,不学则不免为乡人而已"[3]94,说明人尽管具有天赋的德性,或者说本性良善,但这只不过为教育提供了可能性;要想有进一步的成就,达致更高的道德境界,就必须辅之以后天的勤奋学习。

二、儒家君子人格的师德修养规范

(一)"有教无类"的基本原则

儒家以"有教无类"为师德修养原则。所谓"有教无类",即指无论华夏与四夷,不分贵族与平民,人人都可以受教育。按孔子的说法,只要"自行束脩以上"(《论语·述而》)即可成为他的学生,以致于"孔门富如冉有、子贡,贫如颜渊、原思,孟懿子为鲁之贵族,子路为卞之野人,曾参之鲁,高柴之愚,皆为高第弟子,故东郭惠子有'夫子之门何其多杂也?'之疑"[4]423。在此之前,"学在官府",受教育权为贵族所垄断,官学只对贵族子弟开放,教育活动遵循

197

的是"有教有类"的伦理原则,"中原华夏族的统治者把四方蛮夷视为'其心必异'的'非我族类',甚至视同'豺狼',岂能以异类豺狼作为教育对象。而在华夏诸族中受奴役的庶人也是被排除在国学大门之外的"[5]。所以,"有教无类"的原则在教育对象的确定上是大胆革新,是对旧制度的突破。孔子之所以能提出这样的思想,一方面是顺应时代发展的要求,另一方面是"人乃有贵贱,宜同资教,不可因其种类庶鄙而不教之也。教之则善,本无类也"(《论语义疏·卫灵公》)的看法。钱穆对孔子的"有教无类"原则的解读说明了这一点:"人有差别,如贵贱、贫富、智愚、善恶之类。惟就教育言,则当因地因材,掖而进之,感而化之,化而成之,不复有类。"[4]423所以,孔子能够破除"有教有类"的陈规而秉持"有教无类"的师德修养原则,力行"君子正身以俟,欲来者不距,欲去者不止"(《荀子·法行》),这在当时是需要极大的智慧和勇气的。在没有贵贱之分但仍有贫富差别的今天,这一原则对教育者的师德修养仍然有着重要的启示意义。

(二)"学而不厌,诲人不倦"的具体规范

儒家以"学而不厌,诲人不倦"为师德修养的具体规范。孔子认为好学对于教师是非常重要的。"叶公问孔子于子路,子路不对。子曰:'女奚不曰:其为人也,发愤忘食,乐以忘忧,不知老之将至云尔。'。"(《论语·述而》)"未得,则发愤而忘食;已得,则乐之而忘忧。以是二者俛焉日有孳孳,而不知年数之不足,但自言其好学之笃耳。"[3]111可见,孔子非常看重教育者的好学德性。在诸多弟子中,孔子唯有对颜渊许以好学,连擅长文学的子夏等都不曾获此赞许。在回答鲁哀公和季康子的提问时,孔子均表示在其弟子中只有颜回好学:"有颜回者好学,不迁怒,不贰过。不幸短命死矣。今也则亡,未闻好学者也。"(《论语·雍也》)在这里,孔子口中的所好之学,是广义之学,并非仅仅是学文。"若圣与仁,则吾岂敢?抑为之不厌,诲人不倦,则可谓云尔已矣。"(《论语·述而》)这里的"不厌""不倦"的正是学与教、圣与仁之道,而此道是无止境的,所以要用毕生去求取。其中,"知圣与仁其名,为之不厌,诲人不倦是其实。孔子辞其名,居其实,虽属谦辞,亦是教人最真实话。圣人心下所极谦者,同时即是其所最极自负者"[4]195。

孔子为什么能学而不厌?这要从孔子对知的认识来讲。孔子认为知是君子的三达德之一。从心理的因素来看,如果说仁是情感,勇是意志,知则是君子的理性品质。在孔子那里,知包括知晓人之为人的道理和掌握为人处事的智慧两个层面,前者指的是认识层面,后者指的是实践层面。另外,孔子认为知有不同层次的气质表现:"生而知之者上也,学而知之者次也;困而学之,又其次也;困而不学,民斯为下矣。"(《论语·季氏》)"生知,学知以至困学,虽其质不同,然及其知之,一也。故君子惟学之为贵。困而不学,然后为下。"[3]197孔子认为自己不是那种不学而知的人,并以此强调后天学习的重要性:"我非生而知之者,好古,敏以求之者也。"(《论语·述而》)关于孔子是否是生而知之,后人有不同的看法。有的学者认为,孔子此语是在阐明一个事实,即"盖生而可知者义理尔,若夫礼乐名物、古今事变,亦必待学而后有以验其实也"[3]111。所以,孔子认为要努力学习以"验其实"。"十室之邑,必有忠信如丘者焉,不如丘之好学也。"(《论语·公冶长》)朱熹注云:"君子所以学者,为能变化气质而已……盖均善而无恶者,性也,人所同也;昏明强弱之禀不齐者,才也,人所异也。诚之者所以反其同而变其异也。"[3]36可见,孔子学而不厌,一方面是出于验证礼乐名物、古今事变,另一方面,也是更重要的——掌握人之为人的道理和修习为人处事的智慧,是出于对自身道德完善的需要。

"诲人不倦"中的"诲"字,《论语》中出现了五次。其中,四次讲的都是诲人不倦的优秀道德品质。"默而识之,学而不厌,诲人不倦,何有于我哉?"(《论语·述而》)这虽是孔子自谦的话,却表明了这是教师应具备的道德品质。"自行束修以上,吾未尝无诲焉。"(《论语·述而》)"人之有生,同具此理,故圣人之于人,无不欲其入于善。"[3]108孔子诲人是出于对人的劝善。在他看来,人人都可以成为君子。"我未见好仁者,恶不仁者。好仁者,无以尚之;恶不仁者,其为仁矣,不使不仁者加乎其身。有能一日用其力于仁矣乎?我未见力不足者。盖有之矣,我未之见也。"(《论语·里仁》)"仁之成德,虽难其人,然学者苟能实用其力,则亦无不可至之理。"[3]79其实,这些论述讲的都是为仁由己的道理,实现"仁"之德关键是要有学习的志向并努力践行。

在孔子那里,诲人不倦不是外在的道德他律,而是出于教师自身情感和认识的道德自律。"爱之,能勿劳乎?忠焉,能勿诲乎?"(《论语·宪问》)"爱而知劳之,则其为爱也深矣。忠而知诲之,则其为忠也大矣。"[3]171孔子认为教师辛勤劳动、自愿付出,是出于爱人,而诲人不倦则是出于忠,是为尽己。诲人不倦究竟是忠还是仁?其实在孔子看来,二者是统一的。作为一种辛勤劳动,诲人不倦既是尽己之忠，也是爱人。这里阐明了孔子诲人不倦的内在心理机制，即"教师要有奉献勤勉的精神、热情耐心的态度、激励欣赏的心态。唯有如此之精神，才能真诚地工作、真诚地奉献"[6]。

三、儒家君子人格的师德修养实践

儒家的君子人格不仅体现为师德修养理念、师德修养规范，更是一种师德修养实践，具体表现为博文约礼与躬行身教。

（一）博文约礼：儒家师德修养路径

儒家以博文约礼为君子施教之路径，也是师德修养之路径。孔子的弟子颜渊说："循循然善诱人，博我以文，约我以礼。"（《论语·子罕》）即是说，依受教育者已有的水平而循序渐进地进行诱导，既博之以文，又约之以礼就可以养成君子人格。孔子认为，"君子不器"（《论语·为政》）"器者，各适其用而不能相通。成德之士，体无不具，故用无不周，非特为一才一艺而已"[3]65，这是说，君子是一种掌握很多知识的完美人格。当时也有人赞孔子博学而惜其无所成名。"达巷党人曰：'大哉孔子！博学而无所成名。'子闻之，谓门弟子曰：'吾何执？执御乎？执射乎？吾执御矣。'"（《论语·子罕》）但孔子认为自己是博学的，他说："盖有不知而作之者，我无是也。多闻，择其善者而从之，多见而识之，知之次也。"（《论语·述而》）这里，孔子强调自己是"未尝妄作，盖亦谦辞，然亦可见其无所不知也"[3]113，并在评价其弟子子贡时说："女，器也。"曰："何器也？"曰："瑚琏也。"（《论语·公冶长》）由此可见，孔子认为博学是君子应当具备的品质。孔子所主张的博学，包括一切典章制度和著作义理，具体来讲，包括孔子致力整理修订的"六经"，即"诗、书、礼、易、乐、春秋"，也包括周朝贵族教授的"六艺"，即"礼、乐、射、御、书、数"。博学就是经典与技艺的结合，孔子尤其重视经典文化的传承和人文素养的培养。

但是，对于培养君子人格，仅仅依靠多闻多见、广泛学习各种人文知识是不够的，"君子博学于文，约之以礼，亦可以弗畔矣夫"（《论语·雍也》），"君子学欲其博，故于文无不考；守欲其要，故其动必以礼。如此，则可以不背于道矣"。就是说，君子不仅要广泛学习各种人文知识，而且还要到实践中去学习，接受实践的检验。"礼之为礼，首先在于它能否适应时代的发展，这是礼的根本原则；其次才是理顺人与人的关系；再次是使各种祭祀皆得其体；复次是使一切行为适得其宜；最后是使各种枝节问题也能处理得妥当相称。"[7]如果仅仅是学习而不能应用，则所学是无用的。"诵诗三百，授之以政，不达；使于四方，不能专对；虽多，亦奚以为?"（《论语·子路》）正如钱穆所说："孔门设教，主博学于文，然学贵能用。学于诗，便须得诗之用，此即约之以礼也。若学之不能用，仅求多学，虽多亦仍无用，决非孔门教人博学之意。"[4]332

（二）躬行身教：儒家师德修养方式

儒家视躬行为君子的优良品质和修养方法，也把它作为师德修养的方式。"文，莫吾犹人也。躬行君子，则吾未之有得。"（《论语·述而》）这虽是孔子自谦的话，认为自己像君子一样身体力行还做得不够，但是，他将躬行视作比学文更高的一个层次："文者，诗书六艺之文，所以考圣贤之成法，识事理之当然，盖先教以知之也。知而后能行，知之固将以行之也，故进之于行。"[8]在《论语》中，孔子将言与行相提并论，以示其对君子躬行品质的重视。躬行强调要先行后言、言行一致，反对先言后行或言而不行，即"君子耻其言之过其行"（《论语·宪问》）。孔子认为只有真正做到"言如行""行如言"，才能体会行比言更重要。古人在这方面体会甚深，深知行难言易，即"古者言之不出，耻躬之不逮也"（《论语·八佾》）。在回答子贡的提问时，孔子明确指出君子不仅要行动重于言语，"先行其言而后从之"（《论语·为政》），而且要谨言慎行、行动敏捷，即"君子欲讷于言而敏于行"（《论语·里仁》）。孔子认为，判断一个人的道德品质是否高尚，要"听其言而观其行"（《论语·公冶长》），"听言观行，圣人不待是而后能，亦非缘此而尽疑学者，特因此立教，以警群弟子，使谨于言而敏于行耳"[3]88"子路有闻，未之能行，唯恐有闻"《论语·公冶长》。可见，孔门子弟重行，"前有所闻，未及行，恐复有闻，行之不给"[4]123。由此可见，躬行实际上是一种道德实践，也表明儒家道德教育的实用性、生活化、德性、德行的养成均源于生活实践。

儒家对躬行之德的重视体现在教育中就是强调身教。"其身正，不令而行；其身不正，虽令不从。"（《论语·子路》）因为，"统治者自己的真实言行是国民道德行为的实际榜样，教师自己的道德品貌对学生有重大影响……要求学生做到的道德规范，教师首先要以身作则，以身垂范，给学生做出榜样"[9]。子曰："二三子以我为隐乎？吾无隐乎尔。吾无行而不与二三子者，是丘也。"（《论语·述而》）按照钱穆的说法，"孔子提醒学者勿尽在言语上求高远，当从行事上求真实。有真实，始有高远。而孔子之身与道合，行与学化。其平日之一举一动，笃实光辉，表里一体，既非言辨思议所能尽，而言辨思议亦无以超其外"[4]186。这精辟揭示了孔子主张在教育中行与学化为一体的思想，"作、止、语、默无非教也"。这虽不能说孔子已感知到了道德的本质是实践精神，但是其努力在教育中让道德走进生活，让本于人心的道德达于人道之中却是不争的事实。

儒家以君子人格为修养目标和评价标准的师德思想，产生于先秦时期的政治经济社会现实，有其时代的局限性。但是，其蕴涵的具有普遍性价值的因素，在中国特色社会主义新时代，经过创造性转化和创新性发展，可以为当下道德教育和师德修养所用，有助于我们确立仁爱的教育伦理目标，树立公平的教育伦理原则，明确勤教乐学的教育伦理规范，开展重博学、重身教、重德性的教育伦理实践，为当代师德建设提供丰富的思想文化滋养。

参考文献：

[1] 钱广荣. 为师当自尊：师德师风建设的立足点 [J]. 思想理论教育, 2018 (11)：83—86.

[2] 习近平. 在北京大学师生座谈会上的讲话 [N]. 人民日报, 2018-05-03 (2).

[3] 朱熹. 四书集注 [M]. 长沙：岳麓书社, 2004.

[4] 钱穆. 论语新解 [M]. 北京：生活·读书·新知三联书店, 2002.

[5] 钱焕琦, 刘云林. 中国教育伦理学 [M]. 徐州：中国矿业大学出版社, 2002：43.

[6] 张勤. 美德及美德教育浅谈 [J]. 国家教育行政学院学报, 2007 (12)：28—32.

[7] 杨明. 个体道德·家庭伦理·社会理想——礼记伦理思想探析 [J]. 道德与文明, 2012 (5)：60—64.

[8] 李泽厚. 论语今读 [M]. 天津：天津社会科学院出版社, 2007：138.

[9] 王正平. 中国传统道德论探微 [M]. 上海：上海三联书店, 2004：56.

简论朱熹的儿童道德养成教育思想*

在中国数千年的历史发展中，教育家们都十分重视儿童阶段的道德教育，积累了丰富的实践经验，形成了极有价值的道德养成理论。宋代大教育家朱熹就是一个杰出的代表，他的儿童道德养成教育思想是一笔极为丰厚的遗产，值得认真研究，批判继承，以便为今天的未成年人道德建设提供有益的借鉴。

一、"蒙以养正"：朱熹儿童道德养成教育的宗旨

重视蒙养教育，提倡"养正于蒙"是我们民族的优良传统。早在《周易·蒙》中就有"蒙以养正，圣功也"，"蒙，君子以果行育德"等论述。古代有远见的政治家、教育家们都将"养正"作为儿童启蒙教育的重要任务。史料记载，早在商周时代，天子及诸侯国国君就建立了保傅之教的制度，《大戴礼记·保傅》记载成王的师保傅教育说："自为赤子时，教固以行矣。昔者，周成王幼，在襁褓之中，召公为太保，周公为太傅，太公为太师。保，保其身体；傅，傅其德义；师，导之教顺，此三公之职也。"宫廷选择品行高洁的人陪伴太子，在日常生活中培养合乎道德规范要求的行为习惯，使太子"见正事，闻正言，行正道"，"明孝仁礼义以导习之"，"逐去邪人，不使见恶行"，这是在日常生活的潜移默化中教喻太子，养成良好品德。

"蒙以养正"就是要求当儿童智慧蒙开之际就施加正面的教育和影响，培养其优良的思想品德，以便更好地开发其智慧，培养儿童正确的思想道德意识和

---

* 基金项目：国家社会科学基金项目"青少年道德养成的可操作性研究"（04BZX057）。
作者简介：陈延斌，男，江苏丰县人，徐州师范大学伦理学与道德研究中心主任，教授，博士生导师，研究方向为中国传统伦理思想和当代中国道德建设。
原载《武陵学刊》2010年第5期。

行为习惯，帮助他们扶正驱邪、奠定良好思想品德根基。几乎所有论及这一问题的思想家、教育家和文人学者都强调"以豫为先""养其习于童蒙"，注重儿童少年期这一人生的初始阶段道德养成。朱熹继承并发扬了我国"养正于蒙"的优良道德教育传统，更为强调童蒙时期进行养正教育的重要性和道德行为习惯养成在人才培养中的地位。他在为儿童开蒙教育编辑的小学教材序中说："古者小学，教人以洒扫应对进退之节，爱亲敬长隆师亲友之道，皆所以为修身齐家治国平天下之本；而必使其讲而习之于幼稚之时，欲其习与智长，化与心成，而无扞格不胜之患也。"[1]卷七十六从启蒙教育开始就施行道德教化，以使儿童"习与智长，化与心成"，真是远见卓识。

朱熹还深刻阐述了加强15岁以前儿童少年阶段教育的意义，他认为这是奠定儿童优良品德基础的关键时期，朱熹将之喻为打"坯模"。他说："古者小学自养得小儿子，这里定已自是圣贤坯璞了。"[2]他认为幼时打下了良好品德基础，就等于打好了圣贤的坯模，到长大成人以后，只是加工完善而已，这样就可造成圣贤之才。即"古者小学已自暗成了，到长来已自在圣贤坯模，只就上面加光饰"。[2]反过来，如果没有奠定儿童时期的良好品德基础，待孩童长大以后再进行纠正、补救就极其困难了。他指出："古人便都从小学中学了，所以大学都不费力，如礼乐射御书数大纲都学了，及至长大，便只理会穷理致知工夫。而今自小失了，要补填实是难。"[2]

朱熹强调早期道德品质正面塑造的重要性，注重从小抓起，颇有合理因素。因为幼儿如一张白纸，描红则红，涂黑则黑，而且这一阶段养成的素质对其终生的影响也是很大的。如果抓住该阶段的有利时机，对孩子进行"养正"教育，就能为其以后优良道德品质的"成型"打下扎实的根基。反之，以为孩子年龄尚小，忽视品德培养，以至坏习惯成了"自然"，再纠正起来就非常困难。

二、"教以人伦"：朱熹儿童道德养成教育的核心内容

我国古代未成年人的道德养成教育，尽管各个时代以及不同阶级、阶层有所区别，但基本的道德要求还是实现修身做人，遵守礼法，以达到德才并育、修齐治平的人才培养和化民成俗的目标，因而都将基本伦理纲常作为道德养成教育的重点。《尚书》记载早在尧舜时就推行的"父义、母慈、兄友、弟恭、子孝"的"五典"之教；《孟子》也描写过尧舜所处的原始社会就施行道德培养的

"五伦"内容要求:"人之有道也,饱食暖衣,逸居而无教,则近于禽兽。圣人有忧之,使契为司徒,教以人伦:父子有亲,君臣有义,夫妇有别,长幼有序,朋友有信。"(《孟子·滕文公上》)此后,先秦及秦汉时期儒墨道等各家都做了一些补充完善,如《论语·学而》篇中的"温、良、恭、俭、让""五德",《阳货》篇中的仁、知、信、直、勇、刚"六言"(即六种美德);《管子·牧民》提出的礼、义、廉、耻"四维"等。

基于封建社会的道德要求,朱熹同样把"父子之亲、君臣之义、夫妇之别"作为一切人伦关系的核心,但他也同时强调人伦道德原则、规范的相互性。他说:"为人君,止于仁;为人臣,止于敬;为人子,止于孝;为人父,止于慈;与国人交,止于信。"他认为这些基本伦理纲常是一切道德规范"其目之大者也",要求"学者于此,究其精微之蕴"[3]。朱熹认为,儿童道德教育亦然,就是要培养他们遵从封建礼法所规定的"天秩天序"。他说:"圣人千言万语教人,学者修身从事,只是理会这个,要的事事物物、头头件件各知其所当然,而得其所当然,只此便是一矣。"[4]

除了封建道德基本纲常之外,朱熹根据儿童的特点,强调加强遵守道德生活基本行为规范的养成教育和训练。1187年,朱熹与刘子澄编撰的综合性儿童道德教育教科书《小学》问世,书中罗列了自三代至宋的许多纲常伦理。他亲自制订的针对儿童教育特别是养成教育的《童蒙须知》《训蒙斋规》,提出了对15岁以前的儿童,主要应就其日常生活接触到的"知之浅而行之小者"和"眼前事"进行教育训导。所教之事,"如事君、事父、事兄、处友等等,只教他依此规矩去做。"[4]卷七关于这方面的内容,下文还将详述。

三、"教有成法":朱熹儿童道德养成教育的规程

注重根据儿童成长特点分阶段实施道德教育是中国古代教育的优良传统。古代儿童道德教育分为小学和大学两个阶段。《大戴礼记·保傅》说是八岁入小学,"学小艺""履小节";二十而就大学,"学大艺""履大节"。《尚书大传》说,贵族子弟"年十三岁入小学,见小节而践小义;年二十入大学,见大节而践大义"。《汉书·食货志》则说,"八岁入小学……始知室家长幼之节;十五入大学,学先圣礼乐,而知朝廷君臣之礼"。可见,小学、大学各阶段的年龄划分不一,通常的说法是"古者八岁入小学,十五入大学"[5]。但有两点是相

同的，一是都非常重视儿童少年阶段的道德教育；二是都根据儿童年龄、知识的不同，规定了不同的道德教育和道德行为习惯养成的目标。至于养成教育内容，《礼记·内则第十二》载，早在三千多年前西周时期就制定了从婴儿进期到 20 岁的教育制度。

朱熹继承了《礼记·内则》的思想，但又做了发展。他在《大学章句序》中对我国古代的教育特别是道德养成教育的内容、过程做了系统的阐释。他说："三代之隆，备，然后王宫、国都以及闾巷，莫不有学。人生八岁，则自王公以下，至于庶人之子弟，皆入小学，而教之以洒扫、应对、进退之节，礼乐、射御、书数之文；及其十有五年，则自天子之元子、众子，以至公、卿、大夫、元士之适子，与凡民之俊秀，皆入大学，而教之以穷理、正心、修己、治人之道。此又学校之教、大小之节所以分也。"[1]

他还依据未成年人的年龄和心理特征，把学校教育分为小学和大学两个阶段。8 岁入学开蒙到 15 岁为小学教育阶段，以后则是大学教育阶段。朱熹比较了大学阶段与小学阶段的差别，他说："古者初年入小学，只是教之以事，如礼、乐、射、御、书、数及孝、弟、忠、信之事。自十六七岁入大学，然后教之以理，如致知、格物及所以为忠、信、孝、弟者。"[4]卷七认为小学阶段的主要任务就是"使由之"，对儿童进行行为习惯的训练，让他们知道做什么和怎样做；而大学阶段则是小学阶段的扩充和完善。在儿童的德性、学问"略已小成"的基础上，进一步"使知之""穷其理"，使他们明白这样做的道理。小学注重行为训练，大学注重究书穷理，既形成牢固的道德行为习惯和道德人格，又达到较高的学识水平。他强调这两个阶段虽各有侧重，又彼此联系，一脉贯通。朱熹关于人才的德才培养上的两个阶段的理论，特别是注重未成年阶段道德行为习惯养成的思想，是符合儿童的身心特点的，也是符合教育规律和未成年人道德养成规律的。

朱熹还在为儿童教育编写的《童蒙须知》《小学》等教材和读物中，具体拟定了儿童训练的规程，制订了大多为品德培养内容的《白鹿洞书院学规》，以示警诫劝化，便于学生对照遵行。学规提出学生应按"父子有亲、君臣有义、夫妇有别、长幼有序、朋友有信""五教"行之，强调"学者学此而已"，修身要"言忠信，行笃敬，惩忿窒欲，迁善改过"；待人接物要"己所不欲，勿施于人；行有不得，反求诸己"[1]。卷七十四朱熹对我国古代儿童教育特别是道德养成教育的理论和实践所作的探索，产生了深远的影响。

四、"学眼前事"：实践和训练的道德养成途径

朱熹还在儿童道德素质养成教育的途径、方法上做了一系列颇具操作性的探索。限于篇幅，只略做几点介绍。

第一，重在践履。躬行践履就是亲身从事道德实践，即将道德理论见之于道德实践之中，也谓之"躬行""笃行"，这也是我国道德教育的优良传统。古代哲学家、教育家大多认为，道德观念只有落实到道德实践中，才是真正的"知"，才真正具有提高道德水平和完善道德品格的意义。考察一个人道德品质的高下，不仅要听其言，更应观其行，重在审视其道德实践中的行为表现。在强调日常实践活动"践履"方面，朱熹论述得更为通俗形象。他提出："知、行常相须，如目无足不行，足无目不见。论先后，知为先；论轻重，行为重。"[4]卷九他还说："善在那里，自家便去行也。行之久，则与自家为一；为一，则得之在我。未能行，善自善，我自我。"[4]由卷十三可见，朱熹认为知行相互依存，相辅相成，不可偏废，知愈明则行愈笃；行愈笃，则知愈明。但是相比较而言，他更强调"践履"在品德养成中的重要性。他说："为学之实，固在践履。苟徒知而不行，诚与不学无异。然欲行而未明于理，则所践履者又未知其果何事也。"[1]卷五十九还说："方其知之而行未及之，则知尚浅；既亲历其域，则知之益明。"[6]

第二，从小事入手加强日常行为训练以积善成德。未成年人的思想情操和道德品质，总是从一点一滴的细微之处、平常小事开始，日积月累地由习惯而成自然。朱熹深知在实际生活中，从小时、小事锻炼培养中训练培养儿童基本道德素质的重要性，所以他尤其注重让儿童"目熟其事，躬亲其礼"，加强"洒扫应对进退之节""爱亲敬长隆师亲友之道"这些最为基本的日常礼仪和道德规范的养成训练，将培养儿童勤奋、整洁、起居等良好生活习惯放在第一位。朱熹指出，在孩子知识、性情未定时，要及早进行道德教育和道德行为训练，"使其讲而习之于幼稚之时"，这样方能达到"习与智长，化与心成"[1]的效果。

为此，他在编订的《童蒙须知》中对儿童日常生活的言行举止都做了详细而具体的规定，操作性极强，非常便于儿童在实践中训练养成，形成习惯。例如，《须知》对儿童基本行为规范的要求是："大抵为人，先要身体端整"；"凡行步趋跄，须是端正，不可疾走跳踯"；"凡为人子弟，当洒扫居处之地，拂拭几案，当令洁净。"对衣冠服饰等的规定是："自冠巾、衣服、鞋袜，皆须收拾爱护，常令洁净整齐"；"凡著衣服，必先提整衿领，结两衽，纽带，不可令有阔落"；"凡脱衣服，必齐整摺叠箱筐中，勿散乱顿放"；"著衣既久，则不免垢腻，须要勤勤洗浣。破绽，则补缀之。"对文具置放及学习行为的规定是："文字笔砚，百凡器用，皆当严肃整齐，顿放有常处。取用既毕，复置元所"；读书要"对书册，详缓看字，仔细分明读之，须要读得字字响亮，不可误一字，不可少一字，不可多一字，不可倒一字，不可牵强暗记"。对长上的礼仪是："凡为人子弟，须是常低声下气，语言详缓，不可高言喧闹，浮言戏笑"；"若父母长上有所唤召，须当疾走而前，不可舒缓"；"长上检责，或有过误，不可便自分解，姑且隐默"。当然，这里的敬长要求对年幼儿童来说未免有些苛刻和迂腐。

第三，举善而教。"举善"，就是树立好的道德榜样以教育和启发他人。榜样人物的事迹典范，具有极强的说服力和感染力，能使人产生"见贤思齐，见不贤自内省"的道德情感，从而自觉地将自己的行为与榜样进行对照，变成趋善避恶、择善而从的道德行为。对学生道德品质方面的缺点，孔子特别注意通过榜样来进行说服教育，即"举善而教不能"（《论语·为政》）。朱熹也是这种教育方法的极力倡导者。在与人共同编撰的《小学》中，不惜笔墨大量节录了先秦以至宋代典籍中的"嘉言懿行"，以供学童学习、效法。该书分内外两篇，内篇分述三代圣贤之言的《立教》《明伦》《敬身》，以及论三代圣贤之行的《稽古》篇。外篇《嘉言》《善行》分述汉代以来的君子、先贤的"嘉言""善行"。尤其是《善行》篇，寓理于事，以故事的形式为儿童提供了忠君、孝亲、敬长等方面的封建道德楷模，供孩童们仿效。

在榜样示范、举善而教的过程中，朱熹特别强调对儿童施加正面的道德影响。他在《同安县谕诸职事》一文中指出："尝谓学校之政，不患法制之不立，而患理义之不足以悦其心。夫理义之不足以悦其心，而区区于法制之末以防之，……必不胜也。"[1]卷七十四 依现代教育学、心理学的观念看，这种见解也是非常科学、合理的。

以上笔者只对朱熹有关儿童道德养成教育的理论和实践做了简略的梳理分析，尽管如此，也足以看出朱熹儿童道德养成教育思想的合理因素，这些思想在其不可能了解现代教育学、心理学所揭示的科学德育知识的时代尤显可贵。当然，朱熹道德养成教育中也有一些落后于时代的消极的、应该摒弃的内容，但整体来看却是很有见地的，特别是儿童道德养成教育的宗旨、规程、途径方法等，值得我们吸取精华，借鉴弘扬。

参考文献：

［1］朱熹．朱文公文集［M］．四部丛刊本．北京：商务印书馆，1965.

［2］张伯行．小学辑说［M］//小学集解．北京：中华书局，1985.

［3］朱熹．大学章句［M］//四书章句集注．北京：中华书局，1983.

［4］朱熹．朱子语类［M］．北京：中华书局，2004.

［5］王建军．中国教育史新编［M］．广州：广东高等教育出版社，2003：183.

［6］黄宗羲．宋元学案［M］//晦翁学案．北京：中华书局．

明代的平民讲会及其对个体人格建构的影响
——以泰州学派为例*

明朝后期是中国历史上一个包蕴宏富、色彩斑斓的时代。中国封建社会历经艰难跋涉，终于在这个时期出现了由传统向近代社会转型的征兆。这些征兆首先出现在经济领域，表现为伴随手工业蓬勃发展而出现的新型雇佣关系及商品经济的萌芽等。与之相应，社会文化领域也出现了明显的世俗化倾向，而平民讲会的兴起恰恰就是文化世俗化的重要表现之一。讲会即讲学之聚会，其兴起与北宋理学家们的私人讲学活动有直接关系，然而两宋的讲学活动还只是知识分子之间切磋学问、砥砺道德的一种聚会，至明中叶王阳明倡起"良知之教"，将普通百姓纳为教化对象，讲会已超出一般师生相聚讲学的范畴，成为社会各阶层广泛参与的民间自组织性文化活动，在个体人格建构方面产生了重要影响。

一、泰州学派的平民讲会运动

明代讲会运动的兴起与阳明学的兴盛不无关系。就嘉靖、万历年间（1522—1620）而论，所有重要的讲会活动几乎都与王门学者有关。这一时期的讲会不仅逐渐淡化传统讲学以繁琐的章句训诂与抽象的哲学议论为主的学院派作风，更加凸显劝善规过的道德教化内容，而且其规模与数量在历史上也绝无仅有。如果以面向的对象来论，这一时期的讲会运动可以划分为两种：一种是仅限于知识分子间以讲学研讨为主的聚会，如邹守益号召举行的青原会；另一

---

* 基金项目：重庆市社会科学规划项目"当代现象学的形而上学转向研究"（2017PY03）。
作者简介：宋文慧，女，山东临沂人，四川美术学院思想政治理论课部讲师，博士，研究方向为中国传统伦理思想。
原载《武陵学刊》2018 年第 1 期。

种则是面向平民阶层、以传播阳明的良知之学以及教化风俗为主要目的的讲会，后者尤以泰州学派为盛。

泰州学派的平民讲会运动既是儒家学者对"以斯道觉斯民"的社会责任的承担，也是对阳明讲学理念的继承与践行。在讲学方面，王阳明不仅十分尊崇孔子"有教无类"的教育原则，而且十分重视讲学的灵活变通。他曾教育自己的弟子"须做得个愚夫愚妇，方可与人讲学"[1]132。依据历史上的记载，王阳明一生的讲学活动虽然以面向士人阶层为主，但是他的教育理念却极大影响了泰州学派的讲学实践。

（一）淮南三王的讲会活动

明世宗嘉靖元年（1522），王艮在拜师阳明三年后，蓬勃的救世激情再也无法抑制，他对阳明说道："千载绝学，天启吾师，倡之，可使天下有不及闻此学者乎？"[2]70于是，他向阳明请辞，自制一蒲轮车，上面挂着一幅标语曰："天下一个，万物一体。入山林求会隐逸，过市井启发愚蒙。遵圣道天地弗违，致良知鬼神莫测，欲同天下人为善，无此招摇做不通，知我者其惟此行乎？罪我者其惟此行乎？"[2]71王艮一路讲学至京师，却受到了阳明在京弟子的反对。他们不约而同地认为王艮的做法太过张扬，并纷纷劝其南返。王阳明也写信给王艮的父亲守庵公劝其停止在京师的讲学活动，王艮无奈之下只好返回会稽。但是这一事件却奠定了泰州学派"入山林""启发愚蒙"的讲学宗旨。

在阳明逝世后，王艮开始在家乡泰州一带开门授徒，面向社会各阶层进行讲学。在王艮的观念中，儒者最重要的事功之业就在于讲学，"经世之业，莫先于讲学以兴起人才"[2]18。所以在王艮的影响下，泰州学派的成员无不重视讲学。王襞作为王艮衣钵的传承者，终生以讲学为业，在临终时对门人更是"惟有讲学一事付托之"[3]。邓豁渠拜访王襞时，观其讲会之情形，赞叹道："是会也，四众俱集，虽衙门书手，街上卖钱、卖酒、脚子之徒，皆与席听讲，乡之耆旧率子弟雅观云集，王心斋之风犹存如此。"[4]王栋同样兢兢业业地从事讲学活动，他不仅主持书院讲会，还在太平乡"集布衣为会"。嘉靖四十五年（1566）又在江西南丰县兴起讲会，使"四方信从益众"。又隆庆二年（1568），创水东会，并作《会学十规》。他的讲学实践与其秉持的以"匹夫之贱"移风易俗的理念不无关系。王栋认为："圣人经世之功，不以时位为轻重。今虽匹夫之贱，不得行道济时，但各随地位为之，亦自随分而成功业。苟得移风易俗，化及一邑一

211

乡，虽成功不多，却原是圣贤经世家法，原是天地生物之心。"[5]所以在泰州学者看来，他们并不以卑贱之身行讲学之事为耻，其讲学活动更不看重出身，并认为如此做法才是"圣贤经世家法"，才是"天地生物之心。"

(二) 颜均、罗汝芳的讲会活动

嘉靖十九年（1540），颜均于江西南昌同仁祠举行讲会，揭"急救心火榜文"。罗汝芳就在这次讲会中拜于颜均门下，开启了泰州学派在江西地区的传教之旅。与泰州学派的其他人相比较，颜均的讲学活动具有明显的宗教神秘色彩，这一点从他与其母在家乡举行的"萃和会"的组织形式中即可看出。在这个乡会组织中，颜均的母亲实际上承担了类似圣母的角色，所以"萃和会"在举行三个月后便因其母亲的逝世而不得不解散。另一个重要的例证则是颜均、罗汝芳于泰州心斋祠举行的讲会。颜均在其《自传》中提及这次讲会："秋尽放棹，携近溪同止安丰场心师祠。先聚祠，会半月，洞发师传教自得《大学》《中庸》之止至，上格冥苍，垂悬大中之象，在北辰圆圈内，甚显明，甚奇异。铎同近溪众友跪告曰：'上苍果喜铎悟通大中学庸之肶灵，乞即大开云蔽，以快铎多斐之恳启。'刚告毕，即从中开作大圈围，围外云霭不开，恰如皎月照应。铎等总睹渝两时，庆乐无涯，叩头起谢师灵。是夜洞讲辚辚彻鸡鸣，出看天象，竟泯没矣。嗣是，翕徕百千余众，欣欣信达，大中学庸，合发显比，大半有志欲随铎成造。"[6]颜均与罗汝芳诸人在讲学时天空出现异象，于是颜均率领众人跪告上苍，望其以"大开云蔽"的方式验证自己所学，最后竟得到了上天的回应。颜均最终以此为自己赢得了教化权威，使人"欣欣信达"，纷纷追随他学习。这种近似于宗教传教的方式，无疑在整个儒学领域内都显得十分特殊，然而却恰恰符合颜均思想的整体气质。正如前文所述，颜均对于孝悌等儒家伦理规范的解释就经常运用"因果报应"的逻辑。总体来论，颜均在儒学造诣上并无特殊之处，他之所以获得罗汝芳及其他弟子的真诚信仰与其宗教人格发挥的感化力量密不可分[7]。

据杨起元的《罗近溪先生墓志铭》记载，泰州学派在江西地区的另一代表人物罗汝芳在嘉靖二十二年（1543）开始举行讲会，当时讲会的地点为滕王阁。次年他在参加会试时又与同志大会于灵济宫。又次年在家乡"建从姑山房，以待讲学之士"。此外，他还积极参与乡会组织举办的讲会活动。嘉靖二十九年（1550），罗汝芳回乡"立义仓、创义馆、建宗祠、置醮田、修各祖先墓，讲里仁会于临田寺"[8]。"里仁会"属于当时乡会组织的一种，同时兼具讲会的功能。

至于讲会的场所临田寺则早在嘉靖初年（1522）就已经由罗汝芳的父亲重修作为讲习之地。里仁讲会的实践为罗汝芳借由地方组织开展讲学活动提供了经验。在此后几十年间，罗汝芳常以乡约组织为基本单位组织讲会。与王畿等王门弟子以理论研讨为主的精英讲会不同，罗汝芳参加与组织的讲会形式更加多样化，并且有平民大众参与的讲会要远远多于知识分子间的聚会，这就造就了他在讲学上的通俗化和大众化特点。

总而言之，泰州学派的讲会运动，突破了书院讲学的种种局限。首先，它没有场所的限制，书院、寺庙、道馆甚至打谷场都可作为讲学之地。泰州学派的韩贞就经常于"秋成农隙"在打谷场面向一村之人进行讲学。其次，没有等级的划分，上至王公大臣，下至乡野村夫都是讲学的对象。泰州门下较有名的弟子就有樵夫朱恕、陶匠韩贞、田夫夏廷美等。再次，没有形式的局限，诸如"童子捧茶""穿衣吃饭"等日常行为都是讲学的重要素材。这样灵活的讲会形式对阳明良知之学的传播起到了巨大的推动作用。

二、面向平民阶层的良知之教

泰州学派的讲学与面向读书人的讲学活动不同，它主要以日用指点为方法，致力于良知在实际生活中的落实，又因为它是随顺人之情性的，故而无论是教与学，都有"无边快乐"。具体来讲，其特点可归结为以下几个方面。

（一）以日用指点为法

泰州学派的讲学活动以世俗大众为教化对象，是对儒学经典教育的一种纠偏。儒家经典教育的传统由来已久，早在先秦时期就已初具规模。孔子教育弟子，以六经为主要内容，而其中尤以礼、诗、乐为重，有"兴于诗，立于礼，成于乐"（《论语·泰伯》）之说。荀子也指出："学恶乎始？恶乎终？曰：其数则始乎诵经，终乎读礼。"（《荀子·劝学》）至汉以后，官方更设"明经科"作为取仕之法，如此一来，儒学就沦为了家法师传的训诂之学。宋代以后，虽然四书代替五经成为儒学教育的必修书目，然而这种专门面向知识阶层的教法，实际上将无缘读书之人挡在了儒学的大门外。而朱子提倡的格物之教，同样以读书明理为主。这种经典教育的严重弊端造成了知识的文本化、儒学学习的繁复化。王阳明为了纠正儒学固化的弊端，将儒家思想的根本精神重新定位为道德本性即良知的弘扬，这为道德教化方式的简易化提供了契机。另外，泰州学派试图通过"日用指点"的方式使人醒悟良知,更是对阳明简易教法的总结。他们以"童仆往来""童子捧茶"这些形象生动的生活实例作为启发教育的素材,简单明了,易于被普通大众所接受。尤其是罗汝芳特别强调当下指点,其结果是"虽素不识字之人,俄顷之间,能令其心地开明,道在现前。一洗理学肤浅套括之气,当下便有受用"[9]。

(二)以良知实落为要

早在先秦时期,儒家就试图通过构建"人皆可以为尧舜""涂之人可以为禹"的道德理想之境来引导人向善。然而,在阳明提出良知学之前,这一理想还是可望而不可及的。正因为阳明将朱子"学以至圣"的目标转换为对人自身所具有的圣人性(良知)的弘扬,人人皆可成圣的理想才具有了现实的社会含义。泰州学派所从事的讲学活动,其目就是让人相信良知本有,当下即是,将之扩充开来就可以达到圣人之境。并且,与王畿、罗洪先等其他王门后学从本体、工夫的角度探讨良知不同,泰州学者对良知的阐发方式显然已经有了通俗化的倾向。在他们看来,阳明良知之教的基本精神不是逞口舌之争,而是将良知落实到人们的日常生活中,成为引导百姓日常行为的思想、理念与信仰。例如,罗汝芳就以"爱亲敬长"来阐释良知,认为只有从"爱亲敬长"这种人伦日用的情感出发,才能使人感受到良知的切实存在,这是落实功夫、修养的门径。

(三)以自然快乐为宗

"自然"与"乐"在泰州学派的思想中是一对相互联系的概念。"自然"就是反对"持功太严",而"乐"则是"自然"所达至的效果,同时又是为学的目的与最终境界。所以,讲学就要随顺人的习性,不刻意,不强迫,"不屑凑泊""不依畔岸",根据人的当下行为进行指点,使人能够现下醒悟,并将醒悟的良知应用到日常生活中,而不必去做那些戒慎恐惧、克念忍欲的工夫。为此,王艮提出:"惟有圣人之学好学,不费些子气力,有无边快乐。"[2]5 而这种"不费些子力气",又有"无边快乐"的学问对于普通民众而言显然更加亲切可行。

三、讲会对个体人格建构的影响

与家族、乡约等民间组织相比,讲会突破了血缘与地缘的限制,为人们提供了一个平等交往的平台。在这种平等的社会交往中,个体摆脱家庭的羁绊与束缚,获得了独立发展的空间。具体来讲,讲会对个体人格建构的影响主要体现在以下几个方面。

(一)促进人的独立性与平等意识的生成

在中国古代社会,人口的流动性较差,世代繁衍而成的古村落将人的足迹圈定在彼此熟悉的乡土社会,因此人们最主要的交往活动就是家庭与家族内部成员之间的交往。在这种交往关系中,人与人之间的关系并不平等。以中国传统社会的君臣、父子、夫妇、长幼、朋友等五伦关系为例,其中君臣、父子、夫妇、长幼都以后者对前者的敬顺、服从为要求,而后者的主体性与自我价值则受到了极大压抑。此外,在这些关系中,又特别强调个人对家族、国家的义务,所以每个人出生以后就像一个负债者,要用尽一生的努力为家族、国家做贡献,而自身的利益却无从保障。这种伦理关系中的不平等,权利与义务关系中的不对等,极易造成个体自主意识与独立性的缺失。

但是讲会组织将个人从家庭中剥离出来,形成由独立个体组成的新社群。在这一种新社群中,成员来自社会的各行各业、各个阶层,并且以一种平等的社会关系进行交往。一时间,"牧童樵竖,钓老渔翁,市井少年,公门将健,行商坐贾,织妇耕夫,窃履名儒,衣冠大盗"[10]共会听学,彼此间只以学问相切磋,而不管彼此的身份如何。讲会所建构的社会关系是人主动参与建立,而非先天赋予的。在这种社会关系中,个体的独立性与自主意识得以显现。

(二)促进人的个性的多元发展

明代讲会的兴盛与阳明后学的提倡密不可分,而阳明本人的教育理念也在很大程度上展现了对人的个性多元化的尊重。王阳明曾对弟子说:"圣人教人,不是个束缚他通做一般:只如狂者便从狂者处成就他,狷者便从狷处成就他。"[1]118意思是说,圣人教人往往根据学生的资质、能力因材施教,而不是用同样的标准要求每一个学生,用同样的方法教导每一个学生。泰州学派的平民讲会以面向社会各阶层开放为特点,并且尊重不同人的职业属性,它并不以经典、圣人行迹去约束受教对象,而是使其遵从自己的良知本心,由良知本心判断行为的对与错、善与恶,这对于促进人的主体性与个性的多元生成具有重要的意义。

(三)讲会的兴盛,为文人士子提供了一种新的实现人生价值的方式

大量文人士子沉积在民间社会是明朝后期显著的特征之一。一方面,学校教育的兴盛与文化的相对普及大大增加了知识人的数量,但是科举名额却并没有随着知识人数量的增长而增加,由此造成了大量被科举淘汰的知识人沉积在

民间社会的现实；另一方面，朝政的黑暗与政治的腐朽也造成了士人生存境遇的恶化，士人越来越感到已经无法通过体制内的力量实现自己的济世理想。所以，如何在入仕为官之外寻求一种新的实现救世济民之理想的途径，成为困扰士人的重要问题。讲会的兴盛极大扩展了明代士人的生存空间，为此提供了一种新的实现人生价值的方式。像泰州学派的成员大部分未入仕为官，却能够凭借讲学为自己赢得社会声望，得到世人尊重。在这种既能够自我实现，又能够成风化俗的社会活动中，儒家的"成己成人"之道在他们身上得到了完美体现。所以说，讲会的兴盛对于士人摆脱科举制度的束缚，挺立个体人格，树立自信都具有重要的意义。

参考文献：

[1] 王守仁. 王阳明全集［M］. 吴光，等，编校. 上海：上海古籍出版社，2014.

[2] 王艮. 明儒王心斋先生遗集［M］//王心斋全集. 南京：江苏教育出版社，2001.

[3] 王襞. 明儒王东厓先生遗集［M］//王心斋全集. 南京：江苏教育出版社，2001：211.

[4] 邓豁渠. 南询录［M］//吴震. 明代知识界讲学活动系年：1522—1602. 上海：学林出版社，2003：182.

[5] 王栋. 明儒王一庵先生遗集［M］//王心斋全集. 南京：江苏教育出版社，2001：186.

[6] 黄宣民，点校. 颜均集［M］. 北京：社会科学出版社，1996：26.

[7] 余英时. 现代儒学的回顾与展望［M］. 北京：生活·读书·新知三联书店，2004：196.

[8] 杨起元. 罗近溪先生墓志铭［M］//方祖猷，等，编校整理. 罗汝芳集. 南京：凤凰出版社，2007：920—921.

[9] 黄宗羲. 明儒学案［M］. 沈芝盈，点校. 北京：中华书局，2008：762.

[10] 张建业，张岱. 焚书注［M］. 北京：社会科学文献出版社，2013：340.

高校教师的德性生活困境与反思*

"天地之大德曰生",教师的生活方式是教师伦理的一个重要维度,教师德性伦理是一种生活方式、一种生活态度,它关注教师的生活与幸福,关注教师如何以个体或集体的方式过上一种幸福的生活。赫勒认为,道德困境是"对于我们的行动的格言,我们能够主张普遍性(或者一般性),但是对于行动本身,并不能够主张普遍性(或者一般性)"。[1]高校教师德性不仅受到体制的影响,还受到社会伦理的影响,教师的个人生活面临着社会伦理的普遍性与个人行动的非普遍化的冲突,教师的伦理思想在很大程度上仍然受支配于政治社会道德的抽象概念,人们对教师的道德期待以及教师的社会地位都能显著影响教师的德性。

一、德性的生活:传统教师的生活形式

"生活形式"源自维特根斯坦——他把期望、意向、意谓、理解、感觉等心理活动都看作生活形式,它们是由于人们共同生活和使用语言而成为生活形式的。由此可以说,生活形式是人们的各种概念形成的基础。教师生活在怎样的生活形式中,就会形成怎样的概念。

(一)德性:教师精神生活的支撑

一直以来,"九儒十丐",教师的社会地位都排在旧社会阶层的末尾。"先闻

---

* 基金项目:湖南省教育科学"十三五"规划青年专项基金项目"'双一流'建设背景下地方本科高校转型发展研究"(XJK17QGD011)。
作者简介:许烨,女,湖南汨罗人,湖南省社会主义学院副教授,博士,研究方向为思想政治教育与教育管理。
原载《武陵学刊》2017年第6期。

道""知天道"的教师的智慧德性与其社会地位极不相称,但丝毫不影响教师的"独占斯文"。自孔子开始,中国历代知识分子认为所有的文化精神都在圣贤书中,而自己恰巧领悟了圣贤之书,精神上有一种优越感。"不以物喜,不以己悲"的这种醇厚的德性使许多教师就算在极其穷困潦倒的生活环境下仍能弦歌不绝,在精神上保持着独立,如旧时很多教师家境清贫,甚至有的几乎食不果腹,但在长期的教书生涯中仍然表现出如孔子当年遭遇陈蔡之围所表现出的自信和从容。

(二)德性:教师社会地位的本源

"为天地立心,为生民立命,为往圣继绝学,为万世开太平",立功、立言是传统知识分子的价值追求和历史使命。教师作为传承经验的重要主体和社会精神的传承者,在中国传统社会中被尊为"圣人",其道德权威不可替代。也正因此,拥有独立精神的教师对社会有着感召作用,其道德地位在社会精神层面独树一帜。他们把做人的成败归因于内在的修为,通过内炼自己的气质,使自己崇高起来,如在现实中遭遇不公平对待或者其他矛盾,又或者在现实生活中无法彰显自己的优越,便会退而反思,自觉地从内在的德性修为中找原因,"取法乎上""日三省乎己",从传统的德性中汲取力量内省自己的德性是否和圣贤之道一致,以此为本修炼出最合人性本质的道德人格,从不怨天尤人。这种往内归因的方式带动社会更多的人向往成为君子。人们在日常生活中所崇尚的也是德性,德性成为每个人生活中不可或缺的东西。所以,教师社会地位之所以崇高,其本源来自于教师自身的德性。具有传统德性的教师几乎是时刻都不能放松对自己的要求,无论是面对众人,还是一人独处,都要时刻注意自己的言谈举止是否适宜,衣着仪表是否整洁大方得体,通过慎独时刻管理自己的内心世界、内省自己的德行是否合乎美德,德性就像一种习惯而存在于他的一言一行之间,向人们传递着自己内在的道德品格。因此,这种道德自律的德性生活为传统教师赢得了尊重。《国语·晋语一》曰:"民生于三,事之如一:父生之,师教之,君食之。"师道尊严,正是因为教师对德性生活的坚守,才拥有社会中的道德地位。

二、庸常的生活:现代教师的无奈选择

麦金太尔认为,当代社会是一个传统德性被边缘化的社会[2]。市场经济的

发展使每个人不自觉地成为了"市场人"和"经济人",大学教师职业成为教师自身生存的一个经济元素,成为一种自我谋生的手段,这使得教师的德性生活状态逐渐转向庸常的生活状态。这种变化及其产生的代价对高校教师的影响是多重的。同时由于教师主体对社会发展的认识不同,其社会属性的同一性和差异性也随之出现新的特征。

(一)传统德性被边缘化

在市场化之前,大学教师的自我发展与其职业追求的人生目标是一致的。但随着市场经济的快速发展,教育现代化的推进,社会伦理从一元走向多元,各种当下盛行的追求"市场化"和"经济化"的"喻于利"的伦理规范使传统德性的道德式微。由于任何社会都不可能出现道德真空,各种伦理规范都有自己的合理性,取而代之的是能够维系这个社会正常运转的各种伦理道德规范和法律法规,由此造成它们之间的冲突对立并使得作为社会成员的个人丧失了道德上的统一性,个人也随之成为"道德的碎片"[3]。这种社会伦理道德规范和法律法规将一切民众都看作"小人",需要外在的强制规范进行约束,如此一来,便构筑了一个"小人"社会。借由规范所形成的社会秩序,德性的力量也便慢慢被淡化。教师不再能体会到圣人式道德人格带来的自豪和满足,渐渐把目光投向现实生活。

社会对大学教师角色的认识除了"圣人"与教育家之外,越来越多的人视之为专家——塑造人类灵魂的专家。这种期待又加剧了对大学教师的权力角色的定势。虽然秉承"社会良心"的社会期待,知识分子身上仍肩负着传承人类文明、传播优秀文化的社会重担,但在现代化发展、教师专业化运行、科学主义的盛行下,许多教师逐渐丢掉了社会良心与道德责任。现实生活中,一方面我们赋予教师共同体崇高的道德地位,另一方面教师的道德世界却与生活实际脱节。高校教师的职业并非能挤入精英阶层,其个人生活也并非人们想象得那样惬意和崇高,作为"文化群体"而存在的大学教师,有时也像一个普通大众一样沉沦于日常生活,缺乏对生活的反省与觉悟,更别提诸如阐释生活的意义、发扬"圣人"般的道德自律、进行日常生活的理性批判、倡导和引领文明生活这类高大上的人生目标。

(二)职业"崇高感"被消解

对于高校教师来说,职业的"崇高感"既是伦理自律的内部动因,也是大众对其公众形象的期待。不幸的是,这一"崇高感"却被置于现代社会的强力聚光灯下逐渐消解。当他们付出巨大教育投资走上教师岗位却面临"脑体倒挂""尖峰薄尾"的收入产出时,都坦言无法体悟到大学教师职业"崇高感"。他们心目中的困惑"无处可诉",甚至"园丁""蜡烛"这些象征着"崇高感"的隐喻也已逐渐演变成一种可能招致嘲笑的措辞。原本应该是文化的阐释者、传播者、制造者和丰富者。种种现实却使其为思想而生活的心性与崇高情怀越来越薄弱,越来越成为"边缘人"。

我们不能否认大学教师的教育专业品质,但它不是教师人格的全部,不能掩盖教师的生活与生命形式。市场规则被机械运用到高校的管理与评价,高校教师被迫参与到市场运行过程,一方面适应了知识经济发展的内在要求,推动了科学技术向生产力转化的过程;但另一方面经济利益导向也催生了一小部分高校教师的物欲,提高了对物质利益的期望值,有人甚至为了获取经济利益而不择手段。在现实生活中,器物、制度和精神等层面的现状,很多时候不仅没有推动高校教师伦理的发展,反而成为大学教师成长的异化之源,成为一种"他人"以及吞没"此在"意义上的伦理"存在者"。

(三)不同规范伦理带来的德性冲突

在巴尔扎克的时代,资本主义带着巨大的财富收买了包括人的心灵在内的整个社会,人性在金钱的包围中发生变异,彻底物化。实际上,由于现实生活中有太多的"他人"的存在,大学教师本身的"此在"已经遍体鳞伤,不仅思想丧失,而且自由也丧失了。所谓思想丧失,主要是指由宗教统一世界观的崩溃所引发的现代理性的多元价值分裂状态[4]。理性把人们从形而上学宗教社会观的"绝对价值"束缚下解放出来,使宗教统一世界观发生崩溃,从而导致社会生活诸价值领域不断分化,并形成自己的逻辑规则。这种状况一方面使每一个行业、每一种职业均形成了不同的职业道德规范,这些不同的职业道德规范有的是相一致的,有的却是相冲突的;另一方面也动摇了统一世界观形成的意义统一性,使诸价值领域出现不可调和的矛盾和冲突。当一些大学教师为了养家糊口兼职工作,穿梭在不同的职业场上,扮演兼职讲学者、公司老板、技术骨干等不同的社会角色时,由于遵循着不同的职业道德规范,他们就容易混淆,从而发生人格障碍,严重的将直接影响其对社会伦理道德的遵从。

所谓自由丧失,主要是指目的合理性对人的政治和经济活动的趋势所导致的人的自由本性的异化状态。中国的"实用理性传统"阻止了"思辨理性的发展，也排除了反理性主义的泛滥"[5]。当实用理性和目的理性支配一切活动时，人按自己的信仰、自由而行动的自由被压制，由此造成"专业人员没有精神""享受者没有良心"的两极分化，人逐渐异化为功效、金钱、商品和机器的奴隶。在理想和现实之间，高校教师也往往处于矛盾和尴尬的境地，特别是在一些年轻教师当中，一方面面临结婚难、买房难、评职称难等各种现实困难，另一方面又受到不良信息的诱导，经常在"面对市场经济的物质诱惑"与"传统的知识分子良心"之间挣扎和彷徨，爱慕虚荣，把自己当成金钱和荣誉的奴隶，为了获得教学能手、教坛新秀、科研明星等称号，不惜抛弃教学的正道去作秀。

（四）"世界的祛魅"导致道德实践利益化

韦伯认为，现代社会区别于传统社会有两个最为基本的特质，一是"理性化"，二是由这种理性化所导致的"世界的祛魅"[6]。所谓"祛魅"（disenchantment），是指对于科学和知识的神秘性、神圣性、魅惑力的消解，即剥去附着在事物表面上的那层虚假的东西——"魅"。随着现代技术的不断发展，人对其生存条件的一般知识也在随之增加；人们不再像野蛮人相信神秘力量存在那样求助魔法，而是借助技术和计算去得到自己想知道的一切，变得更加的理智化、理性化。在理性化、官僚化时代，我们是在一个"祛魅"的世界中寻求价值，由此造成了"事实领域"和"价值领域"分离的客观处境，导致了"价值的多神化"和"诸神之争"，造成了人的生存品行与现代社会和现代人特殊的价值处境。正是由于技术的加速发展膨胀、工具理性的高扬、价值理性的失势等一系列问题所造成的"利益最大化"对社会或世界的支配或主宰，使得整个世界成为了一个"祛魅"的世界，"物化"的逻辑不可避免地侵入人们的社会关系中，并影响人们的价值选择，自觉地建立起一种"领域分离"意识，世界之意义也被消解。世界的"祛魅"很大程度上塑造了现代社会面貌，导致高校处于一个"理性化"和"祛魅"的世界，消除了原有的社会秩序所设定的价值原则，使高校教师的生活世界被分裂成"公共领域"与"私人领域"，即"事实"世界和"价值"世界，使德育发展边缘化，柏拉图的"至善"、孔子的"善"不再被奉为圆融一致的统一体，师生关系也随之失落。在大学教师的生活世界，教学、科研、生活、艺术、道德等各个领域宛如成了一幅"剪贴画"——在教学领域，教师可以是一个严谨教学的好教师；在科研领域，教师可以认真钻研；

在生活领域，教师可以是一个小心谨慎的购物者；在艺术领域，教师可以中意"无国界"的环球音乐……从领域合一到领域分离，这是传统社会到现代社会所发生的最根本的变化[7]。

教师的专业化或专业化生活面临着与日常生活的混淆，甚至导致日常生活被逐渐遗忘，在庸常的生活状态下，最大利益成为一切行动的原驱力，功利的原则取代了德性的原则，德性逐渐被社会边缘化。许多高校教师不是基于人性深处的领悟和思考形成的体验，而去追求一种表面的快乐和幸福。一些高校教师甚至认为道德的价值就是实践带来的利益，以获得的利益作为道德的衡量标准。由此，道德价值的支撑点便指向了实际的利益，整个大学生活开始偏离理性的德性的轨道，教师的道德行动也偏离了德性，卷入了利益的漩涡。在这种情景中，教师的道德实践走向了只关心自己所获得的个人利益和个人行为所需要背负的道德责任的个人主义极端，他们并不关注和关心同事或者学生拥有怎样的道德问题，对他人的行为也绝对不负有任何道德责任，从而忽视了道德品质的养成和德性的生成，由此造成的危害是全方位的。由于在高校教师伦理共同体内难以形成一致的价值共契、共同精神，势必会造成高校教师个性道德与社会德性期望的多样化冲突。

（五）教师主体意识的差异性彰显

作为"现实的人"，高校教师主体对社会发展的理性自觉认识是其完善自身存在方式的不断深化的过程。高校教师的德性并不是天生的，而是通过学习和经验从日常生活中实践得来。在传统社会中，教师与社会、集体的行为准则是完全一致的，教师作为言传身教的模范，一切服从于集体协作劳动的需要。但随着社会的发展，教师与社会、集体的一致性被打破，教师的价值观念、道德观念在不断发展，教师职业伦理随之产生，教师的日常生活逐渐成为非日常生活（即工作常态）的生活背景，教师对自身与社会、与知识、与同行、与学生之间的关系有了新的认识，在教师的社会属性的同一性方面，高校教师群体在建设社会主义社会方面已达成共识。在教师的社会属性的个性或差异性方面，则集中体现在高校教师公民意识的迅速生成、个人价值选择的多样性、个体差异思维的多样性、个体创造性才能的施展等个体的社会差异性。这种差异性一方面源自教师儿时教育到职前教育受到的父母、长辈、同伴等多方面的"人"的影响；另一方面也受到天道，如自然之说、万物之理与个体心性的影响。教师在教育中抱有怎样的劳动态度，表现怎样的德性德行，取决于教师个人的责任感和内心的自我监督。正如陈寅恪为了自己的精神追求而选择当"流浪人"和"边缘人"，教师也可以在"所得"和"应得"之间建立起正确的认知。

在庸常的生活状态下，我们应该认真反思在安排器物、制度和精神时的意识问题。大学教师有意义的"存在"是教育决策的出发点。大学教师的存在，理想的状态自然是"此在"的存在，才不会受到外在存在的异化。所以，不论是从教师职业进行提升，还是从教师德性进行提升，都需要考虑怎么让之恢复"此在"状态[8]。

三、可能的生活：高校教师德性生活的重构

亚里士多德曾主张"幸福是灵魂合于德性的现实活动"，他认为幸福与德性是相一致的"善"[9]。往往最持久的幸福和德性是捆绑在一起的，德性的生活本身就是幸福的，让人重新体会到"善"的生活带来的精神快乐。教师应该以一种"建构"的状态呈现在人民面前，重构新的德性生活。

（一）"有意义的生活"：回到教师的生活世界

一个人生活的意义来自于他的选择和热情献身，来自于亲情、爱情、友情、艺术、真理等不会因生活变幻而丧失永恒意义的实践。"回到事情本身"和"生活世界"启示我们回到事情本身，其目的是对教师生活世界的回归，对人类价值信念的回归，并重建教师的"现实主体性的存在"。按马斯洛的需求理论，每个个体都有自我发展的需求，因此，教师对"真善美"世界的向往和"有意义的生活"的追求就是一种内在的自主的发展。

教师之所以受到历代社会、民俗的尊重，很重要的一条就是与教师自身对道德的深刻认识，对道德修养的严格要求，道德水平处于较高层次。从某种意义上来说，高等教育事业，就是道德和情感的事业，是高校教师的一种德性实践。正如苏霍姆林斯基所认为，"教育者的崇高的道德品质，实质上是我们称之为教育的这个微妙的人类创造领域中获得成功的最重要的前提。"[10]高等教育活动的对象是趋于社会化的青年学生；目的是为社会培养中高级专门人才；手段是高校教师的真才实学、人格品德，时空上具有弹性和自由度。教育的生活世界是一个生动鲜活、动态生成着的世界，它是教师和学生之间正在发生的世界，使教育真正发生的正是教师，在此意义上，教师这一职业具有不可替代的实践

性质。教师体现道德价值的精神和原则随时贯穿于其自身的日常行为实践及学校生活中，贯穿于与学生交往的各种影响中，如公正、节制、有爱心、审慎、宽容等德性。教师职业作为一种精神辅助生产职业，它直接作用于人的心灵而产生较大影响，帮助大学生形成一个完善的美好的丰富的内心世界。教师的职责是直接面对学生的生活世界和生活体验，并做出有益的反思，从而形成一种对教育具体情况的敏感性和果断性，科学、有效地教导学生学会学习、学会生活。教师德性伦理需要教师在以大学为主要场域的职业生涯中体现生活智慧，心怀仁爱之心，思考如何感受、如何行动以及如何成为一个温暖而有力量的教师。这种真正的教育生活和伦理生活实践也在一定意义上引导教师成长为更全面的教师。

（二）德性体验：教师意义世界的建构

从人本身的纵的发展角度出发，人的世界分为"自然世界""文化世界"和"意义世界"[11]。教师从"自然世界"向"文化世界"和"意义世界"的转变过程，就是其"自我超越"的过程。高校教师是高校德育有机生态的关键因子，其影响德育的方式虽是依靠其生活态度和生活方式等体现，但归根结底还是依靠教师的个人德性所指向。高校教师的德性并不是天生的，而是通过学习和经验从日常生活中实践得来的。各种在大学生活中和专业实践中遇到的伦理困境和两难选择，反而成为教师养成德性的机会。

在卢梭的自然主义教育理念中，德育是存在关键期的：在25岁以前，人的德性是可以通过在一个没有污染的乡村环境中来造就的。虽然教育与生活有本质区别，教育有其自然规律，生活中也有善有恶，"完美圣地""世外桃源"并不存在，高等教育也无法脱离生活而"闭门造车"。教育本身是一种塑造身心的活动，在其塑造过程中难免受到"恶"的消极影响，因此从理论上来说，教育中要多一些"向善"的因子，少一些"恶"，方能取得理想的效果；从现实层面来说，大学的围墙客观上营造了一个小社会，屏蔽了外界社会环境，大学教师充当了"门卫"，负责清理小社会里的一切"恶"，抵挡和甄别外界涌入的社会文化，剔除不健康的文化，引领健康的主流价值观。在这里，教师负责营造一个有别于实际外部生活的意义世界，在这个意义世界里，教师在教化学生的同时也使自己被教化。在追求德性的过程中，教师自身的德性修为使教师朝向善的生活成为可能，还能引领学生从精神内部发扬善、向往善，逐步地把"善的生活"作为一种追求。经过教化,无论是黑格尔说的"神的规律"(自然伦理)还是"人的规律"(社会伦理),都会内化为德性深处的人格成分。教化在大学所创造的意义世界中完成,借助这个意义世界来保证德育朝向伦理性方向发展,用纯善的东西积淀学生的心灵,生成德性[12]。尽管意义世界以生活世界作为基础,却始终高于生活世界,一旦在德性生成的关键期造就人的德性,人格结构会具有稳定性,人便可以自觉地向善。这就意味着,教师要秉承"格物、致知、诚意、正心、修身、齐家、治国、平天下"的文化宗旨,具有"为天地立心,为生民立命,为往圣继绝学,为万世开太平"的使命意识,要心怀天下,通过自己的道德努力,成为大众的人格典范与社会精英,这也应是高校教师德性伦理追求的永恒精神价值。

(三)幸福:合德性生活的归属

伦理是职业之基石,个人德性建构其上。高校教师德性伦理在一定意义上总是反映着现实社会、人们对教师职业的期待。教师参与社会发展进程是自觉、自主与自发的行为,不是被动的服从行为,承认自身存在于社会发展是一个统一的过程。高校教师具有一种使自己社会化的倾向,因为教师作为知识分子,其身上所积淀的生活智慧和德性,已形成一种极富感召力的生活精神。在此意义上,教师的作用不仅仅是授业解惑,而更在于传道;教师在大学这一"围墙"内的"为师"的状态下才感到自己不止于"是(自然)人"而已。也就是说,"教师"这一角色、身份使他们的自然禀赋得到了发展,但是个性和个人的非社会的本性可能又使他们产生了一种被孤立化(单独化)的倾向,希望按照自己的意愿来工作、生活。这种自我意愿和社会意愿之间的矛盾中产生的"道德围墙"、社会期望使他们承担一定的道义责任和以此得来的一席之地,推动着他们克服自己的懒惰倾向,唤起自己的全部能力。

高校教师要"立德",要通过做一个好人、有道德的人和品德高尚的人而得到满足的幸福,通过不断完善自我品德、实现自己的道德潜能的需要、欲望和目的得到满足的幸福。作为道德的领路人,"以学术为志业"的高校教师要以一颗赤子之心,具有为他人和社会着想的良知与文化自觉,明确自身的道德责任,以身示范,形成共同的价值观和道德追求;需要摒除一切杂念,在面对社会和教育中诸多矛盾和利益冲突时,能够淡化利益追求,专职走向对学术的追求和对学生的培养上来,使学术和学生成为自己的"神召"和"使命",成为生活意义的来源。实际上，只有自己决定自己价值观的人，只有能运用自身对善的理解这一绝对标准不断地在对善和恶的明确认识当中徘徊直至做出决断，才能最终获得最大限度的幸福。

高校教师之德性与人格的养成，既需要普遍规范的引导，离不开一般的道德准则，更需要生命与人生的自由选择，遵循内在欲望与创造的倾向。高校教师德性伦理，根植于个人内心修养，最重要的是个体在教育实践生活中的认知体验与平衡反思。伦理学倡导过一种有"思"、有"德"、有"爱"的生活。教师的伦理角色，意味着教师在伦理维度上，能够权衡"如何更好"。从根本上说，高校教师德性伦理不仅关心"高校教师在道德伦理上应该如何生活和行动"，而且也关心"为什么高校教师应该如此生活和行动"。后者确实不是一个简单的问题，为了学会如何生活和行动，每一个教师就得学会以约束为前提，享受自由生活，让生命能量自然绵延而又不逾矩。

参考文献：

[1] Agnes Heller. General Ethics [M]. Oxford：Basil Blackwell Ltd，1988：90.

[2] 麦金太尔. 追寻美德 [M]. 宋继杰，译. 南京：译林出版社，2008：25.

[3] 聂文军. 西方伦理相对主义探析 [M]. 北京：中国社会科学出版社，2011：5.

[4] 李佃来. 公共领域与生活世界——哈贝马斯市民社会理论研究 [M]. 北京：人民出版社，2006：220.

[5] 潘一禾. 生活世界的民主——探询当代中国的新政治文化 [M]. 北京：社会科学文献出版社，2010：174.

[6] 贺来. 现代人的价值处境与"责任伦理"的自觉 [J]. 江海学刊，2004（4）：41—46.

[7] 闫顺利，敦鹏. 价值多元化何以可能——后现代主义的价值困境及其消解策略 [J]. 伦理学研究，2010（3）：11—16.

[8] 刘放桐. 新编现代西方哲学 [M]. 北京：人民出版社，2000：

32—356.
[9] 亚里士多德. 尼克马可伦理学［M］. 苗力田, 译. 北京: 中国社会科学出版社, 1990: 14.
[10] 王荣德. 教师职业伦理［M］. 重庆: 重庆大学出版社, 2013: 14.
[11] 孙正聿. 孙正聿哲学文集: 属人的世界［M］. 长春: 吉林人民出版社, 2007: 4.
[12] 许烨. 当代高校教师职业伦理及其建构研究［D］. 长沙: 湖南大学, 2014: 81.

中国古代文论教学中的道德伦理视角*

高校人文社科课程的教学不只是传授知识、应对考研那么简单，而是要在系统讲授书本知识的过程中加强对学生心灵、品性和情操的熏陶，使其人生观、世界观、价值观得到相应提升。在执教"中国古代文论"课的过程中，笔者尝试贯穿这一教学理念，依托丰厚的传统文论资源对当代青年学子进行必要的道德教育和伦理感化。笔者这样做是基于以下考虑：当前大学生群体多是"95"后，他们生活在中国市场经济和信息飞速发展的互联网时代，与时代的巨大变化和社会的快速转型相较，这一群体的道德素质整体不高，急需高校政治思想教育工作者和任课教师齐抓共管，提升他们的道德修养。这也是贯彻"十八大"以来党中央关于加强中华优秀传统文化"创造性继承、创新性发展"精神的体现。笔者作为一名大学教师深感立足于专业课程对学生开展伦理道德和品性情操教育，在当前已刻不容缓，也义不容辞。现将所积攒的不成熟经验，写成文字以就教于同行，不成熟之处还请批评斧正。

一、"美刺"说和"诗教"传统的弘扬

中国古代文论在千年演进中逐渐形成了自己独特的传统，其中先秦以来形成的"诗教"传统格外重视诗歌、音乐在修身、齐家、治国平天下方面的教化功能。

---

* 基金项目：中国矿业大学网络在线开放课程研究项目"中国古代文论"（2017KCPY10）；2016年度校级精品课程建设项目"古代文学批评文选"。
作者简介：邓心强，男，湖北大悟人，中国矿业大学文法学院副教授，博士，研究方向为中国古代文论与核心价值观；张楚，女，江苏徐州人，中国矿业大学文法学院硕士研究生，研究方向为中国古代文学。
原载《武陵学刊》2017年第6期。

(一)区分美丑,学会表达

在周代,古人常将诗、乐作为对贵族子弟进行人格教育的重要载体和工具,赋予其浓郁的政治属性和道德色彩。"美刺"说和"讽谏"说便是古代诗教观的重要体现。《诗经》中"家父作诵,以究王讻","虽曰匪予,既作尔歌"等句就是讽刺和暴露,是古人对当时社会现实中不满的事物、现象的揭露和斥责;而"吉甫作诵,穆如清风""吉甫作诵,其诗孔硕"等句便是对吉甫的讴歌和由衷赞美。"美"和"刺"在《诗经》中同时存在。因此,在古代文论教学中,要正确阐释古代的诗教观,使学生学会对身边美好的人和事及各种正面现象用各种形式予以肯定、点赞和传颂,引导大学生学会对真、善、美事物进行弘扬,这对于完善其人格,学会在现实生活中区分美丑善恶,并恰当表达自己的态度和立场具有积极作用。教师应因地制宜、因材施教,就近年来在中国不断涌现出的"最美教师""最美妈妈""最美司机"等现象,鼓励学生作短诗予以颂扬;而对于社会转型时期出现的不良现象,也要鼓励学生作诗予以批评。这种理论与实践相结合、教书与育人相结合的做法,能取得一箭双雕的教学效果。

孔子在《论语》中提出"兴观群怨"说,"兴"和"群"多数时候表达了古人通过刻画具体形象以抒发情感、进行思想教育的作用。对于其中传递正能量,表达古人对家乡的思念和对心上人的渴慕与追求等正常需求的部分,任课教师应结合相关作品(先秦时期主要有《诗经》《楚辞》以及神话传说等),就地取材对学生的心灵和人格进行熏染与教化,增进学生对"诗体批评"艺术特征的理解,激发他们用诗歌含蓄表达美好心声的积极性。在校园内外,学生的生活丰富多彩,接触各类信息便捷及时,用诗、散文、小说等文学样式,传达、描摹和抒发对美好事物的情感,不仅能训练学生捕捉美、传达美的文字表达能力,而且能培养学生观察、体验和感悟的能力,丰富大学生的心灵世界。

西汉时期被誉为儒家正统文论集大成的《毛诗序》在阐发"先王以是经夫妇,成孝敬,厚人伦,美教化,移风俗"时,使"上以风化下"的"诗教"传统得到不断完善,统治者将诗歌作为教化的工具,依照传统官方的政治要求和道德规范对臣民进行正面教育[1]101。中国古代文论中类似的篇章很多,传递着为人处事的正能量,尤其注重个体的人格情操和社会的风气纯正,形成了独具中国特色的教化路径。这些都值得任课教师适时地加以利用,把知识传授融入文本分析所体现的伦理熏陶中,对学生进行伦理教育。受儒家思想的影响,在中国文论中，建构文章、文学、作家与伦理规范、人格操守之间的关联，几乎成为两汉以后一千多年中国文学发展的一条主线，开掘这一宝贵资源可以充分发挥传统文论的"育人"功能。

对于"美刺"说的"刺"，《诗经》曰："维是偏心，是以为刺。"从文本分析看，《诗经》上百首诗以含蓄、委婉而优美的语言（"主文"）表达了老百姓对统治者残暴剥削的不满（"谲谏"），是对生活本质的真实反映："阶级社会是充满和积累矛盾的社会，丑恶的事物，不公平的社会现象，时时处处给人们制造着血泪和痛苦，因而它们在诗歌创作中得以比较普遍的反映，讽刺便成为普遍采用的手段。自古以来，诗歌创作以'讽'为主，好诗也多是讽诗，正是社会生活的必然反映。"[1]17经过千年流传，这些作品成为诗经《国风》中的精华，教师在讲透"刺"的来源、表现、特征等知识点时，不妨适当地就当前存在的腐败、炫富、造假、诚信缺失、电信诈骗等现象对学生进行伦理道德教育，提升其辨析能力。

对当代大学生进行道德伦理教育，除了对美好和丑恶事物有清晰鉴别、区分和明晰的态度、处理方式之外，另一个重要衡量指标是要让学生讲究方式、明了分寸，懂得在合适的场合采用合适的方式方法，即言谈举止和待人接物要符合人性的发展规律及主流社会的价值规范。博大精深的中国传统文论在这方面也有其优势之处。比如，《毛诗序》紧承孔子"诗可以怨"后指出"下以风刺上"，并谓"主文而谲谏，言之者无罪，闻之者足以戒"，可见古人在将诗歌作为讽刺工具，对统治者进行劝谏促使其改良政治或改正过失时，必须"主文而谲谏"，即必须通过委婉的言辞含蓄地表达出来，而"直谏"易伤害对方的自尊，也不符合交际中的接受心理，其效果往往会适得其反。又如，孔子提出"文质彬彬"说，"兴于诗、立于礼、成于乐"，也是重视言说方式的例证：或者具有一定思辩性，照顾到事物的两方面；或者礼乐兼备，同时使用。延伸到交际伦理层面，在为人处事和日常交往中，又何尝不具有普适性和启发性呢？批评过失、提出看法、处世交际，都要讲究方式方法。由此可见，在讲授"诗教"传统时，任课教师可依据言说内容、言说方式，适时对当代大学生进行伦理道德教育。

（二）弘扬道统，鉴别道德高下

秦汉时期格外重视纯正诗歌、音乐对人的正向熏陶、鼓舞和感染作用，诗、乐不仅在一定程度上扮演了人格教化的角色，而且还可以从对其喜好程度上区分"君子"和"小人"。任课教师在剖析趣味和人品的正向对应关系时，可水到渠成地对大学生进行伦理品格教育。如《荀子·乐论》曰："故乐行而志清，礼修而行成，耳目聪明，血气和平，移风易俗，天下皆宁，美善相乐。故曰：乐者，乐也。君子乐得其道，小人乐得其欲，以道制欲，则乐而不乱；以欲忘道，则惑而不乐。故乐者，所以道乐也。金石丝竹，所以道德也。"[2]233

这段话详细论述了"乐"的感化功能，可以看作以乐实施伦理教化的重要思想来源。对乐的喜好和对艺术的品鉴可以直接反映出人的不同类型，甚至映照出人格的高下（即君子与小人的重要分野）。在教学中，教师可就学生喜好之"乐"进行讨论，以此启迪学生要有求"道"的志向，要在崇道、行道的生命历程中节制自我，克制欲望，拒绝诱惑，要积极向上，自我锻造成为君子。这与孟子主张的聚结道义、弘扬浩然正气有异曲同工之妙。又如《荀子·乐论》写道："且乐也者，和之不可变者也；礼也者，理之不可易者也。乐合同，礼别异。礼乐之统，管乎人心矣。穷本极变，乐之情也；著诚去伪，礼之经也。……君子明乐，乃其德也。乱世恶善，不此听也。于乎哀哉！不得成也。弟子勉学，无所营也。"[2]235

这段文论，我们抛开其依"礼"论"乐"的模式化思维不论，"著诚去伪""弟子勉学"完全可作为伦理道德教化的重要范本。结合前文论及"美刺"说的两个维度，教师在讲解这段文论时亟需引导学生在日常学习、生活中区分美丑，鉴别真伪并使自己不断向君子人格看齐，传承儒家伦理精华，通过"明乐"来"著诚"明德。

（三）发挥文艺的感召与熏陶作用

儒家文化尤其重视发挥文艺对人的积极、正面感召作用，使人明"理"、合"同"而具有温柔敦厚的君子风范。这启发我们不仅要有深厚的理论功底、开阔的文艺学视野，更需要深刻把握文艺的本质，通过把握文艺作品中的形象、抒情等特征对大学生进行伦理道德教育，力避枯燥说教。在笔者看来，这种以"乐"为载体进行的伦理道德教育远比那种相对单一的说教方式、相对机械的管理方式更有成效。如《荀子·乐论》曰："夫声乐之入人也深，其化人也速，故先王谨为之文。乐中平则民和而不流，乐肃庄则民齐而不乱。民和齐则兵劲城固，敌国不敢婴也。……是王者之始也。乐姚冶以险，则民流僈鄙贱矣。流僈则乱,鄙贱则争。乱争则兵弱城犯,敌国危之。"[2]230

这段文字对"乐"的魅力、效果等进行了深入阐发。虽侧重论及乐与"民""治"之关系,但其基点在于化人、入人。孔子非常推崇雅乐,反对郑声①,他把欣赏的重心放在了纯正、能体现周礼、具有祥和之气的《韶》乐上。荀子及汉代诸儒都充分认识到:"舞《韶》歌《武》,使人之心庄。"(《荀子·乐论》)经典佳作的良好熏陶感化作用由此可见一斑。

因此,在教学的全过程中应把握两个方面:一是尽可能用优秀文学作品充盈学生的头脑,减少学生接触低俗、劣质文艺作品的机会。"郑卫之音,使人之心淫","故君子耳不听淫声,目不视女色,口不出恶言。此三者,君子慎之。凡奸声感人而逆气应之,逆气成象而乱生焉。正声感人而顺气应之,顺气成象而治生焉。"(《荀子·乐论》)教师要正确引导学生走进阅读。二是要不遗余力把一流的、经典的好作品推荐给学生,使其切实受到感化和熏染②。因为经典作品经过时代的淘洗和历代读者的检验而传之后世,其中蕴藏着作家伟岸的人格、高尚的情操和对人类处境与命运的思考,远远超过一般性的作品[3],更具有育人的价值。

二、"人文精神"的传承与弘扬

中国古代文论凝聚了古人对文学现象、作家作品中有关"人"与"文"的真知灼见,体现了他们的审美情趣、伦理观念、人生价值甚至追求境界。无论是秦汉子书体中的篇章,还是后来序跋体、书信体中的思想见解,都承载和彰显了古圣先贤对"人"与"文"的诸多思考。千百年来,很多文论作品流传不衰,影响深远,都是经过时代沉淀而留下的精华。在实现民族复兴的伟大中国

---

① 《论语·季氏》记载:"子曰:'恶紫之夺朱也,恶郑声之乱雅乐也,恶利口之覆邦家者。'"
② 笔者在近几年的教学中经常采用"推荐书目"的方式,把整理后的经典书单发给学生,人手一份。此方法有助于推动学生去发现,去阅读,去分享。

梦的当下,在党中央和国务院都高度重视中华优秀传统文化传承①的今天,这笔财富尤其值得开掘与弘扬。在中国古代文论教学中,笔者有意识地就其中具有浓厚人文精神的部分侧重予以概括和总结,在钩沉、提炼中让学生受到熏陶。

(一)提升修养,拓宽视野

在学习古代文论中,与古今明贤交友、对话,能增长见识、拓宽视野、开阔胸襟。

秦汉时期是整个中国古代文论建构、奠基的重要时期,先秦诸子思想和汉代儒家思想,体现出浓厚的伦理色彩和道德气息,具有鲜明的人文格调。《论语》就是孔子治国齐家、修身养性的集大成之作,其关于文艺的语录也具有强烈的道德伦理教化色彩。其"思无邪"论、"有德者必有言"论、"韶乐尽善尽美"论,都在启发世人率先做一个堂堂正正的君子,这是立言、论诗的基本前提。正是以行善、修身为出发点的孔子文论,奠定了中国古代政教中心派文论的基本格局,其中蕴含的伦理精神使其不失为对当代大学生进行人格教育的最好素材。

至于孟子提出的"养气"说,则主要从文艺学角度阐明了要想写好文章必须在思想修养上下功夫,从而建构起"人"和"文"之间的紧密关联,做到"文如其人",文以载道。其实,不单作家主体如此,生活中每个人都向慕"至大至刚,以直养而无害"甚至"塞于天地之间"浩然正气,因为这种浩然正气乃"集义所生",需要"配义与道"。类似这些思想既包含了对今人进行伦理教育的丰富内容,也为青年学子指明了人生方向与践行人生理想的方式和途径。不仅如此,孟子那跨越时空与天下人交友的圣贤情怀,同样具有极强的感召力和鼓舞作用。

孟子谓万章曰:"一乡之善士,斯友一乡之善士;一国之善士,斯友一国之善士;天下之善士,斯友天下之善士。以友天下之善士为未足,又尚论古之人。颂其诗,读其书,不知其人,可乎?是以论其世也。是尚友也。"[4]324

---

① 参见2017年1月中共中央办公厅、国务院办公厅印发的《关于实施中华优秀传统文化传承发展工程的意见》;2014年3月教育部发布的《完善中华优秀传统文化教育指导纲要》;2016年11月1日习近平总书记主持召开中央全面深化改革领导小组第二十九次会议审议通过的《关于进一步加强和改进中华文化走出去工作的指导意见》。近年来,社会各界对中华优秀传统文化研究的宣传、弘扬逐渐形成高潮。

在讲到"知人论世"时，如能以此为契机适当发挥，必能对学生中的宅男、宅女等不喜欢与人交往的小群体起到良好的教育作用。因此，以儒家文论为载体，培养大学生兼济苍生的情怀，也具有一定的现实价值。

此外，庄子以"重言"方式滔滔不绝引述古人的观点，墨子逻辑鲜明地对"乐"展开的激烈批判，荀子"原道—征圣—宗经"观的提出，司马迁"大抵圣贤发愤之所为作"的连串举例，以及刘勰《文心雕龙·才略》篇对名流才华的列举，等等，都是对当代大学生实施做人教育的良好教材。

(二) 体察百姓生活，培育为民情怀

这在孟子和墨子那里表现得尤其明显，感人至深。孟子提出"审美具有共通性"的文艺观，便是基于他"与民同乐"的思想。《孟子·梁惠王下》曰："与少乐乐，与众乐乐，孰乐？"[4]324 "今王与百姓同乐，则王矣！"[4]214 "为民上而不与民同乐者，亦非也。乐民之乐者，民亦乐其乐；忧民之忧者，民亦忧其忧。乐以天下，忧以天下，然而不王者，未之有也。"[4]216

两千多年来，孟子的为民情怀感人至深，对尚未走出大学校园和未及广泛接触中国底层民众的青年学子形成正确的民本观具有一定的导向作用。

与此同时，孟子基于"性善论"的理论立场，以夏桀等反面典型为例，告诫统治者如果不顾百姓的死活，"虽有台池鸟兽，岂能独乐哉"？统治者只有体察民情、了解民意，急百姓之所急，才能得到百姓的认同和接纳，为百姓所拥护和支持，其统治才能稳固长久。孟子为民着想的大爱情怀，也是当今珍贵的反腐教材。

此外，墨子基于当时统治者劳民伤财、不顾百姓死活的现状提出的"非乐"文艺观，也体现出强烈的为民情怀，同样可作为道德伦理教育的素材。当前大学生大多是在中国快速发展和社会转型时期成长起来的，他们接触社会少，有些学生养成了娇惯自我和好逸恶劳的不良习惯，如果教师能结合当前社会现实进行适当点拨，有可能取得良好的育人效果，如借助中国文论中有关礼、乐、官、民的论述，并结合近年来热播的纪实片和电视剧，对打算报考公务员的大学生进行有针对性的教育是大有裨益的。

(三) 法古鉴今，提升人格品位

在古代文论教学中，教师对作品中体现的伟岸人格予以赞赏与褒扬，对低俗、平庸、卑微的人格予以否定和批判，有助于当代大学生形成健全的人格。

司马迁的"发愤著书"说对后世文论影响深远。如教师结合李陵之祸及司马迁因辩护而入狱遭受宫刑及其受宫刑后的所思所想，分析他在《报任安书》和《太史公自序》中跨越时空寻求在困境中发愤图强、在苦难中著书立说的前世知音①，激发学生对司马迁的遭遇表示深切同情的同时，由衷地赞叹他刚直不阿、坚持真理、志向远大、目标坚定的人格魅力，为他的人格魅力所感染，以得到人格的历练与提升。顺着这一思路，教师如果将司马迁跨时空寻求的"知音"——屈原、韩非子、孙子等串联起来，将"发愤著书"说与"不平则鸣"说、"穷而后工"说连成一条线，启发学生思考境遇、心灵与文论之间的关系，便能使学生获得更大的启迪。

在两汉评屈骚中，教师通过罗列扬雄、班固等正统史学家、宫廷命官出于各自立场和性格原因，讥讽屈原"露才扬己""非明智之器"，其文"皆非法度之政，经义所载"等错误看法，让学生明白"生"与"义"的关系，明白在"原则"下该如何取舍、在"仁义"面前该如何抉择的同时，引导学生正确解读给予屈原正面评价和高度赞扬的王逸等所展示出的学者的理性与良知及其坚持正义、追求真理的情怀，树立正确的人生观、价值观和世界观。

此外，在讲解魏晋南北朝文论和唐宋文论时，对曹丕顾全大局、赏识英才所显示出的太子风度，对陆机陆云兄弟书信往来中体现的深厚情谊，对刘勰忍受孤寂一门心思在寺庙寒窗苦读以求建言树德的人生追求，对韩愈提携新秀扶持新人的大度情怀，对白居易少年刻苦作诗精益求精的品格等进行集中阐释，可以激起学生向慕美好的内在情感。

当然，中国古代文论中包含的人文精神是复杂而丰富的[5][6]，远非以上三个方面所能涵括，这需要后世读者不断挖掘，在品读和传承中使之影响、浸染更多的青年学子。

三、文论教学中的伦理追求

先秦诸子百家在提出自己的政治主张的同时，都表现出了鲜明的伦理态度，

---

① 参见《史记·太史公自序》："夫诗书隐约者，欲遂其志之思也。昔西伯拘羑里，演《周易》；孔子厄陈、蔡，作《春秋》；屈原放逐，著《离骚》；左丘失明，厥有《国语》；孙子膑脚，而论兵法；不韦迁蜀，世传《吕览》；韩非囚秦，《说难》《孤愤》；《诗》三百篇，大抵贤圣发愤之所为作也。此人皆意有所郁结，不得通其道也，故述往事，思来者。"

其观点和看法，无论差异多大，都值得任课教师理性分析，引导学生正确取舍，把自己塑造成具有人格魅力、精神世界充实的祖国接班人。

（一）面对邪恶，勇于说"不"

在动荡的春秋战国时期，礼崩乐坏，人的各种贪婪和欲望被空前激发。对此，老子在《道德经》中毫不留情地予以揭露："五色令人目盲；五音令人耳聋；五味令人口爽；驰骋畋猎，令人心发狂；难得之货，令人行妨。是以圣人为腹不为目，故去彼取此。"[4]54

所谓"目盲""耳聋""发狂"是老子对物质使人异化后的工笔描绘。他提醒圣人们对"难得之货"的谨慎和提防。老子的无为也是基于他对社会现实的洞察而提出的。老子的主张并非是回到小国寡民的原始社会，让历史倒退，而是对物质使人欲望膨胀的批判："绝圣弃智，民利百倍；绝仁弃义，民复孝慈；绝巧弃利，盗贼无有。此三者，以为文不足；故令有所属，见素抱朴；少私寡欲。"[4]85

言辞极为犀利，老子对当时社会的分析与批判入木三分。而庄子对社会批判的尖锐程度与老子的相比有过之而无不及，诸如触蛮相争、盗跖论道等大量寓言故事都表明庄子批判立场之坚定、伦理态度之坚决。譬如《庄子·外篇·知北游》写道："故曰：'失道而后德，失德而后仁，失仁而后义，失义而后礼。'"[7]

庄子对待问题的态度和方法值得我们深入学习。他尤其善于抓住问题的本质，寻找问题的总根源予以批判。如果任课教师能以这些文论作为典范教材，鼓励当代大学生对身边邪恶现象勇敢地说"不"，则能使社会多一些内心耿直、立场坚定的"耿介之士"，抑制各种丑陋现象的发生。

（二）坚守道德底线，健全个人"三观"

在中国文论长河中不乏观点独特、个性鲜明的批评家，他们有自己的喜好与趣味，有自己的原则与坚守，如果能充分挖掘其人、其文，对学生伦理道德的形成自然是一种熏陶与感染。依托中国古代文论资源，可以培养在分辨中明察，在识别中拒绝的"底线"思维，不断健全"三观"，从而形成良好的伦理趣味。比如，自幼"志于道""游于艺"的孔子便是一位一身正气、褒贬分明的人，他对韶音和郑声的态度就说明了这一点："子谓《韶》：'尽美矣，又尽善也。'谓《武》：'尽美矣，未尽善也。'"[4]68

子在齐闻《韶》，三月不知肉味，曰：'不图为乐之至于斯也。'[4]96

颜渊问为邦。子曰：'行夏之时，乘殷之辂，服周之冕，乐则《韶》舞。放郑声，远佞人。郑声淫，佞人殆。'[4]163-164

子谓伯鱼曰：'女为《周南》《召南》矣乎？人而不为《周南》《召南》，其犹正墙面而立也与？'"[4]178

我们撇开其反对郑声不利于民间文学发展的事不谈，单就其喜好和褒贬来看，孔子爱憎分明、立场明确。这对我们坚守原则和"底线"，不随波逐流，使自己不愧为一个大写的"人"有正面教育意义。当然，"十年树木，百年树人"，当代大学生"三观"的形成是一个复杂而漫长的过程，远非区区一门课程所能解决。但如果各门课程形成合力，都有意识地从道德、伦理角度进行引导，长此以往是会见到成效的。

（三）避免目光短浅，树立远大志向

依托中国古代文论资源，在讲解知识点的同时引领当代大学生树立远大志向，摆脱肤浅与鼠目寸光的状态，这也是对以道德伦理观来育人的一种践行。

作为中国上古文化的浓缩与精华，《荀子》的"原道明圣"观折射出儒家对"仁""义"等精神理念的不懈追求。"原道、明圣、宗经"三位一体的诗学观无论是在扬雄，还是刘勰那里，都彰显了古代文人学士的志向与追求，其中既有以"修齐治平"实现大同和谐社会的理想与期待，也有立足民族经典传承文化血脉的切实行动。如果教师能在知识的传授中结合孔子、孟子和荀子的曲折人生，并把它上升到"士人—追求—中国梦"的高度，对学生的志向、操守、情怀锤炼将是极好的引导。当然这需要教师有很好的知识储备、文化素养及课堂设计能力。此外，讲解韩非子"墨子为木鸢""射稽讴歌"等寓言时，也可结合现实中眼光狭小、急功近利的现象，对学生进行点拨，这不仅能升华课堂，还能带给学生更多的思考与启迪。因古代文论中很多名篇皆文笔优美，在审美中得到伦理的熏陶往往更加自然和深刻。

（四）引导学生创新，杜绝抄袭

创新是一个民族进步的灵魂，是国家兴旺发达的不竭动力，这已成为学界共识。当下的中国是一个全民创新的时代，尤其是在改革进入深水区的今天，创新是推动全面深化改革的根本动力。从"钱学森之问"的提出，到近年部分中国留学生在海外被开除，国内很多学生过度依赖"模板"，表明中国大学生的创新力跟不上社会发展的需要。这已引起了国内有志之士的高度关注。因此，我们应挖掘中国古代文论中的相关资源，对学生进行教育。

东汉时期的王充针对当时盛行的"崇古非今"现象，提出"今胜于古"的观念，其创新的思维在那个经学氛围迷漫和复古思潮笼罩的时代，是难能可贵的。"俗儒好长古而短今。……汉有实事，儒者不称，古有虚美，诚心然之，信久远之伪，忽近今之实，斯盖三增九虚所以成也。案书篇云：夫俗好珍古，不贵今，谓今之文不如古书。夫古今一也，才有高下，言有是非，不论善恶而徒贵古，是谓古人贤今人也。……善才有浅深，无有古今；文有伪真，无有故新。"[8]

"儒者不称，古有虚美"，王充以犀利的言辞对"不论善恶而徒贵古"的现象给予了猛烈抨击。一味复古就是看不到当下的新变，在《论衡·超奇》篇中，他以"庐宅始成"到"奄丘遍野"的社会变迁，阐明文化在继承中向前发展、复古是对创新阻滞的观点。王充的创新观在中国文论史上颇具代表性，在今天依然很有说服力和学术价值。不单内容上的创新宜引起我们的关注，在文体形式、志向追求上的创新同样应引起我们的重视。陆机以赋体论文、刘勰以骈体论文、韩愈提出"惟陈言之务去""辞必己出"等，皆堪称典范。

在社会转型、多种思想激烈碰撞、人文精神不彰的今天，利用人文社会科学的丰厚资源对大学生进行价值观和世界观教育，是十分必要和迫切的。俗语云："火车跑得快，全靠龙头带。"人文社会科学如同带动社会前进的火车头，它的正确导引，能有效规避因价值观冲突带来的各种问题，防止"车身"脱轨。高校利用各门人文社科课程对当代大学生进行伦理道德教育是一件意义深远的事情，也是学界的共识。

当然，为了提升其实效性，笔者认为在实施过程中尤其需要注意以下几个方面：一是教师要对课程材料进行有意识地开发和挖掘，要学会在尝试中不断总结。初看古代文学批评的很多篇章都是讲理论说知识，老师在课时有限的情况下，容易把教学重心放在文艺思想的形成、内涵、意义和影响上，这固然没错，但错过了对大学生进行道德伦理教育的机会。如讲苏东坡读书"八面受敌"之法，则应在教学中有意识地挖掘其中蕴藏的伦理思想和道德资源，依托课程强化"育人"环节培养学生形成正确的"三观"。二是充分把握当代大学生身心特点，贯穿道德育人和伦理化人的教学理念，在讲授中紧密结合现实，贴近学生的生活实际。无论是课堂上讲到某个知识点、涉及某位批评家，一定要准确到位地提炼出其蕴藏的道德伦理价值和批评家身上体现的人格精神。不和当下现实对话，不与学生熟悉的生活发生联系，不紧跟信息多元化和自媒体时代学生熟悉的社会现象与时代热点，便很难调动学生的积极性，学生也难以真正受到感染。笔者认为，对现实的敏锐关注，对当下生活的驾驭和把握，是任课教师从道德伦理层面讲活中国古代文论课必须具备的教学能力。三是任课教师要做好问题设计，对学生进行延伸性实践训练，比如师生互动发微博或传播与分享相关微博。在课时有限的情况下，教师针对具体篇章精心设计问题，给学生布置课后作业，比如把"话题"写成微博在班级进行分享，还有"招标"式让不同小组处理不同的练习题，都是不错的选择。总之，要使学生喜欢一门课，充分发挥其育人功能，单纯靠主讲教师在有限的课堂上进行单边讲授，是远远不够的。而且教师的单边活动极易导致"灌输"和"填鸭"。要让学生脑子动起来，笔头动起来，设计问题、布置作业、互动交流，便是促使学生在思考、体验和分享中得到更好伦理感化、取得预期教学效果的最佳途径。

参考文献：

[1] 夏传才. 中国古代文学理论名篇今译：第一册 [M]. 天津：南开大学出版社，1985.

[2] 王威威. 荀子译注 [M]. 上海：上海三联书店，2014.

[3] 童庆炳. 文学经典建构诸因素及其关系 [J]. 北京大学学报（哲学社会科学版），2005（5）：72—78.

[4] 朱熹. 四书章句集注 [M]. 北京：中华书局，1983.

[5] 袁济喜. 古代文论的人文追寻 [M]. 北京：中华书局，2002：1—4.

[6] 刘文良. 中国古代文论人文精神的张扬 [J]. 山东师范大学学报（社会科学版），2002（3）：60—63.

[7] 陈鼓应. 庄子今译今注：中册 [M]. 北京：中华书局 1983：558.

[8] 郭绍虞，王文生. 中国历代文论选：第一册 [M]. 上海：上海古籍出版社，2001：122.

伦理引导战争观念探析[*]

引导战争的因素复杂多样，涉及经济、政治、文化、社会等各个领域，尤其关涉伦理道德，然而国内外学术界对此研究尚显不足。加强伦理对战争的价值引导研究，对于实践强军目标[1]、促进世界和平、推进人类文明、实现人的自由全面发展等都具有重要意义。

一、伦理引导战争的价值依据

作为一种理念，伦理引导战争的价值合理性依据，至少有三个方面。

（一）慎战取向的战争主体与普遍价值认同

相对而言，野蛮民族往往好战，文明民族往往慎战。随着人类越来越文明，慎战主体越来越多，其慎战思想也日益支配整个人类。在中国，慎战思想源远流长。春秋时期，老子就提出："以道佐人主者，不以兵强天下。"（《道德经·三十章》）他认为"以兵强天下"就是"好战"，通过战争获得国土、权力是不道德的。相反，"不以兵强天下"就是"慎战"。当然，慎战并非不战，只在迫不得已时才选择采取战争的形式解决部族、国家间的争端，于是发展出"哀兵必胜"的思想。同时代的孔子明确提出了慎战思想："子之所慎：齐，战，疾。"（《论语·述而》）孔子主张把战争看作跟斋戒祭祀和对待疾病一样，要慎之又慎。即使作为兵家的孙武也主张慎战："兵者，国之大事，死生之地，存亡之

---

[*] 基金项目：国家社会科学基金重大招标项目"现代伦理学诸理论形态研究"（10&ZD072）。
作者简介：丁雪枫，男，安徽霍邱人，南京政治学院马克思主义学院教授，博士，硕士生导师，研究方向为军事伦理学、道德哲学和政治哲学。
原载《武陵学刊》2016年第1期。

道，不可不察也。"（《孙子兵法·始计篇》）直至发展出孟子的"仁人无敌于天下"（《孟子·尽心下》）的价值命题。中国传统如此，西方也一样。古希腊的柏拉图、亚里士多德尽管都把勇敢看作军人的必备美德，但在实际社会生活中，都主张慎战，认为不到万不得已，不应该发动战争。

慎战思想或主体的慎战取向之所以能够得到普遍认同，至少有两个依据：其一，节制战争。战争是由主体发动并参与的，主体的慎战倾向有利于限制战争，即使战争发生，也能把战争控制在有限的范围内和一定的程度上，努力减轻战争带来的伤害。其二，减少损害。战争对于参战的双方来说，都是不利的。老子说："师之所处，荆棘生焉。大军之后，必有凶年。"（《道德经·三十章》）他认为战争常常给民众带来灾难，是消极的。总之，主体谨慎地发动战争、谨慎地参与战争，具有普遍的价值认同意义。

（二）人道性的战争手段与普遍价值认同

由于受主客观因素的影响尤其受社会历史条件的限制，在当今世界尚不可能杜绝一切战争。但是如果主体在战争中通过人道的手段取得胜利，则会受到普遍认同。这从另一个侧面说明了伦理引导战争的价值合理性。

战争手段是指赢得战争的方式方法，人道性的战争手段就是赢得战争时采取人道的方式方法。人道性战争手段能够被普遍认同，依据至少有三个：其一，"人人都是目的"。康德指出："人，一般说来，每个有理性的东西，都自在地作为目的而实存着，他不单纯是这个或那个意志所随意使用的工具。在他的一切行为中，不论对于自己还是对其他有理性的东西，任何时候都必须被当作目的。"[2]在康德看来，所有的人都有公平的人格尊严，都应该受到平等的尊重。当然，现实生活中，一个人只用作目的而不用作手段是不可能的，人与人之间往往互为目的、互为手段，但是，康德认为，即便在把一个人当作手段时，也必须以其目的性作为前提条件。目的是永恒的，手段是暂时的。其二，"我"是目的。即战争中的我方军人和老百姓等都是目的，其生命、生活、尊严都应该得到保护和保障，这是毋庸置疑的。战争的基本法则是"消灭敌人、保存自己"，消灭敌人是手段，保存自己是目的，保存自己就是尽可能保障己方人员的安全，否则就不应该发动战争。其三，"敌人"也是目的。战争中把自己当作目的并不难，难的是把敌人也当作目的。广义上，敌人包括参战的敌军和普通老百姓等。尽管交战是两国之间尤其是两国军人之间的事，但是人们往往把敌国的一切人都当作对手加以轻蔑和消灭。事实上，直接参战的敌方军人并非都是好战之徒、侵略者，他们中的许多人是受其政府的蛊惑，被迫参战的。也就是说，真正的好战者、侵略者只是少数，这些少数人才是应该被制服、消灭的对象。在敌方政府官员中，直接煽动战争的也是少数，大多数官员一般都是慎战的。敌方的百姓更是如此，他们比政府官员、军人更希望和平。所以战争中要尊重敌方的无辜百姓、厌战的政府官员和放下武器的敌人，他们的生命、生存、价值应该受到人道的对待；即使是罪大恶极的敌方军人、政府官员，只要他们停止侵略，就可以成为人道主义的保护对象。手段为目的服务，人的目的性决定了人道性战争手段的合理性，人道性战争手段被普遍认可，从另一个侧面说明伦理引导战争的价值合理性。

（三）有限性的战争过程与普遍价值认同

有限性战争过程的价值合理性根据在于无限性战争过程的不合理性，这种不合理性从伦理的角度看至少有三个方面：其一，社会财富的浪费。一般情况下，战争过程越长，社会财富耗费越多。社会财富是人民这一价值主体创造的，其目的是为了使自我过上更好的生活，让自己获得更好的发展。然而，漫长的战线和战争过程消耗了大量的社会财富，浪费了主体的劳动成果，因而是恶的。其二，人员的疲累。战争过程越长，参与战争的主体越多，战争主体越疲累。一方面，主体的生命是有限的，把有限的生命用在无限的战争中，显然是不合理的；另一方面，无限延长的战争过程很可能无限否定主体的劳动和尊严，也无限否定主体的生活和价值，因而是不道德的。其三，对生命权的轻视。战争过程的延长，对敌我双方军人、民众的生命都是严峻的考验。我方力图消灭、制服敌方，敌方也想方设法消灭、制服我方，敌我双方军人、百姓都生活在恐怖、紧张之中，精神必然高度紧张。尤其是，直接参与战争的人可能随时面临伤残甚至死亡的威胁。生命是臻于至善的基础，伤残或死亡是对至善的一种践踏；无限的伤残或死亡是对至善的无限贬低，因而是不道德的。

相反，有限性的战争过程具有价值合理性。当战争不可避免时，人们普遍认同有限战争，即速战速决，其伦理依据至少有三个：其一，节约资源。相对而言，战争过程越短，越能节约社会资源。将主体创造的财富用在自我身上，而非用在你死我活的争斗上，是最大的人道，因而是道德的。其二，减少伤亡。有战争就有伤亡，其伤亡的不仅有敌方军人、敌方百姓，也有我方军人、我方百姓。无论是谁伤亡，他们的生命都是平等的，每个人的生命都只有一次，因此是极为宝贵的，都值得敬畏。在战争中，战争过程越短，参战人员越少，受战争影响的人也就越少，他们的生命越能得到保护和保障。战争史表明，战争过程与人员伤亡成正比，战争过程越长，伤亡越大；反之，战争过程越短，伤亡越小。沃尔泽说："把我们关于战争的观点理解为（虽然也可能有别的理解）承认和尊重个人权利及由个人组成的共同体的权利的努力是最充分的。"[3]序28-29"个人（对生命和自由的）权利构成了我们对战争做出的那些最重要判断的基础。"[3]62减少伤亡是道德的价值诉求。其三，恢复正常的社会生活。战争不是社会的常态，社会生活的常态应该是和平。战争时期，整个社会生活处于极端状态，一切为战争服务，扰乱了人们正常的生产生活秩序；当然，这在正义战争中是不可避免的。无限的战争过程意味着无限地扰乱人们的正常生活，无限地否定人的生命、生活和尊严；相反，有限的战争过程，能使人们尽快恢复正常的社会秩序，过有价值的生活，因而是道德的。

二、伦理引导战争的价值目标

阐明了伦理引导战争的价值依据之后，还需要进一步回答伦理把战争引向何方，伦理引导战争的价值目标是什么以及价值目标是否合理等问题。只有这样，才能使伦理引导战争的价值依据更加具有说服力，得到人们的普遍认同。

（一）维护世界和平

诚然，战争不是从来就有的，而是人类发展到一定阶段的产物，它是伴随私有制的产生而产生的，是集团主体对狭隘利益的武装争夺。奉献、牺牲即主体利益的付出是道德的基础，然而，战争主体发动战争是为了获得一己私利或狭隘集团的私利，不仅不能奉献或牺牲自我利益，而且强取豪夺他人的利益，满足自我或小集团的欲望。由此可见，战争在起源上具有不道德性。

人类自有战争始，就有了人们对和平的诉求。从常理来看，战争意味着惨烈的生存状态，和平意味着平静的生活状态，战争与和平是对立的：战争就是冲突，和平就是无冲突；有战争就不能有和平，有和平就不能有战争。这种把战争与和平对立的观点是片面的。实际上，战争与和平是辩证的关系，这种辩证性表现为以战止战、以战争保障和平。《商君书·画策》指出："故以战去战，虽战可也；以杀去杀，虽杀可也；以刑去刑，虽重刑可也。"同时期的《司马法·仁本第一》中也强调:"是故杀人安人,杀之可也;攻其国,爱其民,攻之可也;以战止战,虽战可也。"他们都用辩证的眼光看待战争与和平的关系,认为"以战止战、以战去战"具有合理性,以"去战""止战"为目的的战争应该被肯定。从这个意义上说,尽管战争在其产生时具有消极和不道德性,但是在人类社会发展中,战争又具有维护和平的价值。

所以战争的合理性取决于和平,而和平的价值依据在于其伦理性。人类只有在和平的环境中才能生存、生活,才能配享人的尊严;相反,战争状态即惨烈的人类生存状态,在不是你死就是我死、不是你伤就是我伤的情况下,人们难以掌握自己的命运,每个参战者随时可能面临伤残和死亡,甚至伤及无辜和平民,因此战争状态不利于大多数人的生存、生活。沃尔泽认为,参战的军人只是工具,不是人,不能享受正常人的待遇和尊严。从这个意义上说,战争不具有伦理性,而作为其对立面的和平就具有了价值合理性。罗尔斯也认为:"战争的目标是一种正义的和平,因此所使用的手段不应该破坏和平的可能性,或者鼓励对人类生命的轻蔑,这种轻蔑将使我们自己和人类的安全置于危险的境地。"[4]和平保障了人类的正常生活、生存和发展,其伦理价值是显而易见的。

(二)促进人类文明

伦理引导战争的第二个价值目标是促进人类文明。首先,战争过程缔造人类文明。粗略地说,战争的发展也经历了野蛮和文明两个发展阶段,正义的战争可以促进人类从野蛮走向文明。在野蛮时代,战争是你死我活的较量,使对方屈服的最好办法是消灭对方或大量消灭对方;为了消灭对方或使对方屈服,各种战争手段都可能被考虑。在文明时代,战争的目的虽然没有变,仍然是使对方屈服,战胜对方。但是战争的真正目的不再是毁灭,而是让对手放下武器,停止不正义的战争。这一思想渊源流长。在中国古代,孙子说:"凡用兵之法,全国为上,破国次之;全军为上,破军次之;全旅为上,破旅次之;全卒为上,破卒次之;全伍为上,破伍次之。"(《孙子兵法·谋攻篇》)孙子强调,战争的最合理状况是零损害。如果说战争过程的文明在社会发展处在较低阶段时多是美好的愿望的话,那么在社会发展进入较高阶段尤其是信息化时代这一良好愿望已经变成了现实,战争推动了军事变革和生产力的发展。

其次,战争目标是人类文明。这主要表现在两个方面:一是保卫人类文明,二是发展人类文明。就保卫人类文明而言,自人类进入奴隶社会以来,尽管有了文明的记载，人类越来越文明，但是野蛮并没有消除，战争也没有消失。野蛮民族往往挑起战争，文明民族为了保护人类文明被迫还击。但也有这种情况，战争往往由文明国家发起，打击的对象是野蛮民族，究其原因在于，在野蛮面前，文明显得非常脆弱，不堪一击；文明民族为了保护人类文明，防止文明遭到破坏，必需先发起战争，防止野蛮民族对文明的破坏。从逻辑上看，由文明国家发起的战争具有一定的合理性，但实践上有可能走向极端而导致价值霸权。一些所谓的文明国家可能把自己的价值观念、生活方式、文化模式以"文明"的借口强加给其他国家和民族，进而征服他们，使其接受所谓的"文明"，这就不具有合理性。就发展人类文明而言，战争要想取得胜利，必须具备较高的人员素质、较好的武器装备、较合理的战术战法，而提高作战人员的素质，也带动了其他相关人员素质的提高；提升武器装备的水平，也带动了其他科学技术的发展；提高战术战法的合理性程度，也带动了其他社会管理模式的更新和发展等。所以在人类还不能消灭战争的历史条件下，战争的重要价值是保护和促进人类文明，这也是伦理引导战争的价值目标。

（三）追求人的自由全面发展

伦理引导战争的第三个目标应是有助于实现人的自由全面发展。作为科学社会主义的创立者，马克思鉴于阶级剥削与阶级压迫的事实，在人类思想史上第一次提出了实现共产主义的理想，而共产主义社会是以实现人的自由全面发展为目标的，因此，战争作为人类的一种实践活动，也应以追求人的自由全面发展为目标。

马克思关于人的自由全面发展思想是基于资本主义社会人被异化的事实提出来的。在资本主义社会，人被深刻异化。在经济上，资本家盘剥工人创造的剩余价值，导致工人劳动得越多，自己获得得越少。随着资本主义社会的繁荣，工人反而越发穷困。在政治上，国家机器掌握在大资本家及其代理人手中，工人没有任何政治权利，处于被统治的地位，言论、集会等自由受到极大束缚。在文化领域，资本家掌握着舆论工具极力宣扬资本主义的合理性，实质是宣传资本家剥削、压迫工人的合理性，工人处于被检查、被压制的地位。在资本主义社会工人被异化，资本家也同样处在被异化的处境中，因为他们凭借其占有的生产资料无偿剥削工人的劳动成果，凭借掌握的国家机器对工人进行政治压迫，凭借话语权对工人实施文化霸权，最终激化了阶级矛盾。无产阶级革命和正义战争是改变资本主义人的异化的根本途径。鉴于这种情形，马克思提出了推翻资本主义社会，建立共产主义社会的社会理想，并强调理想社会"将是这样一个联合体，在那里，每个人的自由发展是一切人的自由发展的条件"[5]。也就是说，在未来的理想社会中，只要有一个人尚未自由，其他人也难以自由；人们只有相互帮助，每个人的自由全面发展才能够实现。

作为政治的继续之战争，伦理引导所要达到的重要价值目标之一就是促进人的自由全面发展。这里有肯定和否定的两个方面。就肯定的方面而言，合理的战争必须能够带来敌我双方乃至全人类的自由全面发展，具体表现为战争能够促使己方、敌方、第三方人民的解放、自由、独立。因此，民族独立、推翻殖民统治的战争是正义战争；反抗压迫、争取自由的战争也是正义战争。第二次世界大战以来，许多殖民地、半殖民地国家纷纷独立，摆脱了西方列强的殖民统治，建立了民主、自由的新国家。殖民地半殖民地人民所发动的战争都是合理的正义的战争，它们有力地推动广大殖民地半殖民地人民的自由发展。就否定方面而言，任何战争的结局都不能导向奴役、专制、不自由和征服。一场战争如果没有促进敌我双方人民群众的自由全面发展，就具有不合理性；如果导致了敌我双方人民群众遭受剥削、奴役，就不具有合理性；如果导致己方自由、敌方不自由，也不具有合理性。敌方人民也是战争解放的对象。总之，奴役人的战争或使人陷入被奴役处境的战争都应该受到批判。

三、伦理引导战争的军事实践

伦理引导战争的实践对国际政治生态尤其军事实践产生了深远的影响，其中"不战而屈人之兵"成为伦理引导现代战争最重要的价值理念。恰如孙子所言："是故百战百胜，非善之善者也，不战而屈人之兵，善之善者也。"（《孙子兵法·谋攻篇》）

（一）提升了战略威慑而非实战

伦理引导战争，就是强调战争的价值合理性在于对人的关切，关注敌我双方人员尤其是无辜民众的生命、生活和尊严。为此，伦理引导战争就是强调威慑而非实战。

在信息化条件下，威慑是主要的军事形态。一般情况下，军事形态有三种：实战、和平与威慑。在现有的社会条件下，实战与和平是暂时的、有缺陷的，威慑是持久的、合理的。究其原因有三个方面：一是实战的残酷性。战争实践表明，战争意味着伤亡和损失。在冷兵器时代是如此，在机械化战争时代甚至信息化战争时代也是如此。在实战中，在敌我双方的激烈较量中，不仅敌我双方军人的生命、生存得不到全面保障，而且敌我双方无辜民众的生命、生存也得不到全面保障，尤其可能造成敌我双方财产的巨大损失和浪费，"打仗就是打经济"。因此，伦理引导战争就是要尽可能地减少甚至消灭实战。二是和平的不可能性。在人类历史上，战争从来就没有停止过，大战、小战，世界性战争、局部性战争，国家之间的战争、民族之间的冲突，此起彼伏；世界上能够有100年和平时间的国家非常之少。绝对和平只是人们的一种愿望，是战争所要追求的目标。因此，伦理引导战争就是要尽可能减少战争，通过相对和平的实现而推进绝对和平。三是威慑的合理性。威慑成为当前国际军事形势的常态。军事威慑具有必然性，其存在具有伦理性，因而成为当前军事形势的主流。第二次世界大战以来，随着核武器的使用及大规模杀伤性的常规武器投入战场，更由于生化武器的实际存在，人们对待战争的态度越来越谨慎，因为一旦爆发世界性战争，就可能导致人类的彻底毁灭。大规模杀伤性武器的实际存在使各国尤其大国之间都着眼于威慑、遏制而非实战。军事威慑的伦理性在于，保护人的生命、生活和尊严。尽管军事威慑的存在一定意义上影响了人们的正常生活，增添了人们的心理负担，但是这对人们的伤害远远小于因战争炮火夺取他们的生命和伤废他们的肢体而造成的伤害。在威慑环境下，冷战中的敌我双方除了增添少许心理负担外，一般都能很好地生活。与实战相比，军事威慑更加尊重人，因而更具有合理性。于是，伦理引导战争就会使威慑日益突出，实战越来越少。

（二）推进了政治对话而非对抗

战争一般是国家之间的政治行为，伦理引导战争的另一个重要影响就在于这种价值引导推动了分歧国家的协商而非冲突。协商意味着主体之间的平等对话。哈贝马斯的商谈伦理认为，行为规范不能由统治者确定，也不能由少数人确定，甚至也不能由多数人确定，而应该由行为者坐在一起进行商谈，得出各方都认可的规范、制度，这样的规范才具有价值合理性。商谈伦理的合理性在于，各方承认自己为人，也尊重对方为人，自己与他人处于平等的地位，承认对方需求的合理性，尽管需求是千差万别的。尊重每一个人，把人当作目的而不仅仅是手段。哈贝马斯的商谈伦理扬弃了康德的目的王国的思想，值得肯定，但它也有缺陷。因为，社会规范是每一个人都必须遵守的，由于人口、地域的限制，许多情况下把所有社会成员召集在一起达成共识，显然是不可能的。所以哈贝马斯的商谈伦理具有理想性。尽管如此，有一点是值得肯定的，商谈伦理认可了人与人的公平性。相反，冲突则意味着双方相互否定、互不尊重、不承认对方的合理存在和合理诉求。冲突的伦理困境就在于对自己肯定而对他人否定。冲突中的一方认为对方不配享有人格尊严、对方劣差一等，因而应该被消灭或被压制，对方也以同样的思维方式或价值观念看问题，可想而知，冲突的结局只能是战争。

有鉴于此，协商与冲突的伦理差异促进了现代国家在处理国际事务时的对话而非对抗。在国家之间的政治对话中，分歧的国家之间相互承认对方，一定意义上意味着两国国民之间的相互承认：国与国的平等、国民与国民的平等，人格尊严得到相互的认可。通过对话，分歧国家解决了争端，达成了共识，国与国之间和平相处，平等互利，相得益彰。相反，对抗意味着分歧国家或分歧民族之间互不认可，一方力图征服另一方，一方力图毁灭另一方，都视对方为寇仇。国家之间的对抗导致人民之间的相互仇视。因此，对抗不仅消解了国格的价值，而且消解了人格的价值，使人类命运共同体陷入瓦解。伦理引导战争的重要价值就在于促进分歧国家民族之间的政治对话、平等协商解决争端，消解它们之间的对抗、冲突与战争。

（三）促进了武器智能化而非拼命

伦理引导战争理念促进了武器的发展。伦理引导战争的价值基础是对人的关切，这里的人是具体的而非抽象的，包括敌我双方的军人、平民、政府官员，各方都把对方当作与自己一样的人看待。如前所述，伦理引导战争的首要价值是威慑而非实战，是对话而非对抗，即使发生战争，也要少伤亡或零伤亡，少损失或零损失，这是伦理引导战争的又一价值。这一理念深刻影响了武器装备的研究与运用。

一方面，武器装备日益自动化和智能化。其依据主要在于对己方人和物的价值关切。众所周知，复杂、笨重、庞大的战争武器，不仅需要大量的人力、物力保障，而且影响作战效率，难以达到战争目的。正义战争要考虑己方军人的生命、生活与尊严，要考虑己方百姓的生命、生活与尊严，也要考虑财物的消耗与使用。武器装备的自动化、智能化、集成化、简单化、小型化，减少了实战时我方军人的劳动及不必要的训练，同时还能提升战场效率，缩短战争进程。不仅如此，武器装备的自动化、智能化、集成化、简单化、小型化也减少了社会保障的负担，节约了资源。因为，庞大复杂的武器装备必然耗费巨大的人力、物力、财力，民众为此也要付出不必要的牺牲。可见，武器装备日益自动化和智能化，是对人的充分尊重。

另一方面，武器装备日益精确化。其依据主要在于对敌方军人、百姓及财产的价值关切。敌军也是人，也配享人的尊严与价值。然而敌方军人并非全部罪大恶极，真正有罪的是少数人，是一些好战的军官或政府官员，有时甚至是个别人。这些人要么具有分裂的倾向，要么具有侵略的倾向，由他们发动的战争是不正义的战争，而其他大多数人、其他军人往往受到战争机器的鼓动参与战争。武器装备日益精确化，其主要目的就是精确打击少数罪大恶极的战争贩子，消灭他们或迫使其屈服，最终结束战争。武器装备的精确化能减少对普通平民的误伤及其财产损失；减少了不必要的伤亡和损失，因而既符合伦理的价值取向，也决定了未来战争武器的发展趋势。

参考文献：

[1] 习近平. 习近平谈治国理政 [M]. 北京：外文出版社有限责任公司，2014：220.

[2] 康德. 道德形而上学原理 [M]. 上海：上海人民出版社，2002：46.

[3] 迈克尔·沃尔泽. 正义与非正义战争 [M]. 南京：江苏人民出版社，2008.

[4] 罗尔斯. 正义论 [M]. 北京：中国社会科学出版社，2009：297.

[5] 马克思，恩格斯. 马克思恩格斯选集：第1卷 [M]. 北京：人民出版社，1995：294.

孙中山的武德思想及当代启示*

作为一名伟大的爱国者和中国民主革命的先驱，孙中山将自己的一生都奉献给了革命事业。在战争中，他十分重视发挥军人的精神作用。在物质和精神的对比中，他认为"精神能力实居其九，物质能力仅得其一"[1]13。而武德又是军人精神的核心。因此，研究孙中山的武德思想，对于新时代加强我军思想道德建设，实现强军目标和中华民族伟大复兴的中国梦具有重要的启示。

一、孙中山对中国传统武德思想的批判性传承

武德是军人观念体系与行为品质的统一体，中国传统文化中自古就有着丰富的武德思想，在几千年的历史传承中，不断地影响着军人精神的塑造。孙中山的武德思想就是在继承中国传统的安国保民的爱国思想、英勇顽强的英雄品质，爱护百姓的作战原则等武德思想的基础上，根据三民主义理论与实践，形成的以"专心救国"的军事爱国主义、"不宜畏死"的军事英雄主义、"为众人服务"的军事人道主义等为主要内容的思想体系。孙中山充分肯定了中国古代军事文化中的积极因素，并将其直接或间接地应用于革命实践，这是他武德思想的重要来源。可以说，孙中山的思想"完全是中国正统思想，就是继承尧舜以至孔孟而中绝的仁义道德的思想"，是"中国道德文化的复活"[2]。

---

* 基金项目：国家社会科学重大招标基金项目"现代伦理学诸理论形态研究"（10&ZD072）；国防大学政治学院"十三五"计划研究项目"培养'四有'新一代革命军人研究"（16ZY02-08）。

作者简介：汪璐，女，河南郑州人，国防大学政治学院博士研究生，研究方向为军事文化和军事伦理。

原载《武陵学刊》2019年第3期。

（一）批判继承传统伦理中的爱国思想

爱国主义精神在中国源远流长，它既是民族精神的核心，也是传统武德文化的重要内容。军人更是将爱国之情落实到报国的具体行动上，将以身报国作为自己的价值取向。不管是"图国忘死，贞之大"的民族气节，还是"位卑未敢忘忧国"的忧患意识，或是"捐躯赴国难，视死忽如归"的牺牲精神，都丰富着军事爱国主义的内涵，滋养了无数仁人志士。受传统文化熏陶的孙中山也继承了这一传统。

中国传统文化中的报国思想离不开忠君思想。正如辛弃疾在词中云："了却君王天下事，赢得生前身后名。"在中国传统文化的观念里，"普天之下莫非王土"，家国一体，国家是君主的私有财产，报国往往等同于忠君，忠君依据的是家庭伦理中的孝道。在中国，宗法关系延续了几千年，在家尽孝、为国尽忠，由家及国，形成了"君为臣纲"的伦理观念和"家国同构"的关系格局，"家是小国，国是大家"，因而，有了忠孝相通的传统，有了忠君爱国的理念。

孙中山批判地继承了中国传统文化中的爱国主义精神，他倡导的军事爱国主义已不简单是传统的忠君报国思想，而是颠覆了以往封建地主和军阀对军队功能的认识，明确了军队的服务对象，军人为国而战，有着捍卫国家主权的义务。中国自古就有"殉节报国""杀身以成仁"和"天下兴亡，匹夫有责"等忠君报国的思想。孙中山受传统文化的熏陶，对传统军事爱国主义进行了改造，做出了新的阐释，将自由、平等、博爱等新内容注入其中，提出了"成功""成仁"的观点，认为军人应不问利害，"有杀身以成仁，无求生以害仁"[1]22的为国献身精神。同时，他在区分专制国与共和国的基础上，指出不同于专制国将国家等同于君主的观念，共和国是属于全体人民的。由此，他将古代军人忠于封建国家、以死报君的精神加以改造，剔除其"愚忠"的糟粕，将"忠"的对象由封建君主转变为国家和人民，从而将报国思想解释为为国牺牲的革命献身精神。他指出，民国取代了清王朝，而"忠"依然为社会所需要，但这种"忠"，"不忠于君，要忠于国，要忠于民，要为四万万人去效忠"[3]244。他还指出，与效忠于个人不同，为众人效忠是高尚的。为此，孙中山批判保皇党标榜的"爱国"的实质是"所爱之国为大清国"，维护的是封建专制主义的君主统治，没有考虑中国的前途与命运，保皇党"非爱国也，实害国也"[4]63。真正的革命党所理解的军事爱国主义，是为国牺牲、成仁取义的行为，是舍命救国的牺牲精神。

（二）深度挖掘传统伦理中的勇德思想

"勇"自古以来就是备受军人推崇的重要武德之一，《孙子兵法》说："将者，智、信、仁、勇、严也。"《吴子》也提出了"威、德、仁、勇"的为将之道。可见，孙中山所说的"智、仁、勇"等概念古已有之，是中国"固有的道德"。"勇"展示了军人特有的职业精神、视死如归的豪迈气概及舍身成仁的非凡气度。从孙中山对"勇"的诠释中，可以看出传统文化对他的深刻影响。

孔子说："智者不惑，仁者不忧，勇者不惧。"[5]孙中山认为"勇"的根本要义就是"不怕"，勇者无论面临多么残酷多变的战场和严峻死亡的威胁都要镇定自若、无所畏惧。不惧危险、勇于牺牲是军人的必备素质。

孔子将"勇"进行了区分，反对没有"智""义"支撑的恶勇，认为"有勇无义为乱"（《论语·阳货》），并指出"勇而无礼"是君子所厌恶的。孟子将"勇"分为"大勇"和"小勇"。在《孟子·梁惠王章句下》中，孟子指出，小勇是一种动辄抚剑疾视的匹夫之勇，而大勇则如周文王、周武王一样，义愤激昂，善于调兵遣将以安天下之民。荀子在《荣辱篇》里将"勇"分为四类：即争食的"狗彘之勇"、夺财的"贾盗之勇"、逞暴的"小人之勇"及重仁义的"士君子之勇"。前三"勇"只重个人利益，与士君子的"大勇"有本质的区别。孙中山继承了儒家的思想，也将"勇"做了大小之分，并强调军人要舍生取义，应牢记"志士不忘在沟壑，勇士不忘丧其元"[6]132。

此外，中国文化中不但崇尚"勇"，还讲求智勇双全；"不惧"并非无所畏惧，更不是用武力解决一切，而是善谋、谋定而后动。正如《孙子兵法》所说："以谋为上，先谋而后动。"古有六艺，即礼、乐、射、御、书、数，其中的射、御技能是军人必备的，只有本领过硬，才有赴汤蹈火的资本。孔子就曾告诫子路说："好勇不好学，其弊也乱；好刚不好学，其弊也狂。"（《论语·阳货》）朱熹也认为："有仁知而后有勇，然仁知又少勇不得。"[6]34到了孙中山这里，他对"勇"做了"长技能"和"明生死"的规定，这正是对传统文化的继承。

（三）创新发展传统伦理中的民本思想

孙中山"为民而战""为人民革命"的思想源于中国古代朴素的民本思想。春秋时楚庄王将"安民"作为"武"的"七德"（《左传·宣公十二年》）之一。《管子·霸言》强调："夫霸王之始也，以人为本。"孔子也主张富民、教民，孟子强调要以民为贵。《孙子兵法》提出"唯人是保"的主张。这些思想都体现了在军事活动中的"以民为本"的价值追求。孙中山传承了这些价值理念,认为人民是国家之本,"天下为公"是他毕生追求的道德理想。在兴中会的宣言中,他就提出要"群策群力""共挽中国危局"[6]22。辛亥革命失败后,他再次强调"民为邦本",认为中华民国的建立,"必筑地盘于人民之身上"[4]196。

古代的"民本"思想重在维护封建统治阶级的利益,并不重视民众的尊严。对此,孙中山对传统的民本思想进行了改造,并将"民有、民治、民享"纳入自己的思想体系,提出了"民族、民权、民生"的三民主义。孙中山在《世界道德的新潮流》中,还将自己的道德追求概括为"替众人服务",认为这是新时代崇高的新道德,是世界道德的新潮流。他将资产阶级关于国家和军队关系的观点与中国传统的民本思想相结合,提出:"无论官长士兵,对于人民宜以仁义为重。须知人民与我为一体,利害与共。"[3]22同时,随着革命斗争的深入,孙中山的民本思想也得到了丰富和发展,不仅更加重视民众的作用,而且明确了工农阶级在民众中的地位。他逐渐意识到:革命事业由民众发起,革命事业也需要依靠民众,特别是工农大众的力量才能成功①。

"以民为本"就要"慎战"。自古以来,中华民族以热爱和平、反对战争著称,提出了"以战去战"(《商君书·画策》)、"止戈为武"的战争理念,并在实践中形成了丰富的颇具民族特色的武德传统。孙中山继承了传统文化中的"慎战"思想,认为爱和平是中国的一个重要传统,并且是"出于天性"[3]246的,因为,战争必然会伤害民众,"兵者所以威不弱,故非得已"[6]332,"攘胡之师,为民请命,……而伤痍者犹不得免"[6]317。因此,应尽量避免使用武力,以防使民众处于水火之中。然而,当时的中国,内有军阀混战、外有强敌欺凌,仁义之道已无法维护和平,欲求中国之独立富强,还民众以真正和平,就不得不使用武力,对内结束军阀统治,对外抵御列强入侵,以战止战,以正义之战维护和平,救民众于水火之中。可见,孙中山所提倡的武德并不是一味地诉诸武力,而是要从人民的根本利益出发。

---

① 孙中山指出:"革命事业由民众发之,亦由民众成之。"(详见,陈锡祺. 孙中山年谱长编(下册)[M]. 北京:中华书局,1991:154.)此时他指的民众的作用,已经突出了工农大众的重要性,认为工人阶级可作"国民的先锋"(同上,1898),国民革命"要用农民来做基础"(同上,1980)。

二、孙中山武德思想的精神内涵与他的武德实践

军队是国家的安全保障,武德是一个军队应有的道德规范和军人应具备的道德品质。孙中山一向强调武德的作用,并在革命实践中不断深化对武德的认识,形成了以军事爱国主义、军事英雄主义和军事人道主义为核心的武德思想。他认为,作为军队的主体,军人不仅需要有强烈的爱国心,还要积极地回应时代的需求,以坚定的政治信仰为指引,以军事英雄主义为支撑,奋勇杀敌、勇于牺牲,在为国为民的奋斗中诠释武德的精神内涵。

(一)"专心救国"的军事爱国主义

思想是时代精神的精华。孙中山所处的时代,正是帝国主义大肆入侵、中国封建统治摇摇欲坠、中华民族处于危难之时,救亡图存成了19世纪末20世纪初中国革命的主旋律,爱国主义成为忧国忧民的有识之士的价值诉求。结束封建军阀割据的局面、推翻帝国主义统治、争取民族独立成为特定时代军事爱国主义的具体内涵。

时代主题的变化决定着军人武德重心的变化。孙中山认为,当前革命军队所负的"非常之事业"就是革命[1]10,而"革命之责任者,救国救民之责任也"[1]15。面对革命之路的艰难困苦,军人"须具有特别之精神"。而军人的特别精神指的就是以爱国主义为核心的革命精神,其突出表现就是以崇高的理想、坚定的信念和不屈的斗志扶大厦之将倾,救国家于水火。

孙中山批判了军阀统治,揭露了他们为争夺地盘、聚敛钱财而使国家四分五裂的行径。军阀以自己的利益为出发点,横征暴敛,他们统治下的军队只会令民众苦不堪言。不同于军阀的牟图私利和欺压民众,孙中山以"驱逐鞑虏,恢复中华,创立民国,平均地权"为革命宗旨,提出军队要为国为民服务,军人要心系国家,将个人命运与国家命运紧密结合起来,只有国家富强了,个人的发展与追求才会有可靠的保障;而那些心中无国的人,只会唯利是图、追逐个人利益,甚至可以为私利去做亡国奴,但这些人即使是"升了官、发了财,也不荣耀"[3]649,是可耻的。孙中山认为,革命军人必须受"非常之军人教育",通过军事教育来激发官兵的爱国热情。1912年颁布的《陆军军官学校教育方针》规定,军官不仅要有学识,更应该具备爱国的品质。在黄埔军校,孙中山多次向学员讲授中国受欺凌压迫的历史,告诫官兵要以救国作为毕生的事业,

不可存升官发财的心理，并勉励学员要克服自私自利之心，破除富贵利禄之念，献身于革命事业，自觉担负起"救国救民之责任"，"牺牲一切权利，专心去救国"[7]292-300。

同时，孙中山还赋予了军事爱国主义以强烈的政治意识，认为军事爱国主义必须以三民主义为指导。这一思想是孙中山在吸取革命失败惨痛教训后形成的。二次革命、第一次护法运动的失败，使孙中山认清革命中的一些军队，他们的目标与革命党的奋斗目标在根本上是不相同的，这些军队中的官兵，不仅"不明白革命主义"，更"不能除却自私自利的观念"[8]851，他们看到的只是利害关系，没有理想信念，因而是靠不住的，最终只能导致革命失败。由此，孙中山强调："只有明白了主义，才能干革命事业。"[8]851这里的"主义"，特指孙中山所倡导的三民主义①。坚持和实行革命的三民主义，是革命军人的一大天职。他指出，北洋军阀与革命军的根本区别就在于有无主义，各路军阀都打着保境安民的幌子互相争斗，实则是为了权力与地盘而争斗。没有正确的政治信仰引领，就不会有国家观念，也不会为国家的命运而自觉奋斗。因而，他认为军人不能"汲汲于把握军权"[9]506、一心想做大官，而要做一个有志之士为践行主义而奋斗。军人的信仰并不是凭空产生的，孙中山特别注重对官兵进行三民主义的教育，培养官兵的爱国主义精神。他要求学校向学员讲授帝国主义侵华史，阐释三民主义，以培育学生爱党爱国的政治热情和奋斗精神，坚定政治信仰。正如孙中山所说，只有照着自己信仰的主义去做，才能打破旧的思想，否则，我们的事业便没有希望[9]469。

（二）"不宜畏死"的军事英雄主义

孙中山认为，军人为了革命利益和革命理想要敢于斗争、不怕困难、勇于自我牺牲，即要有军事英雄主义精神。战争极具破坏性，军人常与死亡相伴，唯具有牺牲精神、坚韧去做，才能实现军人的价值，取得革命的胜利。在辛亥

---

① 这里的三民主义，指的是新三民主义。随着国内外形势的变化和孙中山主观认识的提高，其三民主义也在不断地深化。辛亥革命后，孙中山意识到建立军队的重要性，尤其是在十月革命和共产党的影响下，他还对革命对象和革命所依靠的力量重新进行了分析。1924年，孙中山在《中国国民党第一次全国代表大会宣言》中对三民主义做了新的解释，把旧三民主义发展成为反帝反封、联俄联共、扶助农工的新三民主义。孙中山主张用民族战争消灭帝国主义，以革命战争推翻专治统治。在孙中山的建军思想中，三民主义主要指新三民主义。

革命中，正是因为军人不畏死的牺牲精神，才能成功推翻清王朝的专制统治。而军事英雄主义精神集中体现在"勇"上。孙中山认为"勇"是军人精神的要素之一，并将其定义为"不怕"。孙中山反对诸如"发狂之勇""血气之勇""无知之勇"，认为这些都是匹夫之勇，是"小勇"；军人之勇应当是"有主义、有目的、有知识"[1]111的"大勇"。

同时，孙中山赋予"勇"以政治性。有主义，"勇"才有实践的基础。这里的"主义"，也是指三民主义。孙中山指出："革命之精神与道德，亦皆由此三民主义而出。"[10]党与兵是相依为命的，兵出于党，无党就无兵，没有党的信仰指引的军队必然是一盘散沙。孙中山进一步指出，精神振作与否取决于所信仰的主义是否真确。三民主义是符合历史与现实需求的，在当时，国家"弱且贫"，不可不思之救国，而救国亦要遵循其道，"道何在？即实行三民主义"[1]29，违背"道"的"勇"，"害乃滋甚"[1]30。革命军是为三民主义而奋斗的，因此，革命军人要真正地明白三民主义，才会产生信仰；有了信仰，就有了彰显自己勇气的方向与动力，才能做到知行合一。军人的勇，是以掌握一定的军事知识和技能为前提的，否则，"勇"就成了莽撞之勇、匹夫之勇。军人不仅要掌握一定的军事知识与技能，还要有辨别是非的能力，以保证思考周详、善用智谋。

孙中山的军事英雄主义是精神力量与物质力量的统一。他认为，军人之勇有两方面的内涵，即"长技能"和"明生死"。长技能，包括"命中""隐伏""耐劳""走路"和"吃粗"。明生死，就是要树立正确的生死观。孙中山认为，"欲生恶死，人之常情也"[1]34，虽然"欲生恶死"是人的天性，但作为军人，就要"不宜畏死"[1]34。他要求官兵要深明大义，在战场上表现出"知死不避"的革命精神，他呼吁革命军人应以革命事业为人生目的，或成功，或成仁。成功则成就了辉煌事业，与国民同享一个新的世界；成仁则是为革命事业而英勇献身，这种敢于拼死于疆场的行为，是那些"死于牖下"的"庸庸碌碌之辈"不能相比的，这是"成仁取义"，不仅无上荣光，而且"重于泰山"，因为"我死则国生"[1]34。

军事英雄主义在当时突出的表现就是为正义事业而英勇战斗，因而，孙中山特别强调实践勇德的重要性。无论是军事训练还是政治训练，孙中山都反对空谈，注重实用，让军人在实战中积累智慧、磨练意志。例如，黄埔军校的军事课主要分为学科和术科，学科教以基本的军事常识，术科有制式教练、实弹射击、马术等,学科和术科都以实战中的应用为主。除了课程讲授外,黄埔军校还特别看重野外训练和实际的战斗锻炼。黄埔军校的学员虽然还是学生,但他们也是处于战斗状态的军人,他们在校期间的大半时间都是在战争中度过的。实战式的训练不仅提高了学员们的军事素质,坚定了他们的报国信念,而且还培养了他们的革命献身精神。

(三)"为众人服务"的军事人道主义

孙中山在社会历史观上,提出了"民生史观",认为"历史的重心是民生,不是物质"。[3]365 这种观念反映到军队建设方面,就是认为军队是为群众的生命、人民的生活和国民的生计而存在的,军人要发国民之心声,肩国民之责任。

首先,军队是由国民组成的。孙中山在1923年《中国国民党宣言》中宣告,革命是由民众发起的,也是由民众组成的,民心向背关系到一个国家的生死存亡;失去民心的军队,如同无源之水、无本之木。孙中山指出,人民的心力是革命党本身的力量,我们要联合各民族力量"形成一个大力量",以人民的心力为基础,从只有"革命党的奋斗"发展到使国民加入"革命军的奋斗",最终实现武力与国民的结合,进而使武力为国民之武力。因为,只有得到国民的援助,中国争取独立、自由、统一的革命事业才能成功。在孙中山的倡导下,黄埔军校组织学员成立了宣传队,且要求宣传队走进乡间与民众接触,张贴标语向群众宣传革命思想,帮助农民训练自卫军。

其次,革命军队是为众人服务的。这与封建王朝的军队形成了鲜明对比,即过去的军队是替君主打仗的,胜利的果实属于一家一姓的皇帝,民众只是战争的工具和牺牲品;而革命军人与人民是利益与共的共同体,军人与民众的角色只是社会分工不同。民众供军人以衣食住行,军人如若不能保护民众,那谁还会去从事工、农、商呢?谁还会去供应军人的衣食住行呢?孙中山基于艰难复杂的革命斗争实践,强调军人的使命在于保护人民,军人要为民而战,为人民的生活保驾护航,只有这样的军队才是仁义之师。军人要肩负起革命之责,创造一个为民所有、为民所治、为民所享的世界。当个人利益与民众利益发生冲突时,军人为天下之大利,"必须牺牲一己之自由平等,绝对服从国家,以为人民谋自由平等"[11],必要时,为救国救民之大业要不惜牺牲自己的生命。

由此,孙中山得出结论:军人要以"仁义"为准则对待民众。孙中山指出,无论长官还是士兵,只要是军人,对待人民,都"应以仁义为重"。为此,军人必须"别是非，明利害"[1]16。别是非，就是明确军人的责任及行为的评价标准，即是否利国利民，是否符合三民主义，利于民则为是，否则就为非；明利害，就是要求军人做到不扰民、不害民，与民众利害与共，以得到民众的支持与拥护，从而实现军人之仁。孙中山认为，军人之仁是超越利害关系的大仁，包含了"救世、救人、救国三者，其性质则皆为博爱"[1]22。其中，救世之仁是一种普济众生的"宗教家之仁"[1]109；救人之仁是一种乐于行善的"慈善家之仁"；救国之仁是一种一心为国的"志士爱国之仁"[1]110。如若为国为民而牺牲，则是军人"成仁"的体现。

为了得到民众的支持，孙中山还特别强调军队纪律的重要性。孙中山清醒地意识到，辛亥革命后，军队开始腐化，有的革命党人思想上出现了蜕化变质，生活中贪图享乐，这种当官做老爷的思想，严重地影响了军队的战斗力。南京临时政府成立后，孙中山就着眼于挽救民心，加强了军队的纪律建设。1912年1月16日发布了《命陆军部严加约束士兵令》，要求陆军部尽快制定防范纪律不整的办法，"以靖闾阎而肃军纪"[12]。同年1月20日又发布了《命陆军部颁行军令整顿军纪令》，他认为，只有纪律严明，才能保军队之名誉，使军队成为"国之干城"[13]24。

三、孙中山武德思想的当代启示

孙中山的武德思想，是传统文化与时代精神的有机结合，他主张以军事爱国主义指导军人的行为，以军事英雄主义激励官兵，这不仅体现了他的革命精神，更是丰富了中华武德思想。当今中国与孙中山所处时期完全不同，世界形势与时代主题发生了巨大变化，我军的使命任务也发生了很大变化，但军事爱国主义、军事英雄主义、军事人道主义等仍然是军人道德不变的规范。尽管孙中山的武德思想有其历史和时代的局限性①，但对我军的思想道德建设仍然具有启示意义。

（一）培养军人坚定的政治信仰

军队是夺取政权巩固政权的有力武器，因此，军人必须有坚定的政治信仰。

---

① 孙中山没有从根本上废除封建军阀的政治制度和军事制度，而偏重于用革命主义感化改造旧军队。

辛亥革命失败后，孙中山领导发动了讨袁战争和护国战争，这两次战争都以革命党人的失败而告终，其原因除了客观上的敌我力量悬殊外，更在于革命党人手中没有掌握一支真正听命于自己并有明确而坚定信仰的军队。在孙中山前二十年的革命斗争中，他主要通过联络会党、新军，收买民团游勇，依靠旧式武装进行革命斗争；直到1923年，接连失败的现实打击才使他认识到，借助他人力量始终不可能拥有可靠的军事组织，主义和政治信仰也就没有必要的物质基础。建立一个新国家，首先要有一支属于自己的革命军，实现军政统一，以党治军、以军固党。在经历多次失败后，1924年孙中山着手创建黄埔军校，从军事和政治两方面培训军事人才。

　　孙中山指出："我们的宗旨是造成一种革命军。"[7]290而革命军最重要的一点就是要和革命党有相同的奋斗目标。为此，孙中山以主义建军，把信仰"三民主义"作为革命军建设的主要内容，要求黄埔军校学员必须是中国国民党党员，认为"先有了革命主义，才有革命目标"[3]501，革命军队必须服务于党的奋斗目标，由此将党的宗旨与军队宗旨统一了起来。孙中山还积极地吸收俄国军队建设的有益经验，在黄埔军校里建立了党代表和政治机关制度。在训练内容上，将军事训练和政治训练放在同等地位，军事训练包括学科和术科两大类，政治训练则重视革命理论与革命精神教育。从最初的《政治训练班训练纲要》，到后来的中央军事政治学校政治教育大纲，内容和形式都日臻完善，政治教育趋于规范化，为培养军人的爱国主义精神提供了坚强的政治保障。

　　回顾我党我军历史可知，坚定的政治信仰是人民军队战无不胜的政治保证，是铸就革命军人鲜明实践品格的灵魂。在世情、国情、党情、军情都发生深刻变化，思想文化多元化，国内外形势复杂多变的情况下，进一步坚定马克思主义信念和中国特色社会主义信念，明确方向、砥砺品行，发扬爱国主义精神，保卫国防和国家利益仍然是军人的使命。坚持党对军队的绝对领导，既是孙中山在军队中成立党组织制度给我们留下的宝贵经验，也是对中国共产党自三湾改编始确立的建军原则的继承。在新时代，我们必须坚持这一根本原则，积极主动占领军队的思想阵地、文化阵地、舆论阵地，坚定理想信念，系统学习马克思主义理论，学习党史军史，打牢思想根基，在思想和行动上与党中央保持高度一致，提高政治觉悟，警惕诸如"军队国家化"等谬论对官兵思想的侵蚀，将爱国与爱党结合起来，为实现强军梦和中国梦而奋斗。

(二)坚持爱国与爱民相统一

如前所述,孙中山认为,军人要清楚自己所处的地位与所负的责任,军人只是一种社会分工,"有保卫国家及人民之责任也"[1]17。作为一名军人,就要担起救国救民的责任。为此,军人要有正确的是非观,"利于民""利于国"则为是,"不利于民""不利于国"则为非[1]18。他还指出,在共和国体制中,国家是属于全体人民的,那些牺牲者,是为国而献身的[1]23。可见,爱国与爱民众在本质上是一致的,军队必须与国民相结合,成为"国民之武力",并为"国民多数造幸福"。他高度赞扬为国为民牺牲的烈士。他在岭南大学黄花岗纪念会演说中指出,七十二烈士的牺牲是"忠于民"的行为,彰显了"为国服务的志气","以死唤醒国民,他们的牺牲,是为了国家、为了社会、为了人民的牺牲,是爱国主义与为国民乃至为世界服务的统一"[7]155。

军人与国家、与人民的关系,是军人要处理好的最基本的道德关系。孙中山将爱国与爱民有机地统一起来。在当代中国,国家的利益与人民的利益在根本上是一致的,军队的任务就是维护国家和人民的利益,军人的个人利益必须服从国家和人民的根本利益。同时,中国的军队根植于人民之中,与人民心连心。因此,只有将爱国与爱民统一起来,才能克服传统爱国主义的狭隘性,肩负起时代赋予的使命,才能全心全意为人民服务,为巩固和建设社会主义做出应有贡献。坚持爱国与爱民相统一,也是确保军民融合战略顺利实施的要求。

(三)坚持精神与技术并重

孙中山指出,作为民国军人,第一是要有"与国存亡之心",这是对军人精神上的要求;第二是要有"学问"[13]475,这是对军人技能上的要求。与国家共存亡的精神需要一定的技能做支撑。为此,孙中山提出了军人应具备的五项技能,即命中、隐伏、耐劳、走路和吃粗。"命中"即开枪能够击中敌人,可以树立必胜的信心。"隐伏"即利用地形避弹,可以保存实力,不逞鲁莽、草率的血气之勇。"耐劳"即能克服任何艰难险阻。"走路"即不避险阻地疾行,以便机动灵活地应对敌人。"吃粗"即能吃干粮、吃苦。这些技能既强调了精神的力量,又注重军事素质的提升,并且强调,只有二者相结合,才能在思想和行动上践行军人武德。

作为新时代的革命军人要发扬一不怕苦、二不怕死的精神,在固本培元上下功夫,将勇于献身的军事英雄主义变成自觉意识。军人的勇气不能仅仅停留在观念和口头上,高尚的品格须有必要的技能做支撑。正如恩格斯指出的:"枪是自己不会动的,需要勇敢的心和坚强有力的手来使用它们。"[14]我们要将爱国情感与作战技能结合起来,从难从严进行训练,在实战条件下磨练官兵的意志,练就过硬的军事本领,实现人与武器的优化组合,这样才能打赢现代化战争。尤其是进入信息化时代后,军事的专业性、技术性越来越强,对军人技能的要求越来越高,只有加强学习,增强军事实力和军事技能,才不会使履行使命任务成为一句空话。因此,必须实施科技强军战略,以实战的标准训练官兵,提高军事技能;积极吸收世界上先进的军事科技成果,为我所用,提升我军的现代化水平,为打赢信息化战争提供强有力的保障。

参考文献:

[1] 中国社科院近代史研究所.孙中山全集:第6卷[M].北京:中华书局,1985.

[2] 中国社科院近代史研究所.孙中山全集:第3卷[M].北京:中华书局,1984:602.

[3] 中国社科院近代史研究所.孙中山全集:第9卷[M].北京:中华书局,1986.

[4] 广东省哲学社会科学研究所历史研究室,等.孙中山年谱[M].北京:中华书局,1980.

[5] 蔡尚思.中国现代思想史资料简编:第2卷[M].杭州:浙江人民出版社,1982:34.

[6] 中国社科院近代史研究所.孙中山全集:第1卷[M].北京:中华书局,1981.

[7] 中国社科院近代史研究所.孙中山全集:第10卷[M].北京:中华书局,1986.

[8] 中国社科院近代史研究所.孙中山全集:第8卷[M].北京:中华书局,1985.

[9] 中国社科院近代史研究所.孙中山全集:第7卷[M].北京:中华书局,1985.

[10] 孙中山.孙中山选集:下册[M].北京:人民出版社,1956:520.

[11] 陈戍国. 四书五经: 上 [M]. 长沙: 岳麓书社, 1991: 92.

[12] 中国第二历史档案馆. 南京临时政府遗存珍档: 第1册 [M]. 南京: 凤凰出版社, 2011: 7.

[13] 中国社科院近代史研究所. 孙中山全集: 第2卷 [M]. 北京: 中华书局, 1982.

[14] 马克思, 恩格斯. 马克思恩格斯全集: 第16卷 [M]. 北京: 人民出版社, 1964: 211.

第三编 03

中华德文化在家庭生活中的现代践行

中国家文化论纲*

家文化是与家（包括家庭、家族）密切相关的诸多物质文化与精神文化的总和。中国传统家文化源远流长，博大精深，这个巨大的精神宝库还有待我们认真发掘。在倡导社会主义核心价值观的今天，我们越来越充分认识到，对家文化做一番系统研究很有必要，基于此，笔者拟在本文中就中国家文化的几个关键问题，提纲挈领地胪列一些观点并略作阐发，以作引玉之砖，并就教于方家。

一、家文化的含义

家，是我们人类栖居与生活的处所，也是我们心灵憩息的港湾。家的出现，从物质层面讲，是原始先民们从山野穴居走向房舍定居的开端；从精神层面讲，则是我们的祖先从原始自然状态跨入到人类社会空间与文化境界的起点和标志。数千年来，中华民族的先民在家这个充满温馨意蕴的圣域中起居吃喝，繁衍生息，接受初始教育等，同时也用勤劳和智慧，建设自己的家园，打造家文化，从而使我们的家越来越美丽，也使得家文化的内涵越来越丰富，其核心精神也更加激扬和璀璨！

什么是家文化？对于这一问题，前辈时贤有不少的解释。我们认为，中国的家文化作为社会文化的一个极其重要的组成部分，是与家（包括家庭、家族）有关的物质文化和精神文化的总和。具体来讲，家文化是以家（包括家庭、家族）为核心，以家居、家业、家财、家庭典藏书籍物品等为物质基础，以血缘、

---

* 作者简介：周尚义，男，湖南常德人，湖南文理学院文史学院教授，湖南应用技术学院公共课部客座教授，研究方向为中国古代文学与中国古代文化。
原载《武陵学刊》2017年第4期。

亲情关系为基本人际关系纽带，以传承沿袭个人与家庭家族成员之间及个人与家庭家族之外人员之间多方约定形成的家法、家规、家训、家庭契约、习俗等为其伦理规范和行为准则，以养老抚幼、齐家兴国、和谐族邦等为人生要务和价值取向，以敬祖崇德、奉孝守礼、诚实守信、勤俭持家、律己助人等为基本精神，并将上述内容和精神泛化拓展到社会生活各个层面的物质文化和精神文化的总和。

二、中国家文化的发展历程

早在原始社会解体之时，中国社会就已萌生了家文化的因子。先秦是中国家文化的奠基时期，家文化的诸多重要元素在这一时期逐渐形成；有些方面还初步建立了家文化的理论性框架，比如，先秦家文化中最重要且对后世产生重大影响的家庭伦理文化。在《仪礼》及后人整理的《礼记》中，对家庭成员交往中的礼节及婚丧礼仪等都有十分具体、详细的论述。孔子、孟子及其弟子在孝文化方面也有很多论述，他们提出，在家庭中，各个成员都要根据自己的身份，做到父慈子孝、夫义妇顺、兄友弟悌；在立志方面，《礼记·大学》篇中提出修身齐家治国平天下的人生理想，对后世影响极大。此外，诸如和文化、家诫家训等，都发端于先秦。

汉代家文化的最大特点是倡导"以孝治天下"[1]2551的理念，国家采取了很多措施，推行孝道，"孝子""孝行"的典型事例层出不穷，全国上下奉行孝道蔚然成风，是值得肯定的。但是，汉代将"以孝治国"作为基本国策，使"孝"成为人生的目标和衡量子弟辈一切行为恰当的标准，甚至将孝道凌驾于法律之上，这就使"奉孝"走向了极端。在理论上，以董仲舒为代表的思想家们极度强调孝道，提出"三纲五常"之说，并将它神圣化，使之成为一种道德重压，导致妇女在家庭中的地位越来越低，更使良好的孝道发生变异，成为束缚人们言行的精神枷锁，对后世产生了重大的不良影响。

魏晋南北朝和唐宋时期，是家文化不断发展的时期。魏晋南北朝时选拔官员，往往特别看重他的家庭出身；唐代虽施行科举取士，但也非常看重他的门第郡望，可见家庭、家族在人们心中的地位之崇高。这一时期，家文化中最为突出的成就就是家训的发展。家训指的是父祖对子孙、家长对家人、族长对族人的训示与教诲。严格地说，西周的周公是中国家训的创始人，《尚书》中的

《康诰》等就是对周朝王子的训诰。三国时期诸葛亮的《诫子》是中国古代家训的典范。南北朝时期颜之推的《颜氏家训》，是中国古代鸿篇巨制型的家训著作的开山之作，其中心思想是以儒家思想教育子弟怎样修身、处世、为学和治家，内容非常丰富。唐代李世民有《帝范》四卷，中心内容也是告诫子孙如何修身治国。宋代的家训更为丰富，如司马光就有《温公家范》等多部家训著作。魏晋南北朝至唐宋时期丰富的家训文化，是中国家文化中极为宝贵的文化遗产。

元明清时期，传统家文化又有不少新的发展。在物质文化方面，不少富裕家庭开始修建非常美观的大宅院，形成了新的园林景观，不仅推动了中国建筑艺术的巨大发展，也给家庭生活平添了乐趣。在这一时期，家文化物质层面的文化不断丰富，不仅打造出精美的木质、石质、金属质的家庭器皿，不少家庭用具因十分精致，竟成为了名副其实的赏玩物品，其美学赏鉴意义在当时就已超过了它的实际用途，使今天的人们仍能从中领略家文化中器物文化的美；而且，家文化精神文化也得到进一步发展，不少家庭藏书丰富，家族修谱成为热潮，家训著作不断涌现。但是，由于元明清处于中国封建社会末期，封建势力对进步势力的压制也越来越严重，在家庭中妇女越来越没有地位，对妇女贞洁的畸形看重，使得不少妇女的人性乃至生命惨遭族权的摧残和扼杀。

历史发展至中国近现代社会，传统的以等级制度和血缘关系为纽带的旧的家文化逐步走向衰落，新的家文化逐步形成。辛亥革命至五四新文化运动时期是中国现代文化的启蒙期。在这一时期，进步知识分子对中国传统的家庭家族制度的弊端进行了揭露和批判，传统的家文化受到抨击；他们提出了家庭改制的主张，倡导婚姻自由、男女平等，以及破除所谓的贞操观等观念。

新中国成立至"文化大革命"结束，中国开创新的制度和观念文化并经历了挫折发展。在"文化大革命"之前的十多年里，社会主义新的婚姻观得以确立，家庭成员之间的关系渐趋平等，陈旧的家庭观念和行为规范被扫进了历史的垃圾箱，家文化中吹进了一股新风。但在这一时期，家文化中的观念文化建设有所停滞甚至倒退。尤其是在"文革"十年，人们以革命的阶级意识统御血缘亲情，以令人惊诧的政治文化替代家庭伦理，从而出现了家文化极端政治化的倾向。

改革开放以来的近四十年，是家文化由传统向现代转型的时期。改革开放本身就是一场文化革命。中国社会诸多方面的变革，社会文化由传统向现代转型，必然促使家文化发生深刻的变化。就家庭生活而言，新时期颁布了一系列法律，特别是1980年的《婚姻法》，以及随后的《九年制义务教育法》《未成年人保护法》《妇女权益保障法》《老年人权益保护法》等法律的颁布实施，为现代家文化的确立铺平了道路。人们的思想价值观念从统一走向多样，家庭伦理的价值评价标准也呈现出多样化的状态。另外，婚姻家庭生活的政治色彩出现变化，家庭成员之间可以有隐私，妇女贞节观逐渐淡化，人们对两性关系也表现出宽容的态度。总之，新时期以来，家文化具有了更多的现代性、自主性和个性化、多样化的特征。更为可喜的是，党的十八大以来，以习近平总书记为核心的党中央，十分重视家庭建设，倡导注重家庭，注重家教，注重家风的良好社会风尚，全国各地掀起了家文化建设的热潮。我们可以断言，在可预见的将来，家文化的建设必将更上一层楼，并获得更大的发展。

三、中国家文化的基本内容

中国家文化源远流长，经过数千年的积累，内容非常丰富。笔者拟从器物文化、制度文化、行为文化、训教文化、意识文化等方面对家文化的基本内容略作阐发。

（一）器物文化

家文化中的器物文化，指一个家族、一个家庭赖以生存与发展的有具体形态、看得见的东西，它的特点就是物质性。家文化中的器物文化内容丰富，例如，一家人居住的宅院房屋，如苏州的私家园林，各地富有特色的民居民宅等；家用生活器皿，如床榻、凳椅、灯具、柜子、餐具等；家用生产劳动工具，如犁耙、谷仓、斧头等；家族家庭建造的私家商铺、镖局、钱庄及其设施等；家用服饰，如衣服、被子、金银首饰等；家用文化娱乐用品，如文房四宝、鼻烟壶、棋具等；家祠家庙与坟地冥器，如祭祀用品、墓碑等；家中的装饰品，如家中墙上和窗户上贴的吉祥图案、挂在家中的中国结等；家藏或家中的纸质文献，如祖传的纸质家规家训家刻书籍、家传书画作品以及家谱族谱等；家畜家禽，如牛、马、饲养的宠物等；其他，如房事用品等。家文化中的器物文化门类繁多，每一个门类所包寓的文化内涵非常丰富，并且能很好地反映时代变迁，值得我们认真研究并汲取其精华发扬光大。如数千年来民居民宅上的装饰物以及吉祥图案等，能折射出不同时代的人文心理，值得我们好好地研究。

(二）制度文化

中国传统家文化中是有制度文化的。如传统家族家规规定由嫡长子担任家族家长的继承人，妇女在家从父、出嫁从夫、夫死从子，婚姻必须经过父母之命媒妁之言，父母去世之后必须守孝三年等规定，就是传统家文化中制度文化的典型。现代家文化中也有一些制度性法律规定，例如，《中华人民共和国婚姻法》第一章《总则》第三条"禁止重婚"[2]1，第二章《结婚》第七条禁止"直系血亲和三代以内的旁系血亲"[2]3结婚等，这些规定都是制度文化的具体体现。和器物文化以及训教文化相比，家文化中制度性的内容似乎略少一些，但是，这些制度性的内容往往给人以严酷的感觉，它的思想倾向性极为鲜明，最能反映一个时代家文化的本质特征。

必须指出的是，传统家文化中的制度文化，负面因素多于正面因素。随着封建王朝成为历史，特别是经过五四运动，以及新中国成立后的多次思想洗礼，这些制度性的负面内容已所剩无几，令人欣慰。但是，我们必须看到，延续数千年的落后的制度文化的残余对今天仍有影响，并且家文化中旧的、落后的制度被摒弃了，而新的、现代化的新制度还没有完全建立和健全起来。例如，若在家族企业中，遵照现代企业制度建立起科学的人事管理制度和运营管理制度，还有很长的路要走。

（三）行为文化

行为文化主要指传统家族、家庭成员个人行为与各种活动的礼仪、规范等，还包括不同家庭的生活风俗、行为习惯以及人文交流方式。在行为文化中，最值得重视的是人们必须遵循或不得违反的礼仪规范。

中国以礼仪之邦著称于世，中国古代的"礼"所涉及的范围非常广泛，几乎渗透了社会生活的各个领域。有关家庭成员的行为规范及其相互之间的礼仪，《仪礼》和《礼记》中规定具体，论述颇多。《礼记·中庸》中说："礼仪三百，威仪三千。"[3]708礼仪的纲领和具体的规定、规范非常多，这里虽不无夸张，但前人所论及的礼仪条目，的确极为繁复。就家庭而言，要做到父慈子孝、兄友弟恭、夫妻和顺、尊老爱幼，最重要的是要做到孝敬父母，因为百善孝为先。至于如何孝敬、孝顺父母，家庭礼仪及行为文化中有许多具体规定。

（四）训教文化

中国家文化中，训教文化是最为重要的一个方面。训教担负着培养家庭家族接班人的重任,所以,历代著名的思想家和文学家,以及一些富有远见的家族的族长和家庭的家长,都非常重视家训,并为我们留下了很多训教方面的文章、诗词、训诫条目、信函和著作。一般来讲,家长们的训教都十分注重几个方面:以修身齐家治国平天下为宗旨的思想品德教育、各种良好行为的养成教育、家传技艺的传授等,即使在当今社会也是如此。在教育方法上,家长或长辈们多为手把手地教,或者开设学校教学,或要求子弟在实践中自我学习。中国家文化中的训教,其主要特点是注重品德培养、言传身教和连贯传承。

（五）意识文化

意识文化主要指家族、家庭成员的主观意识活动,即建立在家文化中器物文化、制度文化、行为文化及训教文化等基础上的精神现象,包括家族家庭成员的思想信念、价值观念、道德情操、心理素质和情感兴趣等。不同民族、不同地区、不同身份、不同职业的家庭家族,往往具有不同的意识文化。家文化中的意识文化具有很强的心理积淀和厚重的遗传基因,是一个家庭家族文化中最为深厚的一部分。比如,我们通常所说的"家风",就是一种精神现象,属于意识文化。家风的形成需要积淀和积累,它能影响甚至遗传给后代,后辈人也能从良好的家风中获得感悟、受到启迪而将它发扬光大。我们常常讲"家教""家风",实际上,这两个概念有紧密联系,但其旨归略有区别。"家教"指的是"家庭中的礼法或家长对子弟进行关于道德、礼节的教育"[4]2065,字面上的解释主要关涉训教的人员与内容等,它归属于具有实际教育行为且有具体教育内容的训教文化;"家风"指的是"家庭或家族的传统风尚与作风"[4]2064,它属于多年甚至数代积淀而来的精神意识层面的一种传统。积淀深厚的良好家风可以作为一项重要的教育内容来训教子弟,对子弟良好的训教经过长久的积淀也可以形成家族家庭的传统家风。

四、中国家文化的核心精神

中国传统家文化内涵丰富,涉及范畴广泛,其中最为核心的精神与理念,在当今仍具有积极作用,值得我们总结与汲取。家文化的核心精神,主要有修身、勤俭、行孝、和睦等。

（一）修身为本

"修身齐家治国平天下",这是传统家文化中最为重要的观点和核心理念。

传统儒家文化主张"内圣外王",以儒家文化为内核的传统家文化提倡和强调修身。《礼记·大学》中就说:"古之欲明明德于天下者,先治其国;欲治其国者,先齐其家;欲齐其家者,先修其身。"[3]800 修身,就是通过修养自身而提高思想道德水平,使个体在人格上得以完善,学会做人,最终达到"内圣外王"的境界;使个体既具有良好的道德情操,又能管理好家庭和建功立业。修身的主要内容和具体要求是守仁、尚义、尊礼、明智、笃信、行孝等。修身的方式是"博学之,审问之,慎思之,明辨之,笃行之"[3]703。既慎独内省,又知行合一,广泛参与社会实践活动。

(二)勤俭持家

勤俭是中华民族几千年来形成和奉行的传统美德。《尚书·大禹谟》中说:"克勤于邦,克俭于家。"[5] 几千年来,中国名门望族的发家史,绝大多数都是他们勤俭自强的奋斗史。勤俭的益处很多,对个人而言,勤俭有利于修身养德;对家庭而言,勤俭有利于家庭的兴旺与和睦;对国家而言,勤俭有利于廉政建设与社会和谐。要想家庭富有,就必须既勤且俭。勤而不俭,财富就如竹篮盛水,俭而不勤,财富就是无源之水。勤则不匮、勤能补拙、俭以养德、俭以助廉……警语告诉我们,无论是个人还是家庭,都要力戒懒惰,杜绝奢靡,要以勤兴家,以俭持家。

(三)奉行孝道

"百善孝为先","孝"是中国传统家文化中家庭道德观的核心,是家庭伦理道德之本。对于孝道的阐发,先秦时期已十分详细,且形成了完整的思想体系,汉代更是将行孝与治国紧密联系起来,实施"以孝治天下"的方针,尔后历朝历代大都如此,只是强调的侧重点及奖惩措施不同罢了。传统孝德的内容丰富,传统孝道要求人们至少做到以下几点:其一,孝养,奉养长辈,即在物质上赡养父母;其二,孝敬,尊敬长辈,即在精神上尊敬并关怀父母;其三,孝顺,顺从长辈,即尊重和尽可能地顺从长辈的志向与爱好,努力做到"无违";其四,孝享,祭祀先辈,即按照礼制安葬父母和祭祀父母。除此之外,传统孝道还要求做子女的要爱护自己的身体,因为"身体发肤,受之父母"[1]2545;子女要发奋行道,使双亲扬名,更要生养儿子以传宗接代。另外,行孝还要推己及人。如孟子所言,"老吾老以及人之老"。

(四)和睦和谐

"天时不如地利，地利不如人和。"[6]86 "礼之用，和为贵。"[7]8 "家和万事兴"。和睦和谐，是家文化中的基本精神与重要观念。要想家业兴旺和家道昌盛，家庭成员之间就必须和睦相处。和睦，人与人之间关系处理好了，社会也才能和谐。所以，作为家庭成员以及社会中的一员，必须在"和"方面下功夫，求得如《庄子·天道》中所说的"与人和""与天和"[8]。具体来讲，就是要做到：其一，身心之和；其二，人际之和（即人与家庭成员之和，还有人际交往之和）；其三，社会之和（即人与社会之和）；其四，自然之和（即人与自然之和）。"和"的目的与要求依次为：与己和乐、与人和处、与社会和融、与天地和德，也就是己和、家和、国和、天下和。这个由内到外、由小到大、由社会到自然的推演过程，与我们传统家文化的"修身齐家治国平天下"的人生目标是相合的。"和"，有利于加强身心修养，有利于创造良好的人际关系，有利于促进社会和谐，有利于促进人与自然和谐。和文化是中华文化中的瑰宝，在家文化中也是不可或缺的核心理念之一。但是，倡导"和"也不是追求一团和气，不能因求"和"而突破底线，放弃原则与真理。"君子和而不同"[7]141，在家庭成员之中只求"和"而不讲原则，也办不好事，更不能实现真正的家庭和睦。

家文化中十分宝贵的思想理念还有很多，核心的思想理念还有待进一步总结和发掘。

五、中国家文化的局限与不足

中国的家文化，是在以农业经济为主体尤其是在小农经济的基础上产生并发展起来的，这种自给自足，以家庭为单位的、封闭的农牧业及手工作坊生产的形式，使得在此基础上产生的家文化，在形成之初就表现出某些局限。数千年来，受"家国同构"的社会结构特别是封建伦理纲常思想的影响，家文化在发展过程中显现出很多不足。综观中国家文化的局限与不足，笔者以为其主要表现在以下几个方面。

第一，家庭成员之间在精神人格上的不平等。中国家文化中有所谓君为臣纲、父为子纲、夫为妻纲之说，围绕这三纲而形成的家庭伦理纲常观念，造成了家庭成员在精神人格上的不平等。例如，在传统社会的大多数家庭中，往往是家长决定一切，什么都是父亲或丈夫说了算，在家庭大事上，妇女和男人中的小辈往往没有说话的权利，更不能自行其是。这般削弱甚至扼杀妇女和小辈在家中说话与自主行事的权利，挫伤了他们为家庭主动做贡献的积极性，也必然对家庭和睦造成不良影响。

第二，以血缘关系的远近亲疏确定人际交往的疏密，任人唯亲。中国家文化中，一般以血缘关系的远近确定与之交往人员的层次和疏密程度，在用人方面就形成了以血缘、宗亲关系为核心的裙带关系网络，任人唯亲而不是任人唯贤。例如，在家族特别是家庭的作坊或企业中，接班的往往是儿子或者是血缘上最亲的人，而不是把德操和能力放在首位。这种以血缘关系为根据的用人制度必然束缚人才的发展，不能做到人尽其才，最终必将严重影响家庭家族事业的发展。

第三，婚配讲门第，婚恋不自由。传统家文化在婚姻方面讲的是"父母之命，媒妁之言"[6]143，男女婚配特别看重门当户对，年轻人的婚姻不能自己做主，造成许多人生悲剧。

第四，奉行孝道过于注重礼仪形式。奉行孝道是好事，但传统的行孝礼仪过于烦琐，尤其是丧礼、祭礼，很多方面形式重于实际内容。更有甚者，父亲或母亲去世了，做儿子的要离开工作岗位，在坟头守孝三年，而且三年里不能婚嫁。在当代也有不少人，父母在生时不尽心奉养，父母死后丧事却大讲排场大操大办，铺张浪费。

第五，家庭观念封闭保守，束缚技艺的传承与发展。中国家文化中，在技艺传承方面的诸多观念与做法比较保守。比如，传男不传女，传媳不传女，同行的家庭家族之间在技艺方面相互保密，这些做法不利于家庭兴旺和科技的交流与发展，甚至导致很多技艺失传。

中国家文化的局限与不足，除了上述几点外，还有诸如女人"饿死事小，失节事大"等观念也是非常落后的，充满了性别歧视的意识。总之，中国家文化中，从思想观念到家庭制度，从行为礼仪规范到风俗习惯，都有很多不合理的地方。对此，我们需要认真清理，激浊扬清，只有这样，才能促进家文化更好地向前发展。

六、中国家文化的发展趋势

习近平同志指出："家庭是社会的基本细胞，是人生的第一所学校。不论时代发生多大变化，不论生活格局发生多大变化，我们都要重视家庭建设，注重家庭，注重家教，注重家风。"[9]笔者以为，中国家文化未来的发展趋势，将如习近平同志所说的那样，更加重视家庭建设，注重家庭、家教和家风。具体来讲，将会在以下方面有大的发展。

第一，家庭成员之间关系平等，个性发展得到更多尊重与支持。延续几千年的中国封建纲常伦理必定被人们完全摒弃，家庭成员之间的关系将越来越平等，其交融会越来越和谐。在家庭中，传统的尊卑藩篱和不适当的清规戒律将被冲破，人们自由说话与行事，年轻一代将会更加注重展示与张扬个性，个人的主观能动性和创造力会得到更好的发挥。

第二，孝敬和赡养老人得到真正加强。孝敬老人的传统美德将得到很好的弘扬，全民敬老蔚然成风，养老落在实处，各地养老院、敬老院等公益事业将得到极大的发展。在家庭中，对老人不仅注重物质赡养，更注重精神赡养。

第三，婚姻理念更加宽容，婚恋更加自由。男女组建家庭时，人们更看重精神的契合与情感的和悦。人们会理性地看待夫妻生活"AA制"等。

第四，注重家训家教，良好家风进一步形成。人们更加注重对后代的培养，特别是注重对子女良好品德的养成教育，看重诚信、勤奋等传统美德的传承，努力尝试建设良好家风。

第五，家庭作坊与企业的经营管理逐步走向现代化。家庭家族企业，其经营将逐步摒弃家长式的陈旧管理方式，融入现代管理理念，向真正的公司制迈进。

第六，家文化的理论建设得到加强。当前，在全国上下积极倡导与践行社会主义核心价值观的背景下，人们更加注重中国家文化中良好传统的继承与发展，基于此，中国家文化的理论研究将不断走向深入，甚至会成为显学。

综上所述，中国家文化源远流长，内涵丰富，其核心精神能激励人们奋进。自古以来，中国人就十分重视家，也重视家文化建设。习近平同志在2015年春节团拜会上的讲话指出："中华民族自古以来就重视家庭、重视亲情。家和万事兴、天伦之乐、尊老爱幼、贤妻良母、相夫教子、勤俭持家等，都体现了中国人的这种观念。"[9]习近平同志的这番话，很好地揭示了中国家文化的精神底蕴。我们有理由相信，在未来建设社会主义精神文明与物质文明，实现伟大"中国梦"的奋斗中，中华民族的儿女们必定如习近平同志所希望的那样，"紧密结合培育和弘扬社会主义核心价值观，发扬光大中华民族传统家庭美德，促进家庭和睦,促进亲人相亲相爱,促进下一代健康成长,促进老年人老有所养,使千千万万个家庭成为国家发展、民族进步、社会和谐的重要基点"[9]。在不远的将来,家文化的建设也必将跃上一个新台阶,取得更加璀璨和辉煌的成就。

参考文献:

[1] 阮元.十三经注疏·孝经注疏[M].影印本.北京:中华书局,1980.

[2] 中华人民共和国全国人民代表大会常务委员会.中华人民共和国婚姻法[M].北京:中国法制出版社,2012.

[3] 杨天宇.礼记译注[M].上海:上海古籍出版社,2004.

[4] 罗竹风.汉语大词典[M].缩印本.上海:汉语大词典出版社,1997.

[5] 李民,王健.尚书译注[M].上海:上海古籍出版社,2004:32.

[6] 杨伯峻.孟子译注[M].北京:中华书局,1980.

[7] 杨伯峻.论语译注[M].北京:中华书局,1980.

[8] 郭庆藩.庄子集释[M].北京:中华书局,1961:458.

[9] 习近平.2015年春节团拜会上的讲话[N].人民日报,2015-02-18(2).

家正国清：优良家风家规的伦理价值探索*

近年来，社会上"官二代""富二代""星二代"违法犯罪现象时有发生，这种现象引发了许多人对家庭教育的深刻反思。2014年春节以来，央视《新闻联播》持续开展的"家风家规"问题讨论，在全社会掀起了一股"说家风、晒家规"的热潮。在今年召开的全国未成年人思想道德建设工作电视电话会议上，刘奇葆特别强调家风是一种无言的教育，润物无声地影响孩子的心灵。众所周知，家风家规是中华民族传统文化的重要组成部分。千百年来，无论是帝王将相、先哲名人，还是普通百姓，都非常重视家风家规的教化与熏陶，都自觉将家风家规通过诸种教化方式渗透到家族成员的价值取向、道德观念、立身处世的人生态度中，甚至将"齐家"与"修身、治国、平天下"提到同等重要的地位。这足以可见，家风家规作为一种伦理道德文化，在家庭道德建设、社会风气形成和国家治理中的独特作用。今天，全社会正在大力培育和践行社会主义核心价值观，为实现中华民族伟大复兴的中国梦提供精神动力和道德支撑，而弘扬、重塑良好家风家规，加强家风家规的道德教育就是一条很好的路径选择。基于此，将良好家风家规的培育纳入伦理语境中，对其进行深刻的伦理观照，挖掘其蕴含的伦理精神及价值，推动其向实践转化，为社会主义核心价值观的培育和践行提供积极的实践支撑具有重要的意义。

---

* 基金项目：国家哲学社科基金重点项目"社会主义核心价值观的深度凝练与传播、认同对策研究"（14AKS018）；江苏省高校哲学社会科学研究重点项目"中国传统廉洁美德文化融入高校德育体系的方法路径研究"（2014ZDIXM031）。
作者简介：田旭明，男，安徽潜山人，江苏师范大学伦理学与德育研究中心副教授，博士，南京师范大学马克思主义理论流动站博士后，研究方向为马克思主义文化理论和应用伦理学。
原载《武陵学刊》2014年第5期。

一、优良家风家规的伦理观照

"家和万事兴",这句脍炙人口的格言是每个中国人一直追求的生活价值观,更是对良好家风家规作用的直接肯定。作为社会系统中最基本的细胞和单元——家庭,是人类传承生命的场所,也是传递文化、锤炼品行的家园。人的生存与发展,从婴儿出身到接受启蒙教育,再到成长成才,都离不开家训的教化,离不开家风家规潜移默化的熏陶。家风家规不仅关系到子女成才与家庭幸福和谐,还能汇聚社会好风气,传递社会正能量,促进民风政风国风的清醇。自古以来,家风家规构成了中国传统文化的重要内容。《颜氏家训》中《治家》篇言,"夫风化者,自上而行于下者也,自先而施于后者也。是以父不慈则子不孝,兄不友则弟不恭,夫不义则妇不顺矣。父慈而子逆,兄友而弟傲,夫义而妇陵,则天之凶民,乃刑戮之所摄,非训导之所移也"指出了家庭管理需要家风教化。在中国古代社会,凡是开明君主、贤德儒士、民间雅士、忠贞女子等,都通过书面文字、口训等方式垂训、教育子孙后代,形成了良好的家风家规。如周文王姬昌告诫子孙"厚德、广惠、忠信、至爱",周公诫子伯禽"德性宽裕,守之以恭者荣;土地广大,守之以俭者安"(《韩诗外传》卷三),李世民教导诸王子"夫帝子亲王,先须克己。每著一衣,则悯蚕妇;每餐一食,则念耕夫"(《戒皇属》),岳母刺字"精忠报国"。可以说,中国古代家风家规涉及忠君、修身、立志、报国、清廉、节俭、孝悌等方面,是一种典型的伦理文化。在以农耕为本的小农经济土壤中,在家长制盛行的宗法制社会,古人之所以如此重视家风家规的制定及教化,除了重视修身处世之外,还在于他们普遍认为"天下之本在国。国之本在家,家之本在身","一家仁,一国兴仁;一家让,一国兴让"。随着时代的发展,传统家训文化的精髓在社会主义市场经济时代仍然具有重要的价值。我国《公民道德建设实施纲要》明确指出,家庭是人们接受道德教育最早的地方。高尚品德必须从小开始培养,从娃娃抓起。要在孩子懂事的时候,深入浅出地进行道德启蒙教育;要在孩子成长的过程中,循循善诱,以事明理,引导其分清是非、辨别善恶。由此可见,家风家规训导和陶冶是当代公民道德教育的重要内容和载体。公民良好道德品质的养成,应该从家庭教育抓起,而家风家规就是这项教育工作开展的最好资源和素材。

家风家规不是一种普通的社会文化,而是具有深刻伦理精神的道德文化,具有很强的教化、稳定社会和国家的功能。自古以来,家风家规都普遍反映"忠、孝、仁、信、廉、耻"等价值观和道德观念,不仅教育子女什么是一个好人?如何做一个好人?还告诫子女何为合理的道德规范?什么样的行为才符合道德规范要求?因此,从这个层面来说,家风家规既是一种德性伦理文化,又是一种规范伦理文化。在伦理学领域,德性伦理与规范伦理一直以来被认为是两条伦理路径。自20世纪50年代以来,伦理学界关于中国道德建设到底选择哪条路径进行了较长时间的争论。其实,德性伦理和规范伦理并不是非此即彼的关系,而是优势互补、相生发展的关系。德性伦理注重品德、人格的修炼,认为人只要具备高尚的道德情操和良好的品行,就能辨清是非,做出符合道德的选择和行为,而规范伦理注重义务的履行和规则的遵守,认为人们不能简单靠良知和直觉来判断是非曲直,而是要根据已经设定的道德规范来判断。一种行为是否合情合理,就要看其是否在特定道德规范的允许范围内。这两种伦理路径各有所长,也都有其不足。在现实伦理生活中,伦理行为的形成,既要人们形成相应的伦理品行和情感,还需要借助外在的规范力量来帮助内在修养的提升。规范是达到目的的手段的一部分,它"不仅具有预防性,而且是达到使主体摆脱其人生道路上的巨大困难和自私障碍的积极目的的手段"[1]。因此,只有让德性伦理与规范伦理在所有道德实践中相互契合、优势互补,实现伦理道德的自律与他律机制相互合作,才能使社会共同体成员都成为道德主体,进而激发全社会的道德意识觉醒。反观家风家规的伦理精神,就是典型的德性伦理与规范伦理契合的代表。祠堂里、家谱中,以及父母的日常劝诫中,既要求子女明白积善成德,加强人格品质修炼,又要他们学会正确的道德评价,增强道德认知能力,懂得只有遵守善的普遍法则才是正确的伦理道德选择。因此,从这个意义上说,家风家规体现了德性伦理与规范伦理的统一。

二、优良家风家规的伦理价值

优良家风家规作为一种伦理道德文化,其蕴含的内在品行规范和伦理教化内容既是一种日常生活道德评价标准和行为伦理准则,又是一种优化社会风气,提升国民道德素养的精神助推力,在当代社会有着重要的伦理价值。这种伦理价值以德性伦理和规范伦理为核心,从道德人格培养、道德规范认证及道德评价等角度开展道德教育和伦理批判,帮助人们形成正确的世界观、人生观和价值观。通过对当前相关家庭案例以及社会文化建设现状的分析来看，良好家风家规的伦理价值可以归纳如下。

第一，有助于守护家庭幸福。温馨、幸福的家庭需要家庭伦理的呵护。如果一个家庭没有基本的伦理价值观，那么这个家庭必然是没有活力和凝聚力的。在现实家庭生活中，家风家规在维护家庭伦理，守护家庭幸福的过程中扮演了重要角色。家风家规反映了一个家族或家庭的共同价值追求和伦理底线。一个家庭和谐与否，幸福不幸福，不能完全用物质的丰裕与否来衡量。良好的家风家规，以及在这种家风家规影响下家庭关系的和谐，家庭氛围的温馨，以及家庭成员的良好品行和道德素养也是衡量家庭幸福与和谐的重要标准。一个家风败坏、家规不正的家庭，不仅很难培养出对社会有用的人才，也很难构建"忠诚、孝悌、仁爱、勤廉、守法"的幸福家庭。近年来，在我们的现实生活中，由于家教不严、家风冷落，"官二代""富二代"和"星二代"的违法犯罪率上升，"为赚钱而疏于管教子女""包庇子女犯罪""过分溺宠子女""包养情人和小三"等不道德事件也层出不穷，给家庭和社会造成了严重伤害。轰动一时的李某某案件留给人们最大的沉思莫过于家庭教育的失败。家庭教育本是一种德才兼备的教育，但是现实生活中家庭教育却是重才轻德，造成人才人格扭曲、道德水平低下、心智不健全。吴潜涛教授在《当代中国公民道德状况调查》一书中指出："父母在对待子女方面，一般都可做到关爱子女，但更侧重于才的教育，而忽视德的培养。"[2] 有些父母把望子成龙和望女成凤理解为"升官发财"的家训。这种家庭教育模式往往都忽视了良好家风家规的潜移默化影响。当今社会，面对诸多家庭暴力、夫妻不和、父不慈子不孝、子女犯罪等家庭伦理缺失酿成的悲剧事件，"家风日下"已危及家庭稳定与社会和谐。过去，人们习惯将家风家规刻在祠堂里警示家族后人，现在，这种习惯已经淡化。与此同时，随着现代社会节奏和人员流动的加快，很多人远离故土和家乡，常年外出打工、工作和生活，使得一些人原有的乡土亲缘、情缘理念逐渐淡薄，家族中传承下来的一些良好的家风家规的影响力也随之减弱。面对由此产生的道德焦虑，人们开始重新思索家风家规建设。因为家风家规是维护家庭团结与和谐的重要精神力量，是家庭幸福的重要保障。良好的家风家规能引导家庭成员遵守道德规范，形成父慈子孝、兄友弟恭、勤俭节约、忠诚奉献的家庭氛围，有利于家庭的和谐、幸福。

第二，有助于自觉践行社会主义核心价值观的伦理道德要求。社会主义核心价值观是兴国之魂，是中国特色社会主义文化软实力的重要表征，是当代中国伦理道德建设的核心。践行社会主义核心价值观，优良的家风家规是一个很好的依托和载体。一方面，就社会主义核心价值观中的相关价值目标、价值取向和价值准则而言，都要求公民从自身做起，从小培养高尚的品格和良好的道德规范意识。优良家风家规的熏陶和教化机制正好能发挥这种作用。"家是最小国，国是千万家"，家风清则国正，只有从小就接受文明家风与严格家规的陶冶及教化，形成正确价值判断，培养勤劳、清廉的生活习性，养成遵纪守法、诚信友爱的道德品行，才能自觉将国家富强、人民幸福与个人发展紧密联系在一起，养成践行社会主义核心价值观道德要求的习惯，真正使核心价值观的影响像空气一样无处不在、无时不有。另一方面，践行社会主义核心价值观，就必须立足于中国传统美德，弘扬优秀传统文化，正如习近平在中共中央政治局第十三次集体学习时所强调的："培育和弘扬社会主义核心价值观必须立足中华优秀传统文化。牢固的核心价值观，都有其固有的根本。抛弃传统、丢掉根本，就等于割断了自己的精神命脉。博大精深的中华优秀传统文化是我们在世界文化激荡中站稳脚跟的根基。"[3]家训文化作为中国传统文化的重要内容，其蕴含的忠、孝、仁、义、信、廉、勤等伦理精神，与社会主义核心价值观中反映个人层面价值准则的内容，即爱国、敬业、诚信、友善有着相通之处，千百年来一直影响着千家万户。从农村家中悬挂的图画，到城里人张贴的对联，从农家祠堂到城市社区，从革命伟人家庭到普通百姓家庭，都能看到不同的家风家规。这些家风家规多源于传统家训文化，蕴含着传统家庭美德，在日常生活中演绎成众多家庭都普遍认可的伦理规范，渗透到家庭子女成长成才的教育和教化实践中，促使他们形成正确的人生观、价值观和社会道德感。这无疑是在践行社会主义核心价值观的伦理精神。因此，培育和践行优良的家风家规，就是在自觉践行社会主义核心价值观的伦理道德要求。

第三，有助于彰显和增强中国特色社会主义的道德自觉。增强社会主义道德自觉，是保证社会和谐，真正实现"以人为本"的重要思想保障，更是增强中国特色社会主义文化自觉的重要体现。弘扬优良家风家规，有助于凸显与增强中国特色社会主义的道德自觉。一方面，弘扬优良家风家规凸显了社会主义市场经济条件下社会主义道德建设的迫切需要。在社会快速转型的当下，道德文化的跟进式发展成为一种必然。近年来,社会上道德滑坡和失范的现象时有发生,"地沟油""毒馒头""小悦悦事件"等引发了人们的道德焦虑与精神困惑,这些现象严重困扰着我们的道德建设。某些人对当下社会道德现状的估计过分悲观虽然有失偏颇,但警示着我们必须在社会主义市场经济发展过程中确保道德文化建设及时跟进,经济建设与伦理道德建设保持一致,实现二者的协同发展并建立高度的自觉。为此,我们将目光转向日常的家风家规建设,通过父母的言传身教、日常训诫、规范引导、氛围营造,对孩子进行良好的家风家规教育,使家风家规蕴含的伦理规范和道德理念在孩子心中落地生根,这不仅使孩子终生受益,有助于他们在将来的学习、工作和生活中都能遵守基本的道德规范和伦理底线,而且有利于践行社会主义核心价值观。因此,重塑优良家风家规,加强家庭道德熏陶与教化,凸显了在社会主义市场经济建设中人们对当前社会道德现状的自觉反省,期望从中找到化解当前道德困境的方法,唤醒社会大众心中善良的人性和道德良知。在当今社会,这种道德反省有助于彰显与增强社会主义的道德自觉。另一方面,弘扬优良家风家规有助于增强道德主体对中华民族优秀传统道德的自觉认同。"每个民族的道德准则,都是受他们的生活条件决定的。倘若我们把另一种道德反复灌输给他们,不管这种道德高尚到什么地步,这个民族都会土崩瓦解,所有个人也会痛苦地感受到这种混乱的状况。"[4]中华民族在历史中创造的优秀道德文化是中国特色社会主义道德的重要组成部分。当代国人对老祖宗留下来的优良美德及道德文化要有自觉认识,并由此产生强烈的道德认同,才能真正达到费孝通先生所理解的"文化自觉"境界,即:"生活在一定文化中的人对其文化有'自知之明',明白它的来历、形成的过程,所具有的特色和它的发展的趋向。"[5]在现实生活中,要凸显和增强对中华民族优秀传统道德的自觉认同,除了国家层面的意识形态导向、学校层面的道德教化之外,日常生活中的衣食住行、言谈举止、社交方式、家庭教育等都可以成为很好的方法及途径。从这个意义上来说,弘扬中国传统家训文化,重塑现代家风家规,培育文明家风,并将其贯穿于家庭子女教育的全过程,有利于增进社会大众对中华民族优秀传统伦理道德的认知和认同。在中国特色社会主义现代化建设实践中,这种认知和认同不仅有助于守护中国本土的传统美德伦理,还有助于增强中国特色社会主义的道德自觉。

三、优良家风家规伦理价值实现的路径

如前所述,优良的家风家规在家庭道德建设、社会主义主流价值观大众化建设及社会主义文化自觉中具有重要的伦理价值。但是在实践中如何实现这些价值,如何使家风家规的伦理价值实现最大化和最优化,这是我们需要认真思考的问题。在笔者看来,优良家风家规建设应从以下几方面着手。

第一,注重父母"言传身教"。常言道:"父母是子女的榜样,子女是父母的镜子。"父母的言行举止对子女的影响非常大。"父母是人生最长久的老师,父母的言行在孩子心目中最有权威性,最具楷模的力量。"[6]在日常的家风家规建设中,要发挥其应有的伦理价值,父母的"言传身教"不可少。一方面,在一个家族,家风家规往往世代传承,父母都是知情者和传承者。为了使子女都能顺利传承家族美德,从子女智慧蒙开之际,父母就应该加强家风家规的正面教育,做到"蒙以养正",从小处、小事情加强教化,贯穿在子女玩耍、交友、学习和工作中,将家风家规与子女成长成才结合起来,让他们明白践行家风家规的重要性。另一方面,父母要"以身立教"。父母"以身立教"具有强大的感染力量。在家风家规的传承和教育中,父母要在训练孩子道德素养的过程中自觉加强自身的道德修养,以身立范,身教重于言教,以敬老爱幼、节俭朴素等凸显家风家规精神,杜绝家庭暴力、赌博浪费、打架斗殴等不道德行为,使子女从父母身上感受到仁爱、和谐、勤廉等美德的力量,并以父母为榜样,自觉传承和弘扬优良家风家规。

第二,注重家庭日常训诫与奖惩相结合。家风家规在家族成员心中生根开花,促使他们养成正确的道德规范和伦理习性,除了父母的言传身教、其他长辈的规劝等日常训诫之外,还要在一定程度上效仿古人的家庭教育方法,注重奖惩机制。在古代社会,人们为了正家风,防止败坏门风的事件出现,对违背家风家规的家庭成员实行相应的惩罚。如,明朝庞尚鹏撰写的《庞氏家训》规定利用祭祀聚会之机表彰先进,惩戒过恶,教育族人,凡"子孙有故违家训,会众拘至祠堂,告于祖宗,重加责治,谕其省改"。当然,现代家庭不能完全照抄照搬古人家族奖惩的方法,但可以吸取其合理性的精神。在现代家庭的家风家规教育中,家长可以对在日常生活中尊老爱幼、勤俭自强的孩子进行相应的物质或精神奖励,对那些违背家风家规的孩子,要及时直接或间接批评教育,

并采取一些合情合理的惩罚措施,使之渐渐明白"耻感",但切记采用家庭暴力、讽刺挖苦侮辱等伤害孩子的方法。通过家庭的日常训诫和奖惩相结合的方法进行家风家规教育,引导家庭未成年孩子秉承优良家风,从小加强道德修养,趋善避恶,努力向善。

第三,注重学校教育和媒介宣传相并进。虽然每个家庭或家族都具有不同的家风家规,但众多不同的家风家规中都能提取普遍的伦理精神。这种伦理精神具有广泛的伦理应用性,在一段时期内能成为社会成员普遍遵守的道德规范。如果要促使家风家规中普遍的道德理念和伦理规范实现大众认同,使之转化为培育和践行社会主义核心价值观的精神源泉和力量,就必须发挥各种教育机构的教育作用和媒介的宣传作用。一方面,各级学校在德育课程中要融入优良家风家规的内容,通过教师的讲解、情感关怀,学生的移情体验、社会参与和磨炼,使学生对家风家规形成正确的认识,并在实践中积极将家风家规的伦理精神融入学习、生活中。如高校"两课"教师可以在教学中采取引进议题设置的方法,在思想政治理论课中融入"家风家规"专题,和学生一起交流探讨;鼓励学生走入田间地头,体验艰苦生活,积极参加社会实践,接受社会熔炉的锻炼,亲自感受勤廉、节约、友爱等"传家宝"的重要性。另一方面,电视新闻媒体、网络媒体要通过各种形式加强优良家风家规的宣传,比如评选模范家庭、宣传传承家风家规先进个人、制作反映家风家规的公益广告、制作家风家规的网页等。通过建立健全学校教育和媒介宣传机制,在全社会形成传承和践行优良家风家规的浓厚氛围,促使千家万户自觉遵守家风家规所蕴含的道德规范,自觉抵制那些败坏家风、损害家庭和社会的不道德事件,承担对家庭、社会乃至国家的责任,推动社会主义核心价值观在普通家庭的扎根和践行。

第四,注重制度保障。既然家风家规蕴含着"忠、孝、仁、勤、廉、信"等普遍的价值观和伦理规范,那么从制度层面在全体社会成员之中积极推动家风家规伦理建设,使从"普通家庭"跃升到"顶层设计"层面,然后进行自上而下的大众化建设是提升社会伦理道德水平的重要环节。特别是在当下,面对一系列由于家风不严、家教失败导致的社会违法犯罪现象,人们将目光转向家风家规建设领域,希望重塑现代家风家规,弘扬其伦理精神,建设好我们共同的精神家园之际,制度层面的推动能获得事半功倍的效果。家风家规建设制度层面的保障,能形成一种普遍、刚性且持久的规范。近年来,我国开始注重道德领域的立法，如"常回家看看"被写进了法律，引起了社会的强烈反响，这其实在一定程度上也是对家风家规的立法，因为"孝悌"自古以来就是中国传统家训文化的重要内容。此外，陕西省2012年制定《陕西省公共信用信息条例》，这是我国第一部公共信用信息地方性法规，也是为"诚信"的第一次立法。这些举措为家风家规建设提供了制度保障，是一些很好的范本。在培育和践行社会主义核心价值观，加强社会主义道德建设的过程中，要充分发挥家风家规的伦理规范作用，一方面应该将家风家规蕴含的相关伦理精神适时法制化，以制度规范的形式将家风家规的效力发挥出来。另一方面，应建立健全家风家规建设的具体保障制度，如评价激励制度、责任追究制度、公示谴责制度等，促使人们对家风家规产生道德层面的敬畏感，在实践中自觉遵守家风家规，抵制败坏家风和门风的行为。

参考文献：

[1] 约翰·M·瑞斯特. 真正的伦理学：重审道德之基础［M］. 北京：中国人民大学出版社，2012：143.

[2] 吴潜涛，等. 当代中国公民道德状况调查［M］. 北京：人民出版社，2010：153.

[3] 习近平：使社会主义核心价值观的影响像空气一样无所不在［EB/OL］.（2014 - 02 - 25）［2015 - 01 - 21］. http：//news. xinhuanet. com/politics/2014 - 02/25/c_ 119499523. htm.

[4] 埃米尔·涂尔干. 社会分工论［M］. 渠东，译. 北京：生活·读书·新知三联书店，2000：195.

[5] 费孝通. 文化与文化自觉［M］. 北京：群言出版社，2010：403.

[6] 陈延斌. 中国传统家训的孝道教化及其现代意蕴［J］. 孝感学院学报，2011（1）：11—16.

孟子尊老敬长思想研究[*]

战国时期的思想家孟子提倡孝道,其主张对于以宗法血缘为基础的中国古代社会的治理产生了积极影响。他以为实行尊老敬长之策,必须赏罚分明。"入其疆,土地辟,田野治,养老尊贤,俊杰在位,则有庆;庆以地。入其疆,土地荒芜,遗老失贤,掊克在位,则有让。"(《孟子·告子下》,以下引《孟子》均只注篇名)这段话的意思是说:天子视察,进入诸侯的疆界,看到有赡养老人等好的情况就赏赐土地,看到遗弃老人等坏的情况就给予惩罚。该篇还记载:齐桓公在葵丘邀集鲁、宋、卫、郑、许、曹等国举行会盟并签下盟书,盟书誓言第二条为"尊贤育才,以彰有德",第三条为"敬老慈幼,无忘宾旅"。盟书作为各国盟主达成的共识,反映了敬老尊贤是中国传统社会普遍认同的、深入人心的价值观。陈升指出:"孝的问题在孟子的头脑中是一个挥之不去的情节,……表明孟子认为孝的问题的解决不能单纯地依赖道德教育,孝的问题的解决还有赖于通过其他社会问题的解决来解决。这种依赖关系使得孝的实践性质更加突出。"[1]与孔子相比,孟子除继承其孝的思想外,还发展和强化了孝的实践性;认为在社会治理上,需要政治、经济、教育等领域的支持。孟子着眼现实,更加看重孝的实际功效。本文主要就孟子的尊老敬长思想进行研讨。

一、尊老敬长是实行仁政的需要

孟子主张,理想的政治应该由有孝心有孝行的圣人来做,即所谓内圣外王;

---

[*] 基金项目:国家社会科学基金项目"中西比较视阈下的天下主义研究"(18BZX085)。
作者简介:杜塞风,中国传媒大学,人文学院。
原载《武陵学刊》2018年第5期。

现实中的国君不是圣人,应当向圣人看齐。如果国君懂得以孝治天下的道理,就会身体力行地推动其治下的国家向孝治国家发展。尊老敬长是衡量仁政的一个重要标准。

"徐行后长者谓之弟,疾行先长者谓之不弟。夫徐行者,岂人所不能哉?所不为也。尧舜之道,孝弟而已矣。"(《告子下》)这段话的意思是:慢慢地走在长者后面称悌,抢行在长者前面称不悌,前者有礼貌,后者无礼貌,不是人们不能慢慢走以让长者先行,而是缺乏敬长的意识,是能做而不去做;国君也有能做却不去做的事。

《梁惠王上》记载:"挟太山以超北海,语人曰:'我不能。'是诚不能也。为长者折枝,语人曰:'我不能。'是不为也,非不能也。故王之不王,非挟太山以超北海之类也;王之不王,是折枝之类也。老吾老,以及人之老;幼吾幼,以及人之幼。天下可运于掌。"

孟子认为,国君之所以不能称王天下,不是做挟持泰山越过北海的事,而是没有做为老人折枝的事。"折枝"一说是指向老人行礼。"为长者折枝,以长者之命,折草木之枝,言不难也。是心固有,不待外求,扩而充之,在我而已。何难之有?"[2]209天下没有什么难事不能做而是有能力做而不做。国君倘若不想为长者做事,就无法统治管理天下。国君制订的国策伤了老人的心,也就伤了一国老人儿女们的心。焦循在《孟子正义》中说:"老,犹敬也。幼,犹爱也。敬吾之老,亦敬人之老。爱我之幼,亦爱人之幼。推此心以惠民,天下可转之掌上。言其易也。"[3]52国君若是以恩泽于民来保有天下,必须由己及人,就是要把对自己亲人的恩惠推扩到他人身上,敬重自己的长辈进而敬重其他人的长辈,关爱自己的晚辈进而关爱其他人的晚辈,让百姓有益处可得,这样社会治理就能实现。

孟子又在《离娄上》中说:"伯夷辟纣,居北海之滨,闻文王作,兴曰:'盍归乎来!吾闻西伯善养老者。'太公辟纣,居东海之滨,闻文王作,兴曰:'盍归乎来!吾闻西伯善养老者。'二老者,天下之大老也,而归之,是天下之父归之也。天下之父归之,其子焉往?诸侯有行文王之政者,七年之内,必为政于天下矣。"

焦循在《孟子正义》中指出:"言养老尊贤,国之上务。文王勤之,二老远至。父来子从,天之顺道。七年为政,以勉诸侯。欲使庶几于行善也。"[3]302天以七纪,故以七年为限。杨伯峻在其《孟子译注》一书中说:"'师文王,大国五年,小国七年,必为政于天下矣。'则此一'七年'是就小国言之,大国则不待此数矣。"[4]不论是七年还是五年,行善都是有时间限定的。如果为政者无限期地找各种借口拖延,不解决民生问题,不尊老敬长,则难真正实行仁政,实现孝治。

在《梁惠王下》中,孟子指出:"昔者文王之治岐也,耕者九一,仕者世禄,关市讥而不征,泽梁无禁,罪人不孥。老而无妻曰鳏,老而无夫曰寡,老而无子曰独,幼而无父曰孤。此四者,天下之穷民而无告者。文王发政施仁,必先斯四者。《诗》云:'哿矣富人,哀此茕独。'"文王即西伯,他在治理岐地时,实行仁政,尤其照顾穷人当中四种无依靠的人,这四种人里老人占了三种:鳏、寡、独。这四种人即:年老无妻叫鳏、年老无夫叫寡、年老无子叫独、年幼无父叫孤。文王因惦念穷人中的老人,其尊老爱幼之心感召了天下人。杨泽波的《孟子评传》一书指出:"鳏寡孤独是社会中最贫困而又无依靠的人,实行王道仁政,必须最先考虑到他们,也只有照顾好这些人,王道仁政的优越性才能充分显现出来。值得注意的是,鳏寡孤独中有三种是老人,这样,善养老人便成了王道仁政的重要内容。"[5]172 这三种老人是需要王道仁政所特殊关照的,要颁布法令使他们无后顾之忧,在物质和精神需要上满足他们。

《公孙丑下》曰:"天下有达尊三:爵一,齿一,德一。朝廷莫如爵,乡党莫如齿,辅世长民莫如德。恶得有其一以慢其二哉?"《孟子正义》疏:"德是尚贤,齿是尊长。"[3]154 在孟子看来,爵位、年龄、德行三者都被视为天下最尊贵的东西,朝廷讲爵位,乡里讲年龄,辅佐国君引领民众讲德行,不应以有了爵位而轻待年龄和德行。"这种尊重老人的做法,一方面应该看作邹鲁文化传统的遗风,另一方面也应该看作孟子为其王道政治所制定的一个标准。王道政治的一项重要内容是养民,在养民过程中,不仅对一般的百姓要养,对社会上那些孤苦无靠的老人更要养,只有这样才能将王道的阳光洒向每一个角落。"[3]172 尊重老人应成为社会的风尚,因为老人为家庭和社会做出过贡献,他们年纪大了,不应被家庭、社会所冷落和忘记。

孟子主张一个国家要形成尊老敬长之风尚,即使是敌对国家交战,也要对敌国贯彻这一原则。这是对行仁政在政治上的一个考验,能否善待敌国老人、孩子,是能否赢得敌国民心的关键;就算发动战争的动机是好的,但如果不能善待敌国的老人，在道义上也是有缺陷的。在齐国征伐燕国的过程中，齐宣王因为拒绝听从孟子的劝导，一意孤行、不放被俘的老人与小孩而为孟子所不耻。齐人征伐燕国，孟子不仅主张出兵要有道，还反对杀害迎接齐国军队的燕国民众，认为这是不仁不义之举；"王速出令，反其旄倪"《梁惠王下》），孟子建议齐宣王放走被齐军掳掠的燕国老人与孩子，减轻战祸对老人与小孩的影响。但是，齐宣王不听劝告，齐军终因得不到燕国民众的支持不得不撤回。齐宣王因没有听孟子的劝告而有愧于孟子，孟子对齐宣王也因此有了看法。在孟子看来，即使是敌对国家交战，指挥军队的国君也应该对敌对国家的老人与孩子怀有仁心善念。

由此可见，尊老敬长的原则、理想，是超越了国界的大爱原则，表现了孟子高度的人文关怀精神。

二、尊老敬长需要物质保障

尊老敬长不仅是一种理念，还需落到实处，这就需提供物质上的保障。孟子在《梁惠王上》中两次提到要重视民生，为老人的生活需要提供必要的物质保障。

"五亩之宅，树之以桑，五十者可以衣帛矣。鸡豚狗彘之畜，无失其时，七十者可以食肉矣。百亩之田，勿夺其时，数口之家可以无饥矣。……颁白者不负戴于道路矣。七十者衣帛食肉，黎民不饥不寒，然而不王者，未之有也。"（《梁惠王上》）

"五亩之宅，树之以桑，五十者可以衣帛矣。鸡豚狗彘之畜，无失其时，七十者可以食肉矣。百亩之田，勿夺其时，八口之家可以无饥矣。……颁白者不负戴于道路矣。老者衣帛食肉，黎民不饥不寒，然而不王者，未之有也。"（梁惠王上）

这两段话内容几乎完全相同，个别文字略有出入："但彼言数口，此言八口。彼言七十者，此言老者……虽随意立文，然以老者与七十者互明，谓不独七十，凡六十及八十以上例此也。以八口与数口互明，谓不独八口，凡九人及七人以下例此也。"[3]58《孟子·尽心上》再次说道："五亩之宅，树墙下以桑，匹妇蚕之，则老者足以衣帛矣。五母鸡，二母彘，无失其时，老者足以无失肉矣。百亩之田，匹夫耕之，八口之家足以无饥矣。"

288

上述三处引文说明孟子重视民生,再三强调发展社会生产需要为老年人着想,满足他们对生活资料的基本需要,这是经济上不可缺少的。孟子希望五十岁的人能够穿上丝做的衣服,七十岁的人能够吃上肉,也就是说他主张要满足年长者穿衣吃饭的需要。尊老要成为社会风气,使道路上不见白发老者头顶重物行走,不让老人受冻挨饿,老人能安享晚年。如果天下都向这个尊老敬长的孝治国家归从,国君得到人民的拥戴,不愁王道不能实现。

"伯夷辟纣,居北海之滨,闻文王作,兴曰:'盍归乎来!吾闻西伯善养老者。'太公辟纣,居东海之滨,闻文王作,兴曰:'盍归乎来!吾闻西伯善养老者。'天下有善养老,则仁人以为己归矣……所谓西伯善养老者,制其田里,教之树畜,导其妻子使养其老。五十非帛不暖,七十非肉不饱。不暖不饱,谓之冻馁。文王之民无冻馁之老者,此之谓也。"(《尽心上》)

焦循在《孟子正义》中指出:"言王政普大,教其常业,各养其老,使不冻馁。二老闻之,归身自托。众鸟不罗,翔凤来集,亦斯类也。"[3]537文王实行仁政的重要内容,就是善待老人,尊老敬长,由此天下的贤人都认定他是圣王,天下的老人都愿归于他的治下,投奔他而来。也就是说,文王十分重视老人问题,把安置好老人作为治国兴邦的一项大事来抓。在经济上为老人着想,关心老人的生活;百姓有地种,有宅住,学会了种植、畜牧,知道赡养老人的事理,是西伯善于养老之内容。老人们愿意到文王的国家生活,既有民心所向的政治诉求,也有民心所向的经济诉求。尤其是在传承尊老文化的农业社会背景下,人们对文王的统治有强大的心理认同和情感认同,并由老人群体影响到非老人群体。老年人有丝绸穿,有肉和粮食吃,不受冻忍饥;因为物质生活上的无忧无虑,因而老人们的心情和精神也很好,老人的子女们就能无后顾之忧,安心生产和打仗,由此国家就能强盛。

《滕文公上》也说:"民事不可缓也……民之为道也,有恒产者有恒心,无恒产者无恒心。苟无恒心,放辟邪侈,无不为已。及陷乎罪,然后从而刑之,是罔民也。焉有仁人在位罔民而可为也?是故贤君必恭俭礼下,取于民有制。"人民有必需的产业,上足以敬奉长辈,下足以养育子弟;无论丰年灾年,都能过活,人心不乱;五亩之宅和百亩之田,是实现孝治理想的物质基础。"在孟子那里,园宅是井田的一种补充:井田是为了保证粮食供给,即'数口之家可以无饥';园宅是为了保证衣帛和食肉,即'五十者可以衣帛','七十者可以食肉'。两者相互配合，才能解决农民衣食等最基本的生活需要。在这个问题上，孟子的确是想得非常仔细的"[5]168。孟子希望民有恒产，能够维持一家老小的生活，既能赡养父母，又能养活妻子孩子，这样的王是"保民"之王，一定会得到民众的拥护和爱戴。孟子提出的施政纲领，就是要让民众自己拥有基本的产业，只有这样，才能形成亲和无怨的气氛，才能使人切实体会到人伦乐趣和生活的意义。

孟子不光认为对父母、长辈生前行孝需要一定的物质基础，就是父母、长辈去世后的行孝也需要有一定的物质基础，作为办后事、祭祀等活动的必要条件。历史记载：鲁平公想见孟子，遭到了宠臣臧仓的阻止；他以孟子不贤、不合礼义加以阻止。

"乐正子入见，曰：'君奚为不见孟轲也？'曰：'或告寡人曰："孟子之后丧逾前丧"，是以不往见也。'曰：'何哉，君所谓逾者？前以士，后以大夫；前以三鼎，而后以五鼎与？'曰：'否；谓棺椁衣衾之美也。'曰：'非所谓逾也，贫富不同也。'"（《梁惠王下》）

臧仓对孟子的评说是站不住脚的。乐正子即乐正克是孟子的门徒，当时在鲁国为官，他当着鲁平公的面驳斥了臧仓的观点。上文中的"后丧"超过"前丧"，到底指的是什么？这里既不是指用士的礼仪还是用大夫的礼仪葬父葬母，也不是指用三鼎礼祭父还是用五鼎礼祭母，是指孟母死后睡的棺椁之华美超出了孟父的棺椁。之所以有这样的区别，是因为家境好了，孟子作为孝子的正常举措。孟子的正常之举竟招致了臧仓等人的不当非议。臧仓非议的理由无非是认为孟子对自己父亲的丧事办得简单，棺椁不华美，而孟母亲的后事则办得比较好，有厚此薄彼之嫌。对此，乐正子进行了反驳，指出孟子丧父时家境不好，没有好的条件给父亲办丧事，心有余而力不足，而在母丧时，孟子家的生活条件得到了较大改善，因此丧事办的会有不同。也就是说物质条件决定了丧事和祭礼的等次。

孟子对此也做了解释，理由也很充足。孟子的学生充虞为孟子的母亲办丧事是监督备办棺椁的。当时由于事情太过匆忙，他没敢提问，只觉得棺木过于华美；事后他也问过孟子。

"孟子自齐葬于鲁，反于齐，止于嬴。充虞请曰：'前日不知虞之不肖，使虞敦匠事。严，虞不敢请。今愿窃有请也：木若以美然。'曰：'古者棺椁无度，中古棺七寸,椁称之。自天子达于庶人,非直为观美也,然后尽于人心。不得,不可以为悦;无财,不可以为悦。得之为有财,古之人皆用之,吾何为独不然?且比化者无使土亲肤,于人心独无恔乎?吾闻之也:君子不以天下俭其亲。'"《公孙丑下》)

孟子认为办丧事需要根据自己的实际条件来进行,只要符合礼制,能够表达哀悼之心,真实地表达自己的情感就不算过分。在条件许可下,孟子用华美的棺椁来装殓母亲的遗体,表达了孟子对母亲真挚深厚的情感。大家耳熟能详的"孟母三迁""断杼教子"的故事,说明孟子之所以能走上弘扬儒家思想、成就大业的道路与其母亲对他的教导和培养密不可分。孟子为了感恩,在他的俸禄足以用华美的棺椁装殓母亲,给母亲办好丧事时,这样做是作为人子的符合人性的选择。儒家的厚葬主张是基于孝心的,当然孝亲之人也要考虑自己的经济承受能力,过于铺张浪费、追求形式就会陷于偏执。大操大办丧事,追求奢华在现代社会也是不可取的;丧事从简,少占用土地等社会资源是需要孝亲之人注意的。

三、尊老敬长需要内外合一

孟子从老年人的立场出发,讲到对老年人的尊重要发自内心、表里如一,心里是否真诚会体现在自己的行动中;人没有到老年阶段,很难真切地体会老人的难处。所以全社会都要牢记:每个人都有变老的日子,要体谅关爱老人,确实为老人着想,身体力行地为老人做些实事,这也是全社会尊老敬长道德水平的体现。孟子强调的内外合一的实践观,在实践活动中见真心见真情,是人伦道德之本源。

"孟子去齐,宿于昼。有欲为王留行者,坐而言。不应,隐几而卧。客不悦曰:'弟子齐宿而后敢言,夫子卧而不听,请勿复敢见矣。'曰:'坐!我明语子。昔者鲁缪公无人乎子思之侧,则不能安子思;泄柳、申详无人乎缪公之侧,则不能安其身。子为长者虑,而不及子思;子绝长者乎?长者绝子乎?'"《公孙丑下》)

替齐王挽留孟子的说客,来到在昼邑过夜的孟子那里,以财利劝孟子留下终未能打动孟子。除了孟子对不采纳其主张的齐宣王表示失望外,也与说客对孟子这位老人的不敬有关。表面上说客恭敬跪坐，但又很不礼貌地指责孟子。孟子向君王进谏，即使自己的观点不被君王接受也用不着发怒，而孟子之所以非用完力气走一天的路才住宿不可，是他盼望齐宣王能改变主意，接受自己的主张。孟子的气量不属狭小之辈，说客的理解有偏。说客无论如何没有理解孟子的所作所为，想当然地以自己为中心，以为自己正确而当面指责孟子，讲出了对孟子的不敬之言，没有谦恭之心。在一般人看来，即使真是孟子有过错，也要考虑到他作为老人所处的场合和境遇，以他能接受的方式指出他的不足，而不是直接顶撞老人，让老人生气，这样的人应该先反省自己，而不是把一切不是都推到老人身上。

乐正子随子敖到了齐国，没有立刻见老师，孟子当面批评了乐正子。

《离娄上》曰："乐正子从于子敖之齐。乐正子见孟子。孟子曰：'子亦来见我乎？'曰：'先生何为出此言也？'曰：'子来几日矣？'曰：'昔者。'曰：'昔者，则我出此言也，不宜宜乎？'曰：'舍馆未定。'曰：'子闻之也，舍馆定，然后求见长者乎？'曰：'克有罪。'"

"子敖"为王驩的字，孟子曾与王驩交恶，其原因是王驩独断专行，不讲礼数，不敬老尊长。针对孟子对乐正子的批评，有论者评论说："从表面上看，孟子是批评'舍馆定，然后求见长者'……的做法，实际上很大程度上是对乐正子与王驩交游的不满。"[5]87也有学者评论说："孟子对于乐正子没有马上去见他的不满倒还在其次，更主要的是，他在这次公务中根本没有干什么正经的大事，既然如此，却又不马上拜见老师，说明他对自己的要求很不严格，所以孟子感到特别生气。"[6]应该说，乐正子表现不佳，有孟子鄙视他与王驩交游的原因，也有他对其作为一个臣属到了齐国只知道吃喝、未尽其责不满的原因。但乐正子不尊老敬长应是孟子生气的主要原因。焦循在《孟子正义》中指出："言尊师重道，敬贤事长，人之大纲。乐正子好善，故孟子讥之，责贤者备也。"[3]311-312撇开师生这层关系，从尊重老人的层面讲，乐正子的做法也不符合儒家孝道，作为治理国家的官员，在实现孝治方面的道德要求应比一般百姓更高。此外，孟子似也担心乐正子受到王驩的不良影响。好在乐正子对自己的过错有正确认识，能够反求诸己，道德上追求完善，做了自我批评。孟子的孝治言行对乐正子的影响可见一斑。对此，有人举例说明孔子、孟子对学生的批评有所区别,指出:"当然,对比孔孟对学生的批评,孔子的批评更多具有实质性的内容,而孟子的批评似乎更多注重了形式。"[7]笔者不敢苟同:孟子批评乐正子不光是形式问题,也关乎实质内容;孟子期望自己的学生成才,行孝道以达天下孝治。

孟子认为:"仁之实,事亲是也;义之实,从兄是也"(《离娄上》)。朱熹在《孟子集注》中说:"此章言事亲从兄,良心真切,天下之道,皆原于此。"[2]287在朱熹看来,事亲是仁的体现,从兄是义的体现,这是每个讲究孝行的人都必有的道德情操和道德修养。"道在迩而求诸远,事在易而求诸难;人人亲其亲、长其长,而天下平。"(《离娄上》)"迩,近也。道在近而患人求之远也,事在易而苦人求之难也。谓不亲其亲不事其长,故其事远而难也。"[3]298亲亲敬长,不需要高谈阔论,需要的是切实践行尧舜之道,推己及人,正确处理好人伦关系,化解社会矛盾,这样"老吾老,以及人之老;幼吾幼,以及人之幼"的人文理想就能实现。

由此观之,在构建社会主义和谐社会的今天,必须做好社会治理工作,而要实现社会的善治,必须充分借鉴孟子的尊老敬长思想,吸收历史上孝治天下的经验,把尊老敬长作为治理国家和社会的重要抓手,尤其是在中国日益老龄化、全社会需要关爱老年人的今天,尊老敬长尤其具有迫切性。"壮者以暇日修其孝悌忠信,入以事其父兄,出以事其长上"(《梁惠王上》),就可做到"仁者无敌"。对青少年进行必要的孝悌忠信教育,使尊老敬长的传统美德一代一代传承下去。在新的历史条件下,我们要结合变化了的国情,从理论与实践相结合的角度,弘扬尊老敬长孝治天下的传统,寻找可操作的路径,使全社会形成尊老敬长的风气,大张旗鼓地表彰孝行,弘扬孝道,净化社会风气,坚持以德治国与依法治国相结合,提升每个家庭和整个社会的道德水平。

参考文献:

[1] 陈升.对《孟子》论"孝"的解读 [M] //肖群忠,王才,肖波,主编.孝文化与构建和谐社会.武汉:武汉出版社,2009:195.

[2] 朱熹.孟子集注 [M] //四书章句集注.北京:中华书局,1983.

[3] 焦循.《孟子正义》疏［M］//诸子集成：第1册.影印世界书局编印版.上海：上海书店，1986.

[4] 杨伯峻.孟子译注：上册［M］.北京：中华书局，1960：175.

[5] 杨泽波.孟子评传［M］.南京：南京大学出版社，1998.

[6] 金良年.孟子译注［M］.上海：上海古籍出版社，2004：165.

[7] 万光军.孟子仁义思想研究［M］.济南：山东大学出版社，2009：187.

《颜氏家训》的孝道思想及其特色[*]

传统中国不仅以农立国，而且以孝立国，其中，孝起着贯通天地人三才的重要作用。诚如《孝经·三才》所言："夫孝，天之经，地之义，民之行也。"孝既然如此重要，也就不奇怪它频频出现于家训之中，成为家族长者谆谆教训后辈的核心理念了。素有"百世家训之首"之美誉的《颜氏家训》，也把孝道的培养放在"成人"的首位。其对孝的推崇与颜之推的家族传承有着密切的关系。

颜之推出身于"世善《周官》《左氏》"（《北齐书·颜之推传》）的名门望族，家世文章"甚为典正，不从流俗""无郑、卫之音"[1]326。士大夫一族的高风亮节以及良好的道德品性和风范，奠定了颜氏家族向来有诚孝、整齐门内的传统，这从其《家训》的《序致》篇可见一斑。其九世祖含"以孝闻"，入《晋书·孝友传》；其八世祖髦"淳于孝行"；其父协，幼孤，养于舅氏。舅卒，"协有以鞠养恩，居丧如数博之理，义者重焉"[2]338。颜之推继承了这种家教传统，幼年便蒙诱晦，父母去世后，"每从两兄，晓夕温凊，规行矩步，安辞定色，铿铿翼翼，若朝严君焉"[1]5。颜之推早年父亲去世，他能在年纪尚幼之时，事兄如事父，足见颜氏家族孝道观念的影响之深。

颜之推所处的时代，正是魏晋南北朝时期，这个时期是中国历史上有名的乱世，政权更迭，政治动乱。颜之推生逢乱世、历侍四朝而能保自身无虞，不

---

[*] 基金项目：国家社会科学基金重大项目"中国传统家训文献资料整理与优秀家风研究"（14ZDB007）。
作者简介：刘胜梅，女，山东莱州人，泰山学院马克思主义学院讲师，博士，研究方向为近现代伦理。
原载《武陵学刊》2016年第5期。

能不说得益于其自身家教赋予他的生存智慧和处乱不惊的政治眼光与开阔胸襟。他将自己宝贵的人生经验，总结成《颜氏家训》一书，"以整齐门内，提撕子孙"为宗旨[1]1，一再强调"孝"对于立身传家的作用，并以"孝为百行之首"，要求子孙传承不辍[2]338。

一、《颜氏家训》孝道思想产生的重要背景

东汉末期，儒学式微，社会上的思想文化思潮呈现出两种对立的倾向：一方面，士人崇尚道家的无为价值，追逐名士风度，使得代表儒家伦理三纲核心价值的名教受到很大冲击；另一方面，儒家伦理仍然是社会政治制度的正当性来源，为了维护家、特别是大家族的正当性，社会生活中越来越重视礼教传统。正是在这两种思潮的作用下，儒学出现家学化[3]121倾向。

魏晋南北朝时期，孝道得以强化，重视孝的首要原因是家族伦理的兴起，这也是儒学家学化的重要结果。儒学家学化的表现之一就是《孝经》，并一度成为显学。当时皇权式微，"门阀盛行，世家大族把持国柄"[4]297，门第世族的命运事关国运兴衰，正如钱穆在《国史大纲》中所言："魏晋以下世运的支撑点，只在门第世族身上。"[5]272门第世族为了家族的繁荣与显赫，普遍重视血缘和门第，出现了在社会生活中，士族与寒族界线分明、互不通婚的现象。在大家族内部，"族人之间的关系是上下分明、利害攸关、休戚与共的"。为避免家族在离乱动荡的年代衰败，子孙倾覆，"需要用孝道来维持家族内部的长幼尊卑秩序，增强宗族内部的凝聚力"[6]58，而孝道的言说形式主要以家训为主，这也是当时编纂家训、家规蔚然成风的主要原因。在这样的社会背景下出现的《颜氏家训》，当然也格外重视孝道在家族传承及家族长远发展中的重要作用。

魏晋南北朝时期，重视孝道的另一个原因是由于统治阶级讳谈"忠"，因而要通过极力标榜"孝"来文过饰非。这一时期，政权更迭，许多人因篡权而夺得皇位，他们的行为本身与忠相背离，今天的臣子有可能会一跃而成为明天的皇帝，所以他们避谈忠德，而提出以孝治天下的理念。在制度上，承袭了汉代的举孝廉制度。"九品中正制"的实行使得"孝"成为一项国策，成为选拔官员的重要标准。政权的动荡并没有动摇"孝"作为治国理政的政治方案及其对于个人入仕升迁所具有的决定性意义。"孝"始终作为一个核心理念贯穿于每一个政权当中。颜之推所说的"诚臣循主而弃亲，孝子安家而忘国，各有行

也。"[1]473 肯定忠臣与孝子遵循不同的行为准则所作的行为选择,均无可厚非,对孝子忘国的行为予以极大的宽容,即是反映了"孝"在当时社会中的地位和意义。

当然,魏晋南北朝时期的孝道有其自身的独特性。这一时期,由于《孝经》的显学地位,对于《孝经》的注解颇多。这种注解更多是以礼制为基础,体现了当时礼学的盛行。"魏晋南北朝是礼学极端发达的时代,而南方尤其讲究丧服礼。"[7]377 陈壁生在《孝经学史》中提到:"两晋南北朝,《丧服》之学大盛。其据《仪礼·丧服传》一篇,以确定人伦关系,裁断疑难案例,不胜枚举。"[8]185 丧服礼的盛行,反映到对《孝经》的注解上,就是以"《孝经》通《丧服》"[8]186。清代学者沈垚认为六朝礼学正是因维系门第而兴,这样丧服礼所代表和体现的也是门第社会的等级观念。它与《孝经》的互释,既体现了当时士大夫阶层所处的社会环境,诚如余英时先生所言:"魏晋之世,因战乱频仍,常有父母乖离,存亡未卜的情况。这也是当时士大夫阶层在礼制上所面临的一个非常特殊的时期。"[7]378 又反映了以礼统孝的突出特色,反映到孝道思想上就是重形式胜于内容,人们过多地纠结于孝礼的繁文缛节,而忽略了孝的具体内容。颜之推在《颜氏家训》中所极力反对并试图予以纠正的伪孝,就是这一现象发展到极端的表现。

二、《颜氏家训》孝道思想的主要内容

《孝经·纪孝行章》云:"孝子之事亲也,居则致其敬,养则致其乐,病则致其忧,丧则致其哀,祭则致其严。五者备矣,然后能事亲。"《颜氏家训》以此为基础,通过一些具体事例,阐明了孝道的内容。

"居则致其敬。""父母健在时,当要居敬以礼,仰体亲心以承欢,得尽天伦之乐。"[9]110 在《风操》中,颜之推认为《礼记》中所规定的在日常生活中如何侍奉父母的圣人之教已经颇为完备:"箕帚匕箸,咳唾唯诺,执烛沃盥,皆有节文,亦为至矣。"[1]70 但由于这本书已残缺不全,不能得窥全貌,一些博学通达之士就"自为节度,相承行之",逐渐形成了一些日常侍奉父母的行为规范。这些行为规范具体到如何侍奉父母的日常起居,如抑搔痒痛,悬衾箧枕等[1]18。此外,侍奉父母时要心怀对父母的爱敬之心,这也是《孝经·丧亲章》所说的生民之本。爱敬父母就要始终对父母保持和颜悦色,这也是孔子认为侍奉父母难

297

以做到的地方。

"养则致其乐。"《孝经·庶人章》载:"用天之道,分地之利,谨身节用,以养父母,此庶人之孝也。"宋代理学家真德秀认为,谨身则不扰恼父母,节用则能供给父母。能是二者,即是谓孝。《礼记·内则》云:"孝子之养老也,乐其心,不违其志,乐其耳目,安其寝处,以其饮食忠养之,孝子之身终。"对父母的奉养,不仅体现在赡养父母要竭尽全力,即"夙兴夜寐,耕耘树艺,手足胼胝,以养其亲"(《荀子·子道》),更要使父母的内心愉悦。

颜之推认为,子女固然有奉养父母的责任和义务,但也要依据形势变化,有所变通。当邺城被攻陷,颜之推被迫举家迁徙入关的时候,他的儿子颜思鲁有感于父亲督促他们读书,而不是令他们积攒资材以供养父母而深感愧疚和不安,认为"朝无禄位,家无积财,当肆筋力,以申供养。每被课笃,勤劳经史,未知为子,可得安乎",颜之推却认为:"子当以养为心……若务先王之道,绍家世之业,黎羹缊褐,我自欲之。"[1]247尽管颜之推认为儿女确实需要时时把奉养父母的责任放在心上。但是,他更希望子女能"务先王之道,绍家世之业"[1]247,子女能做到这些,即便自己吃的是粗茶淡饭,穿的是粗布短衣,也心甘情愿。实际上,在颜之推看来,奉养父母是孝,如《孝经·开宗明义章》中所说的"立身行道,扬名于后世,以显父母"同样是孝,而且是完满的、理想的孝行。

"病则致其忧。"父母在身患疾病之时,要潜心侍奉。在《颜氏家训》中,颜之推认为:"父母疾笃,医虽贱虽少,则涕泣而拜之,以求哀也。"[1]147颜之推认为当父母患病,且病情危急之时,即便医生的地位比自己低下,或比自己年轻,都应该哭着向他求救,以求得他的怜悯,使得医生能够竭尽全力加以抢救。他还以梁元帝为例,说:"梁元帝在江州,尝有不豫,世子方等亲拜重病参军李猷焉。"元帝在东州生大病,其儿子萧方等为父亲疾病所忧,亲自去拜求下属李猷。在等级森严的封建社会,能做到以上拜下,若非出于忧虑之真情,实难做到。

"丧则致其哀。"《孝经·丧亲章》云:"孝子之丧亲也,哭不偯,礼无容,言不文,服美不安,闻乐不乐,食旨不甘,此哀戚之情也。"父母去世,办理丧事应表达出悲戚之情。《颜氏家训·风操》直接引用了《孝经》的"哭不偯"[1]114,哭也有轻重质文之分,哀痛要通过哭的声音和方式来体现,孝子痛哭的哭声是不拖余音的。除以哭的方式表达哀痛外，与不体谅自己悲戚之情的朋友断绝关系，也是"致其哀"的表现。江南有遇丧事住在同城的朋友前往吊唁的习俗，如果朋友不来，则孝子会与之绝交，这就表达了对朋友不怜悯自己丧失亲人之痛的不满。哀伤之情的表露与侍奉父母同等重要，若父母亲人去世，哀伤不及甚至虚伪矫饰，其奉养行为则会备受质疑。在《名实》篇中，颜之推提到有人竟然在服丧期间"以巴豆涂脸，遂使成疮，表哭泣之过"[1]371。哀伤之情还要如此虚伪做作，人们不禁怀疑他在日常侍奉父母时所表露的孝心是否真实。

"祭则致其严。"《孝经·丧亲篇》主张对去世的先人，应"春秋祭祀，以时思之"，"死事哀戚"与"生事爱敬"，同属生民之本。《终制》篇载："四时祭祀，周、孔所教，欲人勿死其亲，不忘孝道也。"[1]728 对逝去的先人依礼诚祭，以使其在天之灵得到安息，以尽为人子的思慕之心，这是人子应尽的孝道。

颜之推尽管出身儒学世家，但在当时笃信佛教的社会文化濡染下，也归心佛教。在《归心》篇中，他认为"归周、孔而背释宗"的行为"何其迷也"[1]446，还认为属内外两教的佛、儒原本一体，佛门的五禁与儒家的仁义礼智信原本相通。就礼来说，乃是"不邪之禁"。他试图融佛教与儒学于一体的思想，体现在他对身后之事的安排之中，他一方面希望儿子在他去世后能从简祭祀，另一方面又希望在七月的盂兰盆会实行斋供。

总之，《颜氏家训》的孝道内容，始终以爱敬之真情实感贯穿其中。六朝《孝经义疏》之抄本残卷，也是皇侃《孝经义疏》之节抄残本，其中有这样一段话：" '孝以爱敬为体'，无爱、敬之心，即非孝。而爱、敬皆可以分出心、迹。爱心'烝烝至惜'，发之于外则是对父母'温情搔摩'之爱迹，敬心'肃肃悚栗'，发之于外则是对父母'拜服擎跪'。心为内在之感情，而迹则合于外在之礼制，是故皇侃之解'爱敬'，通过其'心、迹'之分，使爱、敬不仅是为人子者对父母的情感，而且落实在具体的典礼之中。"[8]184 这段话实际上是明确了以爱、敬为核心乃是《孝经》内容，情与理、心与行正是通过爱敬之情统一在一起的。作为深受《孝经》影响的《颜氏家训》，自然强调出于爱、敬之真情实感的孝道。

三、《颜氏家训》孝道思想的显著特色

《颜氏家训》孝道思想有着不同于其它家训的突出特色，主要体现在三个

方面。

首先，孝是自然天性。《孝经·开宗明义章》起首即言："先王有至德要道，以顺天下。"所谓"顺天下"，即因自然而立教。这里的"自然"包括两个方面：一是天地之自然而然，一是人心之自然而然[8]131。

天地之自然，如《圣治章》所云："天地之性，人为贵。"天地生万物，人异于万物，故为贵，此为自然之事[8]131。人之所以贵于万物，在于人有人伦，并能以此为基础，结成群体。原初自然人的人伦观念是通过圣人的教化而产生的。孟子曾这样解释伦理的发生："饱食、暖衣、逸居而无教，则近于禽兽。圣人有忧之，使契为司徒，教以人伦：父子有亲，君臣有义，夫妇有别，长幼有序，朋友有信。"（《孟子·滕文公上》）《礼记·曲礼上》中也有类似的观点："是故圣人作，为礼以教人，使人以有礼，知自别于禽兽。"正是圣人的教化产生以礼为核心的人伦观念，人兽揖别。《颜氏家训》正是以人伦之观念为基础，阐明了庞大家族关系的由来："夫有人民而后有夫妇，有夫妇而后有父子，有父子而后有兄弟：一家之亲，此三而已矣。自兹以往，至于九族，皆本于三亲焉，故于人伦为重者，不可不笃。"[1]27 人本于人伦，在颜之推看来，九族正是从夫妇、父子、兄弟（长幼）这五伦中的三伦推演开去的结果。在这三伦中，颜之推主要阐述了父子和兄弟这两伦关系。父子之间应父慈子孝，兄弟之间则应兄友弟恭。

人心之自然，如《孟子·尽心上》所云："孩提之童，无不知爱其亲者。及其长也，无不知敬其兄也。"此皆不虑而知，不学而能，故为人心之自然也。所谓教化，即是建立在自然的基础上，诱发人心所固有的道德趋向而教之化之，不强人心之所难。这样的政教秩序，才是"顺天下"的政教秩序[8]131。《颜氏家训·兄弟篇》同样表达了这种人心之自然情感的产生。"兄弟者，分形连气之人也，方其幼也，父母左提右挈，前襟后裾，食则同案，衣则传服，学则连业，游则共方，虽有悖乱之人，不能不相爱也。"[1]27 对这种人心之自然情感加以引导和教育，使之明于诚孝，正是各类圣贤之书乃至《颜氏家训》的宗旨之所在。

其次，孝是真情流露。孝道要出于真情，遵循常理。颜之推明确提出："诚孝在心。"[1]473 并提出"礼缘人情"[1]126，这与《礼记·坊记》"礼者，因人之情而为之节文"有着类似的意思。荀子也认为："礼以顺人心为本，故亡于礼经而顺人心者，皆礼也。"（《荀子·大略》）就是说孝子的行为既要遵循礼，也要符合人之常情。比如，每逢佳节的时候，不仅旅外的游子思念亲人，在家的人亦思念故去的亲人，这种思念要通过一定的形式予以表达，这就逐渐演变为风俗，成为礼的重要内容。在父亲或母亲去世之后，在元旦和冬至这两个节日里，如果去世的是父亲，就要拜见母亲及父系的亲人，如果去世的是母亲，则要拜见父亲以及母系的亲人，并且在拜见的时候要放声哭泣，这是符合人情之礼的，既体现了对逝去亲人的思念，又表现对生者的慰藉，是孝子所应该做的[1]123-124。

江南的朝廷大臣在亡故之后，他们的子孙服丧届满，要去拜见天子和太子，并且要"涕泣"，天子和太子亦为之动容。如果有人在朝拜时容光焕发，全无悲凄哀伤之色，就会被梁武帝所鄙薄，常常会遭到贬退降谪。裴政在除去丧服之后，拜见梁武帝，"贬瘦枯槁，涕泗滂沱"，令武帝感叹裴之礼不死[1]124。这些都说明，在父母亲人去世之后，以一定的方式适度表达哀伤和思念之情不仅是礼之内容，也是人之常情，若有违背，则会被视为是有悖于孝道的，被世人所鄙视。

"礼缘人情"要反对两种倾向：一方面是"无情"，另一方面则是"过情"。颜之推推崇顺应人的情感的自然之孝，王弼曾经对仁孝做过这样的解释，认为："自然亲爱为孝，推爱及物为仁。"如果过分标举忠孝之名行，而悖离自然之本真，就会舍本逐末，乱伪丛生[10]87。

在魏晋南北朝时期，由于推崇孝道，孝道往往成为了一些人博取声誉乃至升官发财的工具，从而出现了为颜之推所深恶痛绝的伪孝行为。这些伪孝行为与对已逝先人不敬的无礼行为同属于无情的范畴。

同样，颜氏认为，在亲人离世之后，孝子应通过哭泣来表达自己的哀伤，不能因为哭泣对自己的身心可能有损伤，就不敢发声。王充《论衡》中有一种说法，认为"辰日不哭，哭必重丧"。好多无知之人，因为这个原因，就"举家清谧，不敢发声，以辞吊客"[1]116。此外，道家的一些书中还有一种说法，认为："晦歌朔哭，皆当有罪，天夺其算。"亲人在朔日和望日即每月的初一和十五日离世，人们哀痛的感情特别深切，难道只是因为害怕折损自己的寿命，就不哭泣、不哀痛了吗？在颜之推看来，这纯属无稽之谈，也是不孝的表现。如果真的是哀痛和怀念父母，还会在乎这些尚不知真假的说法吗？

道教的一些观点认为人死之后，会有归刹，告诫子孙要外出躲避，还有的主张用各种方法，举行各种仪式来送走家鬼，以防殃及自身及家人[1]118。这些做法在颜之推看来都是非常不近人情的。如果内心真的是感念父母，为失去父母而伤痛不已，那么其所做的应该是向上天祈求父母在天之灵得到慰藉，而不是害怕父母之魂魄给自己带来祸患。所以，这些有违人之常情的事情，应该予以抨击，不是一般的孝子所为。

《礼记》上所说的"忌日不乐"，是因为在父母的忌日会有无尽的感伤和思慕，悲痛哀伤，所以在这一天不接待宾客，也不处理日常事务。但在颜氏看来，实际上，只要能够真切地表达出悲痛和哀伤之情，又何必拘泥于是否接待亲友呢？有的人在父母忌日，谈笑风生，置办美味佳肴，而亲友来访却以忌日为由不加接待，这样的行为不是伪孝又是什么呢[1]131？

颜氏认为，大肆庆祝生日的行为，也是无情的。江南的风俗，在孩子满周岁之时，亲友们要欢聚一堂，举行一些庆祝活动。之后每年的这天，都要设宴欢庆。但是，一旦父母去世，对生日的庆祝活动即告终止，因为自己的生辰之日是母亲的受难日，应该借此机会缅怀父母。若在生日这天仍酣畅声乐，则被颜之推视为全无教养的不孝之徒。以前梁元帝少年时，每逢生日，都要摆下素食，讲习经文，而一旦文宣太后去世，就再也不这样做了[1]138-139。

还有一些无情之行为，如随便将父母所起的名字改掉[1]84，如司马长卿因仰慕蔺相如，就随便将名字改为相如。顾元叹仰慕蔡邕，因此改名为雍。甚至还有人将古人的姓和名作为的自己名字，如朱伥字孙卿，许暹字颜回，这在颜之推看来确实是"鄙事"。

"无情"固然非孝子所为，但若是"过情"也让人难以承受。魏晋南北朝时期，家讳盛行，"士族之间在谈话时如果不小心说了一个对方长辈名字的同音字，便是非常不礼貌的事情，如果这位尊长已经故去，对方便立刻痛苦起来，以示自己是一个真正的孝子"[10]81。这样，人们在谈话时会小心翼翼，唯恐犯忌。对于这种情况，颜之推认为大可不必，家讳固然是礼之规定，况且"言及先人，理当感慕"[1]95，是人之常情，但也要根据实际情况灵活处理。《礼记》云："临文不讳，庙中不讳，君无所私讳。"这就告诉我们，不要当别人一提及名讳就痛苦不堪，奔走回避。颜之推举了梁世谢举、臧逢氏的例子，谢举闻讳而哭，臧逢氏见讳而哭，并由此耽误公务。这在颜之推看来都是"过事"。还有扬都，有一士人讳审，而与沈氏交结周厚，沈与其书，名而不姓，这也不符合人情[1]77。还有李构的父亲李奖,在镇守扬州时遇害,李构在与他人同集谈宴的时候,因为他人"割鹿尾,戏截画人"的无意行为而"怆然动色,便起就马而去"[1]126,这种行为也是不可思议的。

此外,"过情"还体现在哀痛的表达方面,要适可而止。睹物思人、触景生情是真情之流露和表达,但也不能因此就不用这些旧物件。《礼经》云:"父之遗书,母之圈杯,感其手口之泽,不忍读用。"正是因为在这些旧物上,留存着父母使用过的痕迹,因而子女们不忍心再阅读和使用它们,以免触发子女的思念之情。但颜之推认为,若是特别之物,不用就罢了,"但若是寻常坟典,为生什物,安可悉废之乎"[1]129。也有人对于父母生前"所居斋寝",不再开启。北朝顿丘的李构,就是如此。他在其母刘氏夫人亡故之后,终生紧锁其母生前所住的房屋,不忍再次打开进入以勾起思母之情,而任由房屋废弃不用,这也是过情行为[1]126。

《颜氏家训》中列举了诸多父母亡故后,孝子哀伤过度的例子。比如,思鲁兄弟几个的四舅母,她的五妹,三岁丧母,见到家人晾晒被打湿的其母生前的旧物屏风,就哭得伤心欲绝,肝肠寸断,不几日便吐血而亡,其情真至此,令人感叹,但如此哀伤过度,以致危及生命,实乃是过情之行为[1]130。《孝经·丧亲章》提出,孝子在双亲去世后,即便哀痛异常,但也要"三日而食","无以死伤生","毁不灭性"。这些圣人之教,是在告诫人们:尽管父母已逝,但生者还有祭奠父母的责任,还有修身立业之责任,这种以死伤生的过度哀伤,不仅是对自己的不负责任,更是一种不孝的行为。如吴郡的陆襄,因其父亲被处死刑而终身不食任何用刀切过的东西。江宁姚子笃,因母亲被火烧死而终身不食烤肉。豫章熊康的父亲因酒醉后被奴所杀,因而终身不复饮酒。颜之推认为,这些人的行为太过迂腐,与人情相悖,难道能因为亲人吃饭噎死,就要绝食吗[1]126?

对于《礼记》上所规定的三年之丧,颜之推也认为没有必要。他在《终制第二十》中说:"君子应世行道,亦有不守坟墓之时,况为事际所逼也!"嘱咐儿子在他去世之后,"宜以扬名为务,不可顾恋朽壤,以取湮没也"[1]735。

再次,孝道亦需学以饰之。颜之推在《勉学第八》中,提出了读书学习的重要意义。首先,读书是为了增益德行,敦厉风俗,即便不能做到如此,但总归是一门可以用来谋生的技艺。而且读书这门技艺,相对来说是"伎之易习而

303

可贵者"[1]189。颜之推提出："自荒乱以来，诸见俘虏，虽百世小人，知读《论语》《孝经》者，尚为人师；虽千载冠冕，不晓书记者，莫不耕田养马。"[1]178即便在乱世之中沦为俘虏，若能知读《论语》《孝经》，也可以成为别人的老师，即便当了一辈子官，不懂读书写字，也会沦为耕田养马的贫民。"若能常保数百卷书，千载终不为小人也。"况且"父兄不可常依"，只有能够自谋生计，才能谈得上奉养父母，以尽孝道。因此，从这个意义上说，读书也是尽孝道的一种方式。

读书可使人明孝道之理，学习古人奉养父母之行。"未知奉养者，欲其观古人之先意承颜，怡声下气，不惮劬劳，以致甘腴，惕然惭惧，起而行之也。"[1]199"学之所知，施无不达。"读书更要学以致用，知行合一，这才是读书的根本之所在。"世有读书者，但能言之，不能行之，忠孝无闻，仁义不足。"只言不行、知行脱节的读书，"为武人俗吏所共嗤诋"，[1]199看来也是事出有因的。

"北齐孝昭帝侍娄太后疾，容色憔悴，服膳减损"[1]237，照顾得无微不至，"后既痊愈，帝寻疾崩，遗诏恨不见太后山陵之事"。颜之推评价说："其天性至孝如彼，不识忌讳如此，良由无学所为。"如果齐昭帝能看到关于古人讥讽"欲母早死而悲苦之"的记载，就不会在遗诏中这样说，这也是其读书不多所致。可见，行孝也要"学以修饰之"。

总之，颜之推所著的《颜氏家训》，之所以在众多的家训中脱颖而出，被奉为经典之作，不仅是由于作者结合自己宝贵的人生经历，谆谆教导子孙后辈的平和态度，以及家训中所反映出来的魏晋南北朝时期的礼制现状，而且它以《孝经》为基础，提出供子孙后辈们奉行的孝道准则，展示了其独特的孝道理论特色，对于今天我们进行孝道建设不无启示。

参考文献：

[1] 王利器. 颜氏家训集解 [M]. 北京：中华书局，1993.

[2] 李中华. 中国儒学史：魏晋南北朝卷 [M]. 北京：北京大学出版社，2014.

[3] 金观涛，刘青峰. 中国思想史十讲 [M]. 北京：法律出版社，2015.

[4] 张晋藩,王超.中国政治制度史［M］.北京：中国政法大学出版社,1987.

[5] 钱穆.国史大纲［M］.北京：商务印书馆,2010.

[6] 朱岚.中国传统孝道七讲［M］.北京：中国社会出版社,2008.

[7] 余英时.士与中国文化［M］.上海：上海人民出版社,2013.

[8] 陈壁生.孝经学史［M］.上海：华东师范大学出版社,2015.

[9] 李一冉.孝道［M］.北京：中国广播电视出版社,2010.

[10] 肖群忠.孝与中国文化［M］.北京：人民出版社,2001.

王阳明的家庭伦理思想及其现实意义*

王阳明是我国著名的教育家、文学家以及军事家,"心学"集大成者。其家庭伦理思想前承程朱理学,后启明清实学,从《大学》入手,遵循修、齐、治、平的儒家伦理发展轨迹,从以"良知"为核心的个人道德入手,经家庭伦理最终实现政治伦理的完善,是中国古代家庭伦理思想史上重要的一环。

一、王阳明家庭伦理思想产生的原因

王阳明家庭伦理思想的产生与他个人的经历、传统儒家伦理思想的影响以及当时的社会环境息息相关。

首先,王阳明家庭伦理思想的产生与其独特的个人经历有关。王阳明所处的明朝是中国历史上政治黑暗、腐败丛生的时代,统治者身心暴虐,宦官干政猖獗,特务机构森严。王阳明35岁那年,为刘瑾陷害的忠臣上疏进言,得罪刘瑾,结果被矫诏廷杖五十,谪往贵州龙场做驿丞。在此期间,王阳明忠而见弃的遭遇使他不断思考这样一个问题:"圣人处此,更有何道?"后体悟到:"圣人之道,吾性自足,向之求理于事物者误也。"①(《王阳明全集·年谱》以下简称《年谱》)谪居期满后,在奉朝廷之命抚平南赣民变的过程中,认识到世风日下的原因在于封建统治者思想的混乱,因而需要深入到道德的自律上来。

正德十四年(1519),宁王宸濠叛乱,王阳明奉旨平叛。这一次叛乱使王阳

---

* 基金项目:国家哲学社会科学基金项目"道德悖论现象研究"(08BZX065)。
作者简介:杨晶,男,江苏无锡人,安徽师范大学政法学院教师,博士研究生,研究方向为中国传统家庭伦理。
原载《武陵学刊》2012年第3期。
① 本文所引王阳明的话都出自《王阳明全集》上海古籍出版社1992年版,下文只标示文题。

明更加震惊。一方面,朝廷腐败使百姓遭受盘剥之苦,另一方面,封建统治阶级内部的争权夺利无疑又加重了百姓之苦,社会状况如同春秋时期孔子所谓"礼崩乐坏"。"是年先生始揭致良知之教。""自经宸濠、忠、泰之变,益信良知真足以忘患难,出生死,所谓考三王,建天地,质鬼神,俟后圣,无弗同者。"(《年谱》)王阳明历经此役后提出了"致良知"的学说。

王阳明一生戎马倥偬,在镇压百姓的过程中,他认识到镇压不是解决社会矛盾的根本之道,只有提倡以人伦为核心的儒家学说,移风易俗,才能求得大治。王阳明开始把治理社会的注意力放在家庭伦理和道德教育上来,经其治理与抚平的地区在他在世时再未发生过叛乱。王阳明"致良知"的学说对于改革社会风气确实有积极作用。但是仅仅教育百姓遵守人伦而忽视统治阶级的"致良知",从一定意义上说是一种逆来顺受的奴化教育。

其次,王阳明家庭伦理思想的产生受到传统儒家伦理思想的影响。王阳明家庭伦理思想的产生受到孔孟与朱熹的儒家伦理思想影响最为深刻。王阳明出身官宦家庭,《明史·王守仁列传》记载:"父华,字德辉,成化十七年进士第一。授修撰。弘治中,累官学士、少詹事。华有器度,在讲幄最久,孝宗甚眷之。"[1]受家庭及父亲的影响,王阳明自幼学习儒家经典,探索程朱理学,"五年壬子,先生二十一岁,在越","是年为宋儒格物之学。先生始待龙山公于京师,遍求考亭遗书读之。一日思先儒谓'众物必有表里精粗,一草一木,皆涵至理',官署中多竹,即取竹格之;沉思其理不得,遂遇疾。先生自委圣贤有分,乃随世就辞章之学"(《年谱》)。宋明理学强调天理,主张"君臣、父子、夫妇、长幼、朋友之常,是皆必有当然之则,而自不容己,所谓理也"[2],在道德层面上规范了封建社会的纲常伦理和道德行为,有利于统治者在高度中央集权制度下掌握无上权利。

虽然王阳明失意于政治腐败的统治阶级,"自念辞章艺能不足以通至道,求师友于天下又不数遇,心持惶惑","思得渐渍洽浃,然物理吾心终若判而为二也。沉郁既久,旧疾复作,益委圣贤有分。偶闻道士谈养生,遂有遗世入山之意","渐悟仙、释二氏之非"(《年谱》)。但是王阳明后来反省这段往事,认为"守仁幼不知学,陷溺于邪僻者二十年。疾疢之余,求诸孔子、子思、孟轲之言,而恍若有见,其非守仁之能也","知弃去举业,励志圣贤之学。循世儒之说而穷之,愈勤而益难","孔子告颜渊'克己复礼为仁',孟轲氏谓'万物皆备于我''反身而诚'。夫己克,而诚固无待乎其外也"(《别黄宗贤归天台序》)。王阳明从"非守仁之能也"到"励志圣贤之学",才真正体悟到孔孟之学的真谛,从而形成自己的"心学"及其家庭伦理思想。

其三,王阳明家庭伦理思想的产生与明中后期的社会环境有很大关系。明朝中后期是中国封建制度逐步由鼎盛走向衰落时期,政治腐朽性越来越暴露,作为官方意识形态的宋明理学自然也受到了越来越尖锐的挑战。在陆学泯然无闻三百多年之后,王阳明恢复了其圣贤之学的地位,客观上对宋明理学形成了的一种冲击,但是主观上,王阳明的学说是为了维护封建社会宗法统治制度的。

人类社会历史发展表明:社会经济领域的变革迟早会引起家庭功能乃至家庭伦理的嬗变。明朝中后期,民间社会出现了资本主义工商业的萌芽,统治阶级的腐朽统治与民间社会对于物质利益的追求形成了一定的矛盾与碰撞。关于伦常道德的探讨,开始从宋明理学的宇宙论伦理逐渐转为对个人感性欲望的关注。王阳明没有走向重利轻义的极端,他的"致良知"学说虽然不像陆九渊那样反对程朱对天理与人欲的划分,但是他不认为人欲要服从天理,而是认为天理和人欲不存在对立,"心之一也,未杂于人,谓之道心,杂以人伪,谓之人心,人心之得其正者即道心,道心之失其正者即人心,初非又二心也","天理人欲不并立,安有天理为主,人欲又从而听命者"(《传习录上》)。在这里,王阳明倾向于将道德约束从外在理性转向了内在感性,将先验的"天理"经验化,转向感性的诉求,这在一定程度上是时代精神的体现。

王阳明又认为:"性一而已。仁义礼智性之性也。聪明睿智性之质也。喜怒哀乐性之情也。私欲客气性之蔽也。质有清浊,故情有过与不及而有深浅也。私欲客气一病两痛,非二物也。"(《答陆原静书》)这样,王阳明就把情、欲、知等感性成分统一于道德理性。反映到家庭伦理上,王阳明对于"礼法"的态度,就是重在"行孝"之实际,表现为情感上的真实流露,而不是仅仅流于空泛的形式。这充分反映了王阳明对当时理学与利禄相结合以及士大夫个人道德沦丧的不满。

二、王阳明家庭伦理思想的主要内容

王阳明的家庭伦理思想内容比较丰富,主要涉及父子关系、兄弟关系和家庭教育、家庭治理等内容,以下就对其主要内容进行分述。

(一) 父子关系:"修孝""养志""慈爱"

在中国古代封建社会里,儒家主张的父子关系主要表现为子对父之"孝"以及父对子之"慈"。

首先,子对父之"孝"。王阳明"孝"的特色在于主张"修孝"。孝德是儒家所提倡的根本道德。《论语·学而》中就有:"君子务本,本立而道生。孝弟也者,其为仁之本与!"王阳明继承儒家这一传统,认为:"孝,人之性也。置之而塞乎天地,溥之而横乎四海,施之后世而无朝夕。"(《传习录上》)人的孝德是人的本性,充塞于整个世界,并且不断延续后世。"修孝"重在"修",即道德实践,他认为:"就如某人知孝、知弟,必是其人已曾行孝行弟,方可称他知孝知弟,不成只是晓得说些孝弟的话,便可称为知孝弟。"(《传习录上》)王阳明主张在具体的行为之中体现孝道,他本人就是行孝的典范。据记载:"二十年甲辰,先生十三岁,寓京师。母太夫人郑氏卒。居丧哭泣甚哀。"(《年谱》)自此,自幼丧母的王阳明就由祖父竹轩翁、祖母岑太夫人以及父亲海日翁抚养成人。王阳明对于孝的理解自然就向上扩展到祖父母。王阳明曾经痴迷于禅、仙之道,在阳明洞中"行导引术"时,"已而静久,思离世远去,惟祖母岑与龙山公在念。久之,又忽悟曰:'此念生于孩提。此念可去,是断灭种性矣。'"(《年谱》)。正是对父母的孝道,促成了他弃禅归儒的思想转变。

其次,王阳明认为修孝的关键在于养志为孝,养志在于"显亲",这就为修孝确立了目标。王阳明说:"夫孝子之于亲,固有不必捧觞戏彩以为寿,不必柔滑旨甘以为养,不必候起居奔走扶携以为劳者。非子之心谓不必如是也,子之心愿如是,而亲以为不必如是,必如彼而后吾之心始乐。子必为是不为彼以拂其情,而曰'吾以为孝',其得为养志乎? 孝莫大乎养志。"(《恩寿双庆诗后序》)意思就是说,孝道不仅仅表现为子女赡养父母,而且体现为子女要承父母之志。承父母之志,就是为了"施之后世而无朝夕",因为"人之行莫大于孝,孝莫大于尊祖敬宗"(《竹桥黄氏续谱序》)。王阳明心中的"孝"不仅仅是对其父孝敬,更在于维护整个家族的名誉:"夫人子之孝,莫大于显亲;其不孝莫大于辱亲。"(《乞恩表扬先德疏》) 只有承父母之志才能够做到"光前裕后"。据记载,"其先出于晋光禄大夫览之裔","至曾孙右将军羲之",其祖上有王纲,被"国初诚意伯刘伯温荐为兵部侍郎"(《年谱》)。其祖父与父亲死后俱被封为"新建伯",可谓一门忠烈。后王阳明屡建武功,又念家中祖母高寿,向皇帝

"思乞恩归一见为诀"，又屡次被辞，以至于"祖母死不及殓"。平宁王叛乱之时，王阳明写信给父亲说："旦暮切勿以不孝男为念。天苟悯男一念血诚，得全首领，归拜膝下，当必有日矣。""时师闻变，返风回舟。濠追兵将及，师欲易舟潜逐。顾夫人诸公子正宪在舟。夫人手提剑别师曰：'公速去，毋为妾母子忧。脱有急，吾恃此以自卫尔'……人劝海日翁移家避仇。翁曰：'吾儿以孤旅急君上之难，吾为国旧臣，顾先去以为民望耶！'遂与有司定夺守城之策，而自密为之防。""噫！吾师于君臣、父子、夫妇之间，一家感遇若此，至今人传忠义凛凛。"（《家书墨迹四首·上海日翁书》）可见，王阳明父亲的行为是王阳明孝在养志思想的根本，对于国家的忠诚就是对祖宗的忠诚："故善保其国者可以永命，善保其族者可以世家。"（《新安吴氏家谱序》）

再者，父对子之"慈"。王阳明一生致力于治学，因此，王阳明对于儿子的"慈爱"主要表现在重视和关心儿子的教育。"我今国事在身，岂复能记念家事，汝辈自宜体悉勉励，方是佳子弟尔。"（《家书墨迹四首·岭南寄正宪男》）由于王阳明在外戎马倥偬，对于子女无法顾及，爱子之心让其感到愧疚，但是他更是以此鼓励子女承其志"方是佳子弟尔"。为此还专门写了类似三字经的《示宪儿》一文给儿子,？并且关心子女的学习状态，"正宪尤极懒惰，若不加针砭，其病未易能去"（《与钱德洪》）。要求其"读书敦行，是所至嘱"（《寄正宪男手墨二卷》）。另外，王阳明的"慈爱"又扩展到兄弟的子女。他写信给四侄，勉励其学有长进："近闻尔曹学业有进，有司考校，获居前列，吾闻之喜而不寐。此是家门好消息，继吾书香者，在尔辈矣。勉之勉之！"（《赣州书示四侄正思等》）

（二）兄弟关系：重视兄弟、妯娌和睦相处

王阳明是家中长子，十分重视"兄弟睦"。作为兄长时常写诗辞歌赋给弟弟们表达思念之情："弟别兄兮须臾，兄思弟兮何处？"（《守俭弟归曰仁歌楚声为别予亦和之》）"觉来枕簟凉，诸弟在何许？"（《忆诸弟》）"父子兄弟之间，情既迫切，责善反难，其任乃在师友之间。想平日骨肉道义之爱，当不俟于多嘱也。"（《与钱德洪》）王阳明崇尚心学，四处讲学，弟弟们自然也是他的学生，因此他时刻关心弟弟们学习修身的情况："屡得弟辈书，皆有悔悟奋发之意，喜慰无尽！但不知弟辈果出于诚心乎？亦谩之说云尔。"（《寄诸弟》）"守俭、守文二弟，近承夹持启迪，想亦渐有所进。"（《与钱德洪》）"予弟守文来学，告

之以立志。守文因请次第其语，使得时时观省，且请浅近其辞，则易于通晓也。"(《示弟立志说》)

此外，作为兄长的王阳明也时常写信给太叔、父亲，向他们通报兄弟和睦相处的情况："日来德业想益进修，但当兹末俗，其于规切警励，恐亦未免有群雌孤雄之叹，如何？印弟凡劣，极知有劳心力，闻其近来稍有转移，亦有足喜。"(《又与克彰太叔》)"男等安居如常，七妹当在八月，身体比常甚佳；妇姑之间，近亦颇睦。"(《上大人书》)可见，王阳明不但提倡兄弟之间的和睦，还重视妯娌之间的和睦相处。

(三)家教观：重人伦、慎交友、戒傲戒躁、励志勤学

重视家庭教育是中国古代教育的特色，也是王阳明家庭伦理思想的特色。追随王阳明的早期弟子中，有相当一部分是王阳明的血缘亲戚。据《年谱》记载，他的得意门生徐爱就是他的妹婿，因而王阳明的教育观和家庭教育有着密切的联系。

一是重人伦。这也是儒家教育思想的根本出发点。王阳明提出："古之教者，教以人伦。"(《训蒙大意示教读刘伯颂等》)"三代之学，皆所以明人伦。"(《万松书院记》)但在后世科举考试中，以四书五经为经典，功名利禄成为科举的代名词，对人伦重要性的认识渐渐流于形式，因而王阳明致良知的重点在于明人伦。

二是慎交友。王阳明相信习俗易人、潜移默化的道理，因而劝告子弟谨慎交友，"不愿狂躁惰慢之徒来此博弈饮酒，长傲饰非，导以骄奢淫荡之事，诱以贪财黩货之谋；冥顽无耻，扇惑鼓动，以益我子弟之不肖……我子弟苟远良士而近凶人，是谓逆子，戒之戒之。"(《客坐私祝》)

三是戒傲戒躁。王阳明认为骄傲是人生大病，而且有违人伦："今人病痛，大段只是傲。千罪百恶，皆从傲上来。傲则自高自是，不肯屈于人。故为子而傲，必不能孝；为弟而傲，不能弟；为臣而傲，必不能忠。""'傲'字之反为'谦'……故为子而谦，斯能孝；为弟而谦，斯能弟；为臣而谦，斯能忠。"(《书正宪扇》)王阳明主张读书要以"大学之道"为根本，"吾非徒望尔辈但取青紫荣身肥家，如世俗所尚，以夸市井小儿。尔辈须以仁礼存心，以孝弟为本，以圣贤自期，务在光前裕后，斯可矣"(《赣州书示四侄正思等》)。因此他主张："正宪读书，一切举业功名等事皆非所望，但惟教之以孝弟而已。"(《又与

克彰太叔》）即读书不可只为功名利禄，重在知天理、致良知。

四是励志勤学。"昔人有言，使为善而父母怒之，兄弟怨之，宗族乡党贱恶之，如此而不为善可也；为善则父母爱之，兄弟悦之，宗族乡党信之，何苦而不为善为君子？"（《教条示龙场诸生》）一个人能否成为圣贤，很大一部分归结于其是否以"圣贤"为目标励志，而立志的好坏又关系到家庭和睦与否。关于勤学，王阳明认为，励志必要勤学："凡学之不勤，必其志之尚未笃焉。"（《教条示龙场诸生》）"吾惟幼而失学无行，无师友之助，迨今中年，唯有成就。尔辈当鉴吾既往，及时勉力，毋又自贻他日之悔，如吾今日也。"（《赣州书示四侄正思等》）善于对学子现身说法，激励其上进有为。

（四）家政观："严缉家众，扫除门庭，清静俭朴以自守，谦虚卑下以待人"

王阳明长期在外行军打仗，但作为长子又有掌管家政的职责，因此，在家书中其时时嘱咐家人一些注意事项。

首先，王阳明叮咛家人代为照顾年迈老父："伏望大人陪万保爱，诸弟必能勉尽孝养。"（《家书墨迹四首·上海日翁书》）"老父疮疾，不能归侍，日夜苦切，真所谓欲济无梁，欲飞无翼。近来诚到，知渐平复，始得稍慰。早晚更望太叔宽解怡悦其心。闻此时尚居丧次，令人惊骇忧惶。"（《又与克彰太叔》）又屡次在信中要求父亲在家颐养天年、不可操劳。"近得书闻老父稍失调，心极忧苦。老年之人，只宜以宴乐戏游为事，一切家务皆当屏置，亦望时时以此开劝，家门之幸也。"（《又与克彰太叔》）"伏惟大人年近古稀，期功之制，礼所不逮，自宜安闲愉怿，放意林泉，木斋雪湖词老，时往一访；稽山鉴湖诸处，将外出一游；洗脱世垢，摄养天和；上以增祖母之寿，下以垂子孙之□忧。"（此处缺字推测"殷"字为最妥——笔者注）（《上大人书》）"老年之人，独不为子孙爱念乎？况于礼制亦自过甚，使人不可以继，在贤知者亦当俯就，切望恳恳劝解，必须入内安歇，使下人亦好早晚服侍。时尝游嬉宴乐，快适性情，以调养天和。此便自为子孙造无穷之福。"（《又与克彰太叔》）

王阳明同时也嘱咐家中各种大小事端，"家中凡百安心，不宜为人摇惑，但当严缉家众，扫除门庭，清静俭朴以自守，谦虚卑下以待人，尽其在我而已，此外无庸虑也。正宪辈狂稚，望以此意晓谕之"（《又与克彰太叔》）。"九、十弟与正宪辈，不审早晚能来亲近否？或彼自勉，望且诱掖接引之，谅与人为善之心,当不俟多喋也。"(《上大人书》)"一应宾客来往,及诸童仆出入,悉依所留告示,不得少有更改";"戒饮博,专心理家事";"不得听人诱哄,有所改动";"但家众或有桀骜不驯不肯遵奉其约束者,汝须相与痛加惩治"(《寄正宪男手墨二卷》)。

三、王阳明家庭伦理思想的特点

（一）继承性：对儒家传统家庭伦理和理学家庭伦理思想的继承

首先,王阳明对先秦儒家家庭伦理思想的继承。王阳明是中国古代心学的集大成者,他论证了心学是儒家思想的正统:"圣人之学,心学也。尧、舜、禹之相授曰:'人心惟危,道心惟微,惟精惟一,允执厥中。'此心学之源也。中者也,道心之谓也；道心精一之谓仁,所谓中也。孔孟之学,惟务求仁,盖精一之传也。"而王阳明的心学的直接来源是陆九渊,他认为:"自是而后,有象山陆氏,虽其纯粹和平若不逮于二子,而简易直截,真有以接孟子之传。其议论开阖,时有异者,乃其气质意见之殊,而要其学之必求诸心,则一而已。故吾尝断以陆氏之学,孟氏之学也。"(《象山文集序》)因而王阳明的心学之要在于孔孟之道。

与孔孟相对立的主要是墨家和道家,孟子在《孟子·滕文公下》中对墨家批评道:"墨氏兼爱,是无父也。"认为如果按照墨家的主张去做,势必从根本上否定父子之间的伦理关系。王阳明则从心学角度批驳墨子"兼爱"思想:"仁是造化生生不息之理,虽弥漫周遍,无处不是,然其流行发生,亦只有个渐,所以生生不息。""父子兄弟之爱,便是人心生意发端处,如木之抽芽。自此而仁民,而爱物,便是发干生枝生叶。墨氏兼爱无差等,将自家父子兄弟与途人一般看,便自没了发端处；不抽芽便知得他无根,便不是生生不息,安得谓之仁？孝弟为仁之本,却是仁理从里面发生出来。"(《传习录上》)王阳明和孟子一样坚持"仁者爱人",先孝弟由此达到"老吾老,以及人之老；幼吾幼,以及人之幼"。但是,王阳明的表述是将心学结合《大学》来解释的。"大学之道,在明明德,在亲民,在止于至善。"他认为:"大学者,昔儒以为大人之学矣。""大人者,以天地万物为一体者也,其视天下犹一家,中国犹一人焉。若夫间形骸而分尔我者……明明德者,立其天地万物一体之体也。亲民者,达其天地万物一体之用也。故明明德必在于亲民,而亲民乃所以明其明德也。是故亲吾之父,以及人之父,以及天下之父,而后吾之仁实与吾之父、人之父与天下之父而为一体矣;实与之为一体,而后孝之明德始明矣!亲吾之兄,以及人之兄,以及天下人之兄,而后无之仁实与吾之兄、人之兄与天下人之兄而为一体矣;实与之为一体,而后弟之明德始明矣!君臣也,夫妇也,朋友也,以至于山川鬼神鸟兽草木也,莫不实有以亲之,以达吾之一体之仁,然后吾之明德始无不明,而真能以天地万物为一体矣。夫是之谓明明德欲天下,是之谓家齐国治天下平,是之谓尽性。"(《大学问》)最终就是要达到孟子所说的"亲亲而仁民,仁民而爱物"。

其次,王阳明对宋朝理学家庭伦理思想的继承。虽然王阳明并不认同朱熹的学说,但是却说:"世之所传《集注》《或问》之类,乃其中年未定之说,自咎以为旧本之误,思改正而未及,而其诸《语类》之属,又其门人挟胜心以附己见,固于朱子平日之说犹有大相谬戾者,而世之学者局于见闻,不过持循讲习于此。"(《朱子晚年定论》)以朱熹学说的"修正主义"面目来确立心学的地位。

王阳明在"存天理,灭人欲"的学说上与程朱没有分歧。他认为:"且如事父不成,去父上求个孝的理;事君不成,去君上求个忠的理……都只在心中,心即理也。此心无私欲之蔽,即是天理,不须外面添一分。以此纯乎天理之心,发之事父便是孝,发之事君便忠……只在此心去人欲、存天理上用功便是。""讲求冬温,也只是要尽此心之孝,恐怕有一毫人欲间杂;讲求夏清,也只是要尽此心之孝,恐怕有一毫人欲间杂:只是讲求得此心。此心若无人欲,纯是天理,是个诚于孝亲的心,冬时自然思量父母的寒,便自要去求个温的道理;夏时自然思量父母的热,便自要去求个清的道理。"为此他还形象地做了一个比喻:"譬之树木,这诚孝的心便是根,许多条件便是枝叶,须先有根然后有枝叶,不是先寻了枝叶后去种根。"(《传习录上》)

王阳明和朱熹一样,认为是否明人伦是儒学和禅学的主要区别。朱熹认为,佛道"使人男大不婚,女大不嫁,谓之出家修道,妄希来生福报。若举世之人从其说,则不过百年,便无人种,天地之间,莽为禽兽之区。而父子之亲,君臣之义,有国家者所以维持纲纪之具皆无所施矣"[3]。王阳明认为:"佛老之空虚,遗弃其人伦事物之常,以求明其所谓吾心者……夫禅之说,弃人伦,遗物理,而要其归极,不可以为天下国家。"(《象山文集序》)"夫禅之学与圣人之学，皆求尽其心也，亦相去毫厘耳。圣人之求尽其心也，而天下万物为一体也。吾之父子亲矣，而天下未亲者焉，吾心未尽也；吾之君臣义也，而天下有未义者焉，吾心未尽也；吾之夫妇别矣，长幼序矣，朋友信矣，而天下有未别、未序、未信者焉，吾心未尽也；故于是有纲纪政事之设焉，有礼乐教化之施焉，凡以裁成辅相、成己成物，而求尽吾心焉耳。心尽而家以齐，国以治，天下以平。故圣人之学不出乎尽心。"（《重修山阴县学记》）王阳明自己曾经修炼禅宗："忽悟曰：'此念生于孩提。此念可去，是断灭种性矣。'"例如，《年谱》记载了一则故事。"有禅僧坐关三年，不语不视，先生喝之曰：'这和尚终日口巴巴说甚么！终日眼睁睁看甚么！'僧惊起，即开视对语。先生问其家。对曰：'有母在。'曰：'起念否？'对曰：'不能不起。'先生即指爱亲本性论之，僧涕泣谢。明日问之，僧已去矣。"

（二）发展性：以"致良知"为出发点践行道德教育

其一，结合"致良知"的道德先验论，王阳明强调了家庭道德教育的必要性。上文已经论述王阳明对家庭教育的重视，但是他对家庭教育还有着自己独到的见解。他认为："近世人家子弟之不能大有成就，皆由父兄之所以教之者陋而望之者浅。"（《上大人书》）也就是说，一个人能否有成就与家庭教育有着十分密切的关系。王阳明揭示了当时人们治学的功利色彩："乃始或有以之而相讲究，然至考其立身行己之实，与其平日家庭之间所以训督期望其子孙者，则又未尝不汲汲焉惟功利之为务，而所谓圣贤之学者，则徒以资其谈论，粉饰文具于其外，如是者常十而八九矣。"（《书黄梦星卷》）王阳明认为教育的目的在于"致良知"，在于对家国天下发自肺腑的忠孝之心。"无有闻见之杂，记诵之烦，辞章之靡滥，功利之驱逐，而但使之孝其亲，弟其长，信其朋友，以复其心体之同然。"（《传习录中》）但是现实是："后世大患，全是士大夫以虚文相诳，略不知有诚心实意。流积成风，虽有忠信之质，亦且迷溺其间，不自知觉。是故以之为子，则非孝；以之为臣，则非忠。"（《寄邹谦之》）因此，他时常提醒家人子弟读书的目的："吾子年方英妙，此亦未足深憾，惟宜修德积学，以求大成。""吾非徒望尔辈但取青紫荣身肥家，如世俗所尚，以夸市井小儿。尔辈须以仁礼存心，以孝弟为本，以圣贤自期，务在光前裕后，斯可矣。"他在给妹婿、得意门生徐爱的家书中说道："勿谓隐微可欺而有放心，勿谓聪明可恃而有怠志；养心莫善于义理，为学莫要于精专；毋为习俗所移，毋为物诱所引；求古圣贤而师法之,切莫以斯言为迂阔也。"并且提到家父择婿往事:"海日翁为女择配,人谓曰仁聪明不逮于其叔,海日翁舍其叔而妻曰仁。既后,其叔果以荡心自败,曰仁卒成师门之大儒。嘻!聪明不足恃,而学问之功不可诬也哉!"(《家书墨迹四首·与徐仲仁》)

除此之外,王阳明的家庭教育思想还具有扩展性。其表现为建立了"家庭教育—学校教育—社会教育"的三位一体的教学体系。王阳明致力于教学工作也同他的"致良知"相关联。他认为世风日下,朝廷腐败,各地激起民变。站在封建士大夫的立场上,出于维护统治阶级的需要,他诉诸于教育以唤起民众的忠国爱家的"良知"。他认为:"学校之中,惟以成德为事,而才能之异或有长于礼乐,长于政教,长于水土播植,则就其成德,而因使益精其能于学校之中。"(《传习录中》)对于重视道德教育的原因,王阳明说:"理学不明,人心陷溺,是以士习日偷,风教不振。"(《牌行南乡府延师设教》)王阳明道德教育的主要内容和目的是以家庭伦理关系为出发点的。"父慈子孝,兄友弟恭,夫和妇从,长惠幼顺,勤俭以守家业,谦和以处乡里,心要平恕,毋怀险谲,事贵合忍,毋轻斗争。"(《告谕各府父老子弟》)以此"下至闾井、田野、农、工、商、贾之贱,莫不皆有是学,而惟以成其德行为务"(《答顾桥东书》)。

而这种道德教育扩展的理论基础就在于王阳明的"致良知"说是对孔子"有教无类"学说的继承和发展。在《论语·阳货》中,孔子曰:"性相近也,习相远也。唯上智下愚不移。"孔子认为后天的学习是可以改变人性善恶,但是上智和下愚是不可改变的。"问:'上智下愚如何不可移?'先生曰:'不是不可移,只是不肯移。'"(《传习录上》)王阳明主张性善论,因此他认为学习的目的不在于性善性恶的改变,而在于是否有"去蔽"以"致良知"的能力。"天下人之心,其始亦非有异于圣人也,特其间于有我之私,隔于物欲之蔽,大者以小,通者以塞,人各有心,至于视其父子兄弟如仇雠者。圣人有忧之,是以推其天下万物一体之仁以教天下,使之皆有以克其私,去其蔽。"(《传习录中》)

其二,结合"知行合一"说,王阳明提倡家庭道德实践的重要性。王阳明结合他的家庭伦理观阐述了他的"知行合一"说。徐爱问:"如今人尽有知得父当孝、兄当弟者,却不能孝、不能弟,便是知与行分明是两件。"王阳明回答说:"此已被私欲隔断,不是知行的本体了。未有知而不行者。知而不行,只是未知。圣贤教人知行，正是安复那本体，不是着你只恁的便罢。故《大学》指个真知行与人看，说'如好好色，如恶恶臭'。见好色属知，好好色属行。只见那好色时已自好了，不是见了后又立个心去好。闻恶臭属知，恶恶臭属行。只闻那恶臭时已自恶了，不是闻了后别立个心去恶。就如称某人知孝、某人知弟，必是其人已曾行孝行弟，方可称他知孝知弟，不成只是晓得说些孝弟的话，便可称为知孝弟。"(《传习录上》)"门人有疑'知行合一'之说者。直曰：'知行自是合一。如今能行孝，方谓之知孝；能行弟，方谓之知弟。不是只晓得个"孝"字"弟"字，遂谓之知。'先生曰：'尔说固是。但要晓得一念发动处，便是知，亦便是行。'"(《传习录拾遗》)

不过，王阳明也结合"良知"解释道德实践的意义。"温清之事，奉养之事，所谓物也，而未可谓之格物。必其于温清之事也，一如其良知之所知，当如何为温清之节者而为之，无一毫之不尽；于奉养之事也，一如其良知之所知，当如何为奉养之宜者而为之，无一毫之不尽，然后谓之格物。温清之物格，然后知温清之良知始致；奉养之物格，然后知奉养之良知始致，故曰'物格而后知至'。致其知温清之良知，而后温清之意始诚，致其知奉养之良知，而后奉养之意始诚，故曰'知至而后意诚'。"(《传习录中》)

王阳明本人以"致良知"的道德实践成为行孝的典范。据记载："先生孝友出于天性，禄食盈馀，皆与诸昆弟共之，视诸昆弟之子不啻己出。竹轩公及岑太夫人色爱之养，无所不至。太夫人已百岁，先生亦寿踰七十矣，朝夕为童子色嬉戏左右，抚摩扶掖，未尝少离。或时为亲朋山水之邀，乘舟暂出，忽念太夫人，即蹙然反棹。及太夫人之殁，寝苫蔬食，哀毁踰节，因以得疾。逮葬，跣足随号，行数十里，于是疾势愈增。"又曰："先生归省祖茔，访瑞云楼，指藏胎衣地，收泪久之，盖痛母生不及养，祖母死不及殓。日与宗族亲友宴游，随地指示良知。"(《年谱》)

(三)超越性：对程朱理学"吃人"和繁文缛节的扬弃

王阳明家庭伦理思想的超越性体现在其在继承和发展先秦儒家学说的基础上，揭露了程朱理学的一些不合理的方面。王阳明认为："孔子述六经，惧繁文之乱天下，惟简之而不得，使天下务去其文以求其实，非教之也。春秋以后，繁文益盛，天下艺乱。始皇焚书得罪，是出于私意，又不合焚六经。若当时志在明道，其诸反经叛理之说，悉取而焚之，亦正暗合删述之意。"(《传习录

上》）

王阳明接受宋朝理学"存天理，灭人欲"的观点，但是他反对理学的"吃人"、礼节烦琐等一些不合理的因素。

首先，他不赞成"人心听命于道心"的观点，而是认为人在"天理"和"人欲"之间找到"中和处"，就可以"致良知"。"父之爱子，自是至情。然天理亦自有个中和处，过即是私意。""大抵七情所感，多只是过，少不及者。才过便非心之本体，必须调停适中始得。就如父母之丧，人子岂不欲一哭便死，方快于心。然却曰'毁不灭性'，非圣人强制之也，天理本自体有分限，不可过也。人但要识得心体，自然增减分毫不得。"（《传习录上》）虽然王阳明堪称行孝之楷模，但是在祭礼上也讲究量力而行。据记载："二月十二日乙丑，海日翁年七十，疾且革。时朝廷推论征藩之功，进封翁及竹轩、槐里公，俱为新建伯。""是日，部咨适至，翁……问已成礼，然后瞑目而逝。""家中斋食，百日后，令弟侄辈稍进干肉，曰'诸子豢食习久，强其不能，是恣其作伪也。稍宽之，使之各求自尽可也。'越俗宴吊，客必列饼糖，设文椅，烹鲜割肉，以竞丰侈，先生尽革之。"（《年谱》）王阳明认为，服丧期间的"遵礼"过当就相当于"作伪"，不能惺惺作态，而要"使之各求自尽可也"，而且对于奢侈的丧礼操办，王阳明都"尽革之"。

其次，王阳明认为："礼也者，理也；理也者，性也；性也者，命也……仁也者，礼之体也；义也者，礼之宜也；知也者，礼之通也。经礼三百，曲礼三千，无一而非仁也，无一而非性也。"但是，同时他又说："故克己复礼谓之仁，穷理则尽性以至于命，尽性则动容周旋中礼矣。后之言礼者，吾惑矣。纷纭器数之争，而牵制刑名之末；穷年矻矻，弊精于祝史之糟粕，而忘其所谓'经纶天下之大经，立天下之大本'者。'礼云礼云，玉帛云乎哉！'而人之不仁也，其如礼何哉？故老庄之徒，外礼以言性，而谓礼为道德之衰，仁义之失，既已堕于空虚漭荡。"王阳明反对各种不分场合、不分时宜的繁文缛节。"礼之于节文也，犹规矩之于方圆也。非方圆无以见规矩之所出，而不可遂以方圆为规矩。故执规矩以为方圆，则方圆不可胜用。舍规矩以为方圆，而遂以方圆为之规矩，则规矩之用息矣。故规矩者，无一定之方圆；而方圆者，有一定之规矩。此学礼之要，盛德者之所以动容周旋而中也。"（《礼记纂言序》）因而王阳明和程朱理学在心性修养论上的最大区别就是讲求"简约"功夫，他认为："今之礼记诸说，皆后儒附会而成，已非孔子之旧。"

此外，王阳明还分析了民间怠慢"古礼"、僭越传统的原因。他的弟子求教于他："文公家礼高、曾、祖、祢之为皆西上，以次而东。于心切有未安。"王阳明则认为："但恐民间厅事多浅隘，而器物亦有所不备，则不能以通行耳。"由于王阳明晚年方才得子，早年担心无后，于是立自己的弟子正宪为后，于是他的弟子问："无后者之祔于已之子侄，固可下列矣。若在祖宗之行，宜可如祔？"王阳明认为："后世人情偷薄，始有弃贫贱而不问者。"随后提出建议："若在士大夫家，自可依古族属之义，于春、秋二社之次，特设一祭：凡族之无后而亲者，各以昭穆之次配祔之，于义亦可也。"(《寄邹谦之·二》)

四、王阳明家庭伦理思想的现实意义

首先，王阳明在对程朱理学扬弃的同时，也揭示了"三纲五常"的繁琐和虚伪，为明清实学的反理学提供了一定的借鉴。

明朝中后期民间资本主义工商业的发展，致使伦理基石从"义"转移到"利"，尊崇儒家传统的王阳明没有走向这种极端，但是深受时代的影响，表现出了一定的反传统性。对于繁文缛节的反感和否定在一定意义上也是对孟子思想的继承和发展。《孟子·离娄上》中说："不孝有三，无后为大。舜不告而娶，为无后也，君子以为犹告也。"王阳明对此也有自己的解释："至于节目时变之详，毫厘千里之谬，必待学而后知。今语孝于温清定省，孰不知之？至于舜之不告而娶，武之不葬而兴师，养志养口，小杖大杖，割股庐墓等事，处常处变，过与不及之间，必须讨论是非，以为制事之本，然后心体无蔽，临事无失。""舜之不告而娶，武之不葬而兴师""抑亦求诸其心一念之良知，权轻重之宜，不得已而为此邪？……使舜之心而非诚于为无后，武之心而非诚于为救民，则其不告而娶与不葬而兴师，乃不孝不忠之大者。"(《传习录中》)君子只要心怀"诚"意，就是做到忠孝了。

明清实学代表者李贽的"童心说"指出："古之圣人，曷尝不读书哉！然纵不读书，痛心固自在也，纵多读书，亦以护此童心而使之勿失焉耳，非若学者反以多读书识义理其童心矣，圣人又何用多著书立言以障学人为邪？"[4]在这段话里，李贽所批评的对象，是当时的理学中的那些教条主义者。李贽的这一批判很大程度上是对王阳明反礼思想的继承和发展。

其次，王阳明的"知行统一"论对于社会主义家庭伦理建设具有重要的启示意义。关于知行关系问题，是中国哲学史上早就提出来的一个问题，《尚书·说命》中就有"知之匪艰，行之惟艰"的说法。王阳明认为："知犹水也，人心之无不知，犹水之无不就下也；决而行之，无有不就下者，决而行之者，致知之谓也。此吾所谓知行合一者也。"（《答朱守谐卷》）王阳明的"知行合一说"提出以后遭到后世的诸多批评，其中王夫之指出："以行为知，则以不行为行，而人之伦物之理，若或见之，不以身心尝试焉。"（《尚书引义·说命中》）事实上，王阳明是十分强调"事上磨练"，实践人伦物理的[5]。

不可否认，王阳明的"知行合一说"具有主观唯心主义的局限性，但是仍有其现实意义。王阳明主张"心即理"，在家庭伦理道德践履上十分强调道德意识，反对道德行为与道德意识的背离。"盖鄙人之见，意欲温清，意欲奉养者，所谓意也，而未可谓之诚意。必实行其温清奉养之意，务求自慊而无自欺，然后谓之诚意。知如何而为温清之节，知如何而为奉养之宜者，所谓知也，而未可谓致知。必致其知如何为温清之节者之知，而实以之温清，致其知如何为奉养之宜者之知，而实以之奉养，然后谓之致知。"（《传习录中》）

再者，王阳明以家庭伦理为根本的扩展性道德自律学说具有生态伦理的意蕴，对于我们今天构建和谐社会有启示意义。程朱理学和王阳明心学的家庭伦理都有扩展性，即从个体道德为基础的家国一体思想，其根本目的在于维护以宗法血缘关系为纽带的封建统治。王阳明继承孟子学说："是故亲吾之父以及人之父，而天下之父子莫不亲矣；亲吾之兄以及人之兄，而天下之兄弟莫不亲矣。君臣也，夫妇也，朋友也，推而之于鸟兽草木也，而皆有以亲之，无非求尽吾心焉以自明其明德也。是之谓明明德于天下，是之谓家齐国治而天下平。"（《亲民堂记》）王海明先生认为，道德起源和目的之自律论是个谬论，他将这个谬论诉诸于归谬法：如果道德目的是为了完善每个人的品德，那就应该为了猪的利益而牺牲人的利益[6]。

程朱理学的家庭伦理观只限于维护社会制度的范围之内，即道德完善的范围只限于人类社会，而王阳明的道德观扩展到自然界，虽然陷入道德自律的悖论之中。但是，从另一个角度看，王阳明的爱物思想不仅触及到了人类社会系统还触及了自然生态系统，因此，对于今天我们构建和谐社会具有态伦理意义。

参考文献：

[1] 骈宇骞. 白话二十五史精华：第10卷 [M]. 北京：九州出版社，2001：17.

[2] 黎靖德. 朱子语类 [M]. 北京：中华书局，1999：3.

[3] 朱熹. 朱熹集 [M]. 北京：中华书局，1996：5097—5098.

[4] 张建业，张岱. 李贽全集注：第一册 [M]. 北京：社会科学文献出版社，2010：276.

[5] 张祥浩. 王守仁评传 [M]. 南京：南京大学出版社，1997：330.

[6] 王海明. 伦理学原理 [M]. 北京：北京大学出版社，2002：111.

论袁黄的家训教化与功过格修养法*

在当下中国,如果就民间流传最广、影响最大的传统家训而言,莫过于朱用纯的《治家格言》和袁黄的《了凡四训》。无论从街头书摊上,还是从信仰佛教的人士刊刻并广为散发的小册子中,我们都能发现这一点。

袁黄(1533—1606),字坤仪,号了凡,浙江嘉善人(一说江苏吴江人)。万历十四年(1586)进士。先后任宝坻县知事、兵部职方司主事。此人博学,医药、天文、术数、水利、堪舆之学,广泛涉猎。有《袁了凡纲鉴》《两行斋集》《皇都水利》等著作传世。袁黄的家训教化思想及修养方法在中国家训史上具有鲜明特色,占有重要地位。

一、袁黄的家训教化思想

袁黄的家训思想及功过格的修养方法主要体现在其著作《了凡四训》中。在中国古代家训著作中,恐怕没有哪一部像《了凡四训》书名如此之多。据不完全统计,包括《立命篇》《了凡四训》《诫子文》《训子文》《训子言》《命自我立》《阴骘录》《命铨》等,均为后人刊印时所题。

《了凡四训》是袁黄晚年为训导儿子袁俨而写的家训。文中结合袁黄自己的大半生经历及其修身体会,共分"立命之学""改过之法""积善之方""谦德

---

* 基金项目:国家社会科学基金重大项目"中国传统家训文献资料整理与优秀家风研究"(14ZDB007)。
作者简介:陈延斌,男,江苏丰县人,江苏师范大学伦理学与德育研究中心教授,博士生导师,研究方向为当代中国道德建设、传统家训文化、社会主义核心价值观与思想政治教育等。
原载《武陵学刊》2016年第5期。

之效"四个部分传授了自己的修身处世之道。这四部分也是几篇独立的文章，称为《立命篇》《改过》《积善》《科第全凭阴德》《谦虚利中》（其中，因《积善》《科第全凭阴德》这两篇的某些段落重复，故被合为"积善之方"一部分——作者注）。

（一）"立命之学"：自强改变命运

从《了凡四训》的叙述看，这一部分至少写于袁黄69岁那年。家训一开始，袁黄就向儿子谈了自己年轻时代的经历。他说自己幼年丧父，为谋生而学习医学。有一天在慈云寺遇到一位姓孔的老者，给他算命说他某年县考童生第几名、府考第几名、提学考第几名、所食廪米若干，等等，这些预言，后来许多都应验了。从此他更加相信人生的一切都是命里注定的。后来到南京，他在栖霞山拜访了高僧云谷禅师，云谷开导他"命由我作，福自己求"《袁了凡先生家庭四训简注》）。在云谷的教导下，他明白了一切靠自己努力的道理。为了纪念被云谷开导而明白了命运在己的道理，从此不愿再落凡夫窠臼，袁黄将自己的号"学海"改为"了凡"。此后，他按照云谷的指导，认真对照《功过格》来修养自己的品德，通过刻苦学习、锻炼身体等来改变被人"算定"的命运，终于在科举考试中中了举人、进士，并且生了儿子。这样，孔姓老者的话也就不灵验了，所以，袁黄就更加相信人应该依靠自己的奋斗而不信命运之说。

在叙述了自己的人生经历之后，袁黄谆谆告诫儿子：即使命里应该荣耀显达，也要常作冷落寂寞想；即使运气亨通顺利，也要常作逆境想；即使眼下丰衣足食，也要常作贫穷想；即使别人敬爱你，也要常作恐惧想；即使名门望族，也要常作卑下低微想；即使学问优良，也要常作浅陋想。他要求儿子"务要日日知非，日日改过。一日不知非，即一日安于自是；一日无过可改，即一日无步可进"。他认为："天下聪明俊秀不少，所以德不加修，业不加广者，只为因循二字耽搁一生。"因而他要求儿子依照云谷禅师所传授的"立命之说"努力实践，不要贻误自己。

（二）"改过之法"：耻心、畏心与勇心

这一部分主要是告诫儿子欲获福而远祸，就必须改正过错。袁黄提出了改过的"发耻心""发畏心"与"发勇心"三种实效性方法。

"第一要发耻心"。袁黄认为人有知耻之心，这是人与动物的区别，如果失去知耻之心，将沦为无耻之徒。更为重要的是，他强调知耻是改过迁善、成为圣贤的基础和关键，即"改过之要机也"。他说："思古之圣贤，与我同为丈夫，彼何以百世可师？我何以一身瓦裂？耽染尘情，私行不义，谓人不知，傲然无愧，将日沦于禽兽而不自知矣；世之可羞可耻者，莫大乎此。孟子曰：'耻之于人大矣。以其得之则圣贤，失之则禽兽耳。'此改过之要机也。"

"第二是发畏心"。袁黄认为"天地在上，鬼神难欺"，自己的过错虽然隐微，而鬼神实际上已经看见了，所以有错就要改正。他说："吾虽过在隐微，而天地鬼神，实鉴临之，重则降之百殃，轻则损其现福，吾何可以不惧？不惟此也。闲居之地，指视昭然；吾虽掩之甚密，文之甚巧，而肺肝早露，终难自欺；被人觑破，不值一文矣，乌得不懔懔？不惟是也。一息尚存，弥天之恶，犹可悔改；古人有一生作恶，临死悔悟，发一善念，遂得善终者。谓一念猛厉，足以涤百年之恶也。譬如千年幽谷，一灯才照，则千年之暗俱除；故过不论久近，惟以改为贵。"

"第三是发勇心"。袁黄说："人不改过，多是因循退缩。吾须奋然振作，不用迟疑，不烦等待。小者如芒刺在肉，速为抉剔；大者如毒蛇啮指，速与斩除，无丝毫凝滞，此风雷所以为益也。"袁黄的"三心"之说，固然有浓郁的鬼神迷信色彩，但他对改正错误的认识和态度却是非常积极可取的。

（三）"积善之方"：成人之美

袁黄不吝篇幅，一气列举了建宁杨荣、宁波人杨自惩、莆田林氏、台州应大猷等十个行善事得福报的事例，以向儿子论证《易经》中"积善之家，必有余庆"的道理。如他讲的常熟徐凤竹的故事。"其父素富，偶遇年荒，先捐租以为同邑之倡，又分谷以赈贫乏。夜闻鬼唱于门曰：'千不诳，万不诳，徐家秀才，做到了举人郎。'相续而呼，连夜不断。是岁，凤竹果举于乡，其父因而益积德，孳孳不息，修桥修路，斋僧接众，凡有利益，无不尽心。后又闻鬼唱于门曰：'千不诳，万不诳，徐家举人，直做到都堂（按隋唐及宋代尚书省长官办事之处）。'凤竹官终两浙巡抚。"袁黄列举的这些事例虽然充满迷信色彩，但皆有名有姓，对年幼的儿子来说，很有说服力和感染力。

此后，他强调"凡此十条，所行不同，同归于善而已"，并仔细区分了人们善行的真假、端曲、阴阳、是非、偏正、半满、大小、难易，且分别予以解释。

这其中深含辩证法的合理思想，下文再作剖析。袁黄认为只有对人们的善行进行精研明辨，才能真正做到行善积德，否则徒劳无益。

如何积善呢？袁黄介绍了十种方法和途径。"第一，与人为善。第二，爱敬存心。第三，成人之美。第四，劝人为善。第五，救人危急。第六，兴建大利。第七，舍财作福。第八，护持正法。第九，敬重尊长。第十，爱惜物命。"对每一种积善方法，他都或举例或阐述，给予指导。例如，对"兴建大利"，他做了这样的解释："凡有利益，最宜兴建。或开渠导水，或筑堤防患，或修桥梁以便行旅，或施茶饭以济饥渴。随缘劝导，协力兴修，勿避嫌疑，勿辞劳怨。"

（四）"谦德之效"：造福由己

教育儿子懂得"满招损，谦受益"的道理。袁黄告诫儿子："稍有识见之士，必不忍自狭其量，而自拒其福也，况谦则受教有地，而取善无穷，尤修业者所必不可少者也。"他引用古语"有志于功名者，必得功名；有志于富贵者，必得富贵"，教诲儿子"立定此志，须念念谦虚，尘尘方便，自然感动天地，而造福由我"。在说理教育的基础上，他还以自己的见闻，讲述了五位谦虚处世、恭敬待人、终于金榜高中的举子的故事，来佐证自己的论点。

通篇看来，《了凡四训》将儒家修身学说与佛教因果报应思想揉和在一起，袁黄结合自己的经历对儿子进行积善、改过、谦恭处世、福祸自求的教育，很适合世人畏惧鬼神、积善求福的心理，因而很容易为人们所接受。这也是《了凡四训》这部家训流传甚广的重要原因。

袁黄家训劝善教化的论述中充满着可贵的辩证分析方法，我们应该给予高度评价。袁黄对善行的区分和研究应该说是较为完备的，在我国古代家训乃至其他典籍中都达到了相当的高度。这其中不乏科学的真知灼见。比如，他对善行大小的看法是，"志在天下国家，则善虽少而大；苟在一身，虽多亦小"。也就是说，立志为天下国家百姓，那么善事虽小而功德却大；假使只为了自己一个人的利益，那么善事虽然多，功德却很小。又如，他对为善的难易也进行了说明。他指出，有财有势的人要立德行善，是很容易做的，易而不做，就是自暴自弃；贫穷的人作福很难，但知难而行，更是难能可贵。在袁黄看来，为善的真假、端曲、阴阳、是非、偏正、半满等都是相对的而不是绝对的，是因时因事而不同的。

关于行为动机和效果的问题，历来是道德领域一个争论不休的问题，而袁黄《了凡四训》中对这一问题的见解，充满辩证法的意味。例如，关于为善的偏正，他认为："善者为正，恶者为偏，人皆知之。其以善心而行恶事者，正中偏也；以恶心而行善事者，偏中正也，不可不知。"这就是说，出于善良的动机而做了"恶事"，这是"有心栽花花不开"；而出于邪恶的动机结果却成了"善事"，这是"无心插柳柳成荫"，因而一定要将动机和效果联系起来考察才能得出正确的结论。

再如，关于为善的是非，也很能体现袁黄道德评价的辩证思想。他举了孔子对子贡和子路救人是否应该图报的不同评价，来说明自己的观点。鲁国的法律规定，鲁人从诸侯那里替人赎出臣妾，政府就会给予赏赐，但子贡赎了人却不要赏赐。孔子听了这件事，很不高兴地批评子贡做错了。因为孔子认为圣贤的行为可以移风易俗，为百姓效仿，今鲁国富人少穷人多，如果认为接受赏赐就是不廉，那就不会再有人从诸侯那里替人赎人了。与子贡不同，有一次，子路救了一个失足落水的人，那人牵了一头牛感谢他，子路收下了。孔子知道了这件事高兴地说："从今以后，鲁国就会有更多的人救人于溺了！"对这两件事，袁黄议论道："自俗眼观之，子贡不受金为优，子路之受牛为劣，孔子则取由而黜赐焉。乃知人之为善，不论现行而论流弊，不论一时而论久远，不论一身而论天下。"袁黄认为，所行善事的功过得失，不应仅从事情本身来看，还要看它的影响以及是否有利于后世及众人，否则，"现行虽善，而其流足以害人，则似善而实非也；现行虽不善，而其流足以济人，则非善而实是也"。袁黄的观点是十分正确的。

二、袁黄的"功过格修养法"

在《了凡四训》的篇末，袁黄附录了自己用以道德修行的《功过格款》。功过格是我国古代特别是明清时期广为流行的一种修养方法，这种方法要求人们将自己的日常行为分别善恶对照预订的功过条文逐日记录以考查功过。

研究明清功过格的美国俄勒冈大学教授包筠雅（Cynthia J. Brokaw）博士在其著作《功过格——明清社会的道德秩序》一书中这样解释功过格："它通过特定形式表达出对道德（以及非道德）行为及其后果的某种基本信仰。其中列有具体的应遵循或应回避的事例，以此揭示对约定俗成的道德及对善的信仰，而这种善是由许多不同的、价值各异的、个别的善行实践构成的。"[1]244

我国古代最早的功过格是出现于12世纪后半期的《太微仙君功过格》。作者是金代的道士又玄子。功过格分功格36条，过律39条，并且介绍了使用方法。但是这种修养方法真正流行起来，还是经过袁黄家训及其《功过格款》的传播。

关于袁黄的功过格，参照其他典籍，笔者以为此是云谷禅师拟定，后经袁黄修订的。理由有二。一是《了凡四训》中的记载。袁黄说："云谷出《功过格》示余，令所行之事逐日登记，善则记数，恶则退数……以期必验。"二是典籍记载云谷的功过格的部分内容与《了凡四训》所附不同。出现于清雍正二年（1724）的《文昌帝君功过格》记载："云谷禅师《功过格》云：'百钱一功，谓千金以上者。若贫士五十钱亦可作一功，极贫士一二十钱亦可作一功。百钱一过，谓贫士如此。如富者五十钱亦作一过，尤富者一二十钱亦作一过。'是说甚精详……"可见，与云谷比起来，袁黄的《功过格款》简明了许多。

由于经过袁黄和云谷改造过的功过格体系吸收了儒家思想特别是理学的不少观点，因而这一体系成为原先与佛教、道教相关体系的"儒教化"的版本，这就对信奉儒家思想的人们接受和使用功过格起了很大的促进作用[1]110。

袁黄家训后附录的《功过格款》共有"功格"50条和"过格"50条。现仅举几例简要介绍一下这种道德修养方式。

首先，"功格款"。

准百功：

○救免一人死

○完一妇人节

○阻人不溺一子

○阻人不堕一胎

准五十功：

○延续一嗣

○收养一无依

○瘗一无主坟

○救免一人流离

准三十功：

○度一受戒弟子

○劝化一非人改行

○白一人冤枉

○施一地于无主之家葬

其次,"过格款"。

准三十过:

○毁一人戒行

○造谤污陷一人

○摘发一人阴私与行止事

准十过:

○排摈一有德人

○荐用一匪人

○受畜一失节妇

○畜一杀众生具

准五过:

○毁灭一经教

○编纂一伤化词令

○见一冤得白不白

○遇一病告救不救

○唆一人讼

此外,袁黄的《功过格款》中,还有用钱来折抵功过的条款。以下仅举几例简要介绍一下。

百钱准一功(散钱积计粟帛之属准此):

○修创道路桥渡

○疏河

○掘济众井

○修置圣像坛宇及供养等物

○还遗(百钱以下亦准)

○饶负

百钱准一过:

○暴殄天物

○毁坏人成功

○背众受利

○侈用他钱

○负贷

○匿遗（百钱以下亦准）

○因公恃势乞索

○巧作取人钱资具方法一切事

其中，以"功过格"进行道德修养，具体如何操作？袁黄家训中有两处做了说明，使我们今天能大致了解这种修养方法。

一是在附录的"功过格款"后面的介绍。袁黄注为："受持者每晚于本日格下明注功过，或未及款，云引某例，月终相比，折除之外，明见多寡，年终知罪福。"从袁黄的介绍看，这种修养方法类似于小学生的"好人好事记录簿"。修养者每天晚上对照功过格的"功"款和"过"款，反思一天所行之事，在相应的"功格"和"过格"中加以标注；每月底对自己一月来的功过善恶进行折算对比，看功过善恶各自增减多少；年终再算总账，以此稽考品德修养上的进步状况。

二是在《了凡四训》的"立命之学"部分，袁黄向儿子传授了自己使用功过格加强修养的具体方法。他说自己任宝坻知县时，"余置空格一册，名曰《治心篇》。晨起坐堂（按官吏坐在官署的厅堂上问事判案），家人携付门役，置案上，所行善恶，纤悉必记"。袁黄还对儿子谈了其妻使用功过格修养思想道德的方法。他写道："余行一事，随以笔记。汝母不能书，每行一事，辄用鹅毛笔管印一朱圈于历日之上。或施食贫人，或买放生命，一日有多至十余圈者。"除此之外，《了凡四训》记载，袁黄还"夜则设桌于庭，效赵阅道焚香告帝"。他仿效北宋时"铁面御史"赵阅道的故事，每晚焚香祷告，向上天"汇报"自己一天的行为。袁黄反复告诫儿子"祸福自己求"，并以自己的亲身体验，要儿子通过"功过格"这种形式"日日知非，日日改过"，多行善事，积善成德。

三、袁黄家训教化思想与"功过格修养法"对中国社会的影响

袁黄的家训教化培育了良好的家风，取得了很好的成效。他的夫人不仅非常贤慧，相夫教子，而且在袁黄的影响下，经常帮助他行善布施。如上所述，她也学习丈夫的功过格修养方法，修养自己的品德。史料记载，有时袁黄公务繁忙，当天所做功德较少，她就发愁，希望丈夫能多做些善事。据嘉善史志记

载，袁黄的儿子袁俨，少承家学，修身律己，博极群书，于天启五年（1625）考中进士，任广东高要县令。据史料记载，袁俨为官清正，鞠躬尽瘁。天启七年（1627），高要县夏水加秋涝，城中水深三尺，袁俨奔走救灾。"暑雨中竭力求援治苦……细看贫户，目不暇睫，劳瘁呕血，犹亲民事，遂至不起。归途囊箧萧然，士民吊唁，巷哭如丧所生。"[2]袁俨死时年仅47岁，死后与其父共同崇祀嘉善、吴江两地乡贤祠。

袁黄的《了凡四训》因其独特的劝善思想和命运自求的进取精神，不仅在中国家训史上占有重要的地位，而且对中国善书的发展和阴骘观的盛行也产生了很大的影响。

善书是以劝人行善积德为宗旨的教化书籍，是民间通俗的道德教育教科书，广泛流行是在明代后期和清代前期。据日本学者酒井忠夫《中国善书研究》所列十七八世纪刊行的善书，在袁黄之后就有十几种之多[3]。几乎所有的研究者和民间善书的刊行者都把袁黄的这部家训作为善书代表收入其间，足见其影响之大。

"阴骘"，也称"阴德""阴功"。"阴骘观"，则是指暗中施德助人就可以修善累德、获得福报的观念。这种观念早在我国汉代典籍里就有记载，《淮南子·人间训》中就说："有阴德者，必有阳报。"阴骘观到了明代中后期，由于袁黄《了凡四训》的广泛传播，阴骘观影响更大，在民间更为盛行，以至于这部家训又被称为《阴骘录》。

除了民间的倡行之外，袁黄的家训及其功过格还引起了不少著名学者或学派的争论。支持者如阳明学派的成员，特别是泰州学派的王艮、周汝登、陶望龄等人；而持批评意见者，则如东林党的领袖高攀龙、顾宪成，以及王夫之、刘宗周、张履祥等。不论赞成或是反对，足见袁黄家训及其功过格的影响之大[1]114-165，甚至于"在明清交替的过程中，功过格从地位晋升的指南发展为全面的道德和社会指导手册"[1]253。

功过格的修养方法，经过袁黄的整理提倡以后，遂大行于世，并产生了深远的影响。明末清初的思想家张履祥的著作中曾写道："袁黄功过格竟为近世士人之圣书。"[4]那些希求功名的读书人学习袁黄的功过格就像学习四书五经一样虔诚。一些家训作者也效仿、运用功过格指导自己和家人加强道德修养，提升道德境界。比如，清代的蒋伊就在其家训中要求其子弟读书之暇，以虔奉《袁了凡先生功过格》等善书,"身体而力行之"[5]。正是由于袁黄家训的影响,在他去世后的一个世纪里,至少有十种功过格留存下来[1]115。

袁黄的"功过格修养法",也遭到了后人的不少批评。黄宗羲指出:"自袁了凡功过格行,有志之士,或仿而行之,然不胜其计功之念,行一好事,便欲与鬼神交手为市,此富贵福泽之所盘结,与吾心有何干涉!"[6]王夫之、刘宗周等更是将其视为"妖妄""欺天"。王夫之说刘宗周作《人谱》,"用以破袁黄功过格之妖妄……黄本猥下之鄙夫,所谓功者,俗髡、村道士诱三家村人之猥说。如惜字纸固未尝不是,然成何等善,便欲以此责富贵之报于天,非欺天乎"[7]。刘宗周还批评袁黄功过格修养法和家训中的教化急功近利。他说"了凡之意,本是积功累行,要求功名得功名,求子女得子女","率天下而归于嗜利邀福之所"[8]。

另外,还应该看到,袁黄《了凡四训》中,的确有不少内容包含神秘主义的东西,如神人托梦、鬼神惩罚、环环相报等。这无疑是封建迷信思想,是不符合科学的无稽之谈,是应该摈弃的糟粕。

与袁了凡所处的时代相比,今天的社会虽然发生了根本性变化,但修身处世、治家教子仍然是每个人的必修课;仁爱他人、行善践德仍然是人际关系和睦、社会稳定和谐的重要条件。从这方面来说,家训中的劝善说教,提出的积德累善、命运自求的主张,以及着重从人的思想动机和道德良心上引导趋善避恶等都是值得肯定的。他总结的与人为善、成人之美、救人危急、兴建大利、舍财作福、爱惜物命等积善途径,仍然可以继承、借鉴来为我们今天加强个人品德修养、推进公益慈善事业所用。

参考文献:

[1] 包筠雅. 功过格——明清社会的道德秩序 [M]. 杭州:浙江人民出版社,1999.

[2] 解扬. 袁了凡教子:勿怠忽勿计较 [J]. 中国纪检监察,2016 (9):61—62.

[3] 酒井忠夫. 中国善书研究 [M]. 东京:东京弘文堂,1960:378—398.

[4] 张履祥. 陈祖武,点校. 杨园先生全集:上册 [M]. 北京:中华书

局，2002：117.

[5] 蒋伊. 蒋氏家训［M］//丛书集成初编：第977册. 北京：中华书局，1985：3.

[6] 黄宗羲全集：第10册［M］. 杭州：浙江古籍出版社，1993：266.

[7] 王夫之. 船山全书：第12册［M］. 长沙：岳麓书社，1992：628.

[8] 刘宗周. 刘子全书：卷十九［M］. 清道光甲申刻本.

曾国藩家训思想与教化路径新探*

考察曾国藩的一生，可以看到他对家庭教育极其重视，钱穆先生称他"算得上一个标准的教育家"。本着"子弟之贤否，六分本于天生，四分由于家教"[1]1270的认知和重视，曾国藩无论在京为官还是领兵作战，均致力于教育兄弟子侄；无论宦海浮沉还是人际沧桑，均不松懈对子弟的教诲。其教育的内容、见解、方法和理念等散见于他个人的笔记、著作和家书中，形成曾国藩的家训思想。

一、家道长久：曾国藩家训的宗旨

曾国藩虽位列三公，封侯拜相，但他毕竟是出身于农家的贫寒子弟。数十年间的苦读寒窗、十数载的军旅风霜、同僚间的世态炎凉，以及清朝末期的世事混乱、风雨仓皇，使曾国藩对国运、家运产生怀疑和担忧。他一方面忧虑家族的兴衰沉浮，一方面又怀有儒生齐家、治国、平天下的抱负。在他看来，齐家是治国、平天下二者的结合点，社会现实使齐家问题首先落实在如何维持家道长久方面。曾国藩多次向亲人们提到家运转换、盛衰无常的问题，劝告他们"盛时常作衰时想，上场当念下场时"[2]873。为了避免家族的衰落，他积极寻找解决办法，认为："凡家道所以可久者，不恃一时之官爵，而恃长远之家规；不恃一二人之骤发，而恃大众之维持。"[3]1238"长远之家规"和众志成城即能维持

---

* 基金项目：国家社会科学基金重大项目"中国传统家训文献资料整理与优秀家风研究"（14ZDB007）。

作者简介：戚卫红，女，江苏沛县人，上海电力学院副教授，博士，研究方向为伦理学基础理论和传统伦理思想。

原载《武陵学刊》2016年第5期。

家道长久，那么什么样的家规和家风才能起到这个功效呢？官宦之家显然不行。曾国藩认识到，仕宦之途只能维持曾氏家族一时的鼎盛，并不能保持家道的长久："居官不过偶然之事，居家乃是长久之计，能从勤俭耕读上做出好规模，虽一旦罢官，当不失为兴旺景象。"[1]1552他告诫妻子、儿女"若贪图衙门之热闹，不立家乡之基业，则罢官之后，便觉气象萧索。凡有盛必有衰，不可不预为之计"[1]1552。就维持家道长久而言，曾国藩概括出"天下四类家庭"可兴旺长久，即："吾细思凡天下官宦之家，多只一代享用便尽……商贾之家，勤俭者能延三四代；耕读之家，谨朴者能延五六代；孝友之家则可以绵延十代八代。"[4]294四类家庭有着四种不同的家风。曾氏家族要想实现家道长久，最好能成为耕读孝友之家。"故教诸弟及儿辈，但愿其为耕读孝友之家，不愿其为仕宦之家。"[4]294他认为勤俭耕读及品德的培养才能保持家道的兴旺与久长。

为巩固和发扬耕读家风，维持家道长久，曾国藩致力于家规、家训建设，注重培养曾氏子弟良好的品德和生活作风。他要求长子纪泽要生活俭朴，因为"大约世家子弟，钱不可多，衣不可多，事虽至小，关系颇大"[1]1431。生活中的奢俭程度看似是个人品行的小事，却因为关系到家道的兴衰与长短而成为家族的大事，尤其在世道混乱、国势衰微之际，官职与钱财都不能确保家道长久，唯有子孙个人良好的品行才能成为家族的坚实支撑。他多次告诫儿子："遭此乱世，虽大富大贵亦靠不住。惟'勤俭'二字可以持久。"[1]1415"尔兄弟努力读书，决不怕没饭吃。"[1]1389基于这种认知，曾国藩不强求子侄们做官，也不留财于子侄，而是敦促他们砥砺良好的品德。及至曾国藩弥留之际，依然注重子侄品德的修养，以维持曾家家道的长久。他在遗嘱中劝诫道："此四条为余数十年人世之得，汝兄弟记之行之，并传之于子子孙孙。则余曾家可长盛不衰，代有人才。"[1]1559

家道长久是中国宗法制社会中每个家族的愿望，但一般家族都以"学而优则仕"光耀门楣，轻视田耕农作。与此不同，曾国藩则认为："吾精力日衰，断不能久做此官……以耕读二字为本，乃是长久之计。"[1]1304把躬亲农耕与高雅的读书结合在一起，"耕"是中国农业经济模式下的主要生产方式，这是家族生存的经济基础；"读"即读书，"吾不愿代代得富贵，但愿代代有秀才。秀才者，读书之种子也"[3]1196。这既是曾国藩对"万般皆下品，唯有读书高"读书观的继承，也是其经世致用思想的反映；既是其对家族传统价值观的原则性坚守，也是其乱世中求生存发展的人生智慧。

二、立身与和家：曾国藩家训思想的基本指向

（一）读书的指向：进德修业

关于耕读家风方面，家族成员勤于读书，养成书香氛围是最基本的要求，所以曾国藩反复要求、劝告兄弟子侄要勤于读书。而为什么读书，以及怎样读书的道理则必须给子侄们讲明白。"吾辈读书，只有两事：一是进德之事，讲求乎诚正修齐之道，以图无忝所生；一者修业之事，操习乎记诵词章之术，以图自卫其身。"[5]7很显然，在他看来，读书的首要目的在于形成良好的品德，因为"人之气质，由于天生，本难改变，惟读书可以变化气质"[1]1427。否则，"若读书不能体贴到身上去，谓此三项与我身毫不相涉，则读书何用？虽使能文能诗，博雅自诩，亦只算得识字之牧猪奴耳！岂得谓之明理有用之人也乎"[6]6。当然在"学而优则仕"的传统思想影响下，借此而成功走上这条道路的曾国藩，对兄弟子侄的科举道路也是支持的。他积极指导两个儿子进入科场考试："尔既作秀才，凡岁科考，均应前往入场。此朝廷之功令，士子之职业也。"[1]1462"世家子弟，既为秀才，断无不应科场之理。"[1]1519高中科名更是士子的追求，"科名之所以可贵者，谓其足以承堂上之欢也，谓禄仕可以养亲也"[6]144。可见，在曾国藩看来进德与科举做官并不冲突，甚至科举本身就是成就进德的一部分，二者并不存在非此即彼的关系。但长期浸淫官场、深谙仕宦之习气的曾国藩却深深地忧虑于官场的腐败和世家子弟骄奢淫逸的颓废之气，担心曾氏子弟志于利禄，而忘记了读书的初衷，甚至走上为了科名不择手段、做官求财的损德之路。所以在进德与科举的轻重关系上，曾国藩有明确的指向："凡人多望子孙为大官；余不愿为大官，但愿为读书明理之君子。"[1]1345并告诫儿子纪鸿："场前不可与州县来往，不可送条子；进身之始，务知自重。"[1]1470

其次，读书的目的还在于修业。修业以图自卫其身，"卫身莫大于谋食，农工商劳力以求食者也，士劳心以求食者也。故或食禄于朝，教授于乡，或为传食之客，或为入幕之宾，皆须计其所业，足以得食而无愧"[5]7。所以曾国藩提倡子侄学习经世致用之学，在"治生"与"致用"方面下功夫。鼓励儿子学习天文算学和地理之学，要求儿子"每夜认明恒星正二、三座，不过数月，可异毕识矣"[1]1352，从而以洗刷自己对天文算学毫无所知的耻辱。在曾国藩这种学以致用的读书思想指导下，其长子纪泽涉猎西学中的科学技术知识，精通洋文，在对外事务上取得了晚清外交史上唯一的胜利，次子纪鸿也工于算术。

既然读书的目的在于进德修业，那么曾氏子弟的读书题材也就不必拘泥于八股时艺，曾国藩建议长子："余惟文章之可以道古，可以适今者，莫如作赋……此事比之八股文略有意趣，不知尔性与之相近否？"[1]1355而对于读书的态度，则要做到"盖士人读书，第一要有志，第二要有识，第三要有恒"[5]14。有识才知学问无尽，有志方可确立进德修业之目标，有恒才能坚持不懈。由此可见，曾氏家训中的读书内涵已然发生了改变，不再是皓首穷经、惟八股为尊的仕宦之途，而是怡情养性、砥砺品行及经世致用的实用之学。

（二）立身处世之道：自立自强

"修业"奠定了曾氏子弟在社会上的生存之基，但要立身处世，曾国藩认为还必须培养他们自立自强的精神。他说："从古帝王将相，无人不由自立自强做出，即为圣贤者，亦各有自立自强之道，故能独立不惧，确乎不拔。"[6]17

"立"指立志。"人苟能立志，则圣贤豪杰何事不可为，何必借助于人……若自己不立志，则虽日与尧舜禹汤同住，亦彼自彼，我自我矣。"[5]35不仅要立志，而且还要立大志，要志存高远，"君子之立志也，有民胞物与之量，有内圣外王之业"[6]6，惟有如此，世俗的荣辱得失、贵贱毁誉才没功夫去忧虑伤神了。"强"指"强毅之气"。时运有盛衰，人生有起伏，无论处于坎坷之途，还是康庄大道，曾氏子弟当自强不息。曾国藩认为，"男儿自立，必须有倔强之气"[6]12。功业文章"皆须有此二字贯注其中，否则柔靡不能成一事"[6]18。他希望自家兄弟"能去忿欲以养体，存倔强以励志，则日进无疆"[6]18。为培养儿子自立自强，他甚至鼓动长子纪泽"少年不可怕丑，须有'狂者进取'之趣"[1]1347。弟弟兵败失地，曾国藩要求他"惟一字不说，咬定牙根，徐图自强"[3]1274。

但曾国藩咬紧牙根的倔强并不意味着刚愎自用，为避免曾氏子弟过刚易折，曾国藩特意强调"强字须从明字做出，然后始终不可屈挠"，"明"即明晰、清楚知道，也就是要知道自己在什么方面、什么时候求强，在哪些方面、哪些时候不要求强，之后才百折不挠，锐意进取。否则，一味强硬就会流于刚愎自用，很难让人心服口服。同时，他还说在"自修处求强则可，在胜人处求强则不可"[6]12，即在提升自我的内心修养、道德品质方面自强不息，而在与人争长斗短方面则不必争一时之气，否则即使胜过别人，也不过是蛮横罢了，实非君子所为。在砥砺君子品行方面，"立"与"强"统一在一起。为此，曾国藩在对子侄品质提出要求时，往往把强、刚与明、柔结合在一起，刚柔相济、可方可圆，才能进退得宜，才是处事之最高境界。

为了培养子弟们自立自强的精神，曾国藩提倡"仕宦之家，不私蓄银钱，使子弟自觉一无可恃，一日不勤，则将有饥寒之患，则子弟渐渐勤劳，知谋所以自立矣"[4]447。曾氏子弟生活无所恃，从而图谋自立自强，正所谓"家之强，必须多出贤子弟"[6]12，故而曾氏子侄各自在不同的领域成就了不凡的事业。

（三）和家兴家之方：孝友为本、睦友亲邻

家和万事兴，和家方能兴家。作为仕宦之家的曾氏家族成员间关系更为错综复杂微妙，为了处理好家族成员之间的关系，维持家族成员间的亲厚与团结，曾国藩视孝友为和家兴家之方。曾国藩在"三致祥"中首先提出的就是"孝致祥"。其中，"孝"是处理代际间关系的合理方式，它强调对长辈的物质奉养、情感关怀和由此达到的愉悦与满足；"友"则是以兄友弟恭为基准的同辈间关系调整的准绳，"兄弟和，虽穷氓小户必兴；兄弟不和，虽世家族必败"[6]133。所以曾国藩认为："孝友为家庭之祥瑞，凡所称因果报应，他事或不尽验，独孝友则立获吉庆，反是则立获殃祸，无不验者。"[1]1555

曾氏子弟以孝友为准则处理家庭关系，对于长辈要长存爱敬之心，这种爱敬不能因亲疏而有别。曾国藩特意写信交代儿子，"于叔祖各叔父母面前尽此爱敬之心，常存休戚一体之念，无怀彼此歧视之见"[1]1362。一旦长辈有疾，最好能够亲自服侍汤药，若不能亲奉汤药，也要时常挂念。祖父生病时，曾国藩虽在京为官，不能亲至床前，却也努力为之延医问药，即使如此，曾国藩仍认为自己"未能效半点孙子之职"，"每一念及，不觉汗下"[4]294。此外，孝还包括用心祭祀，"凡人家不讲究祭祀，纵然兴旺，亦不长久"[1]1383。这表现为对已故长辈的追思，此种形式也可以有效拉近家族成员间的距离，营造家族认同感和归属感。曾国藩待兄弟亦十分友爱，"澄叔待兄与嫂极诚极敬，我夫妇宜以诚敬待之，大小事丝毫不可瞒他，自然愈久愈亲"[1]1544，从而形成了"吾早岁久宦京师，于孝养之道多疏，后来展转兵间，多获诸弟之助，而吾毫无裨益于诸弟。余兄弟姊妹各家，均有田宅之安，大抵皆九弟扶助之力"的友爱团结、休戚与共的和睦家风[1]1554，给曾氏子弟做出了榜样。曾国藩交待儿子："尔为下辈之

337

长，须常常存个乐育诸弟之念。"[1]1355 当然这种兄弟间友爱而带来的家族兴旺在于"惟爱之以德，不欲爱之以姑息"[4]287。友爱要有尺度，要用勤劳节俭教导他们，用习劳守朴规劝他们，如果爱兄弟以姑息，使他们傲气、懒惰，丧失德行，"是即我率兄弟以不孝也"[4]287。在这里，对兄弟爱之以德和身为长子的责任感俨然成为对父母之孝的一部分，孝友成为凝聚家族成员的向心力。

孝友是家和的内部原因，家和还离不开友邻的外部环境。曾国藩对于睦友亲邻同样十分重视。他继承祖父的"人待人无价之宝"的思想，教导兄弟子侄妥善处理邻里关系。首先，对邻居要恭敬友爱。"不可轻慢近邻，酒饭宜松，礼貌宜恭。或另请一人款待宾客亦可。除不管闲事，不帮官司外，有可行方便之处，亦无吝也。"[1]1542 其次，邻里相处以和为贵。

三、教化路径：家风熏陶与以诚立教

勤俭耕读家风的形成与传承是一个缓慢的过程，在此过程中，家族成员必须齐心协力，言行举止遵循一定的尺度和规范。为此，曾国藩刻意强调家风的悠久传统，进而树立家风的权威，这个权威即是其祖父星冈公曾玉屏开创的。"我家高、曾、祖、考相传早起。吾得见竟希公、星冈公皆未明即起，冬寒起坐，约一个时辰，始见天亮。吾父竹亭公亦甫黎明即起，有事则不待黎明，每夜必起看一二次不等，此尔所及见者也。余近亦黎明即起，思有以绍先人之家风"[1]1381 曾国藩多次在家书中强调，祖父一生勤苦，十分节俭，在祖父的带动下，全家形成了勤俭耕读的良好家风，他强调家风的传承要"一切以星冈公为法"[7]663，并在其祖父家训的基础上总结出方便家人实践的"八宝""三不信"，"八宝"即"书蔬鱼猪、早扫考宝"，"三不信"即"不信地仙、不信医药、不信僧巫"。后来曾国藩在其基础上又整理出"八本"和"三致祥"。

"早扫考宝"乃治家之法，"早"即早起，"扫"即勤于打扫，"考"即诚修祭祀，"宝"即善待亲族邻里。以这些日常行为准则不断砥砺品行，长期坚持方能达到治家之目的，这是一人之生气所在。"书蔬鱼猪"乃居家之事，"书"即家中要有藏书，氏族子弟要读书。"蔬鱼猪"即家中要种植蔬菜，要养鱼喂猪，这是中国传统农耕模式下耕读传家的基本内容，是一家之生气所在。"八宝"作为基本家法成为恪守祖训的曾氏成员活动的基本准则，为增强其实践性，曾国藩进一步把这些基本准则变成日常可操作的具体规范，事无巨细，对子侄殷殷

叮嘱。对于早起，他要求儿子"尔既冠授室，当以早起为第一先务；自力行之，亦率新妇力行之"[1]1381。对于祭祀，他提醒儿子："其诚修祭祀一端，则必须尔母随时留心，凡器皿第一等好者，留作祭祀之用；饮食第一等好者，亦备祭祀之需。凡人家不讲究祭祀，纵然兴旺，亦不久长。"[1]1383对于种植蔬菜，他教导儿子："尔可于省城菜园中，用重价雇人至家种蔬。"[1]1404对于读书，他更是为子侄规定了读书的进程、读书的方法和读书的内容等；对于善待亲族邻里，也是从每一件小事中告诉子侄应该把握的尺度："凡亲族邻里来家，无不恭敬款接，有急必周济之，有讼必排解之，有喜必庆贺之，有疾必问，有丧必吊。"[1]1383从而使家风的传承不落于空泛，而是于人伦日用、读书耕作间行为有度、举止有据，养成良好的行为习惯，砥砺子侄们的品行。

在家庭教育中，曾国藩不仅注重对兄弟子侄进行"诚"的品质培养，而且自己在家训中亦秉持"诚"的态度。"诚"即诚实、无欺，为人表里一致，人前人后相同，即不欺于自身，亦无遮于他人。所以诚是个体自我的人生修炼，曾国藩每天记日记，对自己的言行及思想进行检查、反思甚或批评，就是为了诚于心。诚于心才能不欺于人。如湘乡县推举其长子纪泽编修县志时，曾国藩就告诫儿子："余不能文，而微有文名，深以为耻。尔文更浅，而亦获虚名，尤不可也。"指出儿子虽"学未成就，文甚迟钝"的真实状况，但"尔惮于作文，正可借此逼出几篇"[1]1522。一个"逼"字道出了不欺于他人所做的诸多努力，其中包括建议长子多看志书，确定体例并经自己审核之后才能动手编写。"诚"亦是与他人交往的态度。曾国藩苦口婆心地劝其兄弟以诚待人："左季高待弟极关切，弟即宜以真心相向，不可常怀智术以相迎距。凡人以伪来，我以诚往，久之则伪者亦共趋于诚矣。"[7]506

在家庭教育实践中，曾国藩对子侄、兄弟更是以诚相待，多以自己的切身经历来教育他们。其中有已成之事亦有未竟之业，有经验的集结亦有教训的反省，有勇敢的自我剖析亦有睿智的人生见解，有真挚的忏悔亦有殷切的期盼，其情也真，其意也诚，其理亦明。如曾国藩多次给长子写信省察自己的不足："余生平坐无恒之弊，万事无成，德无成，业无成，已可深耻矣。"[1]1381以自身之短去激励儿子努力，使之产生弥补父辈缺憾的责任感和使命感。事真、情真、意诚、理明，其兄弟子侄在受教中，很自然地形成情感共鸣和规范认同，从而潜移默化地受到家风熏陶，养成良好品行。不仅如此，在教育兄弟子侄的过程中，曾国藩本人亦身体力行家训规范，不断修炼、完善自己的品行。曾国藩倡导勤俭家风，自己则一生生活俭朴，常年布衣布袜，他曾经缝制过一件缎马褂，但只是遇到喜事或新年才偶尔穿着，三十多年此衣还是新的。他提倡男子读书"看、读、写、作四者，每日不可缺一"[1]1347，自己则常年读书写作不断。这种率先垂范、言行一致的真诚也使其教育具有一定的感染力和说服力。

正是基于诚挚的教育态度，才能产生收放自如、灵活多变的教育技巧和方法。首先，曾国藩能够"爱子有道"，不耽于溺爱，在殷殷关怀之际能够行循循善诱之法，他一方面体恤着长子"尔在家中，比余在营更忙"，一方面又指出："然古今文人学人，莫不有家常琐事之劳其身……虽奔走烦劳，犹远胜于寒士困苦之境也。"[1]1423以此鞭策儿子担起家庭责任，应对世态炎凉。其次，曾国藩无论事务有多繁忙亦不放松对后辈的教育，谆谆叮咛、严格监督。曾国藩为了督促儿子读书写作，要求"嗣后尔每月作三课，一赋、一古文、一时文，皆交长夫带至营中"[1]1385。曾国藩亦为女眷们规定功课："食事则每日验一次，衣事则三日验一次，纺者验线子，绩者验鹅蛋，细工则五日验一次，粗工则每月验一次。每月须做成男鞋一双，女鞋不验。"[8]再次，曾国藩爱而有威，实行严爱殷责之法。曾国藩沿袭"治家贵严"的传统，对兄弟子侄严格要求，一旦触犯则严厉责备，正所谓爱之深，望之殷，责之愈切。四弟曾国潢在家乡祖屋做道场，被曾国藩责备"已失家风矣"，而在其与长子纪泽的往来信件中，也多次对长子字质轻、墨色不光润以及举止行为不厚重提出批评，并谆谆叮咛其改正。当然，教育方法和技巧只有发端于"诚"，才能起到抒情而不媚俗、说理而不僵化、教训而不呆板、力行而不流于作秀的效果，才能真正具有教育的效用，否则，难免流于形式，有沽名钓誉之嫌。

家庭教育在人格素质的养成中具有至关重要的作用。千百年来，中华民族一代代家庭长辈的言传身教和家风传承铸就了我们民族的优良品德，积淀为中华优秀传统文化的一部分。时至今日，中国社会已然和正在发生的深刻变革使当代家庭的结构趋于简化和小型化，使家庭功能和家庭成员间的关系与方式发生改变，在家庭教育方面出现了家长教育的缺少甚至教育失位等问题，因此，营造一种新的恰合时宜的家庭教育氛围和家风是十分必要的。正是在这个意义上，我们对在中国家训史上占有重要地位的曾国藩家训思想进行梳理与分析，力求客观公允的研究与评价，以期能够从中汲取营养，助推社会主义优良家风的形成和传承。

参考文献：

［1］曾国藩．曾国藩全集：第六卷［M］．北京：光明日报出版社，2015．

［2］曾国藩．曾国藩全集：第四卷［M］．北京：光明日报出版社，2015：873．

［3］曾国藩．曾国藩全集：第五卷［M］．北京：光明日报出版社，2015．

［4］曾国藩．曾国藩全集：第二卷［M］．北京：光明日报出版社，2015．

［5］曾国藩．曾国藩家书［M］．长春：吉林出版集团有限责任公司，2011．

［6］曾国藩．曾国藩全集：第一卷［M］．北京：光明日报出版社，2015．

［7］曾国藩．曾国藩全集：第三卷［M］．北京：光明日报出版社，2015．

［8］曾宝荪．曾宝荪回忆录：附·崇德老人自订年谱［M］．长沙：岳麓书院，1986：15．

第四编 04
中华德文化在个体生活中的现代践行

论作为美德的宽容[*]

罗尔斯曾在《政治自由主义》中写:"现代民主社会不仅具有一种完备性宗教学说、哲学学说和道德学说之多元化特征,而且具有一种互不相容然而却又合乎理性的诸完备性学说之多元化特征。这些学说中的任何一种都不能得到公民的普遍认肯。任何人也不应期待在可预见的将来,它们中的某一种学说或某些其他合乎理性的学说,将会得到全体公民或几乎所有公民的认肯。"[1]这段话是对现代社会的真实写照。在当今社会,存在着许多互不兼容却又都合理的观念,且这些观念,没有哪一个或哪一些是可以被随意消除的,因为它们都有各自的价值与意义。这就意味着,当这些观念共存时,不可避免地会出现矛盾和冲突,而宽容似乎是可以有效缓解甚至消除这些矛盾和冲突,使人们和平共处的最佳方式。然而,有的学者认为宽容概念本身存在着内在的矛盾性,如果这种矛盾真的存在的话,宽容还能够成为解决社会矛盾和冲突的良方吗?

一、"宽容"的内涵分析

不论西方还是东方,"宽容"(toleration)其实都是一个古老的概念。在西方,西塞罗于公元前46年第一次使用了"tolerantia"这个词,用它来形容有智慧的人的美德和品格。这是"宽容"一词的首次出现。起初,宽容并不涉及人与人或者主体与客体之间的关系,它更多的是指一种个人的品质、一个人对痛

---

[*] 基金项目:国家社会科学基金项目"当代消费文化对身份认同影响的哲学研究"(12AZX013)。
作者简介:陈锭,女,江西宜春人,北京师范大学哲学学院博士研究生,研究方向为政治哲学。
原载《武陵学刊》2017年第2期。

苦和伤害的忍耐，是个人对自身精神的锤炼，是一种内在的力量[2]。在古希腊，宽容一直都是在这个意义上使用的，限于歌颂个人品德的层面。后来，宽容逐渐被用来形容个体与个体之间，抑或个人与团体之间的关系。近代以来，随着国家主权与教派权力的分离，宽容的内涵也有了变化。洛克在《论宗教宽容》中对宽容所做的论述，为我们理解"宽容"的现代内涵奠定了基础。洛克指出，宗教信仰应该是个人私人的事情，不应该将它与国家事务关联起来；信仰自由是个人的权利，国家应该保障个人权利，不论国家还是个人都应当宽容这种不同，尤其国家，不能动用其世俗权力干涉或迫害个人的宗教信仰。此外，他主张个人权利神圣不可侵犯，任何人都不能因为他人属于另一种宗教或教会而侵害他的个人权利，持有不同宗教观念的个人之间也应该相互宽容。实际上，洛克对宽容的界定就是现代政治哲学语境下宽容概念的早期形态，它包含三层意思：其一，个人权利平等，每个人的个人权利都神圣不可侵犯；其二，每个人可以持有不用的观念（宗教观念），这些观念之间会有矛盾和冲突；其三，基于第一层意思，人们不能侵害他人的个人权利，所以，即便存在观念上的冲突，人与人之间也应该互相理解和宽容。进入现代以后，宽容的概念有了更加丰富的含义。在现代语境下，一般认为宽容包含几个特征。第一，差异（Difference）。被宽容的事物与宽容者自身所持有的价值观、信念等不同。第二，要事（Importance）。被宽容的事物对于宽容者来说，具有重要的意义或价值。第三，反对（Opposition）。宽容者不赞同（disapprove）或不喜欢（dislike）他/她所宽容的事物，并且能够根据事实情况做出调换或镇压他/她所反对事物的行为。第四，力量（Power）。宽容者相信他/她具有调换或镇压被宽容事物的力量。第五，不作为（Non-rejection）。宽容者自己选择不运用这一力量。第六，有条件（Requirement）。宽容应当是正当有益的，是善的、公正的[3]。总的来说，宽容意味着，针对某件紧要的事情或者某个重要的问题，A 和 B 有不同的看法或举动，A 不赞同 B，且 A 有能力阻止 B 表达自己的观点或做某种行为，甚至迫使 B 改变自己的观点或改变自己的行为，但是 A 选择不这么做。A 宽容 B 即意味着 A 在不赞同 B 的前提下，同意 B 表达观点或做出举动。在这里，A 和 B 既可以是个人，也可以是团体。正因为如此，斯坎农（Scanlon）认为："宽容是介于全心全意地赞同与不加限制地反对之间的一种态度。"[4] 从以上的分析来看，宽容这一概念隐含这样的预设：被宽容对象的行为是错误的。以同性恋者为例，虽然人们宽容同性恋者,但在宽容之前,人们确实认为同性恋这一行为是不正当甚至是恶的。

　　再来看东方对"宽容"的认识,这里仅以中国为例。中国有关宽容的思想可以追溯到先秦时期。在中国传统的各家学说或思想中集中体现了"宽容"这一理念的当属儒释道三家,其中最为突出的是儒家思想。"子张问仁于孔子。孔子曰:'能行五者于天下为仁矣。''请问之。'曰:'恭、宽、信、敏、惠。'"[5]265这是儒家经典《论语》中的一段话,说的是孔子的学生与孔子探讨什么是"仁"。孔子回答中的那个"宽"虽然解释为"宽和、宽厚",但它实际要表达的意思却是"宽容",也就是说,"宽容"是"仁"的一部分。众所周知,"仁"是儒家思想的核心,而孔子赋予"仁"的最基本的含义就是爱人,"宽容"作为"仁"的一个方面,自然也体现了爱人的思想。这里的"爱人"包含了对人的关心、爱护、理解、尊重、同情等情感,也就是说,儒家思想中的"宽容"是基于一些积极向善的思想感情。奠基于这些积极的情感,儒家将"宽容"应用于实际,就体现为"恕"和"中庸"。孔子说:"己所不欲,勿施于人。"[5]241"己欲立而立人,己欲达而达人。"[5]83这些都是对"恕"的解释。从孔子对"恕"的阐释可知,在儒家思想中,"恕"就是不做你不希望别人对你做的事情,而这正是"宽容"的体现,是一种对他人的尊重与关怀。在面对现实而具体的问题时,如果与他人发生了冲突和矛盾,儒家的要求是多设身处地地站在他人的角度和立场思考问题:如果自身不乐意受到他人的指责和攻击,就意味着别人也不喜欢这样,那么当我们想要责难某人或某事时,就应当想想对方是否真的应该受责备。而且,儒家更多的是追求"求同存异",即在事物之间出现差异和矛盾时,儒家认为应该尊重差异,接受别人与我们不同的事实,并在差异的基础上尽可能寻找双方的共同点,而不是意图抹杀或消除所有的差别。孔子强调"躬自厚而薄责于人"[5]238,认为只有用包容之心来看待差异和冲突,才能真正体现"仁"的德性涵养之道。而"中庸"指的则是一种处事的态度,讲究的是适当和适度。"子贡问友。子曰:忠告而善道之,不可则止,毋自辱焉。"[5]183这句话是对"中庸"的实际操作的说明,其中的"不可则止"就是指在告诫朋友上坚持适度的原则,不强加自己的观点给朋友,尊重朋友的选择,满足对方行为的自主性[6]。由此可见,儒家思想中的"宽容"并不涉及力量的对比及是非对错的判断,因为他们只谈到了差异和不同,并没有说与自己不相合的那些观念是错误的。不论是作为行动基础的"仁爱",还是作为具体行动方式的"恕"与"中庸",它们所反映的都是相似的。即在面对差异、矛盾或冲突时,可以在适度的基础上给予对方以规劝,希望对方能改变自身的观点或者接受己方的观点,如果对方能接受这种规劝当然很好,但如果对方不接受也不要强求。在儒家思想里,规劝指的就是一种温和的对话方式,并不包括任何强迫或暴力的手段。儒家认为,接受别人与我们的不同,并尽可能包容这种不同,这才是德性的体现。

通过对中西方宽容内涵的分析,我们很容易看出两者的异同。其共同点是因为存在差异和矛盾才需要宽容,其差别则在于二者对矛盾和冲突的态度不同。在西方,尤其是在西方近现代对宽容的理解中,涉及了有关对错的是非判断或道德判断,也就是说宽容需要预设一方是错误的前提。这样"宽容"就出现了悖论。为什么在不赞成某件事情的同时又能容许它?或者说如何在认为某事是错误的情况下,依然允许它存在或允许其继续下去?一般来说,当我们在道德上判断某事是错的或者是恶的时,我们会认为自身有责任或义务去纠正它,而宽容需要我们做的却刚好相反。用一句简单的话来说,就是在不宽容的地方才需要宽容。尽管在中国传统儒家的宽容中,并不涉及这种道德判断,但这并不意味儒家思想中的宽容是无差别地对一切事物的容忍,儒家思想中的宽容指的是一种不苛求的态度,并不是对恶行和错误的纵容。可见,在儒家的宽容思想中预设的前提是:参与讨论的双方处在一个相对平等的地位上,并不确认对方与己方不一致的观点一定是错误的。在对中西方的"宽容"概念进行梳理和分析之后,我们或许会思考:西方的宽容概念中真的存在矛盾吗?

二、宽容与道德上的价值判断

在回答上述问题之前,我们还需要进一步研究现代西方宽容概念的特征。根据麦金农(McKinnon)的观点,宽容者对于所要宽容的事物或行为有两种态度,一种是不赞同,一种是不喜欢。从字面上来看,这两种态度并没有什么特别大的区别,都表达了反对的、消极的情感。但在讨论宽容这个概念时,这两种态度实际上是有非常明显的差别的。一般来说,不喜欢比不赞同涵盖的范围要广得多。不喜欢可以针对生活中任何方面的事情,小到不喜欢某人穿的衣服,某人热衷吃的食物,大到不喜欢某人的生活方式等。但不赞同一般针对的是一些更为严肃或重要的事情，如不赞同某人的宗教信仰。不喜欢通常涉及的是情感上的消极情绪，而不赞同关涉的是道德上的否定态度。在一些学者看来，不赞同是经由理性做出的评估判断，涉及道德层面上的善恶好坏；而不喜欢更多的是一种感情上的表达，与道德判断没有什么联系。所以，在讨论宽容概念时，应该将其限制在不赞同的层面，并不需要扩展到不喜欢的层面，或者简单地说，只有涉及的问题是人们不赞同的时候，我们才需要使用宽容概念，而如果仅仅是不喜欢的话，我们并不需要宽容[7]162。然而，有的学者并不能赞同这一观点，沃诺克（Warnock）就认为不喜欢也与道德判断有着紧密的联系[8]126。

之所以要对这两种态度做出区分，是因为这关系到宽容所涉及的范围。那些认为不应该将不喜欢这种态度牵涉进宽容问题讨论的学者认为，不喜欢这种态度太过于随意和情绪化了，而直觉上宽容就应该是更加严谨而理性的。尼克尔森（Nicholson）认为："宽容是一种美德，它体现在人们能够克制自己，不运用自己的力量去干涉他人的观点或行为，即使这些观点和行为偏离了自身认为非常重要的事物或者它们是自身在道德上所不赞同和反对的。"[7]162而沃诺克却强烈反对这一观点，她"就是不相信尼克尔森在道德和非道德之间做的区分。他的区分的基础在于假设道德是理性的，或者说在争论中是客观的；而非道德只是感觉或情绪。这错得是如此离谱，如果在判断某事是否正确时没有涉及强烈的情感，道德这个概念本身就会丧失其有效性"[8]126。所以，沃诺克认为，宽容应当有"强"和"弱"两种意义。在"弱"的意义上，我们不喜欢某个事物，但我们可以忍受它；在"强"的意义上，我们判定某件事情是不道德的，但我们依然选择容忍它。而宽容的这两种意义之间的界线却是模糊的，因为沃诺克认为情感应该放到宽容问题的讨论中，也就是说她认为在做出道德判断时，应该同时考虑情感因素。然而，情感的强弱程度却是难以界定的。

在探讨宽容问题时，尼克尔森的观点更为切近我们的需求。正如麦金农在谈到宽容的特征时所提到的，宽容是有条件的，它应该是公正的，它所针对的应当是好的、善的事物。虽然我们不能否认在道德判断中包含情感的成分，但是，理性更应占据较大比重。我们有时也确实会不经由理性而去做判断，因此不能保证这个判断是正确的。要确保一个判断是正确的，还需依靠理性进行分析和选择。而且，将不喜欢和不赞同等同起来，会将无关紧要之事和重要之事等同起来，而这两者对人们来说，却有着天差地别。我不喜欢你的衣服，这不论对你来说还是对我来说，都不是什么要紧的事情。你继续穿那件衣服，不会影响我的生活；不继续穿，也不会影响你的生活。但是，如果我不赞同的是你的宗教信仰，那就比较严重了。因为宗教信仰是身份认同的重要组成部分，如果这一部分被否认，在某种程度上就是否认了对方本身，这对个人来说，是非常严肃的问题；对于我而言，我之所以不赞同你的宗教信仰，是因为你的宗教信仰与我的信念相冲突，因此，也是很严肃的事情。

沃诺克这种弱化意义上或者说更为宽泛意义下对宽容的解读，可能会影响我们对宽容的整体评价。如果说，我虽然不赞同你的宗教信仰，也有能力阻止你继续你的宗教信仰，当我选择不这么做时，我的行为可以被称为宽容；但是如果问题换成，我不喜欢你所属的种族，也有能力伤害或压迫你的整个族群，但我选择不这么做，在这里，我的行为还能被称为宽容吗？在种族问题上，不存在不赞同这样的态度，因为一个人属于哪个族群与道德判断没有任何关联，这里只涉及情感上的反感或厌恶情绪。很显然，我们不能将一个人选择不伤害他所厌恶的种族的行为视为宽容。正如霍顿（Horton）所言，当我们考虑宽容这个问题时，首先要思考两点：第一，为什么要宽容某个对象；第二，这个对象为什么要被宽容[9]。对于第一点，是指作为宽容者而言，他需要有足够且适当的理由让自己能够对某件自己并不赞同的事件抱有宽容的态度；而对于第二点，指的是若要宽容某个事物，就需要说明为什么该事物值得被宽容，也就是说它必然是某种公正的、与好和善相关的事物。而种族歧视显而易见不具有正当性，不应当被允许，所以不应当放入宽容的范围来讨论。也就是说，即便一个种族主义者选择限制自己的力量，不伤害他所厌恶的那个族群，我们也不能认为他是宽容的。就像谋杀和强暴等不能成为宽容的对象，是因为它们在道德判断上就是错的和恶的，而种族歧视虽然不能算作恶行，但是其本身在道德判断上并没有正面立场。

由此可见，在探讨宽容问题时，宽容本身应当与道德判断密切关联。这种关联，不仅仅是指关涉宽容的事物或事件应当具有道德指向性，即当我们谈论宽容时，我们在道德层面上应当是公正的，出于善与好的目的；而且也指作为宽容者，其宽容的对象应当涉及的是具有道德判断性质的事物，而不是将仅与情感或喜好相关联的事物引入进来。正是因为宽容与道德的这种相关性，我们才会在一般意义上将宽容视为一种美德。然而，我们也不得不正视关于宽容与道德引起的悖论。一方面我们认为某种行为或某件事物在道德上是错误的,另一方面,我们出于善或公正的目的,选择容忍该种行为或该件事物的继续存在和发展。也就是说,我们明知某个事物或某种举动是错误的,但我们容许错误的继续存在。讨论到这里,新的问题又出现了:宽容真的是一种美德还是只是一个无意义的概念?

三、作为美德的宽容的道德意义

在一般意义上,当我们谈到美德时,势必指向某种好的或者善,而在好或者善的定义中,应当包含改正错误这一项。然而,我们却忽略了两个问题。其一,如何界定"错误"?在讨论宽容时,当我们说某个行为或某种事物是错误的,我们是基于什么做出的这个判断?这个判断本身是否合理?其二,不纠正某个错误就一定意味着不好吗?即不纠正某个错误就意味着道德上的恶或者坏吗?事实上,错误本身并不意味着坏或者恶,也就是说,"错误"这个概念并不一定具有道德指向性。例如,当某人认为 $2+2=5$ 时,我们会说他错了,然而这个错误并不涉及道德判断。当然,对此我们尚需更加细致地考察和分析,因为在不同的语境中对错误的理解各不相同。但是在某些语境下,错误如何与道德相关联以及有多大程度的关联,都会影响到我们对事物的看法。因此,这两点在我们评判宽容是否是一种美德时显得尤为重要。

一般来说,我们是基于自身具有的知识(knowledge)或信念(belief)来判定某事是正确的或错误的,但是,我们只能确信我们所具有的知识是正确的,却不能确信我们的信念一定是正确的。这一点可以追溯到洛克在《人类理解论》中对知识与信念所做的区分。在洛克看来,知识只与我们心中的观念相关。"在我看来,所谓知识不是别的,只是人心对任何观念间的联络和契合,或矛盾和相违而生的一种知觉"[10]515。洛克将知识分为四种类型:同一性或差异性、关系、共存或必然的联系、实在的存在[10]515,并认为这四种类型包含了我们所能具有的一切知识。第一种类型的知识指的是,当人们心中有了某个观念,就会马上知道这个观念与它本身相合,而与其他观念相区别。例如,如果人们有了"白"这个观念,自然就会知道"白"就是"白",而不是"红"或者"圆"等观念。第二种类型的知识指的是,人们能够对各个观念进行比较,并且知觉到各个观念之间的关系。第三种类型的知识则指的是,同一实体中的共存性或不共存性，是关于实体方面的。例如，我们说"黄金是固体"，"固体"这个观念与有关黄金的其他观念，如"黄色""可延展"等可以相容共存，却不能与观念"液态"共存。第四种类型的知识指的是，观念与现实中的实体相合。在洛克看来，除了这四种类型的知识，我们对事物的其他认识，就只能是"想象、猜度或信仰"了[10]515。知识是确定无疑的，不论在什么环境下，三角形的内角之和都是180度，而那些由想象、猜度或信仰而来的认识却不具有这种确定性，它们只能被称为信念或观点，且时常会随我们对事物理解的不同或者环境的变化而变化。基于此，洛克认为我们对上帝的认识并不能成为知识，而只能是信念或信仰，因为我们所具有的有关上帝的观念，并不属于以上四种类型中的任意一种。由此，我们既然不能确信我们关于上帝的认识一定是准确无误的，那么也不能断定他人关于上帝的认识一定是错误的，更加不能因为他人关于上帝的认识与我们不同，就强迫他人改变宗教信仰或变换礼拜的仪式。这就是洛克对宗教宽容的理解。尽管在现代语境中，洛克有关认识论的论述，即他有关知识和信念的阐释可能存在谬误之处，但是他对于知识和信念的区分却是非常有道理的。如果我们不能确定自己对于某件事物的认识是确定无疑的，又如何能判定他人的观念一定是错误的？

因此，在讨论宽容问题时所涉及的许多事项，并不与"错误"相关联。许多时候我们所认为错误的事情，并不因为它真的错了，只是因为它与我们自身所具有的信念不相合而已。由此可见，宽容概念中的矛盾并不必然存在，因为在宽容的语境中或许并不存在错误，只是一些不同信念的表达罢了。每个人都有表达自身信念的权利，如果基于此对自身所不赞同的事物或举止所表现的宽容，就是一种美德。这是我们在讨论宽容是否是一种美德时会关涉另一个问题，即在什么意义上所表现的宽容才能称为美德？因为在实际操作中，除了我们所谈到的基于对他人权利的理解与尊重而来的宽容之外，还有基于冷漠（indifference）而来的宽容。基于冷漠的宽容，并不涉及道德判断，也无关乎对自身或他人信念的理解。虽然某些事物或某种举止与自身的信念或观点确实存在冲突，但宽容者选择宽容的原因却只是因为其根本就不关心这种冲突，只要对方并不打扰自身的生活，宽容者就不会关心那些与自身信念不合的事物或举止是存在亦或不存在。比如，某人不赞同同性恋，但只要同性恋不影响自己的生活，他就不会去关注同性恋问题，因为这个问题归根结底于他并没有什么关系。事实上,冷漠是现实生活中许多宽容实例的基础,但这种宽容并不是美德。甚至有学者认为,这种基于冷漠的宽容不过是一种实用主义的行事手法,不能被称为宽容,因为它没有宽容所应该具有的内在价值。自康德以来,人的自主性凸显,"自主性的题中之义就是自己主宰,为自己思考和行动"[11]。一个理性人,作为具有道德性的存在,一定要有有意识的选择自由,这也正是人作为理性存在,与其他动物的区别所在。人能够对自身所遇到的事情进行抽象的理性思考,撇开那些感性和激情的影响,做出判断和选择。在宽容问题上,只有基于自主性之上,经过理性思考之后做出的判断和选择,才能被称为宽容,或至少是能够作为美德的宽容。这是因为,只有在这种情况下,才能说我们对自身的信念有所了解,对与我们信念不合的他人的信念也有所了解,并在这种了解之上,基于对他人也是与我们相同的理性人的尊重,做出宽容的选择。这种尊重,正是公正或者善的表达,这就是美德。而那种漠不关心的态度,是一种既不关心自身信念,也不关心他人境况的消极表达,不包含任何道德上的判断,没有内在的价值,所以这种建立在冷漠上的徒具形式的宽容不是美德。

在多元文化背景的当代社会,很多人对宽容抱有很高的期待,希望宽容能够解决或者至少在某种程度上缓和各种不相容的观念之间的冲突和矛盾,成为解决各种问题的有效方法。正如曼德斯所言:"我们认为宽容是个人的美德,是社会的职责。"[12]人们希望经由宽容而能拥有一个更加平和而美好的世界。然而,宽容这个概念并不是一个容易弄清楚的概念,如前所述,它不仅涉及道德立场与判断,还指向对个人权利甚至人性的关怀。正是宽容内蕴的复杂性,甚至在一些具体语境中的模糊性,使得人们对宽容在现实生活中的可能性心怀忧虑。尤其当宽容不再只是个人的美德,而成为国家的责任或者说行事方式时,宽容就变得更加复杂了,以致于有人认为,或许宽容在现实社会就根本无法得到真正施行,它仅仅只是一种理论,而且将在未来失去其价值。因此,如果我们希望在可预见的未来,宽容成为缓和矛盾与冲突的理想方式,就需要对不同语境、不同程度下的宽容给予更多的关注和研究。

参考文献:

[1] 约翰·罗尔斯. 政治自由主义 [M]. 万俊人,译. 南京:译林出版

社，2000：4.

[2] Forst Rainer. Toleration in Conflict: past and Present [M]. Cambridge: Cambridge University Press, 2012：39.

[3] Mckinnon Catriona. Toleration: A Critical Introduction [M]. London and New York: Routledge, 2006：14—15.

[4] Scanlon T M. "The Difficulty of Tolerance", In Toleration: An Elusive Virtue [M]. David Heyd (ed.). Princeton: Princeton University Press, 1996：266.

[5] 论语 [M]. 张燕婴，译注. 北京：中华书局，2007.

[6] 张梦飞，周小花. 论传统儒家的宽容思想及其现代性转型 [J]. 江西理工大学学报（社会科学版），2011，32（4）：76—78.

[7] Nicholson Peter. "Toleration as A Moral Ideal", in Aspects of Toleration: Philosophical Studies [M]. John Horton and Susan Mendus (eds.). London and New York: Methuen, 1985.

[8] Warnock Baroness. "The Limits of Toleration", in On Toleration [M]. Susan Mendus and David Edwards (eds.). Oxford: Oxford University Press, 1987.

[9] Horton John. "Toleration as A Virtue", in Toleration, An Elusive Virtue [M]. David Heyd (ed.), Princeton: Princeton University Press. 1996：33.

[10] 约翰·洛克. 人类理解论 [M]. 关文运，译. 北京：商务印书馆，1983：515.

[11] 董山民. 康德"自主性"概念及其超越 [J]. 中南大学学报（社会科学版）2007，13（6）：626—631.

[12] Mendus Susan. Toleration and the Limits of Liberalism [M]. London: Macmillan, 1989：18—19.

礼貌是养成美德的基本环节[*]

众所周知，正是道德把人与其他动物区分开来，道德是人之为人的根本所在。荀子"水火有气而无生，草木有生而无知，禽兽有知而无义，人有气、有生、有知，亦且有义，故最为天下贵也"[1]，就是这个层面的运思。毋庸置疑，不仅过道德的生活是人的必然选择，而且过审美的生活也是人性品位提高的要求。也正是在这个前提下，探究道德是什么就成为社会永恒的主题，而这个主题的具体演绎，往往能在思想家的具体设计、政治家照本宣科式的社会宣扬框架中得到固化。但是，道德实践的历史轨迹显示，我们历来重视的仅仅是对道德的规定，而无视道德本身在社会文化系统中是如何产生的。换言之，在社会文化系统中，道德既不是独立存在的，也不是孤立产生的。

一

美德的行为，在现实生活中，是人们特别赞美和欣赏的，它能给人带来审美的愉悦和享受。但是，这种赞美和欣赏是极富时代色彩的，这也是21世纪我们承扬中华传统美德要实践的重要内容之一。当下道德实践的低效益态势是众所周知的事实，要从这一低效益怪圈中走出来而高水准地投入承扬中华传统美德的文化实践，就必须从文化雷同性的关注转换到文化相

---

[*] 基金项目：国家社会科学基金重大项目"文化强国视域下的传承和弘扬中华传统美德研究"（14ZDA010）。
作者简介：许建良，男，江苏宜兴人，东南大学哲学系教授，博士生导师，中国社会科学院应用伦理研究中心客座研究员，美国实践职业伦理协会会员，日本伦理研究所会员，研究方向为中国哲学、道德思想史、中外道德文化比较和经营伦理等。
原载《武陵学刊》2016年第2期。

异性的甄别实践，这是走出道德困境的有益尝试；而以礼貌为切入点，是文化相异性视角的考量。

要讨论礼貌在美德养成中发挥的实际作用，首先必须解决礼貌是什么的问题。在学界，主流的观点往往视礼貌①、礼节为道德。诸如礼貌是人类为维系社会正常生活而要求人们共同遵守的最起码的道德规范，它在人们长期共同生活和相互交往中逐渐形成，并且以风俗、习惯和传统等方式固定下来；对一个人来说，礼貌是一个人的思想道德水平、文化修养、交际能力的外在表现等。笔者认为，这一看法有失偏颇。众所周知，道德的本质在目中有人、心中有他的视角上[2]，礼貌无疑与道德的价值取向存在一致性。礼貌本身就是目中有人、心中有他的表现。虽然不能把礼貌与道德做绝对的区隔，但毕竟两者存在的差异是客观的、明显的。礼貌的行为中有道德的因子，但不等于道德；孩童有礼貌，并不能证明孩童就具有相应的道德，因为道德是经自觉意识过滤后的产物。就成长的过程而言，孩童在接受正规的学校教育之前，很难断定他们具有理性的自觉意识。也就是说，礼貌与道德是无法等同的两个文化符号。

康德说过，人不可能从可以做的事情中推导出应该做的事情来。但孩子在头几年里不得不做的，正是这种推导，而且只有这样做了其才能成人。另外，康德也承认："人只有通过教育才能变成人，人是教育出来的。"而"把兽性改造成人性"的，首先是纪律。习俗先于价值观，服从先于尊重，效仿先于义务。因此，礼貌（"这个不能做"）是先于伦理道德（"这个不应该做"）出现的。伦理道德是后来逐渐建立起来的，成了已经内心化、摆脱了表面现象和利害关系的考虑，完全凝聚为意愿（礼貌不需要意愿）的礼貌。如果礼貌不先于伦理道德而生，伦理道德怎么能出现呢？良好的举止先于良好的行为出现，并且引导出良好的行为。伦理道德犹如内心的礼貌，即自身对自身的处世之道（即使这里主要是别人的问题）、内心生活的外化、我们各项义务的规范、本质事物的繁

---

① 美国学者琳达·凯夫林·波普夫等认为，"礼貌，就是懂礼节、言行得体，替他人着想、举止文雅；就是与人相处，使别人感到自己是有价值的、被关怀的和被尊重的；就是为了给别人留下好印象而采取的一种行为方式"。（琳达·凯夫林·波普夫、丹·波普夫、约翰·凯夫林. 礼貌［M］//家庭美德指南. 汤明洁，译. 北京：中国言实出版社，2009.）

文缛节。反过来说，礼貌犹如身体的伦理道德，即行为的标签、社会生活的规范、本质事物的繁文缛节[3]10。

显然，"不能"先于"应该"，"不能"所依据的理由往往是具体而易懂的，"应该"所依据的理则往往复杂而晦涩。这里所讲的身体的道德，不是真正的道德，因为真正的道德需要内心认知的支持，人一旦具备了内心的道德认知能力，随着认知实践的加深，外在礼貌的身体道德就成为内在品性的自然显现，这才是一个人应有的真正科学意义上的道德水准。

礼貌表现在人的一切行为之中，包括语言。语言虽然也是礼貌的重要因素，但它具有伪装的可能性，即使礼貌可以通过语言的装饰得到落实和完成，但语言的装饰仍然存在虚假的可能性。尽管如此，礼貌仍然是人际关系中必不可少的。人际之间即使存在分歧，但解决分歧的方法仍然必须借助于礼貌，这是人类生活的起码前提。礼貌是文明生活的起点。解决礼貌用语与礼貌行为的一致性，需要人的认知和真诚来保证，也就是说，人的语言的丰富性和真实性必须借助于教育训练。礼貌虽然是人的行为的重要组成部分，但它与人的品性并不存在必然的联系。我们评价具体的人不能仅仅依据其举止是否礼貌，而必须依据礼貌举措后面的实际日常行为，只有当礼貌与日常行为完全一致时，礼貌才能成为人的品性的正能量因子。

由此可见，礼貌与美德存有的差异是明显的①。在把礼貌从道德等同的视野中剥离后，就可以对礼貌进行界定了。也就是说，在宏观层面，礼貌是指人与人之间和谐相处的意念和行为，是言谈举止中体现的对别人的尊重与友好；在微观层面，礼貌是言语举止谦虚、恭敬、优雅的表现。

二

纵观人类文明史，在宏观视域，礼貌是人区别于其他动物而过文明生活的表现；在微观视域，礼貌是人本性的需要之一。注重礼貌可以说是世界文明的

---

① 法国思想家安德烈·孔特-斯蓬维尔虽然在《小爱大德——美德浅论》中聚焦了美德与礼貌的差异问题，但是在他遴选的18个美德德目中，第一个就是"礼貌"，这当然不能成为断定他思想混乱的理由，其实是他把美德置于文化的大系统中审视的自然结果，这就避免了就美德而讨论美德的僵硬的做法，这是值得我们借鉴。

共同取向。在中国古代文化中，有丰富的礼貌文化资源①。

礼貌是"礼"和"貌"的组合。"貌"的本义是外边形象、外观的意思，所以，礼貌就是礼仪在外观、外貌上的表现，而外观、外貌往往是通过人的具体的举止来展示的。"礼"的繁体字是"禮"，属会意词；从示，从豊。"豊"是行礼之器，会意的同时也兼表字音；本义为举行仪礼、祭神求福。所以，许慎《说文解字》载有"礼，履也；所以事神致福也"的解释，这是"礼"的第一层意思。"礼"还有以礼相待、礼貌的意思，这是"礼"的第二层意思。如"秦不哀吾丧，而伐吾同姓，秦则无礼，何施之为"[4]1833"而我先大夫子驷，从寡君以朝于执事，执事不礼于寡君"[4]1974中的"礼"，就是这个层面意思的用例。可以说，"礼"的第二层意思是对第一层意思的补充或具体说明。在动态的层面，表示人在举行礼仪仪式时的一种行为方式，也即：礼貌是人在礼仪仪式上表现出来的文明举止。

礼仪仪式是人们公共生活中的大事，众人相聚在一起必须有礼仪约束。所以，最初的仪式是以人祭神求福为出发点的，在这一仪式上大家会聚交流。穿上整洁的服装，举止优雅自然是上层人士的一种追求，也是中国古代社会较为强调的方面。中国古代是等级分明的社会，为了维护这种等级制度，以使贵族与庶民和奴隶相区别，并使贵族中的不同等级相区别，便有了礼仪规范，涉及诸如朝觐、盟会、锡命、军旅、蒐阅、巡狩、聘问、射御、宾客、祭祀、婚嫁、冠笄、丧葬等，后人把这些"礼"概括成吉、凶、宾、军、嘉五大类。不同等

---

① 毋庸讳言，美国人难于理解真正的中国人和中国文明，因为一般说来，美国人博大、淳朴，但不精深。英国人无法理解真正的中国人和中国文明，因为一般来说，英国人精深、淳朴，但不博大。德国人也不能理解真正的中国人和中国文明，因为一般来说，德国人，特别是受过教育的德国人，精深、博大，但不淳朴。法国人——正是法国人，在我看来，能够理解并且已经最好地理解了真正的中国人和中国文明（欧洲语言书写的关于中国文明的精神的最好著作是 G. E. 西蒙的《中国城》，他曾是法国的驻华领事）。剑桥的洛斯·狄金森教授，亲口对我说，正是《中国城》一书激发他写了著名的《某个中国人的来信》。没错，法国人没有德国人天性的精深，没有美国人心灵的博大，没有英国人心灵的淳朴——但是法国人，一般来说，拥有一种远胜于以上提到的各国人的思想品质——这种思想品质，比别的任何东西更有助于理解真正的中国人和中国文明，这种思想品质就是优雅。因为，除了前面提到的真正的中国人和中国文明的三个特征，我还要加上另外一个，也是主要的特征，即优雅；在很大程度上说，除了古希腊及其文明以外，很难在别的地方再找到这种优雅。参见，辜鸿铭. 中国人的精神（序言）[M]. 李晨曦，译. 上海：上海三联书店，2010.

级的贵族，使用不同的"礼"。也就是说，即使在同一种典礼活动中，贵族的等级不同，其所用的器物、所穿的衣服、所行的仪式等也各不相同。据杨宽《古史新探》的研究，有些礼是由氏族社会沿袭下来的礼俗演变而来的，如"籍礼"来源于氏族时期由族长或长老所组织的鼓励成员们进行集体劳动的仪式，"冠礼"源于氏族社会的成丁礼，"大蒐礼"源于军事民主时期的武装"民众大会"，"乡饮酒礼"源于氏族社会的会食制度等①。由于礼仪在公共生活中的重要性，因此，其繁复性也是自然的。"礼也者，犹体也。体不备，君子谓之不成人；设之不当，犹不备也。礼有大，有小，有显，有微；大者不可损，小者不可益，显者不可掩，微者不可大也；故经礼三百，曲礼三千，其致一也。"[4]1435 "大哉！圣人之道洋洋乎！发育万物，峻极于天。优优大哉！礼仪三百，威仪三千，待其人然后行。"[4]1633 礼仪虽然繁多，但礼仪的目标指向是一致的，都需要作为载体的人来施行②。

一般而言，礼貌是聪明的选择，无礼是愚蠢的举措。在中国古代，不仅礼仪备受统治者和思想家的重视，而且礼貌也为思想家所重视。"子曰：君子不失足于人，不失色于人，不失口于人；是故君子貌足畏也，色足惮也，言足信也。"[4]1638 这里的"貌"是容貌，即外在形态、举止的意思。郑玄对"失"的解释为"谓失其容止之节也"，"容止"即为一个人的体态举止。孟子在讨论君子就职时说到，就职有三种情况，离职也有三种情况，即"所就三""所去三"，其中就有直接讨论礼貌问题的，即："迎之致敬以有礼，言将行其言也，则就之。礼貌未衰，言弗行也，则去之。其次，虽未行其言也，迎之致敬以有礼，则就之。礼貌衰，则去之。"（《孟子·告子下14》）值得注意的是，这里的"礼貌未衰，言弗行也，则去之"和"礼貌衰，则去之"，意思是礼貌即恭敬迎接虽

---

① 参考杨宽.古史新探［M］.北京：中华书局，1965：218—309.
② 参照《中国人的德行》一书："最难翻译的一个词是'礼'，它与孝心密切相关。为了证明这一点，同时为了给讨论中国人的孝心提供一个背景，我们最好是引用伽略利的一段话（转引自《中国总论》）：'礼是中国人一切心理的缩影；在我看来，《礼记》是中国人能提供给世界的关于他们本民族的最确切最完整的专论。中国人的情感，是靠礼来满足；中国人的责任，也靠礼来完成；中国人的美德和不足，也是参照礼而得出，人与人之间自然的关系基本上靠礼来维持——一言以蔽之，这是一个由礼来控制的民族，每个人都作为道德的、政治的和宗教的人而存在，受家庭、社会和宗教等等多重关系的制约.'"（亚瑟·亨·史密斯.中国人的德行·孝行当先［M］.陈新峰，译.北京：金城出版社，2005：201—202.）

未衰减,却不实行其主张,言行不受重视时要离职;礼貌已衰减降格,也要离职。礼貌不仅成为接受工作的基本条件,而且只有与内心的认同相统一才真正有意义。这与笔者上文提到的内心的认知与外在的举止的统一相一致。

这一运思不仅体现在儒家思想中,在法家思想中也有鲜明的反映。管子曾把君主与民众的关系比喻为内在道德与外在形体道德的关系,诸如:"君之在国都也,若心之在身体也。道德定于上,则百姓化于下矣。戒心形于内,则容貌动于外矣。正也者,所以明其德。"[5]583这里的"戒心"就是内在的道德心,即道德认知。"将将鸿鹄,貌之美者也。貌美,故民歌之。德义者,行之美者也。德义美,故民乐之。民之所歌乐者,美行德义也,而明主鸿鹄有之。"[5]1172意思是说,锵锵而鸣的鸿鹄,是长得很美的飞鸟;因为美,所以人们歌颂它。德义,是一种行为上的美。因为德义美,所以人们喜悦它。人民所歌颂喜悦的,乃是美貌和德义,而明君和鸿鹄恰好具有这些美德。另外,值得注意的是,法家反对繁文缛节,强调朴实,韩非的"所谓大丈夫者,谓其智之大也。所谓处其厚而不处其薄者,行情实而去礼貌也。所谓处其实不处其华者,必缘理不径绝也。所谓去彼取此者,去貌、径绝而取缘理、好情实也"[6],就是这个意思。显然,这里的"去礼貌"不能简单理解为是对礼貌的废弃,而是对虚假礼貌的抛弃。虚假礼貌就是指那些通过语言伪饰的东西,不是人的内在道德素养的真实表露。

以上是对礼貌、礼仪形式上的审视。一方面,在内容上,礼仪具有丰富的礼貌资源,《十三经》中的《周礼》《仪礼》《礼记》就是古代礼仪的集大成之作。但由于它们的时代局限性,在21世纪的今天难以找到其实现的条件,"余尝苦《仪礼》难读,又其行于今者盖寡,沿袭不同,复之无由,考于今,诚无所用之"[7]"古礼于今实难行""胡兄问礼。曰:'礼,时为大'。有圣人者作,必将因今之礼而裁酌其中,取其简易易晓而可行,必不至复取古人繁缛之礼而施之于今也。古礼如此零碎繁冗,今岂可行"[8],就是具体的佐证。另一方面,在中国古代思想中,有些思想家虽然不是以礼貌思想著称于世,但却在礼貌的大厦里占有独特的位置。诸如老子的"不争"运思,即"天之道,利而不害"(《老子》81章),认为天道自然利于宇宙万物而从来不加害或损害万物;"水善利万物而不争,处众人之所,恶故,几于道"(《老子》8章),是说水公平地对待万物,在流经之处滋润他们,所以,"上善若水"(《老子》8章)。就水的显著生命特征"不争"而言,其具有"处下"的谦逊的姿态和特点。水是从高处往低处流的,"江海之所以能为百谷王者,以其善下之,故能为百谷王"(《老子》66章),这种"善下之"的行为之方,实际上就是谦下而又礼貌的举止。生活在宇宙里的人类,最大的作为就是以天道自然来治理社会。所以,老子又说:"是以圣人欲上民,必以言下之;欲先民,必以身后之。是以圣人处上而民不重,处前而民不害,是以天下乐推而不厌。"(《老子》66章)"言下""身后"可以说,都是谦恭的礼貌之举,这是圣人实现善治的关键,在本质上,就是"圣人之道,为而不争"(《老子》81章)。这是值得珍视的运思。

三

中华民族一直以礼仪之邦著称,中国人给世人以彬彬有礼的印象。美国人何天爵[1]的视点就不失为精到。

在西方人看来,更令人吃惊的是,从清朝政府派到美国接受教育的学童的表现上,就能证明东方民族所具有的高度智慧。这是一个善于思考的民族。那批被选派到美国的学童共计120名,大多年龄是11岁左右。他们对母语都有很好的基本功,有一定的读写水平,但没有人接触过西文,他们当中也没有几个人在中国正规学校里念过书。一些美国女士认为,那些孩子一定是出身贵族或者来自豪门,实际上并非如此。按照中国人的收入标准,那些学童都来自中产阶级家庭,家庭的年收入大致在200~500元。那些学童来到美国之后,我们既没有发现他们有些许的行为不当,也没有发现他们的智力存在丝毫缺陷。他们以惊人的速度,学会了世界上第三大难学的语言——英语。接着,他们又攻克一系列完全陌生的学习课程,表现出杰出的悟性和顽强的适应能力。在整个学习过程中,无论中小学阶段还是大学阶段,也无论是理科课程还是文科课程,那些学童在他们所在的班级中都是佼佼者。更值得一提的是,这些学童的所有行为举止都非常得体,表现完美。笔者曾经在一次横跨太平洋的旅行中,同那些学生中的51名同乘一艘客船,与他们共同度过了难忘的25天。那些学生包

---

[1] 何天爵(Chester Holcombe,1844—1912),美国传教士、外交官;他1869年来华,在北京负责公理会所办的教会学校,1871年辞去教会职务,先后任美国驻华使馆翻译、头等参赞、署理公使等职;曾参与起草1880年关于华人移居美国的条约,还参与了1882年美国和朝鲜签订条约;美国前总统格兰特访华期间曾接待陪同,在处理美国侨民在华经济纠纷和教案方面不遗余力;1885年回美国。1895年出版其颇具影响的《中国人本色》(*The Real Chinaman*)一书。另撰有 *The Chinese Army and Navy in The Real Chinese Question* 等作品。

乘的船舱拥挤不堪。同等数量的美国青年学生在相同的环境之下，绝不可能坚持那么长时间，而中国学生做到了，并且表现出绅士风范。他们既没有指导教师带队，也没有随行官员负责，在漫长的旅途中，就像一群没有妈妈的孩子，然而他们却都表现出顽强的自理能力[9]。

这里称赞中国学童的行为举止"非常得体""表现完美"，并称此为"绅士风范"。可见，礼貌举止直接向人传递着一个民族的文明内涵，也是使他人对自己留下深刻印象的最为有效的渠道和手段。

不分年龄大小，在具体行为中表现出的礼貌举止具有相同的价值。也就是说，礼貌具有机械性的一面，即无需经理性过滤，只要实际做出来即可。正是在这个意义上，一个孩童的礼貌举止与一个知识人的礼貌行为在文明的坐标系里具有相等的位置。礼貌的举止之所以能给人留下深刻印象，关键在于它的本质是他者第一。每个在社会中生活的人，毋庸置疑，必须与他人合作共处，所以，人始终处在人际关系之中。在人们不经意的社会生活实践中，如果围绕自己和他人进行审视的话，可以清晰地看到两种截然不同的图式。一个是以自己为中心的图式，展示的是从自己到他者的价值取向；一是以他人为中心的图式，展示的是从他者到自己的价值取向。前者是先自己而后他者，后者是先他者而后自己。支持这一结论的中国传统文化资源有两个：一个是"己所不欲，勿施于人"（《论语·颜渊2》），另一个是"己欲立而立人，己欲达而达人"（《论语·雍也30》）。对此的评价迄今无疑是赞扬的居多，且其中不乏以此为"黄金律"规则的运思。但是，文明内涵的升华、文化回归人本性的实践的进步，需要我们不断反思客观现实。其一，这是对"仁者"的描述，对一般民众而言缺乏产生共鸣的实践基础，因此，不可能成为普通民众的道德规范引领其进行道德实践；其二，即使是对于居于理想层面的"仁者"，这种由己至他的思维方式，不仅无法排除以一己之是非观、价值观作为衡量一切的准则或可能，而且这种先己后他思维方式长期养成的习惯，只能在自己本位主义那里找到答案。如果这一结果在心理学层面能够找到依据的话，那么，在中国几千年的文化演变中，我们对"己所不欲"过分赞扬而带来的实际后果也就不难想象了。社会学家费孝通指出："在这种富于伸缩性的网络里，随时随地是有一个'己'作中心的。这并不是个人主义，而是自我主义。个人是对团体而说的，是分子对全体。在个人主义下，一方面是平等观念，指在同一团体中各分子的地位相等，个人不能侵犯大家的权利，一方面是宪法观念，指团体不能抹煞个人，只能在人们所愿意突出的一分权利上控制个人。这些观念必须先假定了团体的存在。在我们中国传统思想里是没有这一套的，因为我们所有的是自我主义，一切价值是以'己'作为中心的主义。"[10]这可谓最好的总结。

二是"圣人不积，既以为人，己愈有；既以与人，己愈多"（《老子》81章）。需要注意的是，这里虽然也是在圣人层面的讨论，对一般人缺乏针对性，但是，其价值取向是先他人而后自己，是由"他"至"己"的思维取向，显示的是他人优位的特征。这里之所以使用"优位"这一概念，主要是因为在这一运思里，"自己"并没有完全被否定，而是在自己与他人的利益关系中，以他人为第一价值调节准则。这一思想在今天仍然有其积极意义。这种思维长期训练的结果，会养成对他人重视和尊重的好习惯。这一思维的产生源于这样的识见：一个人不能只囿于一己之利行事，因为世界是整体联系的，必须在关注他人利益实现的前提下，求得自己利益的满足，或者在他人利益实现的确认中谋划个人利益的满足。

他人优位无疑是礼貌的本质和基点，离开了它，礼貌行为无从产生，因为礼貌是以愉悦他人为基点的，尊重他人是前提，他人永远是第一位的。这是礼貌的珍贵之处，也是礼貌所特有的功能所在。

（一）礼貌是博爱的传播器

中国古代文化中有着丰富的仁爱资源，但在今天，面对仁爱，我们不应停留于习惯上对儒家仁爱思想的先见来理解和认识。儒家的仁爱思想只能在中华传统美德的孝慈德目里找到自己的位置。我们今天要承扬的仁爱无疑是一种博爱，包括爱己、爱人、爱物。提倡仁爱，不等于生活中就有仁爱。因此，从文化的视角来运思其如何可能，在当今资源日益枯竭的背景下显得尤为重要。正是在这个意义上，礼貌找到了实现其自身价值的有利机会。

礼貌的切实实行，首先需要对他人的尊重。以他人为自己行动的第一考虑对象，是一种从他人到自己的行为取向，是对他人关爱的一种真正实现。生活中，我们强调要爱他人，如何体现？很显然，把他人放在心上，或者时时处处做到目中有人、心中有他，这就是礼貌，这就是爱他人。礼貌不仅是指行为举止上待人尊重、温和，而且礼貌举止本身就是对对方的情感表达；礼貌不仅使对方内心感受到温暖，以及自己受到礼遇的情感体验和享受。而受到礼遇的享受的结果,无疑会立即反应到行为接受者的行为反馈上,情感体验驱使他们用同样温和的举止来回应对方,正是在这时,礼貌行为的施行者就会在自己礼貌行为受到对方重视、引起对方注意、调动对方情感的一系列反应中,体验到礼貌行为所带来的情感抚慰和享受;也正是在这时,礼貌行为在具体的场域中起到了情感的沟通作用,使博爱的暖流汩汩流淌。

总之,礼貌是博爱的花朵,是博爱的传播器。

(二)礼貌具有愉悦人的力量

对人礼貌,在完成礼貌行为的实践中,既显示了自己对他人的重视、对他人情感的认同,也彰显了自己做文明人的决心。礼貌作为一种行为方式,从来不考虑对象的特殊性,而是对外在他者一律采取同样的礼貌举止。正是在这个意义上,礼貌有利于社会的人际交往。在现实生活中,没有人会喜欢一个不懂礼貌的人,也没有人不喜欢一个懂礼貌的人。因此,懂礼貌的人,在人生的实践中,具有赢得更多朋友的可能性,能赢得更多的尊重,在社会上占有一片属于自己的天地。可以说,礼貌是人性的力量。

就个人而言,礼貌是一个人文明程度的写照。使人按礼貌的行为方式进行交际而过文明的生活,这是各个国家努力的目标。人际之间的交际需要礼貌,这本身说明礼貌追求虽然是一种行为举止,但其本质却是情感的沟通,所以,礼貌的举止能给人带来温暖和愉快,这是因为礼貌得以成立的关键在于礼貌的施行者对他者的尊重,以及把礼貌作为文明行为起点的意识。我国作为礼仪之邦,对礼貌尤为重视,辜鸿铭先生的见解就是最好的总结:"人们经常说,中国人是特别注重礼仪的民族。那真正的礼仪的本质是什么呢?这就是对他人感受的体谅。中国人有礼貌是因为他们过着一种精神的生活,他们知道自己的感受,这使他们很容易对他人的感受表示体谅。中国人的彬彬有礼,尽管不像日本人的礼仪那样经过了精心的准备,却令人愉悦,因为它是……用法国人优美的语言来说……一种心灵的礼仪。另一方面,日本人的礼仪虽然精致周全,却无法让人如此愉悦,而且我已经听一些外国朋友说讨厌它,因为它可以被称做是一种排演过的礼仪——像在戏剧中用心学会的礼仪一样。这与直接发自内心的自然而然的礼仪不同。事实上,日本的礼仪就像一朵没有芬芳的花朵,而真正有礼貌的中国人的礼仪有一种芳香……一种名贵油膏的香味……由心而发。"[11]

(三)礼貌是人过美德生活的基本环节

中华传统美德作为自古以来深受大家赞美的道德，是道德体系中最为活跃的因子，也是道德体系中最为基本的因子。笔者反对以功利、他律和道义、自律来区分道德与美德，把道德说成美德的基础，美德是道德的提高①，而赞成美德是道德的基础，因为它是受到大多数人赞美的道德。人们之所以要赞美它，是因为在现实生活中，他们能从这些美德中获得来自他人的尊重和礼遇，从而确证自己的社会地位和价值，并在体验获得尊重的情感和享受时，激活人性中必须过文明生活的因子，通过情感沟通以回报他人的礼遇，释放自己人性的力量。

人与其他动物的根本区别就在于人不仅能过道德的生活，而且能过审美的生活。就个人而言，大家的出发点和起点是平等的。所谓"性相近"就是这个道理。但是，毋庸置疑，在终点上，人是相异的，相异的根源不在先天，而在后天的"习相远"。所谓"习相远"强调的是后天的教化，这是一个长期乃至终身的过程，所以我们要重视职业教育和继续教育。人的道德素质是在受教育的过程中逐渐积累厚实起来的，礼貌养成就是最基础的方面。重视礼貌的养成训练，是打牢道德基础的有力环节。

礼貌不仅指对人尊重的举止，而且传递的是实现他人优位的情感和信息。在礼貌的实践对接中，行为主体和客体情感的交流与互动，且在情感互动中，激发人原始的向善力量，这种向善的力量带动着人进入提升人性的实践，这就是人类社会需要礼貌的原因。总之，正如西班牙小说家松苏内吉所说，礼貌是人类共处的金钥匙。

四

如前所述，与道德相比，礼貌主要强调了外部身体语言的道德性，而内在的道德认知还没有被重视，因此，我们不能将礼貌与道德等同起来。众所周知，人的智力发展是一个渐进的过程，孩提时期智力水平比较低下，故而这时对孩童讲大道理是收效甚微的。依据皮亚杰的发生认识论原理，对孩童的教育要侧重训练，而不是说教和理性认知，这符合"性相近，习相远"的道理。正如一

---

① 王海明的《新伦理学（修订版）》（商务印书馆2008年版）、唐代兴的《道德与美德辨析》（载《伦理学研究》2010年第1期）等都持这种观点，这相反于西方的美德是道德基础的观点；中西存在差异的根本原因，笔者认为主要在于对"美德"的理解，尤其是美德的"美"，它不是一般的道德，而是美之德，因此，不能离开审美的视野纯粹在道德的场域来讨论两者的异同，这是问题所在。

个人的温文尔雅不是与生俱来的，而是自小训练养成的。因此，依据人成长过程中的生物特点、心理特点，设计道德教化的路径是非常必要的。

（一）对孩童进行礼貌训练的人性依据

就人的成长过程而言，幼儿期的教育主要在教儿童该做什么、不做什么，或者允许做什么、不允许做什么，其主导不在幼儿，在家长；教什么、不教什么，反映的是家长对社会生活的认识。由于幼儿的智力发展无法支持其理性认识具体事情背后的道理，因此，此时的礼貌教育主要靠训练来完成。"最早出现的那些模拟美德的行为靠的是训练，就是说，靠的是外来的强制：由于本能的缺乏，孩子不能自己做的事，'必须由别人替他做'，就这样，'一代教育下一代'。大概是这样。在家庭里，所说的训练不首先就是对习俗和良好举止的尊重吗？这项训练是示范性的而不是强制性的，追求的主要是可爱的亲和性而不是秩序——不是惩戒性的训练，是礼貌的训练。正是通过这种训练，同时模仿美德的举止，我们也许才有了变得道德高尚的机会。"[3]11 训练的过程不是强制性的命令，而是示范性的演示即身教，让孩子模仿。这一教育方法的可行性是依据人的本性。"凡人虽有性，心无定志，待物而后作，待悦而后行，待习而后定。喜怒哀悲之气，性也。及其见于外，则物取之也。"[12]136 "凡性为主，物取之也。金石之有声，〔弗扣不〕〔鸣。人之〕虽有性心，弗取不出。"[12]136 这里的"物""悦""习"指的就是外在的物事，它们是启发善心的手段；没有外在的启发，仅仅有善心无法走入道德的大门，这就是"待"的功用。"待"的过程就是"物取之"的过程，如"金石"即编钟和编磬，编钟是乐器，编磬是石制的击打乐器，乐器虽然可以发出美妙的声音，但是如果不用击打乐器去敲击，就不会发出任何声响。外在的"取之"是依据人性需要"待"的特征决定的。幼儿的特点是"心无定志"，要装备"定志"，必须凭借"物""悦""习"这三个过程。总之，这三方面包含了中国古代对早期教育心理学的认识，是非常珍贵的资料。

具体而言，"物"是基础的第一步，具体内容就是如上述所说的身教，即不是说理，而是具体行为的示范，以养成良好的举止习惯。对孩童而言，是迫于外在的压力而养成的行为习惯，所以称为"待物而后作"，意思是等待示范后照着做，具有机械性的特征。"悦"是第二步，在教育关系中存在着受教者的机械性行为特点，昭示着这种行为动作的即时性、一次性、不可持续性。通俗地说，就是"一锤子买卖"。从价值考量的角度看，示范动作产生影响的时间非常短暂，效益无疑是最低的。但是，身教追求的目标并不是教育者做一次，受教育者做一次，而是受教育者要养成的行为习惯，从而积淀为受教育者的自我素质。所以，在教育心理学层面，就存在一个教育者如何让每一次身教都在儿童的记忆里留下永久性印记的问题，以便在相同情景触发下，能自然激活身教留下的因子，从而驱使受教育者投入行动。在此，最关键的是让儿童喜爱所接受的教育，只有这样，才能成为他们日后行为的自然选择，这就是"待悦而后行"的内涵。"习"是最后的一步，身教的内容已经成为儿童的习惯，由机械性走向了自然性。尽管孩童仍然缺乏对"为何"的思考及理解，但能在相同的情景下自然照着做。换言之，身教养成了习惯。习惯一旦形成，对人的行为和人格养成都是至关重要的，所以，我们必须注重身教。习惯一旦形成，对孩童的社会发展，就营设了有形的轨道，具有了成为社会人的符合社会发展要求的模式，这就是"待习而后定"的意思。至今，中国传统文化中的这些思想还没有引起我们应有的重视①。

训练在日常生活里就是习惯的养成，可以说，礼貌是人生养成习惯的第一件大事。由于孩童的智能还没有得到开发，对很多具体的行为没有相应的认知，

---

① 同时，需要指出的是，笔者在其他地方也多次提到对儒家的"己所不欲，勿施于人""己欲立而立人，己欲达而达人"的先己后人价值取向的运思的认识，不能沿袭已有的认识而机械地重复照搬，而不做符合时代的、超越中国范围的整个汉学界研究成果的审视，这是我们现在的问题；把"己所不欲，勿施于人"等运思放到这里"待习而后定"的思维框架里来考量的话，养成自己本位的习惯也就不是什么问题了，在这个视野上，迄今仍然缺乏聚焦，而是过分地肯定评价。另一个问题是，众所周知，就是"待"的运思，这是对庄子思想的继承。"待"是庄子的一个重要运思，其认为"夫知有所待而后当"（《庄子·大宗师》），在宇宙世界中，万物过着有待的生活。"待"是"道"的本质之一，"仲尼曰：若一志，无听之以耳而听之以心；无听之以心而听之以气！听止于耳，心止于符。气也者，虚而待物者也。唯道集虚。虚者，心斋也"（《庄子·人间世》），就是佐证。不仅列子御风是有所待，乘天地之正也是有所待，即"夫列子御风而行，泠然善也，旬有五日而后反。彼于致福者，未数数然也。此虽免乎行，犹有所待者也。若夫乘天地之正，而御六气之辩，以游无穷者，彼且恶乎待哉"（《庄子·逍遥游》）。不过，需要说明的是，对"彼且恶乎待哉"的理解，习惯做"无待"的理解，诸如陈鼓应对此作"有什么依待的呢"的理解。（参见陈鼓应注释《庄子今注今译》，中华书局1983年版第17页注13）实际上这不符合庄子整体的思想，因为道也是有待的，道无法离开万物而存在并显示自己的价值，"唯道集虚"的"虚"，就是"虚而待物者"，道依赖万物而存在，这是非常清楚的。实际上，"彼且恶乎待哉"的"恶"，必须作动词来理解，意思为憎恨、厌恶，完整的意思是它们（彼）这是厌恶依待吗？这值得注意。

所以，他们见长于模仿。这就告诉我们，一方面，孩童所处的环境非常重要，另一方面，就小孩的品性形成而言，重视习惯的培养也很重要。由于习惯一旦养成，会对人产生巨大的影响和无形的控制力量，因此，在培养习惯的问题上，必须认真对待。意大利记者、作家奥莉娅娜·法拉奇（Oriana Fallaci，1929—2006）就认为，习惯是一种最糟糕的痼疾，因为它使人们接受任何的不幸、任何的痛苦、任何的死亡，出于习惯，人们可以与自己憎恶的人生活在一起，学会戴镣铐，忍受不公正和痛苦，以至对痛苦、孤独以及其他一切都逆来顺受；习惯是一剂最无情的毒药，因为它慢慢地、不声不响地潜入到我们的机体，并在不知不觉中滋长起来，当我们发现它时，机体的每个细胞都已与它相适应，每一个动作都受它的制约，已经没有任何药物能够治愈。

在这方面，西方国家的经验值得我们重视和学习。重训练是我们在道德教化中必须认真思考和践行的问题，因为道德建设始终在迎接各种挑战中求生存，因此，我们必须改变思路，以从小训练为突破口来推进道理建设。西方社会对训练是非常重视的，就拿"女士优先"这一社会习惯的培养实践来说，只要在美国等西方国家生活一段时间，就会发现，"女士优先"无处不在。到超市，你会看到推购物车的都是男士，而不是女士；如果丈夫不在身边，儿子在，那推车的一定是儿子，而不是妈妈。女士受到重视，这是非常舒适的氛围和境遇，使人印象深刻。要做到这一点，靠的就是从小训练，一般孩子3岁时就开始进行分担家务劳动的训练。如出门时，孩子先要给妈妈开门开车门；车停下后，孩子先下车给妈妈开车门，有时即使孩子才只有车门那么高也是这样做的；而到孩子长大了能开车时也一样，在关掉发动机后，孩子先出来给妈妈开车门。这可以说是西方文化的亮点之一，值得我们学习和借鉴。

（二）礼貌的训练在于生活细节

礼貌可能是人类文明史上最伟大的发明，它可以帮我们解决很多问题。但礼貌的养成必须落实到具体的生活细节上，教育者应该进行认真设计。

首先，在礼貌的用语上进行训练。无论别人给予的帮助是多么微不足道，都应该诚恳地说声"谢谢"。正确地运用"谢谢"一词，会使语言充满魅力，使对方备感温暖。道谢时要及时注意对方的反应，对方对感谢感到茫然时，要用简洁的语言向他说明致谢的原因；对他人的道谢要答谢，答谢可以是"没关系""别客气""我很乐意帮忙""应该的"等。

其次,在公共场合学会向人道歉,这是缓和紧张关系的一帖灵药。如在公共汽车上踩了别人的脚,一声"对不起"即可化解对方的不快。道歉时最重要的是要有诚意,切忌道歉时先辩解,好似推脱责任;同时要注意及时道歉,犹豫不决会失去道歉的良机。这些都必须在家庭里从小就进行训练,成人以后这些品质会彰显其无穷魅力。

最后,在任何时候需要麻烦他人时,都必须使用"请"字。"请"字是必须挂在嘴边的礼貌语,诸如"请问""请原谅""请留步""请用餐""请指教""请稍候""请关照""请再来"等,频繁使用"请"字,会使话语变得委婉而礼貌,是尊重他人的最重要的用语之一。

"谢谢你""对不起""请"等礼貌用语,如果使用得当,对调和及融洽人际关系会起到意想不到的作用。使用这些礼貌用语的训练,必须从小开始。虽然在最初,孩子们往往不懂为什么要使用这些语言,但随着他们认识能力的提高,大人必须给他们讲清楚这样做的道理。"根据拉布吕耶尔的观察,'礼貌并不总能启发善良、正直、好意和感激之情,但至少能让人有这些东西的表象,从而使人在外表上显得好像其内心大概也是如此。'因此,对成年人来说,光有这种训练是不够的,但对儿童是必须的。"[3]11 解释和说理必须伴随儿童的年龄增长而逐步加深,直至变成他们的自觉意识。"亚里士多德说,礼貌就是美德的相似物,美德源于这种相似物。通过为道德的显现、乃至在一定程度上的繁荣创造出必要条件,礼貌也就把道德从那个无出路的怪圈(没有礼貌,为了变成道德高尚的人就必须是道德高尚的人)里解放出来了。在一个非常彬彬有礼的人和一个只是和善、可敬和谦虚……的人之间,在很多情况下,差别是微不足道的,两者最终都和他们所模仿的东西相似了,而礼貌于不知不觉间把人引向了——或可以引向——道德。这一点所有的父母都知道,他们把这个称之为教育子女。我很清楚,礼貌不是一切,也不是关键。常用语里还有个要有教养这么个说法,这首先指的是要彬彬有礼,而彬彬有礼意味着很多东西。成百上千次(我说成百上千次还说少了呢!比这个多得多……)地纠正孩子,为的是叫他们说'请''谢谢''对不起',如果只是出于礼貌,我们中间的任何人都不大会这么说的——除非他有怪癖或者赶时髦。可是,就在这样的调教中孩子学会了敬重……光有爱，不足以使孩子成长，甚至不足以使他们变得可爱和有亲和力。光讲礼貌也不行，因此必须双管齐下。在我看来，所有的家庭教育都是在最小的美德和最大的美德之间进行的，最小的美德还不属于道德规范，而最大的美德又已经不再是美德了。剩下的是语言训练。但如果像阿兰所认为的那样，礼貌是符号的艺术，那么，学说话仍然属于礼貌这个范畴。"[3]13-14

  在承扬中华传统美德的实践中，礼貌养成具有重要的作用，这是我们迄今的教育所忽视的。我们缺乏依据人的生理、心理特征来进行教育的努力，只一味灌输大道理，尤其在幼儿教育中对训练的重要性缺乏深刻的认识。殊不知，个人厚实的道德素质的养成始于其出生的那一刻，儿童接受道德教育是一个照着做、学着自然做，到自觉做的过程。礼貌的训练必须开始于照着做，这虽不需要任何道理来解释，但它为理解道理制定了一个框架或模式，让日后为人处世之道的落实能有一个很好的栖身之处。总之，礼貌是走向美德的桥梁，中华传统美德的承扬，必须注重在礼貌训练上的实践，这是承扬中华传统美德实践中社会机制上个体性展开的基本一环。

参考文献：

[1] 王先谦，撰. 荀子集解［M］. 北京：中华书局，1988：164.

[2] 许建良. 道德真义：目中有人，心中有他［N］. 光明日报，2013-07-01（15）.

[3] 安德烈·孔特-斯蓬维尔. 小爱大德——美德浅论［M］. 赵克非，译. 北京：作家出版社，2013.

[4] 阮元，校刻. 十三经注疏［M］. 北京：中华书局，1980.

[5] 黎翔凤，撰. 管子校注［M］. 北京：中华书局，2004.

[6] 陈奇猷，校注. 韩非子新校注［M］. 上海：上海古籍出版社，2000：385.

[7] 韩愈. 韩昌黎文集校注［M］. 马其昶，校注. 上海：上海古籍出版社，1987：39.

[8] 黎靖德. 朱子语类［M］. 王星贤，点校. 北京：中华书局，1986：2178.

[9] 何天爵. 中国人的本色[M]. 周德喜, 译. 北京: 文津出版社, 2013: 160—161.

[10] 费孝通. 乡土中国生育制度[M]. 北京: 北京大学出版社, 1998: 28.

[11] 辜鸿铭. 中国人的精神[M]. 上海: 上海三联书店, 2010: 6.

[12] 李零. 郭店楚简校读记[M]. 北京: 中国人民大学出版社, 2007: 136.

论公民美德与全民守法的内在逻辑[*]

在法治发展的历史进程中,守法最为国家的顶层设计师所忽略①,仿佛实现了完备立法、规范执法及公正司法后,全民守法的习惯和格局就自动形成了。显然事实并非如此,赞恩告诉我们:"(柏拉图)天真地认为,如果法律告诉成人应做什么,他们就会去做,这是哲学家所犯下的最大的错误。只有当法律得到人们认可,符合人们的常识的时候才会被人们遵守。绝大多数人都认为是错误的并拒绝遵守的法律永远不会成为实际的法律,除非它得到人们普遍认可。"[1]因此,守法习惯的养成并非一蹴而就。党的十八届四中全会通过的《中共中央关于全面推进依法治国若干重大问题的决定》中,"守法"一词出现了14次,与立法、执法、司法一道成为法治建设的指导方针[2]。然而,全民守法格局的形成除了与"法律的优良"有莫大关系之外,更与"公民品德"的水准有关,因为现代公民的塑造不仅关乎社会转型成功与否,更是判断法治国家和公民社会是否真正确立的分水岭。

一、公民美德与全民守法的逻辑衔接

公民美德与全民守法虽分属不同的学科范畴,但在两个面向上是重合的:

---

[*] 基金项目:中国法学会"深入研究党的十八届四中全会精神"重点专项课题"法治解决道德领域突出问题的作用研究"(CLS [2015] ZDZX20)。
  作者简介:李延舜,男,山东莱芜人,苏州大学王健法学院助理研究员,博士,研究方向为法伦理学、隐私权及信息权法。

① 如在前资本主义社会最受重视的是"执法",因为政府的职能侧重是"维稳与管理",讲究的是"服从";从资产阶级革命到现代主权国家建立,最为关注的是"立法",因为处于社会变革时期,推倒旧制度、建立新规范是历史的使命;而到了现代社会,最受关注的是"司法",一方面是因为人们需要"司法权"强大用以制衡"立法权"和"行政权",另一方面是因为在权利彰显的时代,司法是公民权利保障的最后一道防线。

一是主体，皆为一国之公民；二是场域，即针对公共事务。这也是公民美德与全民守法逻辑衔接的起点。早在古希腊，亚里士多德在分析公民与城邦关系的时候就有相似表达："凡有资格参与城邦议事和审判的人都可以被称为城邦的公民，而城邦，简而言之就是其人数足以维持自足生活的公民组合体。"[3]111 换句话说，公民美德与全民守法都是"人"与"事务"的集合。

（一）公民社会与法治国家源于同一主体

法治是世界的潮流，然而法治国家的建设除了立法、执法、司法等制度设计外，人的要素也至关重要。因为不管是怎样的法制建设，都离不开"人"的主体性参与，所有的制度"操作"，也都是为了"人"的幸福。哈贝马斯认为，法治意味着人民的参与或人民的最终统治[4]。所以，国民的法律素养是依法治国的充分条件。正如英格尔斯所说："如果一个国家的人民缺乏一种能够赋予这些制度以真实生命力的广泛的现代心理基础，如果执行和运用这些现代制度的人自身还没有从心理、思想、态度和行为上都经历一个向现代化的转变，失败和畸形发展的悲剧结局是不可避免的。再完美的现代制度和管理方式，再先进的技术工艺也会在一群传统人的手中变成废纸一堆。"[5]法律不是一台能够自行运转的机器，只有配合熟练操作的"员工"，才能真正地实现法治国家。

公民社会的推进同样如此，"对于任何社会来说，维持社会的健康、稳定和发展，只依赖政治制度的作用是不够的，必须要考虑人的主观性因素，社会成员若缺乏良好的公民德行和责任意识，任何制度都可能遭受扭曲与破坏"[6]。因而，令人向往的制度总是在公民、社会、国家之间达致某种默契，共同发展，相互促进。古希腊人将城邦的存在作为个人完善、造就"优良生活"的根基。个人如果只关注自己的事务而不参与公共生活，那就是说他"没有事务"，"我们看到，所有城邦都是某种共同体，所有共同体都是为了某种善而建立的（因为所有的共同体旨在追求某种善），很显然，由于所有的共同体在追求某种善，因而所有共同体中最崇高、最有权威，并且包含了一切其他共同体的共同体，所追求的一定是至善"[7]。现代社会，虽然私人生活日益凸显它的"迷人之处"，但任何人都不能否认公共政治生活的必要性，它是实现广泛自治的前提。

显然，无论是公民社会还是法治国家，具备现代性美德的公民既是目的，又是手段。传统伦理遵循整体主义观念，国家和集体利益高于个人利益成为无可辩驳的价值准则，但现代社会却是个人权利彰显的时代，亚当·斯密就论证了自利的个人"往往使他能比在真正出于本意的情况下更有效地促进社会的利益"[8]，所以，既要杜绝用彻头彻尾的传统道德观评判现代公民，也要重新审视国家、社会与个人的关系。虽然在经济领域为了物质利益不择手段的事件经常发生，但要警惕的不是重视财产权本身，而是防止经济领域中的"利益取向"扩展到人类交往的其他领域，尤其是公共政治领域。另外，市场绝非是致人道德败坏的根源。试想，如果"经济人"都没有诚信、唯利是图，那还是眼光长远、精于计算的"经济人"吗？在此意义上，"商业能使社会纽带非情绪化，它在多数派和多种族的社会对'公民美德'的实践提供了必要的前提条件，在市场上进行的近距离交易给予敌对群体的成员学习共处的机会，为他们准备了非经济领域合作，包括政治自治中合作的基础"[9]。所以，商业与公民美德在本质上同向而不是相反，道德成本是市场经济发展的重要推进力量。

具备现代美德的公民应是热衷公益、积极参政议政的公民，应是"作为一个人，也尊重他人为人"的公民，应是深谙自由与责任之道、认真对待权利的公民。只有将具备现代性品德的公民与成熟的制度设计相结合，才能最终步入理想国的康庄大道。

（二）公民美德与全民守法形成于同一场域

对于何谓"公民美德"，是"仁者见仁、智者见智"。有学者认为："公民美德是公民对构成公民社会的他人及其合法组织的理性认同，它表现为普遍化的、可合理解释的态度和行为模式，如相互合作、彼此信任、理性参与、有节制地干预他人不良行为等，公民美德关注整体的福祉，并且以积极的方式参与到公共事务之中。"[10]威尔·凯姆利卡则从"公民责任的美德"出发，将其视为一种"公共精神，包括评价政府工作人员表现的能力以及参与公共讨论的愿望；公正意识以及辨别并尊重他人权利从而缓和自我要求的能力；礼貌与宽容；团结与忠诚的共享意识"[11]。不管如何定义公民美德，它都强调公民在公共领域的应有德性，包括公民对公共事务的积极参与、公民对国家的忠诚等。而全民守法中的"法"源自国家的"制定或认可"，故而"守法"的背后是公民对国家的尊重和应尽义务。"法"虽指向个人行为，但全民守法却是为了实现一国的"法秩序"，两者在"公民与国家关系"和公共领域上存有默契。

奥克肖特在《哈佛演讲录》中谈到，近代欧洲的道德发展大致经历了三个阶段，即共同体道德、个人主义道德和集体主义道德。其中，共同体道德已随古希腊、罗马的消亡而消亡,个人主义道德是当前的主流,集体主义道德则是作为一种有益补充而存在。古典自由主义认为,只有充分尊重个体权利的社会才是正义的社会。对公民而言,正义是一种"消极自由",国家在扮好"守夜人"角色的同时与公民社会分离,因而公民美德在公共领域失去动力。罗尔斯提出新的"正义论"①,其正义第二原则旨在"最大限度地提高地位最不利者的幸福",是一种关心弱者、扶助穷人的原则,通常适用于经济和社会福利方面,表现在最低工资标准、最低生活保障、社会救助等方面。

公民美德与全民守法的"通约之处"就在于集体主义精神,它的实质就是要求每个公民尽可能地参与到公共事务中去。马克思早就指出,国家是一种必要的恶,即国家虽然是公民权利的最大危害来源,但我们需要国家,我们能做的就是在国家之存在成为既定事实的前提下,通过完善的法律、培养壮大社会权力来尽量制衡国家权力,这个过程需要每个人的参与,这对生活于其中的每个公民来说,既是权利,又是义务。不过,需注意的是,虽然现代社会彰显个人权利,是个性意识和个体表达自主化的时代,但过分强调个体权利的"绝对独立"会让公民刚从"臣民社会"解放出来接着又陷入"无政府社会"的泥潭,它"容易被异化成占有性和掠夺性的自主性,从而导向恣意横行的无政府主义或唯利是图的自由主义。因此,在张扬权利意识和自由意识的时代,公民的责任意识也是我们所面对的人的现代化乃至国家现代化和法治现代化的时代课题,它是我们进行法治建设和法治秩序形成的文化和社会基础"[12]。

二、公民美德与全民守法的共享要素

公民美德是公民社会的关键因素,为此,公民积极地参与公共事务兼具权利与义务属性,而"现代守法精神既摒弃奴性守法观,也排斥拒受约束的极端自由主义和无政府主义。它体现的是正义和理性原则下的自由与责任、权利与义务的和谐一致"[13]。由此,公民美德和全民守法共享权利与义务、自由与责

---

① 罗尔斯认为正义包含两种原则,第一个原则为平等原则,规定公民的基本自由权是完全平等的,绝对不可侵犯的,它适用于社会制度中规定并保障公民平等自由那些方面;第二个原则为差别原则,即允许人们在经济和社会福利方面存在差别,但这种差别要符合每一个人的利益,尤其是要符合地位最不利的人、境况最差的人的最大利益。参见,约翰·罗尔斯. 正义论 [M]. 谢延光,译. 上海:上海译文出版社,1991:66.

任两种要素。

(一) 权利与义务

首先，公民美德和全民守法直接体现为义务。康德在《法的形而上学原理》中把义务视为道德哲学的本质①，国家为公民提供必要的生存和生活条件的同时，公民也必然要对国家承担一份责任，其表现就是"忠诚及保护"。生来富贵或贫穷是自然的"机会不均等"，但"国籍"带来的"身份"却让每个公民享有起码的平等、安全、自由、秩序（至少是形式上的，也正是在此意义上，我们将"无国籍人"称为"弱势群体"）。爱国绝不仅仅只是一个口号。"如果一个人对于他的国家及他的同胞不忠，甚至冷漠无情的话，当然也就配不上'好公民'的称呼。"[14]而对全民守法来说，无论你身处何地，国家都基于"属人权"给予保护和管辖。

其次，公民美德和全民守法皆须"服从法律"。公民是国家的公民，故而守法是其应尽之义务。不仅如此，法律是"公益"的表达，它的背后体现着全体国民的意志，故而，公民社会中"如果谁也不遵守，那么法律的声音再响亮也是枉然。因此，遵守法律是全国臣民的义务，是每一个社会成员对公共意志所做出的必要牺牲"[15]。而对于建设法治国家来说，服从法律更是应有之义，即使制定出来的法律并不完美。罗尔斯谈道："我将理所当然地假设，至少在一个像我们这样的社会中，有一种服从法律的道德义务。""罗尔斯将这种义务分为两个方面：首先，有时候我们有义务服从我们认为——甚至正确地认为——是不正义的法律；其次，有时候，即便我们不服从法律会导致更多的好处（指社会利益的综合），我们也有义务服从法律。"[16]

再次，积极参与公共事务既是一项美德，也是能动守法之表现。共和主义者认为："公民积极地参与政治并受一种高层次之公民美德驱动，是维护自由国家的一个必要条件，除非公民积极地参与政治生活，否则，公民的消极冷漠将使其制度陷于停滞和腐化。并且，只有当公民是出于对一种共同善的信仰和为高层次的公民美德所激励，而不是受一种自我利益驱动时，这种积极的政治参与才是可能的。因为纯粹自利的公民更愿意关注自己的私人事务，并在公共事

---

① 康德把道德的形而上学在两个学科内讨论，一是法理学，二是伦理学，但不管是道德科学还是权利科学，其出发点都是义务。康德. 法的形而上学原理 [M]. 沈叔平，译. 北京：商务印书馆，1991：10—11.

务中搭便车。"[17]对于法治建设来说,"受制于法律"或消极服从法律仅是初级的守法行为,履行法律赋予的职责和义务、认真对待权利更是守法。

最后,公民美德和全民守法皆意味着尊重他人,即"成为一个人,并视他人为人"。因为,"世界上的一切法都是经过斗争得来的。所有重要的法规首先必须从其否定者手中夺取。不管是国民的权利,还是个人的权利,大凡一切权利的前提就在于时刻都准备着去主张权利"[18]。但权利的行使一旦过了界,合法也就变成了非法。这既是权利的平等性要求,也是权利与义务的同一性要求。

(二)自由与责任

自由是法律的终极价值追求,但自由从来都不是绝对的、无条件的。莫利普·佩迪特指出:"自由的代价就是公民美德,这种美德既包括积极自愿地参与政府,也包括对统治者保持永恒的警惕。"[19]也就是说,实现自由的条件之一就是积极参与公共事务,冷淡或漠视公益的人甚至连"公民"的资格都会失去,而成为"臣民"。所以,自由与责任实不可分。罗尔斯指出:"如果民主社会的公民们想要保持他们的集体权利和自由,包括确保私生活自由的那些公民自由权,他们还必须具有高度的'政治美德',又愿意参加公共生活。"[20]其背后的含义是,如果没有一个坚实的公众参与基础,即使设计得再好的政治体制,也会落入那些对"权力"或"荣誉"疯狂追逐的人手中。一句话,民主、自由的实现离不开拥护宪制政体、具备政治美德的公民的积极参与。徐贲教授在谈到"公民"的含义时也特别指出:"公民的第二个含义是积极地做公民,而不是消极地做公民。做公民就是参与公共事务,通过理性、自由和公开的交际,同别人一起形成和讨论共同关心的重要社会问题……我们可以说没有参与就没有公民。"[21]

法理上,责任常被称为"第二性义务",其本质是一种惩罚。因此责任像萦绕心头、挥之不去的鞭子,使人深思熟虑、三思而后行。哈耶克指出:"课以责任,因此也就预设了人具有采取理性行动的能力,而课以责任的目的则在于使他们的行动比他们在不具责任的情况下更有理性。"[22]因此,权利与义务相称,自由与责任相连。作为一名"守法"的"自由"公民,必须承担起相应的政治与法律责任。"只有积极鼓励公民广泛参与管理国家的政治事务、充分满足公民的知情权、千方百计地实现公民的表达权、保障公民对国家权力机关及其工作人员的监督权,公民才能真正感受到宪法上的权利,意识到自己所承担的社会责任。反之，他们的政治热情就会逐步降低，责任意识就会日益减少，注意力就会渐渐集中在权利的争斗上，而忘记了国家的宪法共识。"[12]自由国度的公民不仅享有"消极自由"，更应重视"积极自由"，不能只从传统的"斯密式"的"守夜人"角色来看待公民与国家的关系，更应该积极参与到国家与公民之间的关系塑造之中。

三、公民美德的培育需要全民守法的环境

（一）公民美德培育的路径

霍布斯曾在《论公民》中断言："人们不是生而为公民，却是被造就为公民。"[23]意思是说，公民精神是经培养生成而非与生俱来。马长山教授将公民精神的培育描述为"自发性生态"和"自觉性生态"，并认为唯有"体制"的引导（最主要的途径是"公民教育"），才能实现"自觉性"生长①。在美国，儿童教育时期会开展"全国品德周活动"[24]，并与其配套学习《公民的形成》系列丛书（近年来，美国又强调民主政治的生机和活力源自新一代有能力和负责任的公民）。在法国，依托学校教育形成的"公民意识教育活动周"活动，以及其他形式多样的文化活动，成为塑造公民精神的主要路径。在新加坡，早在上世纪60年代就颁布了学校德育与公民训练综合大纲，并配之以《好公民》教材，成为培育现代公民的有力手段。

我国对精神文明建设的重视程度从未消减，然而由于一开始选择的路径不十分正确，即使再坚持不懈地跋涉，也不能到达理想的彼岸。为此，我们的道德建设应解决以下问题。第一，公民美德的培育不能无视个人主义精神。人的"自利性"是天性，无论是政治、经济制度的设计还是公民美德的培育都不能逆这一"天性"而行。当然，"利己"不等于"损人利己"，"利己"的同时可以"利他"。比如，买卖双方信守承诺、医生深夜救治病人，他们这么做的根本原因也是"利己"，前者是为了长久赢利，后者是为了"好名声"，但客观上他们

---

① 马长山教授认为：体制机制改革滞后与快速释放的权利和利益之间发生了巨大落差，加之权力本位、人治思想、权钱交易等腐败行为的存在，致使公民的诉求表达大量通过网络舆论、社会监督、申诉上访甚至群体性事件等方式，而这些路径又得不到"体制"的认同，国家基于"敏感"和"防范"的需要，消极对待公民精神与公民品格塑造。马长山. 法治文化视野下公民精神与品格的"自觉性生态"转型[J].//新疆师范大学学报（哲学社会科学版），2015（3）.

又都实现了"利他"。"个体道德其实是始终顾及公共安排（common arrangements）的，个体道德观承认，每一个个体在追求本身目标时，必须认识到公共安排的价值，因此，这种公共安排可以成为'公共利益'。"[25]26第二，正确理解集体主义道德。奥克肖特曾言，集体主义偏好"安全"胜于"自由"，偏好"团结"胜于"进取"，偏好"平等"胜于"自主"；每个人都是社会的债务人，他们欠了"社会"永远无法还清的债[25]27。然而，集体主义也容易引发一系列问题，如"干多干少一个样，干与不干一个样"、个人利益容易被湮没等。必须承认，集体主义思潮对于弥补个人主义必然产生的优胜劣汰和保障处境最差者的一定生活水准是有重要意义的，但集体主义不能完全替代个人主义，有益的探索是将其严格限定在某些领域，如低收入者最低生活保障领域、社会救助领域等。第三，公民美德的培育不能靠说教。"离开制度的正当性来谈个人道德的修养和完善，甚至对个人提出各种严格的道德要求，那只是充当一个牧师的角色，即使本人真诚相信和努力遵奉这些要求，充其量只是一个好牧师而已。"[26]第四，公民美德的培育不能靠法律强制。"沃尔芬登报告"引起的哈特与德富林之争的焦点就在于法律能否强制性提升道德，德富林的论战失败也意味着公民美德的培育不能靠法律。而我国近期关于"德性"立法的讨论与尝试，如"常回家看看""妇女应自重、自爱""见到老人摔倒要扶"等，皆试图逆势而上，结果招来了许多批评。

公民美德的培育不能脱离一国现状，尤其是不能脱离市场经济环境。市场经济又称为道德经济，原因就在于市场经济条件下道德水准的高低是衡量社会运行成本的重要参考因素。"西方社会科学家近来开始把一个社会的丰富的共同价值观念称作是'社会资本'。"[27]公民美德就是"社会资本"中的一个重要内容，某些市场参与者的不诚信行为势必会强化下一次交易中的风险意识，从而为预防对方"违约"增加成本。正是在此意义上，我们说"与成熟、完善的社会主义市场经济体制改革的目标模式相对应，中国社会新道德必须以人的主体精神为其基本原则"[28]。

（二）公民守法的环境有利于公民美德养成

公民品德的高低与社会整体环境紧密相连。正如休谟所说："你我有同样的倾向，认为眼前的事比未来的事重要。因此，你很自然地和我一样，干下了不公不义的事。你的例子不但让我借由对你的模仿，驱使我走向同样的道路；还提供我一个对公义进行任何破坏的新理由；你的所作所为让我得知，如果我处于其他人的不道德之中，还自己对自己加诸严苛的限制，那我会因为我的正直，变成一个傻子。"[29] 由此，公民美德的培育需要整个社会的参与，即我为人人，才能人人为我。

那么，公民美德的养成与良好的社会环境到底是"鸡生蛋"还是"蛋生鸡"的关系呢？这需要从公民美德和法律环境的关系定位谈起。如果将公民美德视为"愿望的道德"，那么必需的法律环境则是"义务的道德"[30]。显然，后者更为"基础"一些，因为它提供了起码的"法秩序"。所以，在此意义上，公民美德的培育需要全民守法的环境。

由此，必须重新界定"公民美德"的积极内涵。同本质上属于私人领域的"市民社会"不同，公民美德具有积极进入公共领域的特点，如果一定要说"公民美德"和"市民社会"有关联的话，那么，这个社会中的公民更多地是类似于古希腊城邦时期的公民。亚里士多德认为，"全人类的目的显然都在于优良生活或幸福（快乐）"[3]388，而优良生活就是"追求善德"，善德的生活通过两种实践得以体现，即"家务管理"和"参与政治"，因此，公民美德不仅仅指个人私德，也指向公共领域。"全民守法"也有此意，不能将守法理解为狭隘的、消极的不违法和不犯法，而是积极地履行作为公民的义务和职责。"公民"一词本就与现代国家相对应，它不仅强调国家不能非法或任意侵犯个人权利，更要求国家保障公民权利的积极实现。

四、全民守法环境的形成需要公民美德支持

法治自身是以"全民守法"为逻辑前提的，正如拉伦茨所说："法律制度的出发点是：公民之所以能够履行日常生活中大部分法律义务，是出于他们的法律意识，而并不仅仅是因为他们害怕会承担不利的后果。要只是这样的话，那么所有的法院和执行机关加起来也是难以维护法律制度的正常运行的。"[31] 所以，全民守法既是"依法治国"的预设，又是需要努力才能达成的目标。

（一）全民守法何以可能

首先，"良法"是全民守法的前提。如何判断法律是良善的呢？富勒指出："法律可以说是代表了普遍的秩序。而良好秩序乃是这样的法律，它与正义或者道德的要求相适应，或者与人们关于应然的观念相适应。"[32] 也就是说，良法必须要符合正义或道德。如果说正义或道德过于抽象的话，那从"实然"的角度讲，良法就是符合人性、保障人权的法。目前，无论是世界范围内的国际人权条约（以《世界人权宣言》《公民权利和政治权利国际公约》《经济社会文化权利国际公约》为代表）还是各国宪法中的基本人权条款，都已经将"人权"中的大多数内容实在化、规范化，明确性程度大大提高了。

其次，全民守法离不开普法宣传和教育。作为理性的存在，人的意识支配行为，当国民认识到"法的统治"比"圣王的统治"好得多的时候，守法观念就开始形成。"拥护工具论的人通常这样来回答，人们一般要服从法律，因为他们害怕不这样就会招致司法当局的强力制裁。这个回答绝不能令人信服。正如心理学研究现在已经证明的那样，确保遵从规则的因素如信任、公正、可靠性和归属感，远较强制力更为重要。法律只有在受到信任，并且因而并不要求强力制裁的时候，才是有效的。"[33]也就是说，通过法治的宣传与教育，将守法内化为公民的一种"惯性"行为，而不是因为惧怕惩罚而守法，守法的本意才能实现。法律不仅是世俗国家执行政策的工具，更是生活终极目标和意义的一部分。

再次，奖惩制度是全民守法的外在激励。基于"趋利避害"的人类天性，必须对善的行为进行奖励，对恶的行为进行惩罚。"由于存在行为异常的少数人，因此就有必要保持国家的强制力，用以强迫这些人保持安宁。"[34]这里的惩罚对象更多地指向公权力行使者，因为一切有权力的人都容易滥用权力，所以，必须给权力套上一个枷锁。而对"善行"的奖励会刺激"善"的传播，让更多的公民参与到"善行"中来。

最后，政府机关及公职人员必须是守法的表率。德沃金曾说过："只有一个人看到他的政府和公共官员尊敬法律为道德权威的时候，即使这样做会给他们带来诸多不便，这个人才会在守法并不是他的利益所在的时候，也自愿地按法律标准行事。"[35]恩格斯指出："即使是在英国这个酷爱法律的民族那里，人民遵守法律的首要条件也是其他权力因素同样不越出法律的范围；否则，按照英国的法律观点，起义就成为公民的首要义务。"[36]政府机关的守法表现为依法行政，公职人员的守法更多地表现为在法律的限度之内执法，无论是"合法性"还是"合理性"，因为公职人员是公民中的公民，是公民中的"代表"。

(二) 全民守法习惯的养成需要公民美德的彰显

从逻辑上讲，先有"知法"，后有"守法"，然而，一国公民是否有义务（无论是法律上的义务还是道德上的义务）去认真研习法律呢？从生活常识看，答案是否定的；从法律的精深看，也无此必要。全民守法格局的形成不需要每个人都成为法律专家，但却需要公民美德的彰显。

第一，全民守法中的"法"并不是指具体的法律法规，而是类似法律原则的"法"。法律原则同社会公共道德具有极大的同质性，构成"法"的原生形态。对一般人来说，知晓这些已经足够了。比如，"诚实信用"，既是社会公共道德（公民美德），又是法律原则，在生活中依该原则行事，就是守法。再如，"规定犯罪的普通法与社会上的道德观有密切的联系，二者几乎是一致的。这是一项有用的推论，理由有二：首先，如果没有这项推论，就可能使人们产生一种不去了解法律的强大的动力；其次，要证明一个人具有抽象的、概念化的法律知识可能是相当困难的，而且在很少有迹象表明被告人似乎实际上不了解法律时可能是不必要的"[37]，所以，以"不知法"作为违法的抗辩理由，无论如何是说不通的。

第二，国家颁布每一项法律，公民虽无义务了解该法的详细内容，却有义务了解其大致规定，毕竟生活于其中的公民受其管辖。这种义务的性质绝非法律义务，实乃"道德义务"，积极履行该义务即为公民美德。法国的"每一位公民必须时刻阅读政府正式'公报'，密切注意'公报'的法律告示，因为任何法律的有效性都是以'公报'告示的时间作为正式起点的。任何人不能以'不知道'为理由，为自己的违法行为辩解"[38]。也就是说，"对法律的无知不是违反法律的借口。这一实体性原则有时也以证据规则的形式表述：每一个人都被假定了解法律"[39]。

最后，法律虽仅调整人的外在行为，但若行为遵从其守法意志，那全民守法就指日可待了。公民美德中的重要内容就是"尊重他人""遵守法律"。在日常生活中，时刻以"好公民"的标准要求自己，自然会产生守法意识。我国台湾学者庄世同先生谈到，守法意识"乃是指人民以一般法律规范作为遵守对象，所形成的一种自我与他人之间的互动关系意识。基于这种互动意识，一个人或许因此对其他人产生某种道德责任感，继而在其内心发展出自己与他人有遵守法律之'道德义务'的想法"[40]。也就是说，在平等交往中尊重对方，自然会对自己的行为有所收敛，守法也就在情理之中了。

参考文献：

[1] 约翰·麦·赞恩.法律的故事［M］.刘昕，胡凝，译.南京：江苏人民出版社，1998：134.

[2] 胡玉鸿.全民守法何以可能？［J］.苏州大学学报：哲学社会科学版，2015（1）：58—63.

[3] 亚里士多德.政治学［M］.吴寿彭，译.北京：商务印书馆，1996.

[4] 哈贝马斯.公共领域的结构转型［M］.曹卫东，等，译.上海：学林出版社，1999：91.

[5] 阿历克斯·英格尔斯.人的现代化［M］.殷陆君，编译.成都：四川人民出版社，1985：4.

[6] 吴威威.追求公共善：当代西方对公民责任的研究［J］.唐都学刊，2007（1）：37—41.

[7] 亚里斯多德全集：第9卷［M］.苗力田，译.北京：中国人民大学出版社，1994：3.

[8] 亚当·斯密.国民财富的性质和原因的研究：下册［M］.郭大力，王亚南，译.北京：商务印书馆，1979：27.

[9] 斯蒂芬·霍尔姆斯.反自由主义剖析［M］.北京：中国社会科学出版社，2002：290.

[10] 李萍.论公民美德与市场道德的内在关联［J］.北京大学学报（哲学社会科学版），2007（4）：40—45.

[11] 威尔·凯姆利卡.论公民教育［M］//马德普.中西政治文化论丛：第3辑.天津：天津人民出版社，2003：297.

[12] 蒋传光.公民社会与社会转型中法治秩序的构建——以公民责任意识为视角［J］.求是学刊，2009（1）：76—84.

[13] 马长山.法治文化视野下公民精神与品格的"自觉性生态"转型［J］.新疆师范大学学报（哲学社会科学版），2015（3）：18—24.

[14] 德里克·希特.公民身份——世界史、政治学与教育学中的公民理想［M］.郭台辉，余慧元，译.长春：吉林出版集团有限责任公司，

383

2010：275.

[15] 霍尔巴赫．自然政治论［M］．陈太先，眭茂，译．北京：商务印书馆，1994：129.

[16] 转引自胡玉鸿．公民美德与公民义务［J］．苏州大学学报：哲学社会科学版，2013（2）：83—88.

[17] 艾伦·帕顿．共和主义对自由主义的批评［EB/OL］．［2015 - 07 - 15］．http：//www. 21ccom. net/articles/sxpl/sx/article_ 201001201406. html.

[18] 鲁道夫·冯·耶林．为权利而斗争［M］//梁慧星．民商法论丛：第二卷．胡宝海，译．北京：法律出版社，1994：12—13.

[19] 许纪霖．共和、社群与公民［M］．南京：江苏人民出版社，2004：85.

[20] 约翰·罗尔斯．政治自由主义［M］．万俊人，译．南京：译林出版社，2000：218.

[21] 徐贲．公民参与和社会正义［N］．南方周末，2004 - 01 - 29.

[22] 哈耶克．自由秩序原理［M］．邓正来，译．北京：生活·读书·新知三联书店，1997：89.

[23] 霍布斯．论公民［M］．应星，译．贵阳：贵州出版社，2003：58.

[24] 赫伯特．儿童的道德教育［J］．力文，译．现代外国哲学社会科学文摘，1997（1）：21—26.

[25] 迈克尔·奥克肖特．哈佛演讲录——近代欧洲的道德与政治［M］．顾玫，译．上海：上海文艺出版社，2003.

[26] 约翰·罗尔斯．正义论［M］．北京：中国社会科学出版社，1998：22.

[27] 弗朗西斯·福山．大分裂·人类本性与社会秩序的重建［M］．北京：中国社会科学出版社，2002：15.

[28] 李兰芬，张晓东．道德转型论［J］．江海学刊，1997（2）：96—100.

[29] Jan - Erik Lane，Svante Ersson．新制度主义政治学［M］．何景荣，译．台北：韦伯文化国际出版有限公司，2003：63.

[30] 富勒．法律的道德性［M］．郑戈，译．北京：商务印书馆，2005：

6—12.

[31] 卡尔·拉伦茨. 德国民法通论：上册［M］. 王晓晔，等，译. 北京：法律出版社，2003：49.

[32] 富勒. 实证主义与忠于法律：答哈特教授［M］//许章润. 哈佛法律评论：法理学精粹. 支振锋，译. 北京：法律出版社，2011：334.

[33] 伯尔曼. 法律和宗教［M］. 梁治平，译. 北京：生活·读书·新知三联书店，1991：43.

[34] 彼得·斯坦，约翰·香德. 西方社会的法律价值［M］. 王献平，译. 北京：中国法制出版社，2004：75.

[35] 罗纳德·德沃金. 认真对待权利［M］. 信春鹰，吴玉章，译. 北京：中国大百科全书出版社，1998：序言21.

[36] 马克思，恩格斯. 马克思恩格斯选集：第4卷［M］. 北京：人民出版社，1995：403.

[37] 布鲁斯·格鲁斯. 对以不懂法律作为辩护理由的分析［J］. 吉言，译. 法学译丛，1988（5）：27—32.

[38] 冯俊，龚群. 东西方公民道德研究［M］. 北京：中国人民大学出版社，2011：39.

[39] 霍姆斯. 普通法［M］. 冉昊，姚中秋，译. 北京：中国政法大学出版社，2006：43.

[40] 庄世同. 人文精神、守法意识与法制教育［M］. 台北：巨流图书有限公司，2005：108.

正义的实现：个体的德性涵育与社会的政治建构
——论亚里士多德的正义实现思想*

正义是政治哲学和道德哲学中的一个基本价值范畴，也是当下哲学、伦理学、社会学、政治学、法学、经济学等许多学科都在关注的重大主题。虽然不同学科关注正义的不同维度，但都有一个共同目标，即如何实现正义。而如何实现正义在古希腊哲学巨擘柏拉图那里已得到了精细的讨论。《理想国》虽然重在研究政体，但是，"对于柏拉图来说，相对于政体问题而言，正义问题是一个更具根本性的问题。应采取什么样的政体的问题之所以重要，原因在于它是关系到正义能否实现的一个十分重要的环节；选择哪一种政体的问题归根到底是实现正义的方法和途径的问题，判别一种政体优劣的根本标准是它能否促进正义目标的实现"[1]。作为古希腊正义思想的集大成者，亚里士多德批判地继承了柏拉图的正义思想，在《尼各马可伦理学》和《政治学》中第一次全面、系统地考察了正义概念的内涵及其种类，深入地探讨了如何实现正义的问题，其正义思想即便在当今也仍然深刻地影响着人们对正义的讨论。本文试图论述他的正义实现思想，从而彰显其内在意蕴和时代价值。

一、正义：人的一种守法且讲究平等的完满德性

在《尼各马可伦理学》第五卷，亚里士多德说：所有的人在说正义时，"都

---

* 基金项目：国家哲学社会科学基金项目"中国企业经济伦理实现机制研究"（12BZX079）。
　　作者简介：龚天平，男，湖北公安人，中南财经政法大学哲学院教授，博士，博士生导师，研究方向为伦理学原理和应用伦理学；邓肖潇，女，湖北公安人，中南财经政法大学哲学院硕士研究生，研究方向为西方伦理思想史。
原载《武陵学刊》2015 年第 1 期。

是指一种品质,这种品质使一个人倾向于做正确的事情,使他做事公正,并愿意做公正的事",而正义的反面即不正义"也是指一种品质,这种品质使一个人做事不公正,并愿意做不公正的事"[2]139。显然,他把正义界定为人的一种做事正确的、合乎中道的品质。那么品质又是指什么呢?在亚里士多德看来,品质是人表现出来的一种较为稳定的行为倾向、性情,健全的理性和情感判断能力。具有品质的人能进行正确而合理的观察和判断,其行为不假思索,自然而然,有始有终、言行一致,从而获致幸福。

但是,品质又是因人而异的。如果正义是人的品质,那么正义也因人而异吗?如果正义因人而异,那么就没有普遍正义;如果没有普遍正义,那么亚里士多德在论述正义的实现问题之前把正义分为普遍正义和特殊正义的工作就失去了意义。这样看来,他就必须进一步追寻一个判断正义与不正义的标准。他追寻到的标准是法律和平等。他说:"我们把违法的人和贪得的、不平等的人,称为不公正的。所以显然,我们是把守法的、公平的人称为公正的。所以,公正的也就是守法的和平等的;不公正的也就是违法的和不平等的。"[2]141这就是说,正义有两方面的含义:一是人是否守法,守法即为正义;二是人是否讲究平等,讲究平等即为正义。法律何以构成正义与不正义的标准?因为"所有法律规定都是促进所有的人,或那些出身高贵、由于有德性而最能治理的人,或那些在其他某个方面最有能力的人的共同利益的。所以,我们在其中之一种意义上,把那些倾向于产生和保持政治共同体的幸福或其构成成分的行为看作是公正的"[2]142。但是,法律还要求一个人做出别的行为,如勇敢的行为、节制的行为、温和的行为,而在其他的德性与恶方面,法律还要求一些行为,禁止一些行为。因此,守法作为一种正义,是一种总体的德性,"是对于一个人的关系上的总体的德性"[2]143。正是因此,亚里士多德说,正义常常被看作德性之首,是一切德性的总括。作为德性的总括,正义是最为完全的,因为它是交往行为上的总体的德性。正因为它是完全的,标志着一个具有这种德性的人既能公正待己,也能公正待人,它"所促进的是另一个人的利益"[2]143。

二、个体德性的涵育:正义实现的个体途径

亚里士多德不仅细致探讨了正义的内涵,也细致地研究了正义实现的途径和方法。前者是在《尼各马克伦理学》中完成的,后者则是在《政治学》中进行的。在他看来，任何技艺、社会团体、任何个人的目的都是为了达致幸福，完成某种"善业"，实现某种"善果"。善就是正义，因而善的实现就是正义的实现。但是，善有两类：一是城邦善；二是个体善。相应地，正义也有两类：一是城邦正义；二是个体正义。因此，在正义实现的问题上，亚里士多德提供了正义实现的个体途径和社会要求。那么，从个体途径上看，正义何以实现呢？他提出城邦共同体成员要从德性上努力，而这种努力主要包括以下三方面。

（一）做公正的事

亚里士多德认为，正义既是个体的伦理德性，也是社会的伦理德性。把正义当作个体的伦理德性，说明公民自身对德性的渴求，其期望成为一个有德之人；把正义当作社会的伦理德性，强调公民德性的外在表现，即内化的德性通过实践表现出来。而正义在个体身上的集中表现就是其公正德性。一个具有公正德性的人必然会行公正之事。因为公正是一种总体德性，它关涉其它公民和整个城邦共同体的善和幸福。做公正之事就是培养一种好的德性，能考虑他人利益和公共利益，而公共利益即城邦伦理共同体的利益。脱离城邦的人没有公正德性。那么，如何做公正之事？

首先，做事正确。具有公正德性的人必然做事正确，做事正确也就是行公正之事。做事正确通过个人的两种行为来判断：一是依据他对幸福的追求；二是依据他与城邦共同体的生活是否和谐。因为他追求的目的决定了他是否是城邦伦理共同体的一员。如果他对幸福的追求与城邦幸福是一致的，与城邦共同体的生活是和谐的，那么他就是做事正确的。

其次，做事合法。亚里士多德提出，合法是公正。合法是公正的代言人，那么做公正之事也就是要合乎法律。公民通过对法律的积极思考来做公正的事，确定自己的城邦理想。具有正当性的法律一旦制订，就会作为共同的标准向公众颁布，一视同仁地对待公众，因而做公正的事就是做法律允许的事，合法的事。"在法律的非人格的统治下，既然人人都不受其他公民的支配，合法何以不是公正呢！"[3]168做公正的事就是公民与公民之间不相互支配而都只受法律支配，就是在人人平等的基础上做合法的事，因为"公民遵守的法律是优良的；公民在法律面前人人平等"[3]163。以法律和平等为基础的公正是适应社会生活和城邦共同体的。

再者，做事公平。亚里士多德提出，公平是公正。做事公平的人拥有公正的理念,同样也被公正的理念所拥有。从公正之人的行为可以看出他们不仅有做事公平这一美好品质,而且在规则前面不谋特权。做事公平,就是给全体公民的共同利益提供好的考虑,就是不偏不倚,不走极端,在涉及人与人之间的利益时恰如其分,合理考量共同福利和整体利益。做事公平所折射出来的是一种完美的德性之光。

(二)培养德性

亚里士多德不仅关心幸福而高尚的生活,而且也关心公民在城邦中的德性塑造。在他看来,个人培养德性也是正义实现的重要途径。那么,应该培养哪些德性呢?

第一,公正德性。亚里士多德谈到的德性是专属人的,是人在社会中作为一个小小单位的德行,并非是人身上的某一器官的德性。在他看来,培养好的德性就是培养好的品质,城邦公民拥有德性的同时也是被德性所拥有的。德性就是一种稳定的良好品质。哈特钦森(D. S. Hutchinson)在《亚里士多德的美德》中认为,亚里士多德的品质是"一个人……身上稳定而持久的东西",它"不是单纯的倾向",而"是培养好而不易改变的倾向"[3]121。而这种不易发生变化的倾向就是一种稳定的品质。公正就是这样的一种品质。因此,培养德性作为实现正义的途径,就是培养公正德性。

公正是一种品质表明,公正的人不仅行事公正而且想要做公正的事。公正的人行为公正,有较强的判断能力和观察能力,公正品质在城邦生活中不断打磨、实践,从而构成了城邦公民的第一属性。所以,培养公正德性是公民进行城邦伦理生活的重要前提。公正德性对公民的公正品质起着主导作用,它源于个人品质,又通过行为表现出来,而这种通过个人品质表现出来的行为与整个城邦和公民的幸福息息相关。一个人在灵魂上是善的还是恶的,是良德之人还是恶德之人,主要根据的是他的个体德性。

第二,大度德性。在培养德性时,亚里士多德对大度德性也极为看重,他说:"大度似乎是德性之冠。"[2]118他把大度德性理解为与重大事物相关的品质,"大度是同重大的荣誉相联系的品质"[2]123,是一个人能够正确对待重大荣誉、财富和权力。具有大度德性的人无求于人或很少求于人,而愿意为他人提供帮助;对有地位、有财富的人高傲,对中等阶级随和;行动迟缓、语调深沉、言谈稳重,既不谦卑也不虚荣。总之,亚里士多德的大度德性"是自身内指的,它指向对自身的评价;它由之向外指向重大荣誉,但它强调的是灵魂的宏大,以及对待重大荣誉的灵魂的根源"[3]146。大度之人行事公正。"一个大度的人不大可能在撤退时拼命奔跑,也不大可能对别人不公正。"[2]118大度这一在古希腊早期就备受关注的德性,与公正德性一样,也是一种高贵的品质,是最大的善,是一种完满的德性。荷马史诗中的英雄都会为了荣誉而拼死一战,是因为荣誉是与个人的德性、权利相匹配的。在城邦伦理生活中,荣誉就是德性的最好奖励。因此,培养德性作为实现正义的途径,就是培养大度德性。

第三,友爱德性。在亚里士多德看来,公正与友爱也具有非常密切的关系。友爱是生活必需的东西之一,是人类基于天性而发出的情感,是城邦联系起来的纽带。那么,什么是友爱?亚里士多德并没有给出明确定义。有学者做出如此解释:"友爱……首先是一种品质,即一种变化、涵厚了的情感感受能力,指向一种高尚的意义和价值……不只是一种一般的喜爱情感,而是一种被塑造了的情感,即一种品质。"[4]但是,公正也是一种品质,它们之间又是什么关系?亚里士多德说:"友爱与公正相关于同样的题材,并存在于同样一些人之间……友爱同什么人相关,公正就同什么人相关;哪里有友爱,哪里就有公正问题。"[2]268与公正一样,友爱也与政治共同体关系切近,随共同体的不同而不同。友爱和公正在各种政体中都存在,但只有在民主制下它们才表现得最多。但是,友爱与公正并不完全相同,在一定条件下甚至是相冲突的。比如,具有友爱的人之间因为讲友爱而置公正于不顾,而具有公正德性的人因为讲公正而悬友爱于一边,是时常发生的事。其原因在于,虽然它们都属于情感,但友爱更多的是自然情感,而公正更多的是打上了理智的印痕的情感。正如亚里士多德所言,真正的公正就包含着友爱。因此,培养德性作为实现正义的途径,就是培养友爱德性。

总之,在亚里士多德的正义观中,培养德性是正义实现的个体方面的重要途径,而在古希腊城邦共同体中,培养公民良好的德性、高贵的品质,离不开公正、大度、友爱。其中各种德性在正义的实现过程中,地位各不相同,公正是城邦共同体生活的基础,维持城邦生存和稳定;大度是城邦公民生活应该养成的秉性,使他们生活得有意义和价值;友爱是城邦共同体生活的境界,使城邦团结和谐。

(三)过城邦生活

城邦是古希腊社会的原型，亚里士多德在《政治学》中为城邦下了一个定义：城邦"……是为了完成某些善业……求取某一善果"的"至高而广涵的社会团体"[5]3，"城邦本来是一种社会组织，若干公民集合在一个政治团体以内，就成为一个城邦"[5]121-122。而过城邦生活也就是亚里士多德反复强调的过有德性的生活。过有德性的生活是城邦的"原初动力"，它使城邦这一伦理共同体上升为伦理实体，让城邦的伦理生活更加丰富多彩。城邦伦理实体是由政体决定的，而政体就是城邦的法律，是城邦的终极原因和最后根源。作为城邦的法律，政体规定城邦的伦理性质，是德性意识的凝聚。同时，城邦作为政治共同体，它本身就是正义的体现，而政体又规定城邦的伦理性质和正义品质，因而城邦、政体都统一于正义，是正义实现的现实中介。

对于公民个体来说，只有过城邦生活才能获得个人幸福，过城邦生活就是追求幸福生活、追求正义。公民幸福和城邦幸福以及正义紧密相联，都属于价值，但是在价值序列上，城邦幸福要高于公民幸福，要更靠近正义。城邦起始于公民对优良生活和正义的向往，城邦的至善即正义，也就是公民的至善，二者高度一致，城邦以公民的幸福为宗旨，公民通过城邦获得幸福。如果公民不过城邦生活，离开以公共利益为基础的城邦这一强大伦理实体的支撑，那么公民幸福就没有了载体，就不可能过上优良生活，正义也不可能实现。亚里士多德把城邦比作人的整个身体，公民个人就是身体的一部分，这就表明了公民与城邦关系密切，而公民过城邦生活与正义的关系也就紧密联系起来。

由于亚里士多德把过城邦生活和城邦放在如此高的地位，相应地他只赋予了公民在城邦中的极为有限的权利和自由。在他看来，公民幸福和城邦幸福是一致的，是俱荣俱损的关系。这实际上是为公民过城邦生活提供不容置疑的权威性，从而也为正义实现提供了途径。公民要过城邦生活就必须放弃一部分自由和权利，必须把城邦整体优良生活放在第一位。所以，亚里士多德反对那种平民主义的随性而活的生活方式，认为那是"特立独行、为所欲为"的野蛮生活方式。公民过城邦生活不需要有很大的权利和自由，当然那时候也没有形成个人概念及与其相适应的权利概念，公民只要能按照城邦生活要求很好地履行自己的职责和义务，就能实现自己有德性的优良生活。其实，这是亚里士多德在城邦利益与公民个人权利之间寻求平衡，只要这两者保持平衡状态，那么正义也就能得到实现。从这个意义上说，亚里士多德的正义实际上是通过有德性的生活，平衡城邦幸福与公民个人幸福所达致的状态。公民个人如果过城邦生活，就实现了自己的幸福，与城邦一体，保持和谐，那么也就实现了正义。

三、社会政治建构：正义实现对社会的要求

亚里士多德认为，城邦作为政治共同体，其目的是善。城邦的善就是正义，因而城邦的善的实现就是正义的实现。但是，"正义以公共利益为依归"[5]152，即城邦的整体利益以及全体公民的共同善业构成正义的依据。那么，从社会途径上看，社会如何根据公共利益要求来进行合理组织和安排，从而实现正义呢？

（一）建构一个体现公共利益的优良政体

政体是一个国家形成后所赖以存在的政治体制。亚里士多德非常重视政体，其《政治学》通篇都是讨论政体问题的。他把政体界定为"一个城邦的职能组织"，具有"确定最高统治机构和政权的安排""订立城邦及其全体各分子所企求的目的"等功能[5]181。政体对于正义实现极为重要。在他看来，只有治理最为优良的城邦才有最大希望实现幸福，而最为优良的治理又必须建构最为优良的政体[5]388。这样看来，优良政体是正义实现的政治制度基础，城邦治理是正义实现的具体机制和措施，正义则是两者的价值目标。三者实际上是三位一体，如果说正义是价值目标，那么前两者就是实现它的条件。而在前两者中，建构优良政体又是先决条件。

政体因城邦分配形式的不同而表现出多样性。因此，亚里士多德对政体做了分类，认为政体总体上可分为两大类：体现多数人共同利益的正宗政体和体现执政者一己私利的变态政体。但这两类政体各自又都可细分为三个，即正宗政体包括一个人（君主）统治但又"能照顾全邦人民利益"的君主政体（王制）、少数人（虽不止一人而又不是多数人）统治的贵族政体、由多数人（群众且能照顾到全邦人民公益）统治的共和政体；变态政体包括由一个人（君主）统治的僭主政体、少数人（有产者或富户）统治的寡头政体、多数人（无产的贫民或群众）统治的平民政体[5]136-137。

亚里士多德认为，最理想的政体是君主政体，最佳的政体是共和政体。因为公民被一个在各方面都很卓越的统治者统治，本应该是最好的，可是英雄时代已经结束，现实政治中没有一个公民有高于其他公民的统治资格。共和政体是由中产阶级统治的政体，其优越性在于持久、稳定，因而是最好的政体。"中

产阶级（小康之家）比任何其他阶级都较为稳定。他们既不像穷人那样希图他人的财物，他们的资产也不像富人那么多得足以引起穷人的觊觎。既不对别人抱有任何阴谋，也不会自相残害，他们过着无所忧惧的平安生活。"[5]209 中产阶级统治的政体最能体现和重视公共利益。亚里士多德认为，凡是正宗政体，其价值取向自然是公共利益，只有变态政体的价值取向才是统治者个人的利益或部分人的利益。

公共利益代表的是全体社会成员的共同利益，当然，它也离不开个人利益。亚里士多德认为，凡是属于多数人的公共利益常常最少被人们顾及，人们都只关心自己的利益，而忽视公共利益；对于公共的一切，一个人至多只留心其中与他个人多少有些相关的利益。而这就要求建立一个体现公共利益的优良政体，构建了这样一个政体就能在个人利益份额过多和公共利益份额过少中呈现出一种中道，而正义就是中道，中道体现了正义的本质。体现公共利益的优良政体也就是中道，它表现为在优良政体下生活的人们面对利益时，既不多取也不少拿，这样就实现了正义。共和政体是由中产阶级统治的政体，它既不富裕也不贫穷，能代表大多数人的利益（即公共利益），是能够确保正义实现的政体。

（二）实行法治

在亚里士多德那里，任何优良的、真实的政体都是以法律为基础的，是法治而非人治的。以人治为基础的政体是不正义的。他说："法治应当优于一人之治……当大家都具有平等而同样的人格时，要是把全邦的权力寄托于任何一个个人，这总是不合乎正义的。"[5]171 因此，法治也是正义实现的重要途径。他的法治包含两层含义：一是指成立的法律要得到广泛遵守和服从，二是大家广泛服从和遵守的法律必须是制定良好的法律。保证正义实现的法治需要具备以下三个条件。

一是维护法律权威。法律是人类进入文明时代的象征，是维护社会秩序的工具，在不同社会发展阶段和不同社会形态下法律的作用和地位也不尽相同。法律性质由政体决定，这是古代政治学首先要解决的问题。亚里士多德写作《政治学》的目的就是为了回答什么是最优良的政体。虽然法律权威对于城邦而言至关重要，但相对于政体而言，只处于次要地位。因为法律及其权威由政体内生而来，有什么样的政体就会有什么样的法律。亚里士多德把法律分为成文法与不成文法，认为法律权威不仅体现在成文法上，也体现在不成文法即我们通常说的习惯法上，甚至有时候习惯法比成文法更具有权威性，因为它所关涉的事情更具体和重大。亚里士多德明确地意识到，法律权威比人的权威更可靠、更合正义。因为人是讲感情的动物，但感情是变化的、相对的，而法律不依循感情，它是大公无私的化身。"要使事物合于正义（公平），须有毫无偏私的权衡；法律恰恰正是这样一个中道的权衡。"[5]173 当法律不能触及的地方，个人可以用自己的理智加以考量。维护法律权威就能保持政体稳定，不能树立法律权威的城邦就不能说它建立了优良政体。统治者的命令不能成为普遍的法律，不能成为城邦生活的通则，而优良政体则必须以通则（即有权威性的法律）为基础。维护法律权威不仅能维护政体稳定，而且也能让城邦公民捍卫正义，过有德性的生活。

在古希腊时期，法律权威源于自然法思想，那时候社会生产力极不发达，人们在自然面前无能为力。在一定程度上，人就是自然的"玩偶"，而自然的安排仿佛就是一种"正义"的体现。自然中的神灵是多种多样的，人们一般将水、火、土当作神灵。古典自然法学家在这些自然之物中构建了古典自然法学的正义理念，这种正义观念是以道德伦理原则和自然理性为外衣的。但是，亚里士多德则指出："以正当方式制定的法律应当具有终极性的最高权威。除非在法律未能作出一般规定从而允许人治（即行政统治）的情形下，法律对于每个问题都应当具有最高权威性。"[6]10 那么，为什么法律能有最高的权威？因为"法律恰恰正是免除一切情欲影响的神祇和理智的体现"[5]172。后来斯多葛学派和西塞罗将法律的权威性根源归结为一种与自然相符合的正当理性[6]13。

既然法律的权威性源于理性，理性就成了法律的基础。维护法律权威也就是维护理性。当然，仅仅有理性是不够的，还得有权利，故而法律权威又在于对具体权利的维护。维护法律权威保护理性和权利，因为理性和权利负载着道德价值和人的尊严，而护卫这种尊严的主体就是执政者。如果执政者放任权利，那么这就是对法律及其权威的一种亵渎。所以，从根本上说，权利是使法律之所以成为法律并具有权威性的最终根由。

二是订良法。所谓良法，在亚里士多德那里是指优良得体的法律。而要制定良法就要有优良政体，只有优良政体才能有良法。亚里士多德在《政治学》中不止一次地提到了优良政体与制定良法之间的紧密关系。那么什么样的政体才算得上优良政体呢？亚里士多德说："关于最优良的政体……必须是一个能使人人（无论其为专事沉思或重于实践的人）尽其所能而得以过着幸福生活的政治组织。"[5]350 换句话说，优良政体就是能体现公共利益、让城邦公民过上幸福生活的政体。但是，"相应于城邦政体的好坏，法律也有好坏，或者是合乎正义或者是不合乎正义"[5]151。即是说，城邦中的政体有优劣之分，相应地，法律也有好法与恶法之别，有的与正义相契合，有的与正义相悖逆。但是有一点是确定不疑的，那就是法律与政体有着天然的内在关联，法律必须以政体为参照物。亚里士多德认为，以变态政体为依据的必定是恶法，恶法就是违背正义的法；以优良政体为依据而订立的法律必定是良法，良法就是合于正义的法。学界一般认为，亚里士多德是西方政治法律思想史上最早明确提出"良法"问题的思想家[7]。良法是法治的必备成分之一，也是法治的核心和依据。当然，统治者也可以用恶法来实行统治，但这不是亚里士多德所希望的。那么如何来制定良法，以便使法律合乎正义呢？

第一，良法必须为公共利益服务，而不是为了满足统治者的个人私利。亚里士多德的良法是集体智慧和正义的凝聚。目的是为了城邦公民的幸福和城邦整体的公共利益。他指出：正义是城邦的原则，礼法衍生于正义，是判断人间是非曲直的凭借，因此正义是良好社会秩序形成的基础[5]9-10。法律应是公道的权衡，其实际意义就是促进城邦全体人民都能达于正义、成就善德的（永久）制度[5]142。第二，良法必须赋予城邦公民以自由，保护公民的权利。如果法律不能给予公民自由、保护公民权利，那就是一种奴役。法律实现的自由和保护的权利是全体公民的自由和权利，是公民与公民之间不互相牵制、支配，公民只受法律的支配，平等且自由地享受良法所带来的德性生活。第三，良法要以维护城邦整体的稳定长久为基础。总之，在亚里士多德那里，在优良政体下产生的法律必定是良法，它体现了城邦各个阶级的共同利益，是合乎正义的律法。由此，制定良法就要以公共利益为最终归宿。而以公共利益为依归实际上就是合乎正义，因而正义构成制定良法的重要组成部分之一，它使得每一个人的生活和价值与城邦高度一致，为了谋求优良幸福的生活而自愿遵守制定优良的法律。

三是保持法律稳定。法律是由优良政体内生的，优良政体具有稳定持续性。法律一旦确立后就要保持它的稳定性。因为它是一种共同的普遍的规范，关系到每个人，只有保持它的稳定性，才能得到人们的普遍遵守。对此，亚里士多德是有明确认知的,他说:"法律所以能见成效,全靠民众的服从,而遵守法律的习性须经长期的培养,如果轻易地对这种或那种法制常常做这样或那样的废改,民众守法的习性必然消减,而法律的威信也就跟着削弱了。"[5]82 不稳定的法律难以建立其威信,不具备让公民信服的能力。当变更法律不能给民众带来更多的好处和福利,或者这种好处和福利微乎其微时,最稳定的做法是继续保存现在的法律,如果改变现存的法律使公民不再顺从和遵守法律,那么公民失去的更多。正因如此,亚里士多德得出了法律一旦制定就不要随意更改的观点,即使在特殊情况下不得不做出更改,也得遵循全体公民的意见。当然,法律也应该具备适时性,不能抱残守缺,要与时俱进,因地制宜。法律不仅关切到城邦公民的共同利益,也关切到城邦秩序和城邦政体的稳定。所以,亚里士多德提醒,当立法者对法律进行修改时要持慎重态度,因为没有秩序的城邦和没有稳定的法律就谈不上城邦和谐。

(三) 建构权力制衡机制

在亚里士多德看来,城邦公共利益的实现就是正义的实现,而城邦公共利益的实现就必须推行善政,成立优良城邦。城邦是否优良,关键在于其政体是否优良,政体是否优良又关键在于是否建构权力制衡机制。因此,与建构以公共利益为依归的政体、实行法治一起,建构权力制衡机制也是他的正义得以实现的社会方面的重要途径,他在《政治学》中甚至把它当作"为政"的一个最重要的规律。

所谓权力制衡机制,亚里士多德解释为"订立法制并安排它的经济体系,使执政和属官不能假借公职,营求私利"[5]274。这就是说,权力制衡机制与法治一起,既可以使公民遵纪守法,也可以监督政府,促使执政者依法行事、秉公执法,从而形成秩序良好的城邦,而城邦的公序良俗就是正义的实现。那么,权力制衡机制到底包括哪些内容呢?亚里士多德通过讨论建立政体的适当方法来回答这一问题。

亚里士多德认为,建立政体的适当方法关键是要处理好法律与政体的关系。在他看来,任何政体都具有三个要素,即"有关……一般公务的议事机能(部分)""行政机能部分""审判(司法)机能"[5]218,这些要素是优良的立法家在创制政体时必须认真考虑到的。"倘使三个要素(部分)都有良好的组织,整个政体也将是一个健全的机构。各要素的组织如不相同,则由以合成的政体也不相同"[5]218。

亚里士多德认为,任何政体如平民政体、寡头政体,其最高权力拥有者是议事机构。"凡享有政治权利的公民的多数决议无论在寡头、贵族或平民政体,总是最后的裁断,具有最高的权威。"[5]202-203 而议事机构拥有的最高权力中最重要的就是创制并通过法律,即立法权。立法权属于议事会这一城邦的最高权力机构,而非行政长官。行政长官(执政官)拥有的权力只是"法律监护官的权力"[5]171,只能在法律规定范围内执政、行事。由此看来,亚里士多德是主张立法、行政、司法三权分立制衡的,如果与柏拉图关于正义就是各司其职、各守其分的思想联系起来,这三种权力各守其分、相互制约、互不僭越,就能形成优良的城邦及其社会秩序,这也就是正义的实现。他的权力制衡思想是对当时雅典城邦立法、行政、司法分权制衡体制的理论描述,具有极为重要的价值,近代洛克、孟德斯鸠、卢梭等资产阶级政治思想家提出的三权分立原则也是从中吸取了思想营养。

四、结语

任何正义观都是一定社会经济状况的产物,亚里士多德提出的正义观正是对古希腊时期特别是雅典城邦经济社会发展状况的描述和理论总结。从经济发展状况来看,雅典农业因受地理位置限制而发展得极为有限,但商业贸易相当活跃;从政治状况来看,古希腊正处于伯罗奔尼撒战争之后、辉煌的伯利克里"黄金时代"终结的大变革时期,社会动荡,战乱频仍,贫富差距扩大,矛盾十分尖锐,秩序日益失稳,人们对良好、和谐、安定的社会秩序的需求非常迫切。亚里士多德讨论正义及其实现问题就是适应这一经济社会发展状况的产物,其目的在于构造一个以正义、平等为原则的社会,从而挽救当时正在日益趋向衰落的城邦。亚里士多德讨论正义及其实现问题时继承了苏格拉底和柏拉图的正义思想,他与他们一样将正义界定为作为个体的人的第一德性,并且把它看作德性的整体,看作"一个人作为构成自由平等者的共同体的一员,即作为公民,表达自我观念的德性"[8]191,但是又与他们相区别,其区别就在于他特别在意以政治化途径实现正义。查尔斯·杨说:"亚里士多德的正义理论……是多么彻底地政治化。正义对苏格拉底和柏拉图来讲确实有政治的维度,但是他们都非常清楚地对此加以限制。"[8]208 "亚里士多德在将正义政治化的方面,比苏格拉底和柏拉图走得更远。"[8]209 这实际上说明,作为一种价值观,正义实现必须依赖于政治,或者说,政治就是正义实现的基本机制或架构。亚里士多德把正义界定为德性及借助于政治来实现正义的立场对后世产生了深远影响,它不仅架构着近现代西方政治哲学和道德哲学家关于正义的内涵及其实现方法的讨论,而且当代许多政治哲学和道德哲学家一旦讨论正义问题,都会到由此寻求资源支持。因此,亚里士多德的正义观是政治哲学和道德哲学中不可轻易掠过的永恒的、宝贵的思想遗产。

参考文献:

[1] 朱耀平. 从"哲学王"到"第七种政体"——柏拉图的政体理论的嬗变 [J]. 武陵学刊, 2014 (5): 26—35.

[2] 亚里士多德. 尼各马可伦理学 [M]. 廖申白, 译. 北京: 商务印书馆, 2011.

[3] 黄显中. 公正德性论——亚里士多德公正思想研究 [M]. 北京: 商务印书馆, 2009.

[4] 宋希仁. 西方伦理学思想史 [M]. 长沙: 湖南教育出版社, 2006: 120.

[5] 亚里士多德. 政治学 [M]. 吴寿彭, 译. 北京: 商务印书馆, 1965.

[6] E. 博登海默. 法理学: 法律哲学与法律方法 [M]. 邓正来, 译. 北京: 中国政法大学出版社, 1999.

[7] 李龙. 良法论 [M]. 武汉: 武汉大学出版社, 2001: 16—17.

[8] 理查德·克劳特. 布莱克维尔《尼各马可伦理学》指南 [M]. 刘玮, 陈玮, 译. 北京: 北京大学出版社, 2014.

当代道德建设中德福一致的
可能形态与实践基础论纲*

党的"十八大"报告指出,社会主义道德建设的基本任务就是要坚持依法治国和以德治国相结合,弘扬中华传统美德,弘扬时代新风,营造良好风尚;培育自尊自信、理性平和、积极向上的社会心态。这关系到社会主义核心价值观的培育践行,也是社会主义文化强国建设的重要内容。与此同时,报告也指出了"一些领域道德失范、诚信缺失"等突出问题的存在,一定程度上销蚀着社会团结的基础和共同理想,并累积社会风险。所以重建道德风尚成为一项紧迫而重大的时代任务。那么,重建道德风尚何以可能?笔者认为,良好道德风尚的形成直接依赖于人们在德福关系上的基本观念。因此从中外德福一致的基本思想资源开始加以考察是必要的。

一、中西德福一致的基本思想资源

德福的关系问题,就是德福一致的理论可能性、实践形态与路径问题,也即哲学中的"圆善论""至善论"问题,涉及哲学对人命运的终极关怀层面与伦理学的最高实践原则。中国德福思想之芽蘖初见于《尚书·洪范》中的"五福"(寿、富、康宁、行好德、考终命终)、"六极"(凶短折、极、忧、贫、

---

* 基金项目:安徽省中国特色社会主义理论体系研究中心滁州学院基地项目、安徽省高等教育振兴计划项目(Szzgjh1-1-2017-21);安徽省哲学社会科学2016年度规划项目"传统德福一致思想的创造性转化研究"(AHSKYD129);滁州学院思政教育重点研究项目(2015GH42)。
作者简介:陈晓曦,男,安徽六安人,滁州学院马克思主义学院讲师,博士,研究方向为西方伦理学。
原载《武陵学刊》2017年第5期。

恶、弱），并直接发轫于《易传·坤·文言》"积善之家必有余庆，积不善之家必有余殃"观念。德福关系在政治治理（以德配天）、社会秩序（天鉴在下，礼别尊卑）、个体成人之道（天人同有）的不同层面结构成一套人感天应学说系统，在观念、信仰与实践领域发挥着重大指引、调整与规范作用。可以说，以"天应"为中间保证力量，连接德行与福报构成中国德福一致思想的根本特征。就儒家思想而言，敬天与尊礼是并行的，道德意识（仁）源于内在良知良能，通过内省与修养扩而充之，一方面是仁心与天理的澄明与体验，结果上变现为"乐"——道德人格的充实自在感，另一方面在义利之辨的结构下也不排斥现实的利益，即禄在其中①。可见，禄在其中、乐在其中、直在其中这样的表达，既没有否定世俗经验世界的或一般意义上的"禄""乐""直"，又标明了儒家对这些概念的超越性理解。如果只是抓住儒家"忧道不忧贫"，而遗忘了"邦有道，贫且贱焉，耻也；邦无道，富且贵焉，耻也"的说法[1]，即遗忘了儒家对世俗福报的，肯定是片面的。

与之对应的道德心理与伦理情绪则是自觉的义务感，"改过""纠过""自讼"意识，直至焚香告天，最终养成省察克治和慎独自律的习惯与美德。这样儒家在德福关系问题上既表现出超越性，又展现出兼容性。佛教东来之后，"三世说"在本土化过程中与儒道思想发生各种逆顺关系，直到归结于因果劝善与报应，开出三教融合的精神花朵。17世纪以降，如何教化民众，培养公序良俗，在知识人致君泽民责任感召下，德福关系以宗教伦理形态出现在普罗大众面前，并具体表现为以《功过格》《感应篇》《阴骘文》为基本文本和形式的劝善运动。正如吴震先生指出的："晚明时代以《功过格》《阴骘文》等大量善书的出现为背景，形成了一股道德劝善的思想运动，而这场运动是在16世纪中叶以降伴随着阳明心学家所推动的心学运动之后而出现的。"[2]

德福思想在西方也是自古有之，且事关宏旨。作为伦理学问题肇始于柏拉图，康德通过道德神学"公设"（灵魂不朽、来世、上帝存在）给予了理论回

---

① 《论语》中两次出现"禄在其中"一语。《为政篇》中，子张学干禄。子曰："多闻阙疑，慎言其余，则寡尤；多见阙殆，慎行其余，则寡悔。言寡尤，行寡悔，禄在其中矣。"《卫灵公篇》中，子曰："君子谋道不谋食。耕也，馁在其中矣；学也，禄在其中矣。君子忧道不忧贫。"其基本含义不是说必然得到俸禄和地位，而是说即使不得俸禄，也相当于得禄之道了。傅定淼."禄在其中"别解[M]//贵州教育学院学报（社会科学版），1985（1）.

答。柏拉图在《理想国》中，以正义和快乐关系的方式首次呈现了德福命题，其基本立场是正义的人才是灵魂平静、生活快乐的人；当然，正义的人自始至终都依赖于城邦制度设计的正义。《理想国》第四卷的开卷以阿德曼托斯的质疑为起点。阿德曼托斯的质疑，既符合这部伟大戏剧的人物性格，也具有代表性。如此设计的护卫者，没有私人财富、娱乐、宴饮等，一切都没有，这个与幸福如何联系———一点好处都没有。苏格拉底的回答是具有穿透力的，既回答了阿德曼托斯的疑问，又顺带回答了所有类似的疑问。跟庸常的富强、富足的城邦相比，似乎在理想国中一切人都失去了幸福，都没有落得什么"好处"。没错，逻各斯建构的城邦，不满足世俗意义上的繁华和种种场面，不惟如此，还没有雇佣金、不可私自出行、没有礼物互相酬酢，消费简直是空白。因为护卫者的繁华，不等于农夫的，也不等于陶工的，只有整个城邦幸福了，个体才谈得上幸福。我们不妨说，这个即将被解释的城邦是这样的，在那里，一切人的幸福是个体幸福的条件。"因此，在任用我们的护卫者时，我们必须考虑，我们是否应该割裂开来单独注意他们的最大幸福，或者说，是否能把这个幸福原则不放在国家里作为一个整体来考虑。我们必须劝导护卫者及其辅助者，竭力尽责，做好自己的工作。也劝导其他的人，大家和他们一样。这样一来，整个国家将得到非常和谐的发展，各个阶级将得到自然赋予他们的那一份幸福。"[3]

亚里士多德在《尼各马可伦理学》中通过"万物趋善论"搭建了目的论的建筑术，其顶点为幸福。人的道德实践乃是无条件的、以自身为目的且返回自身的灵魂符合逻各斯的活动，为了道德也为了幸福。在幸福论架构中，追求卓越的德性活动必然将指向以"过得好、活得好"为核心的幸福。亚里士多德说："德性的报偿或结局必定是最好的，必定是某种神圣的福祉。"[4]以"灵魂无纷扰，肉体无痛苦"从而主张节制与简朴的斯多亚主义直接将德福一致的命题推进到只有德性才是幸福的阶段。漫长的基督教时代，幸福概念以其异化形态在教义道德哲学中获得了宗教表达，就其本质而言，现世的苦行修行因为可以赢得来世天国的幸福，所以禁欲道德通过迟来的幸福获得德福一致的曲折表达。

启蒙运动的道德哲学在欧洲分别展开为情感主义的苏格兰启蒙运动、以改造旧制度创建新制度为宗旨的法国启蒙运动和智性思辨的德国启蒙运动等多种面相。苏格兰启蒙运动中诞生的功利主义思想直接把道德界定为增进"最大多数人的最大幸福"，德福关系昭然若揭。弗朗西斯·哈奇森首次提出了这个概念:"为最大多数人获得最大幸福的那种行为就是最好的行为,以同样的方式引起苦难的行为就是最坏的行为。"[5] 以制度解放为圭臬的法国革命思想则更多地被马克思批判继承。而德国的康德,虽然在实践领域将道德和幸福界定为分属本体界和现象界的异质关系,纯粹道德性只具有配享幸福的地位,但是在道德神学(纯然理性限度的宗教)中对希翼幸福进行了充分肯定,并将两者结合为综合命题在伦理共同体进中加以实现。神学信仰是以希望引领的,然而合理的信仰不可以寄托于太过遥远的希望,而是和自身的实践能力,即实践所累积的德性相应的。在康德看来,如果人有意志自由,那么他就做他该做的事情,由此获得相应的幸福。可是,德福一致乃是一个至善的理想,此世难以完全实现。为此,必须先验地设想(悬设)此至善所需的条件。康德说,必须相信灵魂不朽和上帝存在。他认为,这些悬设就是不朽的悬设,从积极意义看的自由的悬设,和上帝存有的悬设。第一个悬设源于持续性与道德律的完整实现相适应这个实践上的必要条件;第二个悬设源于感官世界的独立性及按照理知世界的法则规定其意志的能力,亦即自由这个必要的前提;第三个悬设源于通过独立的至善,即上帝存有这个前提来给这样一个理知世界提供为了成为至善的条件的必要性[6]。

黑格尔则通过考察家庭、社会与国家为诸环节的精神的矛盾辩证运动,认为伦理的实体性在反思关系中通过个人的特殊目的和幸福,普遍性的精神被扬弃并保存到下一个更高环节中去。个体的道德一方面表现为伦理的内化,另一方面则是在国家法权状态与保护下不同主体的相互承认,表现在权利与义务关系上,则是"个人意志的规定通过国家达到了客观定在,而且通过国家初次达到它的真理和现实化,国家是达到特殊目的和福利的唯一条件"[7]。政治伦理学翘楚罗尔斯则认为,稳定而井然有序的社会受到普遍正义观的支配,因而其成员就有按照正义原则的要求而行动的欲望和动机,正义观培育着正义的道德情感,从而维系德福一致的关系。

考镜源流,辨章学术。我们发现,德福之间的关系不仅是学术问题,更在实践层面关乎国家政治治理、社会秩序维系和民众生活安顿,并以终极关怀的方式使人安身立命。如果德福关系脱节、断裂甚至产生悖论,既是礼崩乐坏、精神堕落的原因与表征,又会引发接踵而来的责任意识淡漠、担当精神缺失、直至价值认同消解与社会秩序溃败,个体极易因"内心反抗"而形成贱民心理。

二、德福一致的形态学意义

综观德福关系在伦理思想发展史上的表现形态，总体上大致可以概括成亚里士多德式的德性论形态、宗教神学形态（含康德式的理性神学形态）以及中国传统的天人感应与果报形态。古今德福一致的思想观念在当下道德建设中遇到了严峻挑战。一是宗教神学形态与因果报应说失去了其理论基础，政教分离是当代世界发展的趋势，更是政治文明的成果。二是传统宗法礼制下的天人感应说也失去了其思想土壤。因此，在科学昌明的新形势下，当代中国道德建设中德福一致的可能形态究竟怎样，实践基础如何确立成为亟待解决的重大课题。

虽然道德是依赖习俗观念、社会舆论和内心信念来维持的，但"好人没好报，坏人无惩罚"的现象却日益困扰着当代人的道德生活。因此，在德福关系形态学的意义上，就必须厘清"德"与"福"在当代中国语境中的不同含义，在其可能一致的形态上讨论它们的实践基础和保证力量。在现实生活中，德福悖论引发了人们对德福一致困境的焦虑，民众道德冷漠很大程度上直接源自生活中"好人没好报"的尴尬，"路人摔倒扶不扶"成了这种困境的典型写照。首先，理论上，西方亚里士多德与康德的伦理学及其在德福一致关系问题的讨论不仅在学术内部有必要，而且也可以为当今的道德建设提供"他山之石"的借鉴与参考。其次，传统儒家的天人感应、礼制、天罚天佑观念，以及后来的三教融合背景下形成的因果劝善思想与实践依然可以在今天作用于大众的道德意识结构，克制私欲，积善成德。所谓"离地三尺有神灵""白天不做亏心事，晚上敲门心不惊"这类朴素的道德信念与良知感，不应因为科学昌明而完全退出人们的思想意识。市场经济语境下，企业等组织也承担着社会伦理责任，因此也必须将它们纳入德福一致建设考量的视野。像中国红十字会这样的公益性社会组织也不例外。一些公益性社会组织之所以受到人们的广泛批评，其主要原因在于它们在一定程度上丧失了公信力和社会良知。现代社会道德建设中德福一致的可能形态是一个系统，包含自律性道德，并接纳传统资源，依赖法制建设、公民社会与文化建设构成其完整的实践基础，同时也为断裂的传统注入活力，为民族的道德生活现代化重新奠基。

因此，在当下明确德福一致的形态学建构，进而找到其实践基础的意义在于，在理论上从建设当代中国道德德福一致新形态视角总结、梳理中西方德福一致的思想资源，阐幽发微，在反思与批判中指明其在人们伦理生活中的启示和意义；在实践上通过文化、法制和社会三个层次的建设及相互耦合，回应现实生活中道德判断和道德推理存在的悖论与困境，在公平正义的制度中重建德福一致的新形态，形成"好人有好报"常态社会的新风尚与健全的社会心灵结构。

三、建构德福一致新形态学的理论基础

梳理国外与传统中国德福一致问题的理论基础、可能条件、结构特征与适用层次，应该把握以下几层含义。

首先，亚里士多德德性论式的德福关系形态学，就其德性对于"做得好"和"活得好"而言，与儒学处理德福关系的立场有很大的相似之处与对接空间，儒家在道德行为的动机和后果关系上兼具动机论与后果论的特征。就此而言，亚里士多德与孔子有很多共通之处："他们（亚里士多德和孔子）认为，德性含有的普遍性是能够在具有相同德性的心灵上呈现的那种普遍性。孔子和亚里士多德的思想非常接近地表达了一种对于人的问题的伦理学观点。由此可以合理地推论，德性具有今天哲学家们所称的普遍性，但它是一种基于实践的可能、基于德性的心灵展开的可能的普遍性。"[8]

其次，康德因为在"出于道德"与"合乎道德"上做出了严格划分，因而在神学的"公设"中解决了德福一致的诉求。中国敬天思想和礼制思想的结合，余庆、余殃观念深入人心，在三教融合态势下，敬天、合礼、劝善与果报等诸观念构成了传统德福一致的保障机制。基于理性主义的道德性概念（康德）与儒家的"正其义不谋其利""修身以俟命"的天命感道德观在当代中国道德建设中依然具有现实意义。道德本身是加强道德建设、实现德福一致的内在根据，在学术界、理论界也应当存有一席之地。为善无需考虑福，或者说为善本身就是福，因此德福一致的诉求在概念自身即告解决。这一点与社会主义为人民服务的宗旨的道德意蕴相伴，也与以集体主义为原则的大公无私之最高层次道德追求兼容。

敬天与礼制的历史性观念虽不复存在，但其作为可资的思想来源并未过时。基于对道德概念丰富而多层的理解，赏罚意义的天佑天罚情愫、出于敬畏自省情感的礼制精神，乃至一定层面的趋福避祸的果报观念，依然在当代中国道德

建设中不可或缺。在肯定内心信念之纯粹与崇高之余,对于掌管来世福报与赏罚之天的权威在现代社会语境中必须找到其现实的替代力量,为实现德福一致奠定实践基础。这种新型力量的现实形态应与市场经济条件下正义与回报的观念密切勾连,道德主体完全可以超越传统"义利之辨"的束缚而释放出义利统一的活力。道德应当作为一种资本力量被看待。显然,这才是传统优秀资源的创造性转化和创新型发展的必由之路,"德福一致是中国人的伦理信仰,它的作用机制是善恶因果律。当前,道德建设需要对德福一致这一命题及其作用的机制善恶因果律重新认识和定位,其中最关键的是使带有宗教色彩的善恶因果律通过合理的思维转换获得现实合理性,一是对神秘力量的理解,超人的神秘力量实际上就是主宰宇宙自然的大规律,宗教只不过是把这种神秘力量或者说法则转换成具有人的品格的神,只不过是让人能够更容易'通感'神或法则的存在,这也许就是宗教的最高智慧所在;二是对灵魂不朽的理解,以往的灵魂不朽的设定是以个体为基点,所以这一转换应将视野扩大到全球整个人类"[9]。

四、当代中国道德建设中实现德福一致的途径

德性论与新德性论,即亚里士多德主义和新亚里士多德主义倡导的德性作为幸福条件之一的观点,既与经典儒家道德立场有耦合之处,又可为现代道德建设提供有益启示。基于纯粹善良意志的德性追求,无论是康德的义务论还是儒家的非后果主义倾向,在当代中国道德建设的自律性维度层依然占有一席之地。宗教神学来世担保与赏罚,敬天尊礼以及果报劝善思想在科学昌明的今天不可能占据主流地位,但在人们的心理层面依然有其存在的根据。在"德"的概念上区分出为善而善的善,意识结构中"个体与集体一致"的善以及基于正当回报的善。与之相对应,在"福"的概念上也应区别出因道德自律而来的内在幸福,为人民谋福祉之福以及在回报保证制度中获得的物质利益之福祉都是必须且重要的。因而,道德行为所考量的对象就不只是个体主观意志与动机,而是个体、组织与国家诸行为的总和。在现代社会德福一致的实践基础上通过法制建设、公民社会建设和文化建设的耦合,找到德福一致的现实保证力量与权威,通过正义的制度安排扬善去恶、克制私欲;在公民交往中令德性得到恰如其分地肯定与褒扬;在文明提升意识自觉中实现道德人格挺立与内心满足。

现代社会实现德福一致必须容纳更加宽泛的道德主体。过去一段时期以来,

学界与理论界主要把道德建设锁定在公民教育的视域中,取得了一系列成果。但实际上,市场经济条件下,道德实践的主体远远不只作为公民的个体,还有各类各级的组织、团体和国家。他们的行为理所当然也有道德的维度,毋宁说,大众更愿意用诚信与否的眼光打量、评判这些组织的活动与结果。"消费者协会"是保护消费者利益为上还是为自己谋取团体利益为上,这是一个最严肃的拷问。"红十字会"的公信力同样也是百姓议论的中心话题。一旦这样的公益性组织丧失公信力,哪怕只是极个别的个案,社会舆论也会在德福一致的视野中检视其一切活动。倘若他们只是为了自己的利益张罗,其所作所为便经不住公信力的拷问,那么,人们对它的信任会大打折扣。而要重建这种信任是极其困难的。企业组织无疑也是在"德"和"得"之间权衡自己的经营行为。虽然这些问题被放在企业伦理和企业社会责任中讨论,但实际上它也属于现代社会中德福一致的考量范围。国家也是一个主体,社会公平正义建设在很大程度上无不折射出德与福这对概念的要义。国家恪守核心价值,把一切制度安排和法制建设都指向人民的利益,把人民的要求当成自己的追求,那么广大群众的日常行为以及非常态下的抉择,都会自觉贯彻为人民服务的宗旨以及集体主义的道德观。

  对此有学者总结出在社会转型背景下道德建设的三种转变,即:"从经济社会转型到社会全面转型的转变需要确立新的价值目标,也必然形成新的道德关系,产生新的道德诉求。因此,必须转变道德建设思路,为社会全面转型提供道德支撑:实现从单一的市场经济适应到全面的社会适应的转变,从被动适应社会到主动引领社会的转变,从自控式管理模式到协同式治理模式的转变。唯其如此,思想道德建设才符合现实需要,才会有所成效。"[10]这是中肯之论。为此,必须通过三种渠道为现代社会实现德福一致提供保证条件。其一,制度建设。其中,法制建设、保障机制建设是当务之急;而法制建设在扬善惩恶,尤其在惩恶的意义上更显亟需。有学者指出:"考察我国社会转型期严重道德失范现象,'德''福'背离是重要原因,创建支持'德福一致'的社会大环境成为当前道德建设的现实路径的必然选择,而保证公正社会制度规范的有效供给则是工作重点。"[11]其二,公民社会建设。在公民社会中培育大众对德性的认可、肯定与赞赏。其三,文化建设。道德主体在人格完善与文化证成中领悟崇高、感受幸福,令其从他律的道德逐步迈进自律的道德。

参考文献：

[1] 朱熹. 四书章句集注：论语集注［M］. 北京：中华书局，1983：167，106.

[2] 吴震. 阳明心学与劝善运动［J］. 陕西师范大学学报（社会科学版），2011（1）：53—59.

[3] 柏拉图. 理想国［M］. 郭斌和，张竹明，译. 北京：商务印书馆，1986：134.

[4] 亚里士多德. 尼各马可伦理学［M］. 廖申白，译注. 北京：商务印书馆，2003：23.

[5] Francis Hutcheson. An Inquiry into the Original of Our Ideas of Beauty and Virtue［M］//Liberty Fund. ed. with an Introduction by Wolfgang Leidhold. Indiana：Indianapolis，2004：125.

[6] 康德. 实践理性批评［M］. 邓晓芒，译. 北京：人民出版社，2003：181.

[7] 黑格尔. 法哲学原理［M］. 范扬，张企泰，译. 北京：商务印书馆，1961：263.

[8] 廖申白. 德性的"主体性"与"普遍性"——基于孔子和亚里士多德的观点的一种探讨［J］. 中国人民大学学报，2011（6）：105—114.

[9] 张文俊. 重塑德福一致的伦理信仰［J］. 东南大学学报（哲学社会科学版），2006（6）：24—28，126.

[10] 李建华. 社会全面转型期道德建设思路的三大转变［J］. 马克思主义与现实，2017（1）：155—160.

[11] 刘东锋. 德福一致——社会转型期道德建设路径的必然选择［J］. 学术论坛，2009（11）：13—16.

"幸福都是奋斗出来的"的伦理意蕴*

2017年12月31日,习近平总书记发表了2018年新年贺词,其中特别提到"幸福都是奋斗出来的"[1]重要论断。2018年2月14日在中共中央、国务院春节团拜会上,习总书记进一步阐述并强调幸福与奋斗之间的关系及其重大意义。他指出:"奋斗本身就是一种幸福。只有奋斗的人生才称得上幸福的人生。"同时,他还指出:"奋斗者是精神最为富足的人,也是最懂得幸福、最享受幸福的人。"[2]应该说,幸福观一直是道德哲学关注的重点。那么,在奋斗与幸福之间,其道德哲学的内在逻辑关系如何,其当代伦理价值主要有哪些?

一、"幸福都是奋斗出来的"之道德哲学逻辑

"幸福都是奋斗出来的"既是一句全称肯定的直言判断,同时又包含了复杂的道德哲学的内在逻辑关联。其通过一系列关系转换,推导出"奋斗出幸福、幸福靠奋斗"的道德哲学逻辑判断。

(一)"幸福都是奋斗出来的"发展了马克思主义的劳动幸福观

按照相关辞书的概念界定,"奋斗"一词的含义是:"奋力格斗。《宋史·吴挺传》:'金人舍骑操短兵奋斗,挺遣别将尽夺其马。'今多用作英勇斗争、不畏阻挠、努力苦干的意思。如:艰苦奋斗;奋斗终生。"[3]而"劳动"则是"人类特有的基本的社会实践活动,也是人通过有目的的活动改造自然对象,并在

---

* 基金项目:国家社会科学基金项目"传统人伦观的价值合理性及其现代审视研究"(13BZX071)。
作者简介:桑东辉,男,黑龙江哈尔滨人,哈尔滨市社会科学院科研处特邀研究员,博士,研究方向为中国伦理思想史。
原载《武陵学刊》2018年第3期。

这一活动中改造人自身的过程"[4]。因此，劳动的基本要素不仅包括劳动对象、生产资料、生产关系以及目的性，同时也包括劳动主体的主观能动性，即努力付出。故而，有的辞书也将"劳动"首先界定为人的"操作活动"[5]。从中不难看出，奋斗与劳动之间关系密切，在概念上有关联，也有交叉。从某种意义上说，奋斗的"努力苦干"就是一种积极的"操作活动"。换句话说，奋斗就要付出劳动，这种劳动不仅可以是体力和脑力上的"努力苦干"，也包括精神意志层面的"不畏阻挠""英勇斗争"以及"艰苦奋斗"。也就是说，有成效的劳动也往往包含着奋斗的精神。因此，习总书记提出的"幸福都是奋斗出来的"可以衍生出一系列的价值判断，如"幸福都是劳动创造出来的""幸福不会从天降"……基于此，"幸福都是奋斗出来的"论断一定程度上体现了马克思主义的劳动观，是对马克思主义劳动幸福观的创新和发展。在马克思主义思想体系中，劳动观是马克思主义的重要思想内容之一。在马克思看来，劳动创造了人本身，人的价值体现主要靠劳动。面对劳动异化造成的劳动者与生产资料、生产成果之间的分离和对立，乃至人与人之间的异化关系和整个社会的异化，马克思指出，要消灭私有制，使广大劳动者真正掌握生产资料，分享生产成果，体验劳动创造所带来的快乐，从而实现人的解放和全社会的解放。概括起来说，马克思主义劳动观在批判剥削制度对劳动者的剥削压迫和异化劳动的同时，鼓励劳动者从不自觉的、被动的、被奴役的状态下将自己解放出来，实现自觉、自为的劳动。进而，马克思主义劳动幸福观揭示出："在劳动的过程中，人创造了生活世界和意义世界，进而享受到了生活的乐趣和美好。享受劳动成果是一种幸福，改造世界、创造新的幸福也是一种幸福。也就是说，人在劳动过程中不断地积累物质财富和精神财富，满足自身的生活需要，释放自身的潜能，体验着自身的存在，彰显着生命的意义。"[6]从而，指出劳动创造幸福的逻辑路径。换句话说，人的幸福感要靠劳动创造才能获得，人只有在社会劳动中才能实现自身的幸福，劳动使个人幸福与社会幸福实现了有机统一。正如马克思所说："历史承认那些为共同目标劳动因而自己变得高尚的人是伟大人物；经验赞美那些为大多数人带来幸福的人是最幸福的人。"[7]458 尤为重要的是，马克思主义劳动幸福观不仅仅是劳动者使用生产资料创造财富的简单实践活动，更强调发挥劳动者主观能动性和参与热情的实践创造活动。换句话说，发挥主观能动性、焕发热情的劳动创造活动就是奋斗。从这点来说，"幸福都是奋斗出来的"论断创新和发展了马克思主义劳动幸福观。

（二）"幸福都是奋斗出来的"丰富了新时代的社会主义幸福观

幸福是人类共同的、永恒的追求。在任何历史时期、任何国家和地区、任何社会制度下，人们对幸福的理解和诠释都不尽相同。在我们社会主义国家中，也有社会主义幸福观。其中根据社会主义发展的不同阶段，也表现为不同时期的社会主义幸福观。如20个世纪六七十年代有那个时代的幸福观，改革开放初期也有其时代的幸福观，今天中国特色社会主义进入新时代，人们的幸福观也与时俱进了。从内涵看，社会主义幸福观包罗万象，含义深远，不仅包括物质生活的满足，也包括精神生活的满足。"幸福是主体通过创造性劳动在物质生活和精神生活中由于感受和意识到实现了自己的理想和目标而引起的精神上的满足。"[8]由此可见，劳动与创造无疑是幸福的重要源泉。特别是在社会主义当代中国，"把中国建设成为民主、富强、文明的社会主义现代化国家，这是我国人民为之奋斗的一个共同的幸福目标。这一目标的实现更是与劳动分不开的，只有劳动和创造才能使这一目标得以实现"[9]。当前，我们正处在中国特色社会主义迈进新时代的重要历史阶段。在这样的历史时期，中国社会的主要矛盾已经由"人民日益增长的物质文化需要同落后的社会生产之间的矛盾"转变为"人民日益增长的美好生活需要和不平衡不充分的发展之间的矛盾"。社会主要矛盾的转变带来了社会主义幸福观的变化。如果说"人民日益增长的物质文化需要同落后的社会生产之间的矛盾"体现的是党的十一届三中全会以来相当长一段时期我们所面临的社会主要矛盾，其对应的社会主义幸福观也主要体现为劳动创造财富，从而满足人民的物质文化需要，劳动者从中获得幸福感，那么，"人民日益增长的美好生活需要和不平衡不充分的发展之间的矛盾"体现的则是新时代中国特色社会主义阶段的社会主要矛盾，其对应的社会主义幸福观就是习近平总书记提出的"幸福都是奋斗出来的"。前者是靠劳动来解决社会生产落后、不能满足人民日益增长的物质文化需要的问题，而后者则要靠奋斗来解决社会发展中所面临的深层次矛盾和问题，以满足人民日益增长的美好生活需要。现阶段，我国不仅地区间的发展存在不平衡，一些领域的发展也存在不充分的问题，这其中既有体制机制不够健全、创新动能有待挖掘和提升的问题，也有经济发展方式和经济结构有待转变和优化的问题，还有城乡差异、地区差异、贫富差异等问题。"新时代是奋斗者的时代。"[2]要破解改革发展中的诸多难题，仅仅靠劳动已经不足以解决这些"硬骨头"，必须要有攻坚克难的决心、艰苦奋斗的精神、不屈不挠的斗志。而这种决心、精神、斗志凝练成两个字就是"奋斗"。唯有奋斗，才能推动新时代社会主要矛盾的解决；唯有奋斗，才能充分体现社会主义幸福观。因此，"幸福都是奋斗出来的"这一论断是对社会主义幸福观的丰富和发展。

（三）"幸福都是奋斗出来的"深化了德福一致的传统德福观

德福之辩一直是古今中外道德哲学关注和争论的焦点之一。在西方思想史上，苏格拉底、柏拉图、亚里士多德等古希腊先哲都对德福关系给予了一定重视，尽管他们所论述的侧重点不同①，但基本都遵循着德福一致的理路。到了康德，更是强调道德律令，提倡"义务论"，主张自由意志下的至善，从而将德福一致思想发挥到极致。尽管西方思想界观点各异，但德福一致始终是其主流观点。同样，在中国传统文化中，"积善之家必有余庆，积不善之家必有余殃"（《易·坤·文言》）的观点也占据主导地位。从孔子的"不义而富且贵，于我如浮云"（《论语·述而》）到孟子的"仁则荣，不仁则辱"（《孟子·公孙丑上》）、"惟仁者宜在高位"（《孟子·离娄上》），从周敦颐的"寻孔颜乐"处到王夫之的"以德致福，因其理之所宜，乃顺也"（《张子正蒙注·至当篇》）。可以说，以德配天、自求多福的儒家德福观一直占据中国主流话语体系的核心位置。从古今中外德福观不难看出，尽管在西方有利己主义德福观，中国古代也有杨朱那样"拔一毛而利天下吾不为也"的"好逸恶劳"、恣情纵欲、耽于享乐（《列子·杨朱》）的德福观，但从主流上看，大都是坚持德福一致、修德致福的德福相称的道德逻辑的。习总书记提出的"幸福都是奋斗出来的"这一重要论断不仅是对德福一致德福观的创新发展，而且将德福一致理论向前推进了一大步。习总书记将奋斗定义为道德实践行为，而道德行为又是获得幸福感的重要途径，从而在"奋斗—道德—幸福"之间架起了一座逻辑桥梁。习总书记指出，"奋斗是艰辛的，艰难困苦、玉汝于成，没有艰辛就不是真正的奋斗"，进而提出"我们要勇于在艰苦奋斗中净化灵魂、磨砺意志、坚定信念"，并以

---

① 如苏格拉底强调"美德即知识"，美德是善的，行善是幸福的；柏拉图则认为"幸福的人之所以幸福，就在于他们拥有善"（柏拉图.会饮篇［M］//王晓朝，译.柏拉图全集：第二卷.北京：人民出版社，2003：247.），将幸福的根源归之于善；而亚里士多德主张幸福是最大的善，合德性的行为是产生幸福的基础和根本。

"奋斗是长期的，前人栽树、后人乘凉，伟大事业需要几代人、十几代人、几十代人持续奋斗"[2]和"为有牺牲多壮志，敢教日月换新天"的大无畏精神和无私奉献精神，将奋斗提升到伟大的道德实践层面。最后以"奋斗本身就是一种幸福，只有奋斗的人生才称得上幸福的人生"的论断完善了从奋斗到道德实践再到幸福愉悦的逻辑链条。

二、"幸福都是奋斗出来的"之当代伦理价值

在中国特色社会主义迈进新时代的重要历史时期，习总书记提出"幸福都是奋斗出来的"有其深远而重大的现实意义。从伦理学的角度看，"幸福都是奋斗出来的"这一重要论断具有丰富的伦理价值和时代意义。

（一）"幸福都是奋斗出来的"论断的提出有利于进一步高扬"劳动最光荣"的美德伦理

前文我们已经较为详尽地论述了劳动与奋斗的关系。作为奋斗的重要手段，劳动创造体现了奋斗的实践行为。而劳动作为体现人类类本质的重要特征，是人之所以成为人的前提和基础。因此，马克思主义强调劳动创造了人，而劳动者也是最光荣的。正如马克思所指出的："如果我们选择了最能为人类而工作的职业，那么，重担就不能把我们压倒，因为这是为大家作出的牺牲；那时我们所享受的就不是可怜的、有限的、自私的乐趣，我们的幸福将属于千百万人，我们的事业将悄然无声地存在下去，但是它会永远发挥作用，而面对我们的骨灰，高尚的人们将洒下热泪。"[7]459应该说，"劳动最光荣"体现了美德伦理的深刻价值。劳动不仅仅是人类认识世界、改造世界的手段，同时也是每个个体实现自身价值的重要途径。一方面，"劳动者是最美的""劳动最光荣"从正面高扬了劳动的美德意蕴；另一方面，"不劳动者不得食""尸位素餐可耻"从反面揭示了不劳动者的不道德性。"幸福都是奋斗出来的"论断更进一步高扬了劳动最光荣的美德伦理精神。在习总书记看来，"奋斗者是精神最为富足的人，也是最懂得幸福、最享受幸福的人"。在新时代面前，为了中华民族的伟大复兴，为早日建成全面小康社会和社会主义现代化强国，而付出艰辛劳动和不懈努力的奋斗者，不仅精神富足，而且是无上荣光的，内心充满了奉献的喜悦和荣耀。

（二）"幸福都是奋斗出来的"论断的提出有利于进一步彰显"幸福靠奋斗"的规则伦理

中国是个法治社会。在党的"十九大"报告中，习总书记强调要强化社会责任意识、规则意识、奉献意识。如果说，社会责任意识和奉献意识更多地侧重于一个人为社会大众、为国家民族奋斗不息的主动意识，尚属于美德伦理范畴的话，规则意识则主要侧重于对法律法规、社会制度乃至公序良俗的遵守和服从。此外，社会主义核心价值观的核心内容也包括了公正、法治，而公正、法治是要靠规则来保障的。尽管获得幸福的具体方式千千万，但其根本一点是要靠合法、合规、合乎道德的劳动实践来获得，而不是靠投机取巧、打擦边球等违法、违规的不道德行径来攫取。幸福靠劳动付出、靠合法合规的途径来获得，这一理念体现了规则伦理的内在价值。习总书记在阐释"幸福都是奋斗出来的"这一重要论断时，特别指出："奋斗本身就是一种幸福。只有奋斗的人生才称得上幸福的人生。"换句话说，幸福必须要靠奋斗获得，只有奋斗的人生才称得上幸福的人生，也只有奋斗后的获得才是真正的幸福。当前，我们国家治国理政的方式主要靠坚持依法治国和以德治国相结合，即通过外在的法律规制和内在的道德约束的互补配合来实现社会的和谐发展。从某种意义上讲，不仅法律是规则，道德也具有一定的规则作用。如果说，法律的规制是外在的他律，那么，道德的约束就是内在的自律。也就是说，道德自律无疑也是一种规则，幸福靠奋斗就集中体现了道德自律的约束力量，体现了规则伦理的价值。

（三）"幸福都是奋斗出来的"论断的提出有利于进一步明晰修德致福的道德实践路径

在传统德福观中，一方面存在极力弘扬修德致福美德的主流意识，希望德福关系向"行善者福至，为恶者祸来"（《论衡·福虚篇》）的方向发展；另一方面也存在德福悖论的现象，如善行得不到好结果，坏人得不到应有的惩罚。德福悖论现象有其时代的、社会的等多方面的原因，体现了人们对德福关系的迷惘。尽管在现实生活中存在着德福相悖的情况，但人们仍坚持德福一致的道德期待和价值追求。"这是一个不可否认的事实：善良的人表面上并不总是过得好……一个能干和诚实的人尽管十分努力却还是可能失败，而一个恶棍却可能通过不义手段积蓄大量财富……但是这些现象吸引人们如此多的注意，引起如此的义愤的事实，看来却正好说明，这些现象并不是常规，而是例外……常规是：诚实的劳动比起诈骗和不诚实来说是达到经济利益的较为可靠的途径。"[10]包尔生的这段话正好可以作为习总书记"幸福都是奋斗出来的"这一论断的注脚，其所主张的"诚实的劳动是达到经济利益的可靠途径"正说明奋斗是修德致福、实现德福一致的主要路径。习总书记的"幸福都是奋斗出来的"的重要论断充分肯定了德福一致的正能量，极大地丰富和发展了传统德福观。

综上所述，习近平总书记"幸福都是奋斗出来"的重要论断是马克思主义与中国实际相结合的产物，是对中国传统伦理精神的扬弃。其继承和弘扬了中国传统文化中自强不息的奋斗精神、先忧后乐的奉献精神、德福一致的伦理观念，极大地丰富和发展了马克思主义劳动观和幸福观，构成了社会主义幸福观的核心内容，具有重大的理论价值和现代意义，是习近平新时代中国特色社会主义思想的重要组成部分。

参考文献：

[1] 习近平．二〇一八年新年贺词［N］．光明日报，2018-01-01（1）．

[2] 习近平．在2018年春节团拜会上的讲话［N］．光明日报，2018-02-15（2）．

[3] 辞海编辑委员会．辞海［M］．第六版缩印本．上海：上海世纪出版股份有限公司，上海辞书出版社，2010：505．

[4] 中国大百科全书总编辑委员会，《哲学》编辑委员会，中国大百科全书出版社编辑部．中国大百科全书·哲学［M］．北京：中国大百科全书出版社，1987：447．

[5] 广东、广西、湖南、河南辞源修订组，商务印书馆编辑部．辞源：1—4合订本［Z］．修订本．北京：商务印书馆，1988：206．

[6] 杨燕华．马克思的劳动幸福观及其对当代青年的启示［J］．上海师范大学学报（哲学社会科学版），2017（1）：20—26．

[7] 马克思，恩格斯．马克思恩格斯全集：第1卷［M］．北京：人民出版社，1995．

[8] 张琳．以马克思主义为指导，构建幸福中国［J］．河北北方学院学报（社会科学版），2013（2）：4—7．

[9] 邱吉．论社会主义幸福观［J］．苏州大学学报，2001（3）：36—39．

[10] 包尔生．伦理学体系［M］．何怀宏，廖申白，译．北京：中国社会科学出版社，1988：341．

庄子幸福实践的个人当为思考*

随着工业文明的推进和人们生产生活方式的变化，威胁人类自身生存状态和质量的因素也越发活跃地表现出来，诸如能源枯竭、生态破坏、人际关系疏离等三大危机冲击波就是这种威胁的直接反映。因此，2012年4月联合国在不丹举行了有关幸福指数的讨论大会，大会公布的《全球幸福指数报告》是全球首份幸福指数报告，数据涉及2005—2011年全球156个国家和地区。从此，幸福问题成为地球村居民普遍关注的焦点，从中国古代思想宝库中发掘幸福思想的资源也成为学界关注的重点。近年来，学界关于庄子幸福思想的研究成果呈现不断增长的态势[1]。本文无意于关注庄子幸福思想的内容和价值等问题，主要聚焦其幸福实践途径中的个人当为问题，通过分析幸福的主体是个人、个人幸福要靠自身生命来展示和演绎、死生是生命的主旋律、修身以尽年等四个方面的内容，展示庄子幸福实践中对个人当为的思考①。

一、幸福的主体是个人

从根本上说，幸福是个人的事，幸福的主体永远只能是个人；离开个人幸福无所谓独立的社会幸福，正是在这个层面完全可以说，社会幸福是一个虚空

---

* 基金项目：国家社会科学基金重大项目"文化强国视域下的传承和弘扬中华传统美德研究"（14ZDA010）。

作者简介：许建良，男，江苏宜兴人，东南大学哲学系教授，博士生导师，中国社会科学院应用伦理研究中心客座研究员，美国实践职业伦理协会会员，日本伦理研究所研究员，研究方向为中国哲学、道德思想史、中外道德文化比较和经营伦理。

原载《武陵学刊》2018年第6期。

① 论文认同《庄子》内篇代表庄子本人思想的观点，故本文仅以《庄子》内篇为研究对象；文中所引文献以郭庆藩辑《庄子集释》（中华书局1961年版）为准。

的概念。换言之，提高社会幸福指数的目标只能在保障个人幸福实现的基础上来达成。前面提到的《全球幸福指数报告》也明确地昭示了这一点。不仅它的形成是以个人为调查对象的，而且其指标体系中涉及的九大领域，包括教育、健康、环境、管理、时间、文化多样性和包容性、社区活力、内心幸福感、生活水平等，其中最核心的是"内心幸福感"，而这恰恰是指个人内心的幸福感。

因此，个人幸福既是个人生活历程的终极目标，也是生命价值的意义所在。庄子对幸福的重视主要侧重在对幸福的追求上。虽然说幸福是生活的伴侣，但幸福仍然需要个人努力追求而不能坐享其成。众所周知，庄子虽然不主张刻意地追求幸福，但他并没有否定幸福追求本身。他认为"夫列子御风而行，泠然善也，旬有五日而后反。彼于致福者，未数数然也"（《逍遥游》），"数数然"是急切追求的样子。也就是说，庄子对急切追求幸福的做法是否定的，但他并不否定获得幸福以及获得幸福的实践。值得注意的是，这里"致福"的主体是列子即个人。由此可见，庄子对幸福问题的重视完全在个人的频道上。

与幸福相联系的还有快乐。庄子正是从个人出发来思考快乐问题的。他说："夫藏舟于壑，藏山于泽，谓之固矣。然而夜半有力者负之而走，昧者不知也。藏小大有宜，犹有所遁。若夫藏天下于天下而不得所遁，是恒物之大情也。特犯人之形而犹喜之。若人之形者，万化而未始有极也，其为乐可胜计邪！"（《大宗师》）

意思是：把船藏在山谷里，把山藏在深泽里，可谓牢固了；但自然力大无比且始终处在变化迁移之中，昏昧者却不知这些道理；藏小、大即使可以达到相对的适宜，但仍有一定的亡失，因为宇宙处在不断的变化之中，适宜只是相对暂时的，不是绝对永恒的；如果把天下藏于天下就不存在亡失的问题，这本来就是万物所处的日常状态，在这一状态中，万物之真情可以自由显露；人们仅获得形体就欣然自喜，如果知道人的形体千变万化而未曾有穷尽，那么这种快乐岂可胜计！这里的"乐"即快乐的主体无疑也是个人。

显然，庄子所谓"致福""乐"的主体不是社会，而是个人。因此可以说，在庄子的视野里，不存在社会幸福的问题。当然，这不是说个人幸福与社会没有关系（对于这个问题，笔者将另文探讨）。幸福永远是个人追求的对象，正如冯友兰所说："只需要顺乎人自身内在的自然本性，就得到这样的相对幸福。这是每个人能够做到的。"[2] 幸福的主体是个人。另外，"庄子认为，人是单个的自然人,他对这个封建宗法社会团体没有义务,他追求的是个人的幸福"[3],两者阐明的道理也是一样的①。

二、个人幸福展示和演绎的域场是生命

"致福"的主体是个人。可是,个人"致福"的域场又是什么呢?这也是不得不思考的问题,不然,"致福"就显得笼统模糊。综观庄子思想,可以说,生命是个人"致福"的域场。

(一)生命的基质在"命"

庄子的"命"虽然有多种意思,但其中之一就是性命。在庄子看来,在万物自身的系统里,就存在着"命"。庄子说:"仲尼曰,天下有大戒二:其一命也,其一义也。子之爱亲,命也,不可解于心。臣之事君,义也,无适而非君也,无所逃于天地之间。是之谓大戒。是以夫事其亲者,不择地而安之,孝之至也;夫事其君者,不择事而安之,忠之盛也。自事其心者,哀乐不易施乎前。"(《人间世》)

其中的"大戒"是大法的意思。庄子认为"命"和"义"是最值得注意的两个大法。它们一内一外,织成一个整体,是个人无法回避的。"子之爱亲,命也",就内在方面而言,"命"是性命的意思;就人的性命情愫而言,包含着"爱亲"的因子,这是无法释怀于心的。换言之,爱亲尽孝离不开真心真意,不能有丝毫懈怠,而且这些都是无条件的,即"不择地而安之"。由于"不可解于心",所以在具体实践上应该从"心"开始,即"自事其心"。这样,人才不会为哀乐所左右。这里,庄子强调了自然性。"仲尼曰:人莫鉴于流水而鉴于止水,唯止能止众止。受命于地,唯松柏独也在冬夏青青;受命于天,唯舜独也正,幸能正生,以正众生"(《德充符》)中的"命",指的正是个物之所以为个物的性命情感要素,它来自于天地自然。但在外在的方面,"臣之事君,义也",可以说是义命,这里的"义"同"仪",是外在的仪制和规定。而"不择事而安之",指的是无论任何事情都安然处之,这是尽忠的极点。

显然,在庄子那里,生命的域场包含着内外两个方面,其中内在的方面是个人的性命,这是一个人生存的基质和最重要的方面。庄子关于"可以保身,

---

① 关于庄子"人是单个自然人"的观点,是值得商榷的。

可以全生，可以养亲，可以尽年"（《养生主》）的运思中，"保身""尽年"强调的就是性命的重要性。由此可见，庄子虽然追求精神自由和灵魂平安，但都无法离开客观现实。日本汉学家中岛隆藏认为庄子是"在俗中超俗"①，这是非常精当的视点。同样，庄子在生命问题上，也展示了外在方面的因素，这就是外在的"义"即义命，主要指对人的职分的规定，人通过遵守履行职分规定，达到与外在社会整体的协调一致，这是一个人基本生活的需要。这里指的虽然仅限于政治上的"事君"，但整体上与庄子关于"然则我内直而外曲，成而上比。内直者，与天为徒。与天为徒者，知天子之与己皆天之所子，而独以己言蕲乎而人善之，蕲乎而人不善之邪？若然者，人谓之童子，是之谓与天为徒。外曲者，与人为徒也。擎跽曲拳，人臣之礼也，人皆为之，吾敢不为邪！为人之所为者，人亦无疵焉，是之谓与人为徒"（《人间世》）的思想是吻合一致的。对个人而言，人的内在本性基因是独特而不可复制的，而且万物皆然。所以，个人在与外在他者相处时，必须秉持"外曲"的规则，这是尊重他者的需要。换言之，也就是"有人之形，无人之情。有人之形，故群于人；无人之情，故是非不得于身"（《德充符》），这一行为也即"安时而处顺，哀乐不能入也"（《大宗师》），可谓个人幸福的最高状态。因为，在最终的意义上，个人幸福获得了"自其异者视之，肝胆楚越也；自其同者视之，万物皆一也"（《德充符》）的哲学支持。

（二）生命历程的演绎域场在宇宙万物

众所周知，庄子逍遥游的理论基础是万物齐同的价值理念。在大千世界，任何物的价值只具有相对性意义，没有被绝对化的理由。由此审视庄子所追求的自由和心灵平安，也只能在相对的层面赋予其价值意义。

基于相对性的视野来审视庄子关于生命的内涵的话，我们就可以知道庄子虽然强调自由，但其视野仍然没有离开世俗社会。庄子重视外在的义，这与他的宇宙视野是一致的。正如他在《齐物论》中所说："予尝为女妄言之，女以妄听之。奚旁日月，挟宇宙，为其吻合，置其滑涽，以隶相尊？众人役役，圣人愚钝，参万岁而一成纯。万物尽然，而以是相蕴。"

---

① 日本著名汉学家中岛隆藏认为，庄子不过是在俗中超俗，没有与世俗彻底割断，其实，彻底割断也是不可能的。中岛隆藏. 庄子——在俗中超俗［J］. 日本集英社，1984.

庄子这里想言说的也是希望别人静听的内容,他在言及圣人的特性时提到了"宇宙"。由于在内篇里仅此一处谈到"宇宙"一词,为了尽可能准确理解它的意义,必须在全面理解原文的基础上来进行。庄子这段话的意思是:与日月并明,怀抱宇宙,与万物互相吻合,殽乱混杂则随而任之,一于贵贱;众人熙熙攘攘于现实是非名利,圣人素朴安然,领悟于历史事实而保持精纯不杂。万物就这样以此相互包涵。虽然众人与圣人的行为之方相异,但都是万物之一的存在。庄子希望众人能在圣人的行为之方中得到启示,在整体上,庄子表达的正是万物齐同的理念。虽然我们无法知道庄子"宇宙"的内涵①,但可以与下文的"万物"联系起来理解。或者说,宇宙在一定意义上就是万物。对此,我们可以参考美国汉学家安乐哲的评述:"事实上,道家将'宇宙'(cosmos)理解为'万物'(ten thousand things),这意味着,道家哲学根本就没有'cosmos'这一概念。因为,就'cosmos'这个概念所体现的统一、单一秩序的世界来说,它在任何意义上都是封闭和限定了的。就此而言,道家哲学家基本上应算是'非宇宙论'思想家。"[4]

在庄子这里,万物之所以齐同,在于万物是一体的,在动态的层面它是通过整体联系来共作互存的,即"天地与我并生,而万物与我为一"(《齐物论》)。换言之,个人生命的具体演绎域场就是整个宇宙,个体无法离开其他万物来实现自己的生命价值。在这个意义上,庄子个人幸福演绎的生命历程,就牢牢地驻足在大千世界了。

三、死生是生命的主旋律

生命定位和演绎在宇宙万物的世界里,它所要面对的主要问题就是死生。

现代语言中的生死,在庄子那里就是"死生",这是对生死概念的较早表达。众所周知,现代日语使用的汉字至今还有约3 000个,其保留的汉字,表达的基本上都是它的最为原始的意思。例如,"私"在日语中表示的是自己、我,所以日本人在作自我介绍时用的就是"私は×××です",这是"私"较为原始的意思,表示"我"的意思。《老子》中有三个"私"的用例,即"少私寡

---

① 《庄子》外、杂篇里不仅有四个"宇宙"的用例,而且还有对宇宙的专门界定,即:"出无本,入无窍。有实而无乎处,有长而无乎剽,有所出而无窍者有实。有实而无乎处者,宇也。有长而无本剽者,宙也。"(《庚桑楚》)

欲""非以其无私邪？故能成其私",用的正是这个意思。关于生死的概念,日本人也习惯于称之为死生。

毋庸置疑,生死与死生的价值取向是相异的。就死生而言,《庄子》内篇有八个死生的用例。因为没有生死的用例。因为死生的起始点是死,虽是痛苦的,但终点是生,充满着希望和活力,对人是一种积极激励,蕴含先苦后甜、崇尚生命活力的价值追求。在死生的过程里,人需要思考的是如何生以及如何提高生存的质量和生活价值。

（一）死生,命也

庄子认为:"死生,命也,其有夜旦之常,天也。"(《大宗师》)死生是生命本有的自然课题,就如有白天、黑夜的常态是天道自然一样。庄子把对自由的追求与个人的内在德性素质紧密地联系在一起,因此,他在强调逍遥游和齐物的同时,尤其强调个人才性的涵育,其"才全"概念的提出就是明证。"哀公曰:何谓才全？仲尼曰:死生存亡,穷达贫富,贤与不肖毁誉,饥渴寒暑,是事之变,命之行也……"(《德充符》)死、生、存、亡、穷、达、贫、富、贤、不肖、毁、誉、饥、渴、寒、暑,这些都是事物变化的具体样式,是生命及其境遇发展演绎的行迹。这里的"死生"与"死生,命也"的"命"的意思是一样的。

对"命"一词,笔者也曾以"命运"作解释[5]。这一理解也是基于成玄英对《德充符》"夫二仪虽大,万物虽多,人生所遇,适在于是。故前之八对,并是事物之变化,天命之流行,而留之不停,推之不去,安排任化"的注疏。现在看来,从生命以及其演绎的境遇来理解似乎更符合庄子的原意。因为,其中的"饥渴寒暑"等明显与命运无关。

总之,死生是生命本有的自然课题,是任何人都无法回避的。

死生是一件极大的事情,庄子说:"仲尼曰:死生亦大矣,而不得与之变;虽天地覆坠,亦将不与之遗。审乎无假而不与物迁,命物之化而守其宗也。"(《德充符》)死生影响不到王骀,因为宇宙万物处在整体联系的有待的境遇之中,他能谨慎地对待无待即"无假",而不轻易地与外物迁变,但能顺任物事的变化而执守其宗本。《庄子》内篇里虽然没有使用"生死"的概念,但是,他在具体界定死生时,并不是从"死"开始,而是从"生"开始的,这与他企图体现生命活力的价值取向相一致。

子来曰:"父母于子,东西南北,唯命之从。阴阳于人,不翅于父母;彼近吾死而我不听,我则悍矣,彼何罪焉!夫大块载我以形,劳我以生,佚我以老,息我以死。故善吾生者,乃所以善吾死也。"(《大宗师》)"为人臣子者,固有所不得已。行事之情而忘其身,何暇至于悦生而恶死。"(《人间世》)

上述两段话的意思是:生命是自然的馈赠。子女对于父母,无论去往东西南北,都会听从父母的吩咐。自然对于人,无异于父母对于子女;它要我死而我不听从,我就蛮横违逆了,自然有什么罪过呢?大自然给我形体,以生使我勤劳,以老使我轻松逸乐,以死使我安息。生是人不断变老的过程,而死则是人安逸休息的一种方式。由于生使人勤劳,在具体的劳动实践中会遇到艰辛和挑战,对待这种境遇,最有效的方法是遗忘它;人应该喜爱并良善地对待生,正如喜爱并良善地对待死一样,不应该"悦生而恶死",而应该客观地面对死。

把死亡看成是回归大自然的一种人生态度。但就人生旅途而言,不仅路途遥远,而且困难重重,所以不仅要"忘其身",而且要"两忘而化其道"(《大宗师》),即物我两忘而与"道"融合为一体,以"道"为人生的路标,唯"道"是从,这才是心灵的最高境界。在这个境界里,道化的人和人的道化,人与"道"在本质上交融;生是"道"的价值的体现,死是向"道"的回归。

(二)齐同死生

在庄子的视域里,生是艰辛的,人得以安逸致老,最后抵达安息的处所却仅仅是一生一次的死亡。人如何平衡情感,增强善待生活的原动力就显得尤为重要。庄子的解答是等同死生。他说:"子祀、子舆、子犁、子来四人相与语曰:'孰能以无为首,以生为脊,以死为尻,孰知死生存亡之一体者,吾与之友矣。'四人相视而笑,莫逆于心,遂相与为友。俄而子舆有病,子祀往问之。曰:'伟哉夫造物者,将以予为此拘拘也!曲偻发背,上有五管,颐隐于齐,肩高于顶,句赘指天。'阴阳之气有沴,其心闲而无事,跰𨇤而鉴于井,曰:'嗟乎!夫造物者又将以予为此拘拘也。'子祀曰:'汝恶之乎?'曰:'亡,予何恶!浸假而化予之左臂以为鸡,予因以求时夜;浸假而化予之右臂以为弹,予因以求鸮炙;浸假而化予之尻以为轮,以神为马,予因以乘之,岂更驾哉!且夫得者,时也;失者,顺也;安时而处顺,哀乐不能入也。此古之所谓悬解也……'"(《大宗师》)

在死生存亡是否一体的问题上,子祀等四人持有相同的观点。一次,子舆病得很重，子祀去探视他，问他是否厌恶自己"曲偻发背"的样子。子舆说没有什么可以厌恶的，因为，对人来说，生是适时，失生（死亡）是顺应，人只有"安时而处顺"，才不会被哀乐所困扰，自然能平静地应对死生而不恶死。

死生作为个人生命的课题，二者具有同等的地位，所谓"方生方死，方死方生"（《齐物论》），生意味着死，反之亦然。所以，人应该乐观自然地对待死。庄子说："莫然有间而子桑户死，未葬。孔子闻之，使子贡往侍事焉。或编曲，或鼓琴，相和而歌曰：'嗟来桑户乎！嗟来桑户乎！而已反其真，而我犹为人猗！'子贡趋而进曰：'敢问临尸而歌，礼乎？'二人相视而笑曰：'是恶知礼意！'子贡反，以告孔子，曰：'彼何人者邪？修行无有而外其形骸，临尸而歌，颜色不变，无以命之。彼何人者邪？'"（《大宗师》）

在世俗的眼光里，死是悲哀的事情，人们表达悲哀的方法一般是放声痛哭。但子桑户死后的情形却是另一番景象："编曲""鼓琴""相和而歌"，这些都是与世俗相异的做法，所以，子贡认为这违背了礼仪。孔子得知后，却不这样认为。他说："彼方且与造物者为人，而游乎天地之一气。彼以生为附赘县疣，以死为决疣溃痈，夫若然者，又恶知死生先后之所在。"（《大宗师》）也就是说，人与天地合一，生命就是气的聚合，如身上的赘瘤一般；死就像气的消散，如脓包溃破一般，根本没有死生先后的分别①。

齐同万物和齐同死生二者的对象是相异的。万物是外在于自己的，自己是万物之一的存在，故自己与他者同；齐同生死的对象都是自身，因此，对人而言齐同生死并非易事，但也并非不可能。"王倪曰：至人神矣！大泽焚而不能热，河汉冱而不能寒，疾雷破山（飘）风振海而不能惊。若然者，乘云气，骑日月，而游乎四海之外。死生无变于己，而况利害之端乎！"（《齐物论》）神人就能冷峻地对待死生。

四、养亲尽年

在个人追求幸福即"致福"的实践中，庄子虽然聚焦了内在性命和外在义命，但它们都必须在自然的轨道上运行。对个人而言，不仅需要齐同他物，而

---

① 庄子后学发展了庄子的思想，直接把生死界定为气的聚散，即："人之生，气之聚也；聚则为生，散则为死。若死生为徒，吾又何患！故万物一也，是其所美者为神奇，其所恶者为臭腐；臭腐复化为神奇，神奇复化为臭腐。"（《知北游》）

且必须齐同死生，这是实现个人幸福的枢机。这就是"吾生也有涯，而知也无涯。以有涯随无涯，殆已；已而为知者，殆而已矣。为善无近名，为恶无近刑。缘督以为经，可以保身，可以全生，可以养亲，可以尽年"（《养生主》）告诉我们的道理。由此可见，庄子对基于人自身臆想的善恶行为都是否定的，强调要因循自然而为，这是实现个体幸福的关键。汤川秀树认为，庄子论证了"脱离了自然的人不可能是幸福的"[6]观点，可谓是对庄子思想的最好诠释。

庄子还明确提出"养亲"的问题。"养"就是修养，《养生主》告诉世人养生的真谛。在内在方面，要"因其固然"（《养生主》），即按照万物的本有规律和特性来进行；在外在方面，则要"依乎天理"（同上），做到"安时而处顺"（《养生主》）。两方面结合，就能真正实现"内直而外曲"。由此可见，庄子并没有否定个人在实现幸福征程上的努力，而是他努力的方法独具一格罢了。

（一）常因自然

自然是道家的标志性概念①，虽然在《逍遥游》《齐物论》中没有提出自然的概念，但反映其自然思想的相关论述却不难找到。庄子在谈到"天籁"时说："子綦曰：夫吹万不同，而使其自己也，咸其自取，怒者其谁邪！"（《齐物论》）这里的"自己""自取"实际上都是自然的意思。关于这一点，可以参考郭象对这两个概念的注释。

"此天籁也。夫天籁者，岂复别有一物哉？即众窍比竹之属，接乎有生之类，会而共成一天耳。无既无矣，则不能生有；有之未生，又不能为生。然则生生者谁哉？块然而自生耳。自生耳，非我生也。我既不能生物，物亦不能生我，则我自然矣。自己而然，则谓之天然。天然耳，非为也，故以天言之。〔以天言之〕所以明其自然也，岂苍苍之谓哉！而或者谓天籁役物使从己也。夫天且不能自有，况能有物哉！故天者，万物之总名也，莫适为天，谁主役物乎？故物各自生而无所出焉，此天道也。"（《齐物论注》）"物皆自得之耳，谁主怒之使然哉！此重明天籁也。"（《齐物论注》）

郭象正是以"自然"来解释"自己"，以"自得"来解释"自取"的。其中，自得就是自然而得。

显然，重视自然是庄子的一贯主张。在追求个人幸福的实践中，他提出要

---

① 许建良. 先秦道家的道德世界 [M]. 北京：中国社会科学出版社，2006：1—29.

因循自然,即"是非吾所谓情也。吾所谓无情者,言人之不以好恶内伤其身,常因自然而不益生也"(《德充符》)。因循自然,并非什么都不做,而是根据自然的本性来行为,为此,"坐忘"是最为重要的。

"忘"在庄子的思想里具有非常重要的意义,诸如"忘年忘义,振于无竟"(《齐物论》),就是具体的说明。"忘年"即玄同生死,"忘义"即贯通是非善恶,不为世俗所左右,这样就可进入无穷尽的境界。不仅如此,庄子还提出了著名的"坐忘"的概念。"颜回曰:'回益矣!'仲尼曰:'何谓也?'曰:'回忘仁义矣!'曰:'可矣,犹未也。'他日,复见,曰:'回益矣!'曰:'何谓也?'曰:'回忘礼乐矣!'曰:'可矣,犹未也。'他日,复见,曰:'回益矣!'曰:'何谓也?'曰:'回坐忘矣!'仲尼蹴然曰:'何谓坐忘?'颜回曰:'堕肢体,黜聪明,离形去知,同于大通。此谓坐忘。'仲尼曰:"同则无好也,化则无常也。而果其贤乎!丘也请从而后也。"(《大宗师》)"故德有所长而形有所忘,人不忘其所忘,而忘其所不忘,此谓诚忘。"(《德充符》)

简单来说,坐忘就是"离形去知"。"堕肢体""忘其肝胆""遗其耳目"(《大宗师》)是"离形"的方面,"黜聪明"就是"去知",属于忘神的方面,具体包含仁义礼乐等。对人来说,"德有所长"是"所不忘",如能忘的话,就是真正的忘,即"诚忘""坐忘",从而到达"大通"的境界而不为世俗之礼所囿,即"芒然彷徨乎尘垢之外,逍遥乎无为之业"(《大宗师》),抵达人生的最高境界。但是,一般人往往遗忘的是内在的、代表人之所以为人的本质性特征的东西。换言之,就是忽视自身的内在素质而对外在形体方面本该遗忘的东西无法遗忘不是真正的忘。坐忘则是内外两忘,完全听从自然的声音来生活。

(二)顺物自然

在外在的方面,个人幸福的实践,最关键的是因循他者的自然本性与他人相处,即"无名人曰:汝游心于淡,合气于漠,顺物自然而无容私焉,而天下治矣"(《应帝王》)。"无容私"就是不要融进自己的臆想。庄子认为,人具有明显的局限性。他说:"夫言非吹也,言者有言,其所言者特未定也。果有言邪?其未尝有言邪?其以为异于鷇音,亦有辩乎,其无辩乎?道恶乎隐而有真伪?言恶乎隐而有是非?道恶乎往而不存?言恶乎存而不可?道隐于小成,言隐于荣华。故有儒墨之是非,以是其所非而非其所是。欲是其所非而非其所是,则莫若以明。"(《齐物论》)意思是说,言论与风是相异的,因为前者是人为的，后者是自然的，所以每个人的言论没有客观的标准即"特未定"。基于这种情况，就很难判断言论所产生的实际效果。社会的发展，使道和言论失去本有的效用而产生真伪、是非的分辨，其原因是道被人的小成所隐蔽，言论在浮躁的言辞中黯然失色。这就像儒家墨家那样各自肯定对方所非而否定对方所是。因此，庄子主张以空明的心境来观照万物本有的状态。

人的局限性就在于容易从主观出发来评判周围的物事。人与人的差距正如大鹏与斥鷃，大鹏"抟扶摇羊角而上者九万里"和斥鷃"腾跃而上，不过数仞而下，翱翔蓬蒿之间"，差距之大是客观存在的。斥鷃的问题就在于以自己的是非为标准来审视世界万物。"明"是庄子的一个独特概念，其本质精神与"虚"一致。一个人获得了"明"就能实现"顺物自然而无容私"，换言之，"明"是人克服自身局限性的关键，也是实现社会治理的基础。为此，庄子提出了"心斋"的方法。

在庄子的视野里，人的生命是有限的，知识是无限的，如果以有限的生命去追逐无限的知识，就会处于非常危险的境地。因为知识是根于人心的认识，他否定刻意用心的行为，即"常季曰：彼为己，以其知得其心，以其心得其常心。物何为最之哉"[7]。以知得心、以心得常心，都是有意而为，不是自得。庄子强调，"夫徇耳目内通而外于心知，鬼神将来舍，而况人乎"（《人间世》），即外于心知。外于心知在一定程度上就是在有限生命中播种幸福的种子，为此，庄子提出了"心斋"的概念。"仲尼曰：'斋，吾将语若！有〔心〕而为之，其易邪？易之者，皞天不宜。'颜回曰："回之家贫，唯不饮酒不茹荤者数月矣。如此，则可以为斋乎？"曰：'是祭祀之斋，非心斋也。'回曰：'敢问心斋？'仲尼曰：'若一志，无听之以耳而听之以心，无听之以心而听之以气！听止于耳，心止于符。气也者，虚而待物者也。唯道集虚。虚者，心斋也。'颜回曰：'回之未始得使，实自回也；得使之也，未始有回也；可谓虚乎？'夫子曰：'尽矣。吾语若！若能入游其樊而无感其名，入则鸣，不入则止。无门无毒，一宅而寓于不得已，则几矣。'"（《人间世》）

有心为之不是一件容易的事情，如果以为容易就不合自然的道理了。"心斋"不同于"祭祀之斋"，因为"祭祀之斋"只要吃素就可以了，这是有形可寻的。"心斋"是依靠心灵的气化来推动的，它不是心知。在与万物的关系里，气处在"虚而待物"的状态，虚就是心斋。《尔雅》曰："虚，空也。""空"就是不实,就是有空隙,即在心中留有一定的位置。对个人而言,要做到"虚",就要把自己内心世界的空间留出来,而不要让它被自己的欲望占满。因此,处在"心斋"状态的人,是没有思虑的,心灵的一切活动"听之以气",顺其自然,完全摒弃了世俗的观念,不为名利所累,完全处于忘我的境界。

其实,因循自然也就是因循道,因为道是虚的整合即"唯道集虚"。对个体来说,无我的状态,即是"得使之也,未始有回也"。在与外物的关系上,是"虚而待物"而不用强,即"入则鸣,不入则止"。在庄子看来,价值坐标的中心是他人,自己内心的"虚"是为外在他人的"实"创设的前提条件。

(三)个人幸福的具象——真人

在因循自身和万物本性的前提下,能否真正做到对自己"不益生"、对他者"无容私"呢?这是需要考虑的。如果不能实现"不益生""无容私",其思想也就失去了意义。其实,在庄子那里,这完全是可行的,这就是他的"真人"的价值所在。

首先,与道相合。庄子说:"古之真人……其好之也一,其弗好之也一。其一也一,其不一也一。其一与天为徒,其不一与人为徒;天与人不相胜也。"(《大宗师》)他在这里讨论的主要是真人在天人关系上的态度。"天人合一"观点的立足点在天道自然上,天人不合一观点的立足点则在人道上。但不管是"一"还是"不一",他们都是合一的,天人互相协调一致即"天与人不相胜",真人客观地看到了天、人的作用。荀子的"庄子蔽于天而不知人"(《荀子·解蔽》[1])显然是有失公允的。

真人正视天、人的存在,真人和道在一定程度上相融相通。那么,什么是真人?"且有真人而后有真知。何谓真人?古之真人,不逆寡,不雄成,不谟士。若然者,过而弗悔,当而不自得也……是知之能登假于道者也若此。"(《大宗师》)这就是具体的回答。人类的真知是通过真人来传递的,真人既因顺寡少,又不自恃成功,不谋虑行事;对过错、得当的事情都能泰然处之。

其次,不悦生恶死。生死是生命的主要课题,是个人幸福无法回避的问题。"古之真人,不知说生,不知恶死;其出不欣,其入不距;翛然而往,翛然而来而已矣。不忘其所始,不求其所终;受而喜之,忘而复之。是之谓不以心捐道,

---

[1] 王先谦. 荀子集解[M]. 北京:中华书局,1988.

>>> 第四编 中华德文化在个体生活中的现代践行

不以人助天。"(《大宗师》)这段话说的是：真人不悦生恶死，自然对待生死而做到无拘无束，不忘记自己从何处来，不追求往何处去，欣然接受生命历程中发生的事情，忘却死生而任其复返自然，这就叫做不以自己的心知害道，不以人为辅助天然。

再者，与万物相宜。在与万物的关系上，真人"其心忘①，其容寂，其颡頯；凄然似秋，暖然似春，喜怒通四时，与物有宜而莫知其极。"(《大宗师》)意思是说，真人心胸宽广，容貌静寂安闲，额头宽大恢弘，冷峻如秋，温暖似春，喜怒自然，与万物相适宜，使人难以得知其极限。其中的"宜"也是庄子思想中的一个重要概念，与今天我们使用的"幸福指数"的意思相同。"与物有宜"是实现外在幸福的需要，也是外在幸福的体现。

从以上的分析来看，真人有三个方面的特点，前两方面是指"常因自然而不益生"，后一方面是指"顺物自然而无容私"。外在的幸福都是因循自然的结果，在本质上是齐同万物的产物，即"庄子的人生哲学以因循主义为一贯；其次，其基础是万物齐同的哲学，万物齐同哲学主要认为，作为存于差别现象深处的并对此贯穿的同一性，是要注目的绝对的理法；立于这理法即道的中心——道枢之时，才会洞察明了一切无差别无对立的真实之相。作为人的生存之方，必须停止追求现象层面的相对价值，仅置身于绝对的'自然'道理而行事，只有这样才是因循主义"[8]。

综上所述，庄子追求"致福"的实践，把个人生命历程看成幸福演绎的域场，通过等同死生来实现全生、尽年；在全生、尽年的过程中推重因循自然的方法，具体通过坐忘、心斋等途径来确保"不益生""无容私"的实现，真正实现内外幸福，最终实现社会的有效治理。庄子崇尚逍遥自由，但并不否定个人的责任，他始终把个人置于宇宙万物之中，强调个人在因循万物自然中的责任，这是非常重要的。这与他强调的"老聃曰：明王之治：功盖天下而似不自己，化贷万物而民弗恃；有莫举名，使物自喜；立乎不测，而游于无有者也"(《应帝王》)互相呼应。"使物自喜"是个人履行自己责任实现幸福的结果，这是我们应该重视的。

---

① 王叔岷注："赵以夫云：'其心志'，志当作忘……案志为忘字之形误。"王叔岷.庄子校诠[M].台湾"中央"研究院历史语言研究所，1999：212.

427

参考文献：

[1] 万勇华．庄子幸福思想研究述评［J］．南昌师范学院学报，2016，37（6）：51—58．

[2] 冯友兰．中国哲学简史［M］．涂又光，译．北京：北京大学出版社，1985：128．

[3] 任继愈．中国哲学发展史：先秦［M］．北京：人民出版社，1983：419．

[4] 安乐哲，郝大维．道不远人——比较哲学视域中的《老子》［M］．何金俐，译．北京：学苑出版社，2004：17—18．

[5] 许建良．先秦道家的道德世界［M］．北京：中国社会科学出版社，2006：220—222．

[6] 汤川秀树．创造力和直觉［M］．周林东，译．上海：复旦大学出版社，1987：47．

[7] 王叔岷，撰．庄子校诠［M］．台北："中央"研究院历史语言研究所，1999：174．

[8] 金谷治．中国思想论集：中卷［M］．东京：平河出版社，1997：333．

"修己"与"安人"
——"中庸"内涵辨正及其伦理原则探析*

在传统文化的概念中,最难被人理解的应是"中庸"。"中庸"之义本就不易懂,不容易被人深刻把握;如果要求人们在生活中奉行"中庸"之道,似乎更难。朱熹为此曾建议他的学生读"四书"的次序为:先读《大学》《论语》,再看《孟子》,最后学《中庸》,足见"中庸"义理之深奥。"中庸"是儒家思想的精华,要领会"中庸"之义,不仅需要正本清源,理解孔子的思想,还需要结合《论语》《大学》等典籍的基本精神,以融汇贯通之。

一、"中庸"的内涵考辨

"中庸"往往被人理解为做事缺少原则和立场的折中主义,或者是根据个人利益的需要,讨好两边的中间路线,或者把"中庸"和"平庸"等同,等等。

无是非主见、八面玲珑之人被孔子称之为"乡愿"。孔子说:"乡愿,德之贼也。"(《论语·阳货》)即是说这些好好先生们是一些足以败坏道德的小人。孟子对"乡愿"说得更具体,他说:"非之无举也,刺之无刺也,同乎流俗,合乎污世,居之似忠信,行之似廉洁,众皆悦之,自以为是,而不可与入尧舜之道,故曰德之贼也。"(《孟子·尽心下》)事实上,孔子提倡做人刚健有力,为道义应该勇往直前,甚至"知其不可为而为之"。如果"中庸"仅仅是混世的

---

* 基金项目:国家社会科学基金项目"建设中华民族共有精神家园视野下的文化自觉研究"(13BZ014)。
作者简介:冯晨,男,山东潍坊人,中共山东省委党校哲学教研部讲师,博士,山东大学儒学高等研究院博士后,山东省哲学创新与发展研究基地成员,研究方向为先秦儒学。
原载《武陵学刊》2016年第1期。

智慧，以孔子对世事的透察能力，他完全可以混迹于鲁国政治生活中左右逢源、自得其乐，没有必要为了心中道义和天命责任而辗转流离。据载，孔子在颜回去世的时候，哭得很悲伤，连他的学生都看不下去了，提醒他说："老师，您哭得太厉害了。"孔子说："有恸乎？非夫人之为恸而谁为！"（《论语·先进》）如果孔子奉行的是中间路线，对于颜回之死，他只要在不违礼的情况下表达一下自己的悲伤就可以了，何必哭得那样痛彻？恰恰相反，孔子认为，失去爱生，内心伤痛，为此痛哭正是真情流露。由此可见，"中庸"之义被人误解已深。

对于"中庸"的理解，应该分别从"中"和"庸"两部分去理解。对于"中"，许慎仅仅从方位上解释，《说文解字》说："中，内也……上下通。"[1]方位之"中"的意义很容易与道德意义的"中正"互用。《尚书·大禹谟》有"允执厥中"之语，说明"中"在此有自己的特殊内涵，指的是与内心相关的德性。如孔颖达对"允执厥中"的解释是："惟当一意，信执其中正之道，乃得人安而道明耳。"孔颖达认为"中"应该看作"中正"之道[2]。《论语·尧曰》中有"咨！尔舜！天之历数在尔躬，允执其中！四海困穷，天禄永终"之语。皇侃疏曰："中，谓中正之道也。言天位运次既在汝身，则汝宜信执持中正之道也。"[3]这是讲，"中"是内心之"中正"。《周礼·地官·大司徒》有"以五礼防民伪，而教之中"之语，也是在说"中"乃"中正"之义。

除此之外，"中"还有"中和"之义。《左传·成公十三年》曰："民受天地之中以生。"对此，杨伯峻注之曰："古人认为天地间有中和之气，人得之而生。"[4]《中庸》指出："喜、怒、哀、乐之未发，谓之中。发而皆中节，谓之和。中也者，天下之大本也；和也者，天下之达道也。致中和，天地位焉，万物育焉。"如果天地万物至"中和"状态，那么，天地各在其位，万物并行发育。这就表明，"中和"是天地万物的定位之道、发展之道。由此也可以看出，"中和"之道多说明天地万物的和谐发展，当然也包括人在内。

另外，"中"还有"时中"之义。"君子之中庸也，君子而时中。"（《中庸》）朱熹注之曰："君子之所以为中庸者，以其有君子之德，而又能随时以处中也……盖中无定体，随时而在，是乃平常之理也。"[5]18从朱熹的解释可以得出，"时中"有两层意思，一是"合乎时宜"，二是"随时变通"。"处中"一定要根据当时所处的环境做出恰当的行为，发表适宜的言谈等。但是，事物是发展变化的，一时适宜的言行事过境迁之后会变得不合时宜，为此，"时中"内含了与时俱进的意思。此外,"中无定体"说明人们在日用常行为中所遵循的礼仪规范也要根据当时具体的环境而做出恰当的改变,否则,"执中"就变成了"执一"之举,让本来人间常道变成了于人于事不和谐的因素。如孟子所谓:"子莫执中,执中为近之,执中无权,犹执一也。"(《孟子·尽心上》)"执一"就是"执其一端",和孔子"执两用中"的思想是相悖的。

"庸"的本意是"用"。郑玄在《礼记正义》中注曰:"以其记中和之为用也。庸,用也。"[6]1987此处,"用"的意思是"用中",或者称"中之为用"。孔子曰:"不得中行而与之,必也狂狷乎!狂者进取,狷者有所不为也。"(《论语·子路》)"狂"与"狷"都是不能"中行"或者说没有"用中"所产生的后果。人们总是按照一定的方式生活,生活方式由礼仪规范、风俗人情等组成。这些内容都是在实践中不断矫正而形成的常道。因此,偏离生活常道的人毕竟是少数。生活之常道是"恰当"的生活之道,偏离常道往往被人认为"不当"。如果从这层意思引申,"用中"之"庸"就有了"平常"之义。徐复观说:"完全的说法,应该是所谓'庸'者,乃指'平常的行为'而言。所谓平常的行为,是指随时随地,为每一个人所应实践,所能实现的行为。"[7]

结合以上"中"和"庸"的意思,综合起来说,"中庸"之义就是随时随地应用常道,以做到恰到好处,即时时处处,恰到好处。"时时处处"是说,"中庸"所内含的"时中"要求;"恰到好处"是说,"用中"所产生的效果。当然,"恰到好处"有两层意思:一是自身之性得到"恰到好处"的发挥;二是作为道德主体面临特殊的伦理情境做出的判断要"恰到好处"。汉代注疏以性之恒常之德解释"中",以"中和"为用解释"庸"。如郑玄注曰:"中为大本者,以其含喜怒哀乐,礼之所由生,政教自此出也。"[6]1988这里体现的就是"中庸"所内含的要求,即让事物的自身之性能够恰当发挥。宋儒以"中"之体用解释"中庸",如程子、朱子则分别以"体中"和"时中"两个概念解释之。在"理一分殊"的思想框架之下,程颐和朱熹更倾向于以"时中"作为"中庸"的基本内涵。朱熹说:"时中便是那无过不及之'中'……盖庸是个常然之理,万古万世不可变易底。中只是个恰好道理。"[8]由此可见,程朱对"中庸"的解读,其要点是放在了道德主体上,即以主体道德判断的正当与否作为切入点来说明中庸精神。

一个人要在生活中做到中庸,需要的方面的约束。首先,要知道礼仪规范,使自己的行止进退有所遵循，这样待人接物才能张弛有度，展现君子之风。孔子感叹："道之不行也，我知之矣：知者过之；愚者不及也。道之不明也，我知之矣：贤者过之；不肖者不及也。"(《中庸》）由此看出，"过"与"不及"是人们没有遵循自身的内在要求而是根据自我的喜好为之的结果。如何恰当地展现自身德性，孔子说："质胜文则野，文胜质则史。文质彬彬，然后君子。"(《论语·雍也》）如野人般言行粗鄙或繁文缛节、过于矫饰都不是人生应有的状态，作为人就应该"文"与"质"相互协调，才能既体现人们的内在生命力又展现人性之美好。其次，作为道德主体的人还应该根据事物自身的特点做出恰当的道德判断和行为决策，以发扬事物本性，符合事物发展的内在要求。子路曾经就如何对待"民意"问孔子，孔子对子路的回答体现了道德主体的判断要领。《论语·子路》记曰："子贡问曰：'乡人皆好之，何如？'子曰：'未可也。''乡人皆恶之，何如？'子曰：'未可也。不如乡人之善者好之，其不善者恶之。'"百姓有善恶，不能让不善之人凭借其数量优势而绑架好人。作为拥有中庸智慧的人应该根据事物的具体情况采取相应措施。做事的方法是达到目的的手段，但是，方法不能代替目的本身。注重百姓内心诉求的目的在于更好地制定决策，不能把出于善意的行为方法当成了善意本身，孔子与子贡的对话就体现了这样的智慧。孔子之所以没有因为应该尊重乡人的意愿，就一味认可他们的诉求，而是根据具体的情况采取了灵活的对策，正是对"中庸"内涵中"恰到好处"思想的最好诠释。

由于孔子的"中庸"思想具有以上两层含义，使它奠定了为政理论的基础，因此，需要先分析为政理论中"修己"和"安人"的内在机理，发现其与"中庸"精神的内在契合之处。

二、"中庸"蕴含的伦理原则："修己"与"安人"

通过对"中庸"内涵的分析，可以知道，"中庸"中的"中正""中和"还有"时中"等意义，实际是"中庸"所内含的具体要求。"中庸"概念中最核心的部分是"中"所体现的对万物之性的表达。不论是"中正"还是"中和"无非是要说明事物在本性的促动下所应该呈现的样子。对于人之为人的仁心来说，"中"所表达的是内在仁心呈现于外所应有的状态，或者所应采取的方式。因此，"中"是万物之性呈现之时所应该具备的状态。所以，"用中"就含有两层意思：其一，让自己本心（性）得到恰当发挥；其二，让万物之性得以恰当伸展。这是人性自身的要求，也是"中庸"这一概念的基本内涵。从这个意义上说，"中庸"之道如果要实现，其表现就是人之为人的实现。在儒家伦理中，人的价值的自我实现是需要在人际之间完成的。所以，"中庸"之道的实现首先应表现为人际之间的和谐，其次使天地万物之性恰当发挥也是人性所内含的要求，实现此要求才能完成自我之性，从而达到与天地参的境界。从这个意义上说，"中庸"表现为人与自然之间的和谐。

由此可见，"中庸"所体现的是人与他人，与天地万物之间和谐共处的基本原则，是展现道德自我内在力量的方式和途径。为此，中庸与"修己"和"安人"以至于"安天下""参天地"的道德动机、道德情感具有紧密的关系，从而为为政理念的建构奠定了基础，由此形成了为政理论的基本原则。

（一）修己

孔子所言"修己"之内涵为后来之"修身"所具体化。顺应"中庸"的内在要求，人们首先应该重视对自己人性的开发，也即对自我本心的发明。本心呈现，即让本心通过恰当的行为方式表达出来，这才是对自我负责的一种表现，也是实现自我之性，展现自我所承载的天命的一种方式。为此，《大学》提出了"修身"的要求。"修身"是一种功夫，也是一种生活方式。所谓功夫，是从人性发挥的内在要求上说的；所谓生活方式，是从"修身"的过程来说的。"修身"的这两层意义的形成不仅与本心的呈现方式有关，也与儒家的身体观有关。"修身"的目的是让本心通过一定的方式恰当呈现。儒家所言的本心是先天具备的，但是常常被私欲遮蔽。为此，儒家要求必须时刻检点内心，防范私心杂念对本心的干扰。"修身"作为一种功夫，其用功处恰在此处，即"闲邪存诚"。说"修身"是一种生活方式，是因为儒家之"身"不仅与道德本心密切相关，而且与生活实践难以割裂，在此需要特别说明。

儒家"修身"之"身"非完全指血肉之躯。它除了表示人的形体之外，还会延伸到与身体有关的功能，如视听言动以及随之产生的七情六欲，等等。因此，"身"在中国思想中涵括着个体生命的精、气、神，是作为"生命"的承载者。儒家往往是以心说身，以身明心。因此，在儒家看来，身心二者是有机统一、难以分割的。尽管如此，儒家之"身"又不完全是心的外显。如果"身"仅仅就是心的外在形式，那么，"身"的独立性就消失了，如何再去谈

"修身"呢？为此，我们需要分析一下儒家"身"的特点。

孔子告诫人们要"戒色""戒斗""戒得"，一方面，是为了保证身体健康，另一方面，也是更为重要的，他意欲从德行的内在要求上说明"三戒"对人性修养的重要性。比如，孔子主张少年之时应当戒色，理由是少年血气未定，色欲易伤身体。但是细加探究就会发现，孔子对于色欲的警惕并不完全是出于对健康的考虑。在孔子心中，君子应该"去谗远色，贱货而贵德"（《中庸》），远离色欲以敦化民风："诸侯不下渔色，故君子远色以为民纪。"（《礼记·坊记》）他甚至慨叹未见当世之人"好德如好色"，这些都说明孔子对色的审慎是出于对世人德性缺失的考虑。如朱子之理解："血气，形之所待以生者，血阴而气阳者也。得，贪得也。随时知戒，以理胜之，则不为血气所使也。"[5]172朱子解释的关键是"随时知戒，以理得之"。在朱子看来，理是内在于心，外在于事事物物的。人生在世，应该随时根据"理"的规范调整自己的行为以合于事物之发展。由此看来，孔子提出"三戒"的目的与他所提倡的"非礼勿视，非礼勿听，非礼勿言，非礼勿动"思想（《论语·颜渊》）是一致的，也即视、听、言、动要符合礼，只有符合礼的行为才有机会让仁心表现。

从以上分析看，儒家的"身"非血气之身，而是遵循心的内在要求而行为的"身"。这样的"身"是内存德性的身，而且这样的"身"能够在生活日用中彰显自我的德性。所以，儒家之"身"非被动的身体。同时，儒家之"身"也非完全是心的外现。虽然"身"代表自我个体，内含道德的主动性。如孔子讲："我欲仁，斯仁至矣！"（《论语·述而》）但是，儒家之"身"有其独立性，此独立性表现在他既能通过行为彰显德性，同时它自己也产生私欲，会给德性带来困扰。也正是"身"的这一特点，才凸显本心作为道德之心的价值和意义，同时，也给儒家"修身"的功夫提供了落实的基点。

由于儒家之"身"的特殊内涵，"修身"就成为展现自我德性的修养过程，这个过程成为儒家完成德性和落实德性的方式。从这个意义上说，"修身"与"中庸"在内在机理上是一致的。因为，从实践角度来说，"中庸"是"用中"，而"用中"是为了让自我德性恰当的发挥。其实，"修身"之举也是为了修养身心，让德性自显。不同的是，"修身"是道德自我不断修复，不断提升的过程，而"中庸"是德性显现的方式，是自我的一种内在要求。两者之间，一个注重自我成长的过程，一个注重内在的本性的展现方式。从这个意义上分析，

"中庸"是在个体不断"修身"的过程中所形成的一种能力。这种能力表现为能够随时随地"恰当"地应对事物。当然,这种"恰当"是本心的一种创造。为此可以说,"中庸"不是一种知识,它是在心意敦化后自然形成的一种能力。所以,做到"中庸"需要对生活有所感悟。众所周知,生活感悟非一朝一夕、一点一滴就能获得,它需要对生活全身投入,并时时检点内心,对私意防微杜渐,以显本心,以使道德情感生出。这其实就是"修身"的过程。程子说:"道之在我,犹饮食居处之不可去,可去皆外物也。诚以为己,故不欺其心。人心至灵,一萌于思,善与不善,莫不知之。"[9]这说明道德如果不是作为一种教条,而是作为生活实践的话,感悟到其真实而活泼的存在并不是难以做到的。"中庸"实践之难,难在其对于心的涵养。心的涵养,是心的自我澄明,这是涤除私欲让本心自我呈现的过程。此绝非一时之力、一日之功就能做到。孔子对此深有感触,他说:"中庸之为德也,其至矣乎!民鲜久矣。"(《论语·雍也》)还说:"天下国家可均也,爵禄可辞也,白刃可蹈也,中庸不可能也。"(《中庸》)这些话足以说明"中庸"之不易得。

但是,如果知道了"修身"与"中庸"的内在关系,实践"中庸"就不用一味地向外探求,无须熟记各种道德教条以备遵循。也就是说,"修身"的功夫使得"中庸"的实现有了落脚点。同时,"中庸"对于"修身"来说也具有了方法论意义。

"中庸"之"中正"内涵为"修身"提供了简洁的理论方法。什么是"正"?天地万物各有自己的归正标准,每一种事物所谓"正"的要求是不同的,以什么来确定呢?能够规定事物不同本质的是事物之"性","性"作为事物内在的规定,是贞定事物之自我特点以及事物之发展方向的决定因素。因此,要确定事物之"正"的标准,就要首先明白事物各自之性。也即说,"正"不是事物的外在标准,而是由"性"决定的内在要求。所以《易经》乾卦象辞言:"乾道变化,各正性命。"

万物各有性命,性命表现与外各有其正。但是,内在要求难以直接把握,只能从事物彰显的特征入手。从事物的外在特征把握其性命之正,可以通过儒家思想的一个重要概念"位"来进行。《中庸》讲:"天地位焉,万物育焉。"就是说,天地万物各在其位,秩序井然,万物并行发育而不相害,以达和谐。这里强调了"位"的重要。"位"并不是"位置",而是能使事物之性得以恰当发挥的条件。擅自离开这些条件，本性难以呈现，就是"失位"。《大学》言："《诗》云：'缗蛮黄鸟，止于丘隅。'子曰：'于止，知其所止，可以人而不如鸟乎？'……为人君，止于仁；为人臣，止于敬；为人子，止于孝；为人父，止于慈；与国人交，止于信。"小鸟不离草丛花间，是由其性决定的，如果其好高骛远，艳羡大鹏展翅，只会戕害自己本性而不得善终。潜草动植如此，人也不例外。作为君主，力行仁政，爱护臣民，这是君主这一社会角色的内在要求。作为臣子也要知道自己的责任和义务，以崇敬之心遵从之，尽到自己本分，这样方显臣子的德行，唯有如此才可以说没有失位，也即"恰到好处"。"中正"之意通过"位"来体现，"位"使事物之性尽显。事事物物如果都能达到"中正"之标准，此为"至善"。从这个意义上说，"至善"并非道德之域中作为形上本体的最高的善，而是生活日用中最恰当的行为。《大学》有言："大学之道，在明明德，在亲民，在止于至善。""至善"即"仁、敬、孝、慈、信"。所以，要想为善，就要根据自己内在的德性要求，不违反自己的良知做事。除此之外，还要考虑自己在社会中的各种角色，根据这些角色所承载的要求去做，这就是不失位。综上所述，"中庸"之"中正"之道才能完全体现出来。所以说，儒家之"修身"，其目的是"明明德"，其方法是"中庸"之道，最终实现使自己的性命归于正位的目的。

从为政的角度来说，"修身"表现为端正身心，按照职位要求，克己奉公，恪尽职守，以获得正位，以此彰显自我内在的德性要求。孔子说："不在其位，不谋其政。"（《论语·泰伯》）即如果不在位而谋其政，必然使君臣失位，秩序混乱。这句话同时也隐含"在其位，谋其政"的意思。"在其位，谋其政"，不仅仅是要求在位者要努力完成自己的本职工作，还要把工作做得"恰当"，这才是真正的"谋其政"。但是，恰到好处地把工作做好意味着顺应事物的内在要求做事，以达到事物应有的状态，这是很不容易的事。孔子说："道之不行也，我知之矣，知者过之，愚者不及也。道之不明也，我知之矣，贤者过之，不肖者不及也。人莫不饮食也，鲜能知味也。"（《中庸》）朱熹注曰："道者，天理之当然，中而已矣。知愚贤不肖之过不及，则生禀之异而失其中也。"[5]19朱熹认为愚贤不肖偏离中庸，不能展现天地之性，是由气质之性造成的。但他准确地指出，君子小人都不能很好地处理身边的事情，是因为不得事物之"中"，也即没有做到恰到好处。看来，对于为政者来说，工作做得不够当然不好，但是，如果做过了头也是不得其正,而我们往往强调前者而忽视了后者。

此外,"修身"中包含"时中"的运用,这也是为政的基础构成因素。孔子说:"君子之中庸也,君子而时中。"(《中庸》)朱熹注曰:"君子之所以为中庸者,以其有君子之德,而又能随时以处中也……盖中无定体,随时而在,是乃平常之理也。"[5]19 君子之所以为"中庸",是因为君子随时随地实行"中"道,事情做得无过也无不及,其关键是懂得"中无定体"的道理。虽然"中"道是常道,但是,常道并不意味着对待任何事情都用一种方法。因"中"而常,是说每个事物在特定的情况下都有合适恰当的处理方法,需要我们去发现和把握。因为事物是不断变化的,"中"也就有了时间因素,这是最容易被人忽视的地方。孔子说:"君子之于天下也,无适也,无莫也,义之与比。"(《论语·里仁》)他还说:"我则异于是,无可无不可。"(《论语·微子》)这话是孔子在肯定了伯夷、叔齐、柳下惠等人的品德之后说的,意思就是,我和他们不同,不会执定于一种原则,我会根据当时的情况做出恰当的选择。所以,孟子称孔子:"可以仕则仕,可以止则止,可以久则久,可以速则速,孔子也。"(《孟子·公孙丑上》)"孔子,圣之时者也。"(《孟子·万章下》)孔子不仅对"时中"理解深刻,而且一生践行。他说:"七十而从心所欲,不逾矩。"(《论语·为政》)就是在说,自己能够随时行"中",但即使随心所欲,也不会逾越规矩。因此,"时中"是在遵守"中正"之道基础上的灵活性。这是对"修身"提出的更高要求。

"时中"作为"修身"的重要内容成为为政有所为的积极因素。为政离不开做事,做事就要根据事物的内在要求去做,也即顺其性而为。因此,"做事"不是无中生有地创造事物或者处心积虑地改造事物,而是顺应事物之内在要求以促进事物的发展变化,或者通过道德行为提升事物的发展层次。如果从消极方面说,"做事"就是通过人的能动性,帮助事物避免偏离其本来的发展方向。而"时中"是确保"做事"做好的基本原则。《左传·昭公二十年》记载了一则故事,说明为政的时候要时刻根据情况变化而改变策略,不要一味坚守仁义原则而使事情变糟。"郑子产有疾,谓子大叔曰:'我死,子必为政。唯有德者能以宽服民,其次莫如猛。夫火烈,民望而畏之,故鲜死焉;水懦弱,民狎而玩之,则多死焉,故宽难。'疾数月而卒。大叔为政,不忍猛而宽。郑国多盗,取人于萑苻之泽。大叔悔之,曰:'吾早从夫子,不及此。'兴徒兵以攻萑苻之盗,尽杀之,盗少止。"孔子知道此事后,说:"善哉!政宽则民慢,慢则纠之以猛。猛则民残，残则施之以宽。宽以济猛，猛以济宽，政以是和。"（《左传·昭公二十年》）孔子认为，为政应该宽猛相济，是宽是猛，应根据情况变化而变化。表面看，这是对事物发展方向的把握；实际上，这是对自我修养的要求，即恰如其分地实现自身之位（责任、义务、权利）的要求。所以，杜维明说："'中庸'的意思，是要在一个复杂的社会、一个复杂的时空网络中，取得最好的、最合情合理的选择。就好像射箭要中的，也是在一个非常动荡、非常不容易掌握的环境中，取得最好的击中目标的时机。这就需要自强，需要自力，需要有自知之明，需要照察各种不同层面的矛盾。"[10]

（二）安人

孔子"安人""安百姓""安天下"的思想既体现了其政治理想，也体现了"中庸"之道。其中，"安人"就是使人各在其位，各谋其政，发其所长，尽其所能。这是"中庸"之"中正"内涵。顺着这个方向即可得出为政并不是"事必躬亲"，而是"知人善任"的结论。

知人善任不仅是一种能力，更是一种要求，它也体现为"恰当"。一个合格的为政者，必定是善于用人的人。孔子说："为政在人，取人以身，修身以道，修道以仁。"（《礼记·中庸》）为政者要善于以自己人格魅力吸引人才，用独到的眼光发现人才，并运用智慧的统筹能力使用人才。一个领导者在做事的能力方面强于其下属也未见得是好事。刘向在《新序》中记载一个故事："楚庄王谋事而当，群臣莫能逮，朝而有忧色。申公巫臣进曰：'君朝而有忧色，何也？'庄王曰：'吾闻之，诸侯自择师者王，自择友者霸，足己而群臣莫之若者亡。今以不谷之不肖，而议于朝，且群臣莫能逮，吾国其几于亡矣，吾是以有忧色也。'"[11]楚庄王认为，作为君主应该知人善任，而不是事必躬亲、让臣下坐等命令。从楚庄王的体悟可以看出，使臣下各在其位，各谋其政才是治国之道。另一则故事也说明了知人善任的重要性。"宓子贱治单父，弹鸣琴，身不下堂而单父治。巫马期亦治单父，以星出，以星入，日夜不处，以身亲之，而单父亦治。巫马期问其故于宓子贱，宓子贱曰：'我之谓任人，子之谓任力；任力者固劳，任人者固佚。'人曰：'宓子贱则君子矣，佚四肢，全耳目，平心气，而百官治，任其数而已矣。巫马期则不然，弊性事情，劳烦教诏，虽治，犹未治也。'"[12]可见，宓子贱懂得"中正"之道的具体运用。这也说明，为政者如果一味地事必躬亲则可能越位，知人善任才是正位，因此这个"正"，也就是"中庸"之不偏不倚的"中"。

从"中庸"的以上原则出发,"安人"不仅是让人安心,而且是让人更好地发挥优长。对于百姓,为政者应该使他们休养生息,安居乐业。这样的主张从孔子对郑国子产的称赞中就可以看出来,他说:"子产有君子之道四焉:其行己也恭,其事上也敬,其养民也惠,其使民也义。"(《论语·公冶长》)《论语注疏》对"养民也惠"和"使民也义"是这样解释的:"'其养民也惠'者,……言爱养于民,振乏赒无以恩惠也。'其使民也义'者……义,宜也。言役使下民,皆于礼法得宜,不妨农也。"[13]

同时,各负其责,各尽其才,相互协调,这是"中庸"之"和"。《中庸》言:"中也者,天下之大本也。和也者,天下之达道也。致中和,天地位焉,万物育焉。"为身边人的能力和本性的良好发挥提供条件,进而为天地万物的本性发挥提供帮助,使其各尽所能,各自自由无碍地生活于其性命中,这就是"和"。因此,万物各在其位,各展所长,才能够和谐相处,并行发展。百姓各自按照自己的内心要求生活,并在生活中发挥自己的能力和特长,善学则学,善耕则耕,百业并进,这是"和"。同时,父尽父道,子尽子道,家庭和睦,社会安宁这也是"和"。《礼记·礼运》中指出:"父子笃,兄弟睦,夫妇和,家之肥也。大臣法,小臣廉,官职相序,君臣相正,国之肥也。天子以德为车,以乐为御,诸侯以礼相与,大夫以法相序,士以信相考,百姓以睦相守,天下之肥也。是谓大顺。"这是从家庭、社会、国家层面强调了"中和"的意义,并指明了以此"中庸"之道构建社会和谐的重要性。

三、"修己"与"安人"的内在理路

综上所述,"中庸"之道不仅为人们修身进德提供了理论依据,而且为为政提供了重要思维理念和原则方法,是实现身心和谐与人际和谐的思想资源。

儒学是治世之学,强调"修己(身)"的同时,也重视"治国""平天下"的外在事功。从功夫论来说,修、齐、治、平之次第不断提升,最终达到"圣人"之境是顺理成章的。但是,理论上,"修身"和"治世"之间或者说"成己"与"成物"之间的必然关系是需要说明的,否则,把"修身"到平治天下仅仅作为功夫要求而忽视其理论基础,或许会导致修养者的功夫流于偏斜。虽然,应用修养过程中的体验方式所获得的"感觉"与运用经验认知所得出的知

识是不同的,但是,理论知识往往能够给予修养者以把捉处,并以此作为基础使得功夫有所落实且进一步开展,这就要求我们在儒家的"修身"与"安人"(治世)之间建立一个理论架构,而"中庸"则为我们提供了一种方法。

根据上文分析,应用"中庸"之"中正"内涵,会凸显"位"的重要性,同时,根据"时中"要求,其"位"所承担的任务,所面对的情况会发生改变,那么就需要不断改变看法,调整对策,使得事物良性发展,如此才能张扬事物本性,协调事物间的关系,以达成内在和外在的和谐,也即"中和"。但是,需要说明的是,修养自我如何能够产生安人、安百姓的道德动机?更进一步说,"成己"和"成物"之间的内在关联是怎样的?

"中庸"之"中"不仅指事物之中正不偏,更为重要的自我内心的中正平和。孔子言"用中于民",首先需要内心有中正的标准,否则,何能用中?因此,孔子说"中庸之为德也",也在强调其内在性。《中庸》首句所说"天命之谓性"者,虽然道出了性的来源,但是,性是内在于人心的,需要人心之发明,否则性即使在我身也是隐而不彰的。唐君毅先生说:"此中庸之性,自始为天命之所贯注,此天命亦当为可由吾人之内心自命而见及者。"[14]"内心自命而见"体现的就是内心的成德要求,这是自我的完善,是"修身"的第一动力。在这一动力下,内心的自我省察成为必须。《中庸》曰:"是故君子戒慎乎其所不睹,恐惧乎其所不闻,是故君子慎其独也。"所谓"慎独"是对心内私心杂念的防检,是属于"修心"阶段。然而,人之本心(性)若只是停留在心意诚诚的阶段,如何见及天命?天命体现于自然则是"天地位焉,万物育焉",即飞潜动植的生生不息、和谐生长。天命体现于人则是本心发明,助万物之生长,赞天地之化育。也只有如此,自我才可以与天地为一体,才可以大其心,成其德,使自我价值体现出来。

进而言之,儒家自我内心的要求并非完全是个体的,而是人伦之共同要求。之所以以"修己"说之,就是要明确自己的道德责任和培养自我身体力行的能力。从这个意义上说,儒家之"成己"之路穿行于人伦万物间,通过实现自己本心的要求以达到自己与他人、与自然之和谐。因此,"成己"离不开"成物"的过程,同时,"成物"的过程中也实现着"成己"的目标。

基于如上分析,奉行中庸之道内含着一种要求,即闲邪存诚,确立本心,力行中正;在自我做到无偏斜乖戾的同时,做到"己欲立而立人,己欲达而达人"(《论语·雍也》),以成就他人,进而成就万物。

通过以上分析,可知"修己"与"安人"并非是隔阂的两件事,而是一件事情的不同方面,其行为动机和要达成的目标都是以仁德的实现为宗旨的。因此说,孔子从"修己"到"安人"应用的虽然是中庸之道,但是落实的却是仁德。儒家从个体的道德体验入手来推行治世之道,这种伦理方式的应用使得为政的目标与个人日常修养的目标紧密结合起来了。

参考文献:

[1] 许慎,撰. 说文解字 [M]. 徐铉,校. 北京:中华书局,1963:12.

[2] 孔安国,传. 尚书正义 [M]. 孔颖达,疏. 北京:北京大学出版社,2000:112.

[3] 皇侃,撰. 论语义疏 [M]. 高尚榘,点校. 北京:中华书局,2013:516.

[4] 杨伯峻. 春秋左传注 [M]. 北京:中华书局,1990:860.

[5] 朱熹. 四书章句集注 [M]. 北京:中华书局,1983.

[6] 郑玄. 礼记正义 [M]. 孔颖达,疏. 上海:上海古籍出版社,2008.

[7] 徐复观. 中国人性论史 [M]. 上海:华东师范大学出版社,2005:70.

[8] 黎靖德. 朱子语类 [M]. 王星贤,校. 北京:中华书局,1986:841.

[9] 程颢,程颐. 二程集 [M]. 北京:中华书局,1981:1152.

[10] 杜维明. 儒家传统的现代转换 [M]. 北京:中国广播电视出版社,1992:117.

[11] 刘向. 新序校释 [M]. 石光瑛,校释. 北京:中华书局,2001:60—61.

[12] 刘向. 说苑校正 [M]. 向宗鲁,校. 北京:中华书局,1987:158—159.

[13] 何晏. 论语注疏 [M]. 邢昺,疏. 北京:北京大学出版社,2000:69.

[14] 唐君毅. 中国哲学原论:原道篇:上 [M]. 北京:中国社会科学出版社,2006:362.

儒家文化中"孝"与"修身"关系探析*

孝道是儒家学说立论的根基，中国儒家文化的体系是建立在以"孝"为基础的家庭关系之上的。积极入世、求取名位以成"三不朽"是儒者的理想，在"立功"的大进路上"齐家、治国、平天下"皆以修身为本，修身是儒家达成事功的基石。由此可见，孝道与修身皆是根基性的儒家元素，二者之间多种内容的互为观照与统一造就了儒家对不同群体进德修业的不同要求。承继中国传统文化中的孝与修身理念不仅助益个人内修仁孝、外展信义，也有补救时弊之效。在以血缘为纽带的中国社会，孝与修身对树家风、教子孙、益社会皆有重要功用，也是当下继承中国传统文化的重要内容。

一、儒家文化中"孝"与"修身"的内涵

就儒家孝与修身的内涵而言，儒学在其发展的不同阶段对二者的内涵有不同的认识。从先秦儒学到西汉董仲舒新儒学，孝的政治性意味大大加强；到宋明理学又为之一变，孝道被赋予了深刻的等级秩序烙印，甚而发展出扭曲的"孝道"；转至明末清初，像李贽般的"叛逆"思想家对扭曲的孝道作了无情甚至冷酷的批判，但孝道思想绵延千年，从未沦落到儒家思想的边缘，可见其在儒学体系中的地位和影响。

自古及今，人们对"孝"的内涵认识有所不同和侧重，但其本质并无太大

---

* 基金项目：山东省哲学社会科学规划项目"先秦儒家快乐思想研究"（18CLSJ08）。
作者简介：秦星星，女，河北衡水人，曲阜师范大学历史文化学院硕士研究生，研究方向为儒学史；王曰美，女，山东利津人，曲阜师范大学孔子文化研究院教授，博士生导师，孔子与山东文化强省战略协同创新中心兼职教授，研究方向为中国传统文化和儒学史。
原载《武陵学刊》2018 年第 5 期。

差别。《论语·学而》言:"孝弟也者,其为仁之本与!"[1]孟子言:"人之所不学而能者,其良能也。所不虑而知者,其良知也。孩提之童,无不知爱其亲也。无他,达之天下也。"[2]古人常言:"羊有跪乳之恩,鸦有反哺之义。"《孝经·圣治》载:"天地之性,人为贵。人之行,莫大于孝。"陈福滨认为,父母子女之亲是出于天性所使然[3]。张祥龙认为,孝道与人性有关,是成为完整意义的人不可或缺的部分[4]55-75。由此可见,孝是人的天性这一观点已被人们比较广泛接受。孝,成于天性,形于人性,就有了权威性与合法性,孝的内容也要从亲子的天然关系中来。"报本反始"是一个深具儒家特色的观念,表达了一种感恩图报之情。《孝经·开宗明义》言:"身体发肤,受之父母,不敢毁伤,孝之始也。立身行道,扬名于后世,以显父母,孝之终也。夫孝,始于事亲,中于事君,终于立身。"保护好自己的身体让父母安心是孝行的开始,在现世社会取得名位、光宗耀祖则是孝的大行。可以说,这是儒家现实事功的伦理逻辑和发奋动力。"孝之终"的要求与"三纲领、八条目"有着相通之处,八条目的外显可以从"修身"始。格物、致知、正心、诚意是深藏于内的,齐家、治国、平天下是修身基础上的"外修"或外化,齐家、治国、平天下皆以修身为本。从这一层次讲,现实事功的要求已经把"孝"与"修身"联结在一处。

在《大学》中,"修身"有两层含义。一是"正其心"。"所谓修身在正其心者,身有所忿懥,则不得其正;有所恐惧,则不得其正;有所好乐,则不得其正;有所忧患,则不得其正。心不在焉,视而不见,听而不闻,食而不知其味。此谓修身在正其心。"[5]1039言行举止必须得当,修养自身首先要端正自己的内心。二是修养情绪心态。"人之其所亲爱而辟焉,之其所贱恶而辟焉,之其所畏敬而辟焉,之其所哀矜而辟焉,之其所敖惰而辟焉。故好而知其恶,恶而知其美者,天下鲜矣。"[5]1040意思是说,只有从内心深处接受精神的洗礼,克服自身情绪的偏颇,才能实现真正的修身。儒家的"修身"一方面与人的思想认识有关,另一方面与人的精神状态有关,总体来说就是修于内而形于外。子曰:"君子不重,则不威,学则不固。"(《论语·学而》)"非礼勿视、非礼勿听、非礼勿言、非礼勿动"的要求正是内修于心,外成于身的过程,即它既是修身的要求又是修身的完成。而"慎独""慎言""立德""立功"的成就也正是在修身的过程中渐次实现的。

孔子把"仁"作为儒家修身观的发端。在《论语·八佾》中,孔子说:

"人而不仁，如礼何？人而不仁，如乐何？"这就是说一切的礼乐制度都是以仁为根本的，没有仁作为基础，那么任何礼乐都是没有意义的[6]。孔子希望人们通过修身保持最初"仁"的本心，而人之本也就是孝悌，孝道成为修身不可或缺的一部分，修身或可看成一种路径。正如孔子所言："仁者人也，亲亲为大。"（《礼记·中庸》）如此，便达成天然的亲亲而人仁的伦理建构[4]72，以孝通仁。《论语·宪问》曰："君子道者有三，我无能焉：仁者不忧，知者不惑，勇者不惧。"[7]孔子提出的智、仁、勇就是所谓"三达德"，其中蕴含着由孝及仁、由孝生智、亲亲而勇的修身智慧。所谓"温良恭俭让、仁义礼智信"的修身要求，大多是在家族或家庭的训导和亲子关系的互动中练习获得的。

二、"孝"与"修身"的关系

孝道与修身之关系犹似"贤能关系"，也即"德才关系"。在这里，"贤"与"德"通，"能"与"才"通。《礼记·礼运》曰："大道之行也，天下为公，选贤与能，讲信修睦。"选取贤者、能士是实现儒家大同理想社会的要求，而依靠贤能可以实现社会的讲信修睦，可见"贤能"的标准是极高深的。

西汉选取人才用贤良文学和举孝廉等方式，将"贤"和"孝"统合在一起。中国历史上，采用"唯才是举"选拔人才的也只有曹操等乱世君主，这是他们在特定历史时期为求江山一统而确定的取才之方；而"唯德是举"才是古代中国选拔人才的主流价值理念。尽管事实可能不尽如人意，但贤德标准始终是用人者的主流意识。"'德'绝不仅仅是现代意义上的个人道德，而是包含修身、齐家、治国、平天下各方面的出色与卓越。就尧而言，'钦明文思安安，允恭克让'是其修身之德，'克明俊德，以亲九族'是其齐家之德，'九族既睦，平章百姓'是其治国之德，'百姓昭明，协和万邦，黎民于变时雍'是其平天下之德（《尚书·尧典》）。君王最重要的德就是任用贤人。"[8]"人人皆可成圣"的理念到了宋明理学时期已经引入凡世，圣王之德成为知识分子或理学家修德的核心内容，"德"是获得齐家、治国、平天下资格的必然要求和行为合法性的依据，甚而成为超越律法的性理存在。德与才不同，对此，司马光在《资治通鉴》中说："才与德异，而世俗莫之能辨，通谓之贤，此其所以失人也。夫聪察强毅之谓才，正直中和之谓德，才者，德之资也；德者，才之帅也。"孔子一贯认为："为政以德，譬如北辰，居其所而众星拱之。"（《论语·为政》）王杰认为,"以德为先"应是普遍的选官和用人理念[9]。"德主才奴""德帅才资""德根才枝"的说法一直将"才能"作为"德"的资用,"德才兼备"是中国传统理想的选官用人标准。"有才无德"的人被主流观念斥为非但无所裨益于国家,甚至藏有危及国家的祸根,如中国古代晋国的智伯,而"有德无才"虽无功却也无咎被广泛认同。也就是说"才能"只有得到"德性"的指引才会得到充分发挥。

在儒家学者看来,"孝"是德性的始发与根本。《弟子规》有言:"首孝弟、次谨信。"《三字经》则说:"首孝悌,次见闻。""百善孝为先"的教导无不散发着儒家文化对孝德的重视。从儒家修身之业的理想看,修身是为了处理好社会中的各种关系,助益社会秩序的稳定,虽有"推己及人""反求诸己""己欲立而立人,己欲达而达人"等内省式的由近及远的方式,但最理想的状态是"内圣",而想要产生更为广大的影响则需要达至"外王"境界,即取得名位成就和现世功业。如孟子所说"穷则独善其身,达则兼善天下"(《孟子·尽心上》)。无论先秦儒学的孔孟正宗,还是宋明儒学的性理之学,"孝"都是儒家论说合理性及其宏大理想实现的合法性的始发点。

中国历代王朝中不乏举着以孝治天下大旗的君王。两汉时期,人们对"孝"推崇至极,"孝"感动天说的流行则为"天人感应"学说的形成奠定了基础,"孝"成为王权理论的内核,是政权合法性的论证与彰显。鲜卑族建立的北魏王朝的改革者则称"孝文帝云云",谥号多加孝字;宋明之世理学大兴,亲子之间的孝从孔子主张的"孝敬"[10]转变为"孝顺"。"孝观念"的韧性变坏了,甚至僵化了,"孝行"虽被整个社会人为性强制化了,但这恰恰说明了人们对孝的重视。"丁忧"制度的出现,就是统治者寄希望于士大夫普遍性地居丧尽礼,推广忠孝之道,以孝成德的体现[11]。孝道渐次成为修身的起始和内核,不仅失去"孝"的修身之业多被看成是恶业,而且修身的内容也多与"孝"相关联。在儒家看来,孝是贤德的必要品德,如果缺少"孝"这一最基本的德行,个人修养的大厦将失去根基。

孝与修身和德才关系又有差别。"德""才"既相互成就,又相互区别,二者可以统合为一,具有双向互动的特点,而"孝"与"修身"看起来则是单向的,有包含与被包含的意蕴。修德进业不仅要有"孝"观念,还要有具体的"孝行"。"孝"通过"修身"成为人的德性并成为德行的根基,以孝成德,以德彰孝。在这一过程中,"孝行"成为观念的实现和可视化的德性衡量标准。《孝经》云:"孝子之事亲也,居则致其敬,养则致其乐,病则致其忧,丧则致其哀,祭则致其严,五者备矣,然后能事亲。"[5]6 "武王帅而行之,不敢有加焉。文王有疾,武王不脱冠带而养。文王一饭,亦一饭;文王再饭,亦再饭。询有二日乃间。"[12] 或有"冬温而夏清,昏定而晨省,在丑夷不争"[13]4。孝行多见于古之帝王的事迹记载中,可见古人对孝的定位之高。由此可见,"修身"是治国平天下的要求,而"孝"是"修身"的基本要求,对修身的评定断然不能缺少孝的因素。

三、"孝"与"修身"之用

孝道是儒家思想渗透、流动于中国社会生活中最鲜明的道德伦理文化之一。它是家庭伦理的核心、社会道德的基础、仁学结构的血缘根,也是君子修身、齐家、治国、平天下必备的道德素质。儒家的行孝与修身和道家、释家的不同,道家追求"羽化成仙",用"齐物""逍遥""有无"的观念把个体从群体中一定程度上分离开来;释家主张"无父无君",个体的心性修炼可以成为自己的业;儒家则把自我的实现融于群体中,主张自我实现的所有过程必须在社群之中完成。"在一定程度上,祭祀祖先、善事父母,并进而'慎终追远'乃至'继志述事',堪称是在个体生命本位的意义上较为彻底地体现了自我生命的根源意识,因而它们构成了作为道德伦常规范的'孝'的主体内容。"[14]

一个人的"孝"与"修身"功夫的实现需要统合于家庭,个体的所有德行塑造了家庭抑或家族的名声与事功,进而家族的荣光普照于每个成员。所以,"光宗耀祖"不仅是科举制下求取功名利禄的附属产物,更重要的是个体德行的自我实现,这在儒家典籍中多有体现。"立身行道,扬名于后世,以显父母,孝之终也。"(《孝经·开宗明义》)从"孝与修身"在家庭的地位看,亲子关系的实现偏向于"子"的自我实现。毛炳生认为,父慈子孝是相互对待的,三年无改于父之道,至于父之道,就是一个"慈"字,如果父慈,则其所作所为必"爱利"其子[10]。在这一良性互动关系中,"子"认知了父亲的角色和责任以及与后辈相处的艺术,也有利于"孝"的完成,因为具有天然情感意义的"孝"正是儒家所倡导的。在"父慈子孝"的互动中,传统社会的道德舆论传播具有放大效应,对后辈的名声和进德修业有助益之效,当然这一道德舆论效应也具有了外在的道德约束。这种氛围的塑造为日后的"齐家"创造了条件，一定程度上锻炼了子的"齐家之能"，所谓"父子笃、兄弟睦、夫妇和，家之肥也"(《礼记·礼运》)。

儒家将"孝"与诸多美德联系在一起，甚至被"定于一尊"而与统治阶级的主流思想相结合，成为不同社会群体共同倡导的伦理规范，在一定历史时期，"孝"成为统治阶层政治表达的载体。孔子的得意弟子——仲由，字子路，性格直爽勇敢，十分孝顺，早年家贫，常常自己采野菜充饥，却从百里之外背米回家侍奉双亲。由此，子路因其孝行被人夸赞。《孝经》虽然表达了"移孝作忠"的观念，有浓厚的政治意图，但也说明了"孝"的社会影响的深入与广泛。汉代选取人才的政策——"举孝廉"制度，其根本目的就是要从天下郡县中寻找有影响的"孝子"和"廉吏"充任国家的各级官员，其中，廉吏的衡量标准除了清廉，孝道也是重要的尺度。因此，在人才评选上，"孝"被视作"重宝"。"文王之为世子，朝于王季日三。鸡初鸣而衣服，至于寝门外，问内竖之御者曰：'今日安否何如？'内竖曰：'安。'文王乃喜。及日中又至，亦如之。及莫又至，亦如之。"[13]168孝的观念遍及社会各角落，成为各社会阶层必须遵从的重要伦理。

从文化史的角度看，吴虞认为儒家倡导孝的一个基本特点是家国一体。"详考孔子之学说，既认为孝为百行之本，故其立教，莫不以孝为起点，所以'教'字从孝。凡人未仕在家，则以事亲为孝，出仕在朝，则以事君为孝……由事父推之事君事长……'孝乎惟孝，是亦为政'，家与国无分也，'求忠臣必于孝子之门'，君与父无异也。"[15]马一浮认为，"六艺之旨，散在《论语》而总在《孝经》"[16]。李翔海认为，"在成熟形态的中国文化传统中，没有出现基督教式的人格神信仰的宗教，这可以说是中国文化区别于西方文化的一个重要特征。这与儒家思想以自身的方式为人们提供终极关怀、从而充任了中国文化系统中的宗教性功能直接相关的，而'孝'则是其中的一个重要组成部分"[14]。就儒家"孝"观念的现代价值而言，李景林认为："现代中国社会逐渐由传统的熟人社会转变为陌生人社会，社会公私领域的边界亦变得愈益清晰。在这种生存境遇下，一方面，我们特别需要在伦理道德领域理解和重建儒家的道德精神；另一方面，亦要注意克服后儒把'孝'作泛化理解的倾向，更好地开发和发扬儒家'门外之治义断恩'的哲学智慧，着力于社会公共秩序的建构。"[17]至于"修身"则是贯穿于整个人生，永无止境的。杜振吉认为，修身是儒家学说的重要组成部分，历代儒家学者把修身作为实现人生价值和达到人格完善的重要手段和途径，这不论对人的自我完善，还是对社会道德建设都是十分必要的[18]。孝与修身如同理念与方法，"孝"指导了修身进德的方向，建立了修身之业的地基，"修身"如同脉络，将德与孝连为一体，"孝"也成为了儒家道德伦理的一个重要德目。

综上所述，儒家文化认为，"孝"是仁的根本，也是立国、治天下的根本，并且还是为人的根本。立德、立言、立功的"三不朽"莫能离开孝的德行。孝既然成于天性，在"天人感应"的理论视野下就有了权威性与合法性，始于事亲、中于事君、终于立身的孝的分层，将孝德与"修身"之业关联起来，在修身进德的"内圣"要求下进一步达成"孝之终"，以现世事功的达成来完成"外王"功业，从而展现了个体必须在群体中完成自我实现的理念。"修身"而后"齐家、治国、平天下"成为儒家事功的直接体现，而其内在的逻辑是"古之欲明明德于天下者，先治其国；欲治其国者，先齐其家；欲齐其家者，先修其身"（《礼记·大学》），修身是中心环节，格物、致知、正心、诚意是修身的过程，齐家、治国、平天下是修身的扩展，也是修身的目的。在这一逻辑中，"孝"扮演了重要角色。儒家伦理道德体系的建构以"孝"为基石，发展出一套君子德行和人格，以"修身、齐家、治国、平天下"为大进路，"齐家、治国、平天下"，皆以"修身"为本，直接表现"外王"之形，二者贯通，"孝"以成"内圣"之境、达"外王"之形。孝与修身合为一处方是"真修身"，孝的精义融于修身功夫渐次达到推己及人是儒家的成事路径。修身之业与儒家关于"贤""能"之认识有相通之处，"孝德与贤能"正是社会与国家取人才、正风气的尺衡。追述、承继儒家孝与修身的理念不仅助益个人内修仁孝、外展信义，也有补救时弊之效。在血缘纽带联结几千年的中国社会，重新探寻孝文化与修身的关系对树家风、教子孙、益社会有实在的功用，也是继承中国传统文化的应有之义。

参考文献：

[1] 杨伯峻. 论语译注 [M]. 北京：中华书局，2012：3.

[2] 杨伯峻. 孟子译注 [M]. 北京：中华书局，2010：283.

[3] 陈福滨.儒家的"孝"道思想[J].哲学与文化,1991(4):311—313.

[4] 张祥龙.家与孝——从中西间视野看[M].北京:生活·读书·新知三联书店,2017.

[5] 杨天宇.礼记译注[M].上海:上海古籍出版社,1997.

[6] 薛立芳.儒家礼乐文化与修、齐、治、平之关系略论[J].湖北社会科学,2012(4):113—115.

[7] 李泽厚.论语今读[M].合肥:安徽文艺出版社,1998:342.

[8] 孙磊.民主时代的贤能政治——儒家贤能政治传统的现代意义探寻[J].天府新论,2018(4):42—52.

[9] 王杰.唯有仁德者宜居高位——谈中国传统用人标准[J].中国领导科学,2018(2):106—109.

[10] 毛炳生.孔子的孝道观析论[J].东方人文学志(台北),2010(1):39—58.

[11] 赵克生.明代丁忧制度述论[J].中国史研究,2007(2):115—128.

[12] 骆承烈.中国古代孝道资料选编[M].济南:山东大学出版社,2003:45.

[13] 艾钟,郭文举.儒家道家经典全释[M].大连:大连出版社,1998.

[14] 李翔海.从"孝"看礼乐文明的现代意义[J].中国儒学,2014(9):1—19.

[15] 吴虞.家族制度为专制主义之根据论[M].成都:四川人民出版社,1985:62.

[16] 马一浮.马一浮集:第一册[M].杭州:浙江古籍出版社,1996:15.

[17] 李景林.论孝与仁[J].江南大学学报(人文社会科学版),2014(3):5—12.

[18] 杜振吉,郭鲁兵.儒家的修身思想及其方法述论[J].道德与文明,2008(1):53—58.

"尊德性而道问学"
——朱、陆修养工夫论的思想渊源及其比较*

以朱熹为代表的"理学"与以陆九渊为代表的"心学",是南宋中后期道学阵营中最为重要的两大学派。从目前学术界的研究来看,朱熹与陆九渊的思想异同主要体现在以太极说为中心的本体论、以"性即理"与"心即理"为中心的心性论、以"尊德性"与"道问学"为中心的修养工夫论等方面。朱熹与陆九渊生前已经爆发了"鹅湖之会"(修养工夫论)与"无极太极之辩"(道器本体论)等方面的激烈论战,由此产生的"朱陆异同"之辨,以及"理学"与"心学"两大派别之争也成为了贯穿整个理学史的主要发展线索与学术研究的重大课题。其中修养工夫论涉及的尊德性与道问学、道德理性与工具理性、德育与智育的关系问题是人类教育史上历久弥新的话题,对于当今社会主义精神文明与物质文明建设也极具指导和启发意义。

到目前为止,学术界关于朱陆异同(包括修养工夫论)的专题论文已有不少[①]。

---

* 基金项目:教育部人文社会科学重点研究基地重大项目"阳明心学的历史渊源及其近代转型"(16JJD720014);中央高校基本科研业务费专项资金资助项目"黄百家哲学思想研究"(113-410500126)。

作者简介:连凡,男,湖北孝感人,武汉大学哲学学院讲师,博士,研究方向为中国哲学史、比较哲学和古典文献学。

原载《武陵学刊》2017年第5期。

[①] 陈寒鸣.程敏政的朱、陆"早同晚异"论及其历史意义[J]//哲学研究,1999(7);解光宇.程敏政"和会朱、陆"思想及其影响[J]//孔子研究,2002(2);解光宇.程敏政、程曈关于"朱、陆异同"的对立及其影响[J]//中国哲学史,2003(1);路新生."尊德性"还是"道问学"?——以学术本体为视角[J]//天津社会科学,2008(4);陈万求,刘志军."尊德性而道问学"——传统儒学知识伦理论[J]//湖南师范大学社会科学学报,2008(2),等。

此外还有许多专著都涉及此问题。其中台湾地区学者王孝廉在其《二程子修养方法论及其对朱陆的影响》一文中，论述了二程即程颢、程颐在修养工夫论（识仁、主敬、穷理等）方面与朱陆之间的思想关联，其目的在于从思想渊源出发考察朱陆修养工夫论之异同[1]。但朱陆修养工夫论的思想渊源绝不只限于二程，其与先秦思孟学派以及北宋理学创始人周敦颐、张载等人的思想继承关系还有进一步探讨之必要。本文即沿着这一思路，力图从朱陆及上述诸人的相关著作中发掘出更为丰富的材料，并结合前人时贤的相关论述，从多个不同的角度探讨朱陆以"尊德性"与"道问学"为中心的修养工夫论的渊源、本质及其异同。

一、朱熹修养工夫论的渊源及其内涵

"尊德性"与"道问学"向来被视为朱陆修养工夫论的宗旨，但遍检朱熹与陆九渊的所有著作，直接提及"尊德性"与"道问学"的地方并不多。朱熹作为中国古代哲学的多产学者，现存有数百卷的文集与语类等著作，而其中直接提及"尊德性"或"道问学"的地方不过数十条，而且大部分集中在《朱子语类》解释《中庸》"尊德性而道问学"的文字中[2]1585-1591。陆九渊的现存著作中更是只有一条语录直接提及"尊德性"或"道问学"，两词共出现五次[3]400。但这绝不意味着它们在朱陆思想中的地位不重要，而是因为它们往往以内涵相同或相近的其它概念形式表述出来。正如陈荣捷先生所指出的，朱熹常以并行的两种主张作为其思想之宗旨，如所谓"知行并进""居敬穷理""明诚两进""敬义夹持""博文约礼""持敬致知"等，这些成对的概念命题其实与"尊德性而道问学"的内涵相同或相近，有着非常紧密的关联[4]189。本文结合论述主题重点考察"尊德性"与"道问学"、"存心"与"致知"、"主敬"与"穷理"、"自诚明"与"自明诚"、"德性之知"与"闻见之知"等几对命题，并围绕这些命题对朱熹的修养工夫论的渊源及其内涵进行一些探讨。

（一）"尊德性"与"道问学"

"尊德性"与"道问学"出自《礼记·中庸》篇。朱熹将《中庸》收入《四书》中，并作《中庸章句》予以阐释。《中庸》说："故君子尊德性而道问学，致广大而尽精微，极高明而道中庸。温故而知新，敦厚以崇礼。"朱熹认为此五句中第一句"尊德性而道问学"是纲领，是统摄，而五句中上半部分"尊德性、致广大、极高明、温故、敦厚"是大纲工夫,以"尊德性"为根本;下半部分"道问学、尽精微、道中庸、知新、崇礼"则是细密工夫,以"道问学"为根本[2]1590。对于其具体含义,朱熹在《中庸章句》中解释道:"尊者,恭敬奉持之意。德性者,吾所受于天之正理。道,由也。温,犹燖温之温,谓故学之矣,复时习之也。敦,加厚也。尊德性,所以存心而极乎道体之大也。道问学,所以致知而尽乎道体之细也。二者修德凝道之大端也。不以一毫私意自蔽,不以一毫私欲自累,涵泳乎其所已知。敦笃乎其所已能,此皆存心之属也。析理则不使有毫厘之差,处事则不使有过不及之谬,理义则日知其所未知,节文则日谨其所未谨,此皆致知之属也。盖非存心无以致知,而存心者又不可以不致知。故此五句,大小相资,首尾相应,圣贤所示入德之方,莫详于此,学者宜尽心焉。"[5]35-36一方面,按照朱熹的解释,"尊"指"恭敬奉持",即以恭敬之心来奉养持守(德性)。这里涉及心、性、天、理的关系。朱熹说:"心者,人之神明,所以具众理而应万事者也。性则心之所具之理,而天又理之所从以出者也。"[5]349心是人的主体精神,而性(德性)依据程朱沟通天理人性的"性即理"说,是指天所赋予、人所禀受而存于人心中之天理,或者说天道(天理)落实于人道(人心)之呈现。朱熹又说:"'德性'犹言义理之性。"[2]1585可知德性就是程朱所说根源于天理而纯善无恶的"义理之性"。所谓"尊德性"指恭敬持守天赋之德性,即通过存养心中所具之天理("存心",即"尊德性")来极尽道德本体之全体大用。具体工夫包括消除心中私意私欲对于天理(德性)的障蔽,涵泳已经知道的("温故")与敦笃已经做到的("敦厚")。另一方面,"道"训为"由",指手段途径。所谓"道问学"即"致知",指通过博学、审问、慎思、明辨、笃行的知行工夫来获取和推广知识(包括见闻之知与德性之知)使之无所不到,从而极尽道德本体之细微曲折。具体工夫包括辨析义理、处事应物,穷究(格物穷理)作为道德本体(天理)之体现的"理义"(伦理道德)与"节文"(制度规范)等。在朱熹看来,"尊德性"即是"存心"的过程(包括致广大、极高明、温故、敦厚),"道问学"即是"致知"的过程(包括尽精微、道中庸、知新、崇礼)[2]1588。朱熹指出:"今且须涵养。如今看道理未精进,便须于尊德性上用功;于德性上有不足处,便须于讲学上用功。二者须相趋逼,庶得互相振策出来。若能德性常尊,便恁地广大,便恁地光辉,于讲学上须更精密,见处须更分晓。若能常讲学,于本原上又须好。觉得年来朋友于讲学上却说较多,于尊德性上说较少,所以讲学处不甚明了。"[6]2371可见"尊德性"与"道问学"二者相资为用,互为条件,通贯道体之大(大纲)小(细节)精(道理)粗(事物)[2]1589、工夫之上(上达)下(下学)本(根本)末(枝叶)[7]2390,有如车之两轮,都是修德体道过程中不可或缺的工夫手段。

需要指出的是,朱熹关于"尊德性"与"道问学"关系的主张,与北宋理学奠基人之一的张载有一定的思想关联。一方面,张载指出,"不尊德性,则学问从而不道;不致广大,则精微无所立其诚;不极高明,则择乎中庸失时措之宜矣"[8]28,强调"尊德性""致广大""极高明"分别是"道问学""尽精微""道中庸"的前提。另一方面,张载又指出,"今且只将尊德性而道问学为心,日自求于问学有所背否,于德性有所懈否。此义亦是博文约礼,下学上达,以此警策一年,安得不长!每日须求多少为益,知所亡,改得少不善,此德性上之益。读书求义理,编书须理会有所归著,勿徒写过,又多识前言往行,此学问上益也,勿使有俄顷闲度,逐日似此,三年庶几有进"[8]376,强调"尊德性"与"道问学"二者并行,不可偏废。而朱熹则指出:"然圣贤教人,始终本末,循循有序,精粗巨细,无有或遗。故才尊德性,便有个'道问学'一段事,虽当各自加功,然亦不是判然两事也……盖道之为体,其大无外,其小无内,无一物之不在焉。故君子之学,既能尊德性以全其大,便须道问学以尽其小。其曰致广大、极高明、温故而敦厚,则皆尊德性之功也。其曰尽精微、道中庸、知新而崇礼,则皆道问学之事也。学者于此,固当以尊德性为主,然于道问学,亦不可不尽其力,要当使之有以交相滋益,互相发明,则自然该贯通达,而于道体之全无欠阙处矣。今时学者心量窄狭,不耐持久,故其为学,略有些少影响见闻,便自主张,以为至足,不能遍观博考,反复参验。其务为简约者,既荡而为异学之空虚,其急于功利者,又溺而为流俗之卑近,此为今日之大弊,学者尤不可以不戒。"[9]3591-3592朱熹一方面认为当以尊德性为主,但另一方面又强调道问学不可偏废、相互发明,只有二者兼顾才能通贯道之大小、本末。由此出发,朱熹认为陆氏心学因其只重视尊德性忽视道问学而易流为禅学异端之空虚,而功利之学又欠缺尊德性工夫,易流于追名逐利的俗流不能自拔,批评二者各有偏颇,非中庸之道。在此我们还发现了一个有意思的现象。上述张载前一条强调"尊德性"为"道问学"前提的语录未被收入朱熹编纂的《近思录》中,而后一条强调"尊德性"与"道问学"不可偏废的语录则被收入《近

453

思录》中。由此可见朱熹本人的思想立场。事实上,沿着张载所说前一条语录推下去可通至陆九渊以"尊德性"为"道问学"之前提和目的的方法论主张,而沿着张载所说后一条语录推下去可通至朱熹"尊德性""道问学"两轮并行的方法论主张。

(二)"存心"与"致知"

"存心"一词原本出自《孟子》。孟子说:"君子所以异于人者,以其存心也。君子以仁存心,以礼存心。"(《离娄下》)孟子针对告子所谓"生之谓性"的自然人性论,指出人之所以区别于禽兽在于人生来具有天赋之道德理性(即仁义礼智之四德),进而以能否存养此道德理性(以仁礼为代表)来区分君子与小人。孟子又说:"尽其心者,知其性也。知其性,则知天矣。存其心,养其性,所以事天也。"(《尽心上》)孟子在继承三代以来的天命论基础上,发扬人的主体能动性,提倡通过尽心知性、存心养性的知行工夫来发明和践履人内在的先天道德理性,阐发了合人道(心性)于天道(天命)的天人合一思想。孟子的心、性、天相贯通的思想到了宋代理学家那里获得了形上本体(天理)的论证。如宋代理学奠基人程颐回答弟子:"问:孟子言心、性、天,只是一理否。曰:然。自理言之谓之天,自禀受言之谓之性,自存诸人言之谓之心。"[10]296-297 又说:"孟子曰:'尽其心,知其性。'心即性也。在天为命,在人为性,论其所主为心,其实只是一个道,又岂有限量。天下更无性外之物。若曰有限量,除是性外有物始得。"[10]204 还说:"心具天德,心有不尽处,便是天德处未能尽,何缘知性知天?尽己心,则能尽人尽物,与天地参赞化育。"[10]78 从其理本论出发,认为心、性、天(命)只是从三个不同角度指称天理(道),其实质是一致的,因此主张"性即理""心即性""心与理同"[11]162,认为理、性贯穿于整个天地万物之中,所以天下无性外之物,而理、性(天德)即具备于吾人无限量之道德心中,因此通过"尽心"便可以"知性知天"了。朱熹继承程颐的上述思想,进而指出:"意者在天为命,在人为性,性无形质,而含之于心。故一心之中,天德具足,尽此心则知性知天矣……大抵'尽其心',只是穷尽其在心之理耳。"[2]1433 认为人禀天理而为性,而性又统合于心中("心统性情"),所以人心中具备天理(天德)之全体,只要"尽心"即可"知性知天",而"尽心"即是穷尽心中所具之天理("穷理")。朱熹指出:"尽心知性而知天,所以造其理也。存心养性以事天,所以履其事也。不知其理,固不能履其

454

事。然徒造其理而不履其事，则亦无以有诸己矣。"[5]349 从其理事并进、知行互发的立场出发，朱熹将发明心性（天德）的"尽心知性"工夫作为穷究天理（德性）的手段，将存养心性的"存心养性"工夫作为道德践履（尊德性）之手段，认为前者是后者的前提，后者是前者的保障。

"致知"原本是《大学》的"八条目"之一。《大学》讲"致知在格物"，强调必须通过接触事物来获取知识，但对于"格物"的含义及其具体过程没有给出明确的解释。朱熹则继承程颐的"理一分殊"和"格物穷理"说，在其所作《大学章句》的"格物致知补传"中指出："所谓致知在格物者，言欲致吾之知，在即物而穷其理也。盖人心之灵莫不有知，而天下之物莫不有理，惟于理有未穷，故其知有不尽也。是以大学始教，必使学者即凡天下之物，莫不因其已知之理而益穷之，以求至乎其极。至于用力之久，而一旦豁然贯通焉，则众物之表里精粗无不到，而吾心之全体大用无不明矣。此谓物格，此谓知之至也。"[5]7 认为万事万物皆有其分殊之理，而人心之性即具天地万物之理的全体。这样一来，通过穷究天下万物之理的"格物穷理"工夫便可穷尽吾人心性中的各个细微之处，这种工夫如果持之以恒地积累下去的话，一旦产生理性飞跃，便会达到"众物之表里精粗无不到，而吾心之全体大用无不明"的豁然贯通境界，即一方面能够认识事物的表象和本质，另一方面能够发明吾人心性（天理）的全体大用。总而言之，朱熹认为，通过穷究事事物物中所具有的分殊之理的格物工夫，最终能够达到对天理整体（理一）的完全认识。此一过程即"道问学"的工夫。

（三）"主敬"与"穷理"

正如明代朱子学者徐问所指出的，"世学或谓心中不须用一个敬字，且病宋儒程、朱'主敬'及'主一'之说。不知敬非别物，只是尊德性，常以心为天、为君、为严师，翼若有临而不敢怠放"[12]1247-1248。朱学中的"尊德性"与"道问学"与其主敬（居敬）穷理（格物）的修养工夫相当。追根溯源的话，二程的老师周敦颐从其天人合一论出发，提倡效法寂然不动之太极本体的"主静"工夫论。程颢在继承周敦颐"主静"工夫论的同时，又考虑到专在静处下工夫的话，则动时工夫欠缺，容易产生喜静厌动的弊病。于是程颢提出"敬以直内，义以方外，仁也……夫能敬以直内，义以方外，则与物同矣"[10]120，以《周易·文言传》所谓"敬以直内，义以方外"的"合内外之道"[10]118 来补充周敦颐的"主静"工夫,提倡内外、动静皆顺应天理流行而不杂一毫私欲于其间的主敬工夫,这样长久下工夫便可自然达到仁者浑然与物同体的天人合一境界。

与其兄程颢对天命流行之仁体的当下直觉体认路数不同,程颐则从体用分解入手将理(道)与气(阴阳)、本体与工夫理解成存有论的形上与形下关系,因而在为学工夫上提倡下学而上达,认为如果只是致力于居敬涵养的上达的话,便会欠缺下学的工夫。有鉴于此,程颐以"穷理"来解释《大学》的"格物",并将其作为"致知"的手段,使之与居敬涵养相表里。程颐说:"所谓敬者,主一之谓敬。所谓一者,无适之谓一。"[10]169 又说:"格犹穷也。物犹理也。犹曰穷其理而已也。穷其理,然后足以致之。不穷则不能致也。"[10]316 由此他提出了"涵养须用敬,进学则在致知"[10]188 的主敬穷理相辅相成的工夫径路。在二者的先后主次关系上,程颐一方面主张格物穷理是体道工夫之始,另一方面又把主敬(主一)的涵养工夫作为致知(格物致知)的主体前提条件,强调"入道莫如敬,未有能致知而不在敬者"[10]66,认为只有做到心中没有私意邪念的干扰("收其心而不放"[10]316)方能穷究事事物物之理。

朱熹继承程颐的主敬穷理思想,在"己丑之悟"后提出"中和新说",确立了静涵动察的工夫论主旨,强调思虑未发时的主敬涵养工夫与思虑已发时的致知察识工夫二者并行不悖,缺一不可。朱熹指出:"格物时是穷尽事物之理,这方是区处理会。到得知至时,却已自有个主宰,会去分别取舍。初间或只见得表,不见得里;只见得粗,不见得精。到知至时,方知得到;能知得到,方会意诚,可者必为,不可者决不肯为。到心正,则胸中无些子私蔽。洞然光明正大,截然有主而不乱,此身便修,家便齐,国便治,而天下可平。"[13]312 正如南宋朱子学者真德秀所指出的:"程子曰:'涵养须用敬,进学在致知。'盖穷理以此心为主,必须以敬自持,使心有主宰,无私意邪念之纷扰,然后有以为穷理之基……《中庸》'尊德性道问学'章与《大学》此章皆同此意也。"[14]527 程朱所谓的主敬涵养属于"尊德性"工夫,而格物致知属于"道问学"工夫。具体来说,即通过主敬涵养使心有主宰并去除障蔽天理的私意私欲,这是格物的主体前提条件,然后通过博学、审问、慎思、明辨的读书穷理工夫来穷究事事物物之理(格物),然后再以这些体得的义理(天理)作为心之准则(致知),来涵养心性(诚意、正心),最终实现《大学》所倡导的修身齐家治国平天下的内圣外王之道。而《中庸》所谓"尊德性而道问学"与《大学》所谓"三纲领""八条目"之由内向外、由本到末展开的内涵是一致的。

值得注意的是,朱熹指出:"所谓穷理者,事事物物,各自有个事物底道理,穷之须要周尽。若见得一边,不见一边,便不该通。穷之未得,更须款曲推明。盖天理在人,终有明处。'大学之道,在明明德',谓人合下便有此明德。虽为物欲掩蔽,然这些明底道理未尝泯绝。须从明处渐渐推将去,穷到是处,吾心亦自有准则。穷理之初,如攻坚物,必寻其罅隙可入之处,乃从而击之,则用力为不难矣。孟子论四端,便各自有个柄靶,仁义礼智皆有头绪可寻。即其所发之端,而求其可见之体,莫非可穷之理也。"[13]289 又说:"如今说格物,只晨起开目时,便有四件在这里,不用外寻,仁义礼智是也。如才方开门时,便有四人在门里。"[13]285 可知,朱熹所说的格物对象虽然是包括人自身在内的天地万物,但其着眼点不在于穷究外在的物理,而在于体认自身内在之道德性理(四德)。如此说来穷究外在物理是不是做的无用功呢?朱熹指出:"天地万物莫不有理……格物者,欲То极其物之理,使无不尽,然后我之知无所不至。物理即道理,天下初无二理。"[13]294 可知外在的物理与内在的性理根本是一致的(理一分殊),而穷究物理可作为发明性理的手段。由此不难理解朱熹为什么毕生致力于穷究天地万物之理,无论何事都要讲求个所以然了。格物穷理所要得到的知识其实不在于具体事物的见闻之知,而在于本心之知。朱熹说:"致知乃本心之知。如一面镜子,本全体通明,只被昏翳了,而今逐旋磨去,使四边皆照见,其明无所不到。"[13]283 可知致知的关键在于去除物欲对本心的障蔽以发明天赋仁义礼智之善性。因此,朱学中的"存心致知""居敬穷理"的"尊德性""道问学"工夫,虽说也涵盖了社会实践(外王)的层面,但仍以发明人伦道德(内圣)为其最终目的。

(四)"自诚明"与"自明诚"

朱熹"尊德性"与"道问学"之工夫论与《中庸》之"诚""明",《易传》之"尽性""穷理",以及张载提出的"德性所知""闻见之知"等密切相关。追根溯源的话,东汉郑玄在注释《礼记·中庸》的"尊德性而道问学"时指出"德性,谓性之至诚者""问学,学诚者也",以《中庸》的"诚"来解释"德性"与"问学"。其后,孔颖达在《礼记正义》中指出:"此一经明君子欲行圣人之道,当须勤学。前经明圣人性之至诚,此经明贤人学而至诚也。"[15]1699 以"勤学"来解释"问学"。相较而言,郑玄的注释侧重于"尊德性",而孔颖达的注释则更强调"道问学"。有学者认为，这两种倾向可谓分别开启了张载的"德性之知"与"闻见之知"，甚至可说为后来的朱陆之争埋下了伏笔[16]。

一方面，《中庸》说："诚者，天之道也。诚之者，人之道也。"朱熹在《中庸章句》中解释道："诚者，真实无妄之谓，天理之本然也。诚之者，未能真实无妄，而欲其真实无妄之谓，人事之当然也。"[5]31依据朱熹的解释，"诚"指真实无妄，也即是天理（天道）的本来面貌，"诚之"指虽尚未达到真实无妄的"诚"之境界，但以此为努力方向，是人事（人道）所应尽的职责。《中庸》又说："自诚明，谓之性。自明诚，谓之教。诚则明矣。明则诚矣。"朱熹解释说："德无不实而明无不照者，圣人之德，所性而有者也。天道也。先明乎善，而后能实其善者，贤人之学，由教而入者也。人道也。诚则无不明矣，明则可以至于诚矣。"[5]32按照朱熹的解释，圣人由于禀气清明而无人欲之杂，其德性本来就是真实无伪而无所不明，这是圣人所固有的本性，自然符合"诚"之天道；而贤人由于禀气驳杂而有人欲之累，其学只能先发明善性，经过后天努力方能达到真实无伪的境界，因此贤人之为学必须从后天的教化入手，此即是人所应当尽力之人道；符合"诚"之天道则自然明善，由发明善性最终也可以到达"诚"之境界，二者殊途同归。追溯朱熹"诚明说"的渊源，宋代理学奠基人周敦颐（1017—1073）最早基于宇宙本体论寻求人道（人性）之依据，通过"诚"将天道与人道结合起来，从而构建了贯通天人的思想体系。周敦颐在其《通书》第一章"诚上"中以天道为主，提出"诚者，圣人之本"，第二章"诚下"中则以人道为主，提出"圣，诚而已矣。诚，五常之本，百行之原也"，认为天道之诚是人之成圣的根据[17]495。周敦颐将《易传》的天道观（乾道）与《中庸》的心性论（诚）结合起来，以生化万物的本源"乾元"为天道，进而将"乾元"作为四德之本——诚（即天命之性）之本源，而诚又是五常百行等伦理道德的本源。《太极图说》中的"太极"与《通书》中的"乾元"同义。而"主静"的工夫则是确立自己的性命，也就是人道的手段[17]482-483。这样，周敦颐便以诚为中介，按乾元（太极天道）—诚—主静（人极人道）的顺序将天道与人道结合了起来，从而阐发了天人合一的思想。与周敦颐同时代的理学先驱陈襄（1017—1080）则继承孟子的"诚者，天之道也；思诚者，人之道也"（《离娄上》）的思想，指出圣人先得乎诚，由诚而明，即圣人之德本来就是真实无伪的，因而无需学习便可自然达于明；而贤人则通过思诚择善的后天工夫，才能由明以达于诚的境界[18]231。比较可知，朱熹的诚明说可以说是结合周敦颐的诚体太极（朱熹将其诠释为天理）的本体论与陈襄的以诚明区分圣贤的工夫论而来。由朱熹的解释可知，《中庸》之"诚"作为天赋德性之本源，"自诚明"相当于由"尊德性"以"道问学"的先天工夫径路，而"明"作为教化学习之手段，"自明诚"相当于由"道问学"以"尊德性"的后天工夫径路。

另一方面，《周易·说卦传》说"穷理尽性以至于命"。张载进而指出："'自明诚'，由穷理而尽性也；'自诚明'，由尽性而穷理也。"[8]21又说："须知自诚明与自明诚者有异。自诚明者，先尽性以至于穷理也，谓先自其性理会来，以至穷理；自明诚者，先穷理以至于尽性也，谓先从学问理会，以推达于天性也。某自是以仲尼为学而知者，某今亦窃希于明诚，所以勉勉安于不退。"[8]330结合《中庸》与《易传》提出了性、教二分的为学径路。其所谓"由尽性而穷理"即由"尊德性"以"道问学"的工夫路数，而"由穷理而尽性"即由"道问学"以"尊德性"的工夫路数，其着眼点在于"自明诚"的"由穷理而尽性"的教化径路上。对此，当时二程与张载之间已产生了分歧，"二程解穷理尽性以至于命，只穷理便是至于命。子厚谓：亦是失于太快。此义尽有次序。须是穷理，便能尽得己之性，则推类又尽人之性。既尽得人之性，须是并万物之性一齐尽得。如此然后至于天道也。其间煞有事，岂有当下理会了。学者须是穷理为先。如此则方有学。今言知命与至于命，尽有近远。岂可以知便谓之至也"[10]115。具体来说，张载认为为学应当从学习探究礼乐规范之理（穷理）入手，先变化气质以彰明己之性，再彰明人之性，推而广之以彰明万物之性，循序渐进方能上达于天道，从而与天合一。针对关学的这种"穷理—尽性—至命"三阶段的渐修工夫论，二程则主张"'穷理尽性以至于命'，三事一时并了，元无次序。不可将穷理作知之事。若实穷得理，即性命亦可了"[10]15。又说："穷理、尽性、至命，一事也。才穷理便尽性，尽性便至命。因指柱曰：此木可以为柱，理也。其曲直者，性也。其所以曲直者，命也。理、性、命，一而已。"[10]410又说："穷理尽性至命，只是一事。才穷理便尽性，才尽性便至命。"[10]193又程颐回答弟子"问：横渠言：由明以至诚，由诚以至明。此言恐过当。曰：由明以至诚，此句却是。由诚以至明，则不然。诚即明也"[10]308。具体来说，二程从其天理论出发，认为理、性、命指称的是同一天道流行的三个不

459

同方面而不是三个阶段，穷理、尽性、至命是没有前后顺序而可一并完成的，因而强调"诚即明矣"，即发明天赋之道德理性（善性）即是穷理。站在道德践履（伦理）而非认识论（知识）的角度来看，二程（尤其是程颢）体认出天理（仁体、天地生生之德），其工夫由上（天道）直贯到下（人道），确实没有必要像张载那样先穷理后尽性才能至于天命（天道）。朱熹则从其理一分殊论出发，强调下学（分殊）而上达（理一）的循序渐进工夫，甚至将程颢及其弟子谢良佐等人当下体认仁体（天理）的顿教路线视为走入禅学捷径而加以批评，因此自然倾向于张载"自明诚"与"由穷理而尽性"的渐修工夫，认为虽然从道理上讲二程强调天下之理本一（"理一"）和体认天理的主张并没有错，但从具体事物上来讲则必须一一理会穷究分殊之理。因此，二程、张载之说各有侧重，不可偏废，即所谓"盖以理言之，则精粗本末，初无二致，固不容有渐次，当如程子之论；若以其事而言，则其亲疏近远，深浅先后，又不容于无别，当如张子之言也"[19]596，从而折衷了二程、张载之分歧。朱熹又指出，张载的诚明说是以性、教作为两种为学的径路，不是像二程那样以之区分圣贤工夫的不同品级，所以才说由诚至明，其立场自与二程不同，并对二程"诚即明矣"的顿悟主张提出置疑，认为当系弟子记录有误[19]595。

（五）"德性之知"与"闻见之知"

孟子提出"尽心知性知天"的认识论和道德修养径路。张载进而指出："大其心，则能体天下之物。物有未体，则心为有外。世人之心，止于闻见之狭。圣人尽性，不以见闻梏其心。其视天下，无一物非我。孟子谓尽心则知性知天以此。天大无外，故有外心，不足以合天心。见闻之知，乃物交而知，非德性所知。德性所知，不萌于见闻。"[8]24 以"大心"说来解释孟子的"尽心"说。在张载看来，世人或者因耳目之见闻而障蔽其道德本心，从而导致不能尽其心，其原因在于不了解"心"的来源及本质[8]25。张载指出："有无一，内外合，（庸圣同）此人心之所自来也。若圣人则不专以闻见为心，故能不专以闻见为用。无所不感者虚也，感即合也，咸也。以万物本一，故一能合异；以其能合异，故谓之感；若非有异则无合。天性，乾坤、阴阳也，二端故有感，本一故能合。天地生万物，所受虽不同，皆无须臾之不感，所谓性即天道也。"[8]63 可知"有无一，内外合"即是人心之本源[8]63。具体来说，张载认为"由太虚，有天之名；由气化，有道之名；合虚与气，有性之名；合性与知觉，有心之名"[8]9，认为心是由性（本体）与知觉（作用）结合而来，性又是由太虚（气之本体）与气结合而来。张载最先明确地从其太虚本体论出发沟通天道与人性，依据构成性之质料的差异，区别了根源于气之本体——太虚之本性的"天地之性"与根源于太虚之气化的"气质之性"。依此可知，心根源于作为气之本体的太虚（天道）及其气化运行之道。因此，张载认为要"尽心"（发明心性）就必须"大其心"，追溯人心之来源，将无形之太虚（天）与有形之气化（道）、将内在的德性（天性）与外部的耳目见闻（知觉）结合起来，才能摆脱狭隘闻见之知的束缚而体认到天德良知。张载的"合天心"说即是基于其太虚气化论的沟通人道（心性）与天道的天人合一论。

对此，朱熹与弟子之间有如下问答："问合虚与气有性之名，合性与知觉有心之名。曰：虚只是说理。"[2]1432 按照朱熹的理解，张载所说的"太虚"即是指"理（天理）"，而其"大心"说则是基于其本体论（理气论）而来。朱熹指出："盖尽心，则只是极其大；心极其大，则知性知天，而无有外之心矣。"[20]2519 认为张载的"大心"说并不符合孟子的"尽心"说，因为"孟子之意，只是说穷理之至，则心自然极其全体而无余，非是要大其心而后知性知天也"[20]2519。如前所述，朱熹认为，"尽心"即是穷尽心中所具之天理。因此，在朱熹看来，张载不讲格物穷理而只抽象地谈扩充心性，不免落入悬空想像而令人难以下手。所以，朱熹强调："只是格物多后，自然豁然有个贯通处，这便是'下学而上达'也。孟子之意，只是如此。"[20]2519 进而指出："'大其心，则能遍体天下之物。'体，犹'仁体事而无不在'，言心理流行，脉络贯通，无有不到。苟一物有未体，则便有不到处。包括不尽，是心为有外。盖私意间隔，而物我对立，则虽至亲，且未必能无外矣。故'有外之心，不足以合天心'。"[20]2519 认为性体之流行贯通天下万物而无所不到，因此如果有一物未穷究体认到，便有未至之处而包括不尽，这样便会外之于吾人之心了。其原因在于人往往有私意间隔于物我（心）之间，物与我便会对立起来，这样即使对于我们的至亲，也不免将其见外了。因此圣人才要发明本性，不以见闻私意来束缚其心，便能够体认天下万物而到达"物我为一"的境界。这样，朱熹便以其"天人一理"思想重新解释了张载基于"天人一气"的"合天心"说，并且强调格物穷理是尽心的必经途径。

张载所谓"大心体物"的关键在于，其"德性所知"与"见闻之知"的认识论（同时也是修养论）。"见闻之知"是耳目感官与外界事物相接触而得来的认识，"德性所知"则是由对本心良知的内省而来的"天德良知"。张载认为，"德性所知"作为天赋道德理性与后天积累的"见闻之知"无关。由此可见，张载虽从其"大心"说出发提出了"德性所知"与"见闻之知"的"合内外"的修养认识论，但其"德性所知"的获取与朱熹的"尊德性"（"主敬"）工夫不大相同，却与陆九渊的"尊德性"（"发明本心"）工夫颇为相近。因此朱熹虽然使用张载发明的这两个概念，却不像张载那样强调"不萌于见闻"的"德性所知"对于"见闻之知"的超越性[21]275，因为那样有可能导致人们忽视在见闻上下工夫。朱熹与弟子有如下问答："'世人之心止于见闻之狭，圣人尽性，不以见闻梏其心。'伯丰问：'如何得不以见闻梏其心。'曰：'张子此说，是说圣人尽性事。如今人理会学，须是有见闻，岂能舍此。先是于见闻上做工夫到，然后脱然贯通。盖寻常见闻，一事只知得一个道理，若到贯通，便都是一理，曾子是已。尽性，是论圣人事。'"[20]2518朱熹认为，张载所说圣人超越见闻的尽性工夫不适合于普通人，并从其理一分殊、下学上达的立场出发将张载的"见闻之知"与程颐的"格物穷理"结合了起来，并重新规定了"见闻之知"与"德性之知"的关系，即认为普通人为学应该首先通过"道问学"获取"见闻之知"，这样做不断积累的工夫，便自然会达到豁然贯通的境地，从而体悟到天下万物其实只是一理，这样就发明"德性之知"了。

综上所述，朱熹主要继承程颐的"理一分殊"与"主敬穷理"思想，并通过对《中庸》的"诚明"说、《易传》的"敬义"与"穷理尽性"、《大学》的"格物致知"、《孟子》的"存心尽心"，以及张载的"德性所知、见闻之知"等思想的阐发，从其理事并进、知行互发的立场出发，确立了"尊德性"与"道问学"两轮并行、相辅相成的修养工夫论。

二、陆九渊修养工夫论的渊源及其内涵

众所周知，陆九渊以孟子所谓"先立乎其大者"作为其为学宗旨。那么，所谓"大者"究竟指什么？孟子提出"大体""小体"说（《告子上》）认为，只要能体认得天赋之德性，口腹饮食等肉体感官欲望（"小者"）就不能动摇其精神志向（"大者"），从而能够成为"大人"了。周敦颐进而以此来解释"孔颜乐处"[22]76，并以"寻孔颜乐处"来启发少年二程摆脱世俗功名利禄的羁绊，

确立成圣成贤的为学志向[10]16。至于"孔颜乐处"究竟指什么？或者说"乐"在何处？周敦颐对此没有明说。明代朱子学者曹端解释道："今端窃谓孔、颜之乐者仁也。非是乐这仁，仁中自有其乐耳。"[23]79 认为孔颜之乐在于求仁。这其实并非曹端的创见。二程已经指出："仁者在己，何忧之有？凡不在己，逐物在外，皆忧也。'乐天知命故不忧'，此之谓也。若颜子箪瓢、在他人则忧，而颜子独乐者，仁而已。"[10]352 由此可知，"寻孔颜乐处"是理学家所倡导的一种安贫乐道的为己之学，其实质是乐天知命而与天道融为一体的仁者境界（天人合一）。其后，二程基于各自的生命体验阐发其仁说，进而构建了不同倾向的本体工夫论体系。具体说来，学界一般认为二程是陆王心学与程朱理学分化的开端，而大程子程颢的思想中具有心学倾向[24]748。程颢在周敦颐的启发下，以"识仁"作为其思想宗旨。程颢在《识仁篇》中说："学者须先识仁。仁者，浑然与物同体。义、礼、知、信皆仁也。识得此理，以诚敬存之而已。不须防检，不须穷索……此道与物无对，大不足以名之。天地之用皆我之用。孟子言，万物皆备于我。须反身而诚，乃为大乐。"[10]16-17 又说："学者识得仁体，实有诸己，只要义理栽培。如求经义，皆栽培之意。"[10]15 可见，程颢将体认"仁体"作为其本体工夫论的宗旨。所谓"仁体"，实质是指具有道德创生和宇宙本体意义的道德本体（道体、天理）。程颢认为当下体出仁体（天理）的话，接下来只需要通过诚敬工夫来存养栽培此本根，则处事应物动静语默自然无不合宜，不需苦心极力地做外在的"防检穷索"工夫。程颢还认为理、性、命是一事，穷理并非认识论上的穷究物理，其实只是对道德心性的一种内省罢了[10]15。这显然已经开启了陆九渊心学的易简工夫，而与程颐、朱熹所倡导的上学而上达的渐修工夫路数不同。

明儒夏尚朴指出："象山之学，虽主于尊德性，然亦未尝不道问学，但其所以尊德性、道问学，与圣贤不同。程子论仁，谓识得此理，以诚敬存之而已。又谓识得仁体，实有诸己，只要义理栽培。盖言识在所行之先，必先识其理，然后有下手处。象山谓能收敛精神在此，当恻隐自恻隐，当羞恶自羞恶，更无待于扩充。"[25]72 其一语道破了陆九渊所谓"尊德性"与程颢所谓"识仁"思想之间的内在关联。虽然陆九渊没有明确的师承并自述其学是读孟子后自家体悟出来的，但正如清儒全祖望所指出的，"象山之学，本无所承，东发以为遥出于上蔡，予以为兼出于信伯。盖程门已有此一种矣"[17]6。宋代心学有一条由北宋程颢开其端,经过两宋之际谢良佐、王苹的进一步发挥,直至南宋由陆九渊总其成的发展脉络。事实上,陆九渊曾批评程颐的二元(二本)论思想不符合先秦思孟的主张[3]388,而对程颢的一本论则绝无此种批评。这也表明其思想的倾向性。因此我们完全可以从学理上探讨程颢与陆九渊二人在思想上的内在关联。程颢说:"是以仁者无对。放之东海而准,放之西海而准,放之南海而准,放之北海而准。医家言四体不仁,最能体仁之名也。"[10]120 程颢从其"天人本无二"[10]81"天人无间"[10]33"道,一本也"[10]117的天人一本论出发,认为仁是贯通天人的宇宙本源与天命性体,识得仁体后再以诚敬来存养的话便自然能达到天—人、内—外、人—物为一体的"仁者无对"境界。陆九渊则说:"宇宙便是吾心,吾心便是宇宙。千万世之前有圣人出焉,同此心同此理也。千万世之后有圣人出焉,同此心同此理也。东南西北海有圣人出焉,同此心同此理也。"[3]273将作为道德主体的"心"提升为宇宙本体。陆九渊又说:"盖心,一心也,理,一理也。至当归一,精义无二,此心此理,实不容有二。故夫子曰:'吾道一以贯之。'孟子曰:'夫道一而已矣。'又曰:'道二,仁与不仁而已矣。'如是则为仁,反是则为不仁。仁即此心也,此理也……此吾之本心也。"[3]4-5

一方面,陆九渊认为,仁即是天理,也即是人之本心。"仁,人心也,心之在人,是人之所以为人,而与禽兽草木异焉者也,可放而不求哉?"[3]373但对比可知,在本体论层面,程颢所说的"仁体"作为放之四海皆准的普遍原则(天理),与陆九渊思想中作为宇宙本体的本心(天理)相当;而在工夫论层面,程颢思想中当下体认的"识仁"工夫与陆学中"发明本心"的尊德性工夫也有内在逻辑上的联系,二者都是对本心(天理、善性)的当下直觉体认。由上可知,陆九渊与程颢的思想在道德本体(本心与仁体)与"尊德性"工夫(发明本心与识仁)两个层面上都具有内在的关联与一致性。

另一方面,针对朱熹强调读书穷理的"道问学"工夫主张,陆九渊从"先立乎其大者"的立场出发,强调"收拾精神,自作主宰。万物皆备于我,有何欠阙。当恻隐时自然恻隐,当羞恶时自然羞恶"[3]455-456,又说,"前言往行所当博识……耗气劳体,丧其本心。非徒无益,所伤实多"[3]162,"欲明夫理者,不可以无其本。本之不立,而能以明夫理者,吾未之见也"[3]378。他认为,读书穷理时首先必须心中有主宰然后才能不至迷惑,明理必须以先发明人之本心为前提基础，明理的最终目的在于践履，而道德践履其实就是基于本心良知的自然呈现，不需一味从事于泛观博览的外求工夫。陆九渊指出："人非木石，安得无心……存之者，存此心也，故曰'大人者不失其赤子之心'。四端者，即此心也。天之所以与我者，即此心也。人皆有是心，心皆具是理，心即理也。"[3]149 与程颢一样，陆九渊也将孟子所说的"四端""四德"视作本心和天理。"万物森然于方寸之间，满心而发，充塞宇宙，无非此理。孟子就四端上指示人，岂是人心只有此四端而已。又就乍见孺子入井皆有怵惕恻隐之心一端示人，又得此心昭然，但能充此心足矣。"[3]423 陆九渊继承孟子的"四端扩充说"，强调本心即天理（"心即理"），而天理完全具备于本心（不假外求），因此教人先发明其本心以立本体。其发明本心与由程颢"识仁"之旨派生出来的湖湘学派"先识仁体""察识端倪"说相呼应。其着眼点在于发明本心以立本体，涵养省察的工夫从而也有施行之处，也就是说先立本体方好下工夫。陆九渊认为，如能体得本心（天理），便自然能够处事应物无不得当，这样便将"道问学"收摄于"尊德性"之中了。

综上所述，陆九渊远承孟子的"先立乎其大者""四端扩充"说，近承程颢的"识仁"说，从其"心即理"的立场出发，确立了其以发明本心的"尊德性"为宗旨统摄"道问学"的修养工夫论。

三、朱陆修养工夫论之论争及其比较

以上从多个方面论述了朱熹与陆九渊思想中以"尊德性"与"道问学"为主旨的修养工夫论的渊源及其含义。以下结合朱陆思想之发展及其论争来检讨双方在修养工夫论上的异同及其得失，并阐明其现实意义。

（一）"易简"与"支离"

同为道学中人，朱陆二人在"成圣成贤"这一根本目标上并无二致，但在达成此目标的工夫路径上存在较大分歧。双方就此曾在"鹅湖之会"上展开了激烈的辩论。"鹅湖之会，论及教人。元晦之意，欲令人泛观博览，而后归之约。二陆之意，欲先发明人之本心，而后使之博览。朱以陆之教人为太简，陆以朱之教人为支离，此颇不合。"[3]491 朱陆立场针锋相对，结果不能达成一致，谁也未能说服对方。"鹅湖之会"上陆九渊将自己的"尊德性"主张称为简易直截的"易简工夫"，将朱熹的"道问学"主张斥为烦琐破碎的"支离事业"。

朱熹嫌陆氏的顿悟教法太过简易，陆氏则嫌朱熹的渐修教法太过支离。具体来说，朱熹指出："圣人之教学者，不过博文约礼两事尔。博文，是'道问学'之事，于天下事物之理，皆欲知之。约礼，是'尊德性'之事，于吾心固有之理，无一息而不存。"[26]569 其为学工夫在于从"博文"（道问学）即广泛穷究事物各自禀赋的分殊之理入手，然后"约礼"（尊德性），省悟到天地万物之理本来同一，走的是一条由博返约的路径。而陆九渊则指出："天下之理，将从其简且易者而学之乎？将欲其繁且难者而学之乎？若繁且难者果足以为道，劳苦而为之可也，其实本不足以为道，学者何苦于繁难之说。简且易者，又易知易从，又信足以为道，学者何惮而不为简易之从乎？"[3]423 又说："为学不当无日新，易赞乾坤之简易，曰：'易知易从，有亲有功，可久可大。'然则学无二事，无二道，根本苟立，保养不替，自然日新。所谓可久可大者，不出简易而已。"[3]64 "学有本末先后，其进有序，不容躐等。吾所发明端绪，乃第一步，所谓升高自下也。"[3]531 其为学工夫在于首先发明人先天具有的道德本心（仁义礼智之善性）以树立根本，然后再博览涉猎知识，走的是一条以简驭繁的路径。朱陆二人的工夫径路正好相反。在"鹅湖之会"后，朱熹逐渐反思到自身学问"支离"而于道德涵养上多不得力的弊端，指出："日用功夫，不可以老病而自懈，觉得此心操存舍亡，只在反掌之间。向来诚是太涉支离，盖无本以自立，则事事皆病耳……又闻讲授亦颇勤劳，此恐或有未便。今日正要清源正本，以察事变之防微，岂可一向汩溺于故纸堆中，使精神昏弊，失后忘前，而可以谓之学乎？"[7]2208-2209 其立本体的主张显然表明朱熹力图吸纳陆九渊的"尊德性"主张。朱熹进而总结道："大抵子思以来，教人之法惟以尊德性、道问学两事为用力之要。今子静所说，专是尊德性之事，而熹平日所论，却是问学上多了……今当反身用力，去短集长，庶几不堕一边耳。"[27]2541 提出了"反身用力，去短集长"的两全之策。其意图在于使"尊德性"与"道问学"并行不悖。朱熹甚至说："大抵此学以尊德性、求放心为本，而讲于圣贤亲切之训以开明之，此为要切之务。若通古今、考世变，则亦随力所至，推广增益，以为补助耳。不当以彼为重，而反轻凝定收敛之实，少圣贤亲切之训也。"[7]2196 以"尊德性"为根本，以"道问学"为"补助"手段，看起来似乎与陆九渊的主张趋于一致了。但由于朱熹不言"本心"与"心即理"，因此朱学中的"尊德性"一般来说，不具有陆学中的本体工夫论意味，至多只是给"道问学"提供了一个主体条件，其工夫重心仍不免偏于外在格物穷理的"道问学"一边。陆九渊则认为，万物之理皆先天具于本心中，因此将体认道德本心（尊德性）放在优先位置，而将外在的格物穷理作为次要的补充手段，认为只有"尊德性"才是学问之前提和根本，而"道问学"无法与之相提并论。因此针对朱熹的"去短集长"，陆九渊用"元晦欲去两短，合两长，然吾以为不可，既不知尊德性，焉有所谓道问学"[3]400，予以反驳。如前所述，张载所谓"德性所知"的来源及其对"见闻之知"的超越性与陆九渊的"尊德性"主张相近，而张载在解释"尊德性而道问学"时指出："不尊德性，则学问从而不道；不致广大，则精微无所立其诚；不极高明，则择乎中庸失时措之宜矣。"[8]28强调"尊德性""致广大""极高明"分别是"道问学""尽精微""道中庸"的前提。可见，张载关于"尊德性"与"道问学"关系的看法也与陆九渊的主张一脉相承，只不过陆九渊更深入，将尊德性作为道问学的前提和目的，进而以尊德性来统摄道问学。朱熹虽也承认尊德性为前提主体条件，但更为重视道问学工夫，强调两轮并行，从另一方面发挥了张载的思想。

总而言之，朱陆二人虽都兼顾"尊德性"与"道问学"，但其地位和侧重点大不相同。陆九渊以发明本心的"尊德性"为宗旨，将先立本体作为学问的入门基石，而朱熹则较为重视"道问学"，将格物穷理的下学工夫作为学问的入门手段。

(二)"践履"与"讲学"

如前所述，陆九渊以"尊德性"为宗旨而朱熹较为重视"道问学"。陆九渊的"尊德性"工夫具体体现在道德"践履"之中，而朱熹的"道问学"工夫具体体现在"讲学"（读书穷理）之中。陆九渊与其弟子的问答可以为证："格物是下手处。伯敏云：'如何样格物。'先生云：'研究物理。'伯敏云：'天下万物不胜其繁，如何尽研究得。'先生云：'万物皆备于我，只要明理。'"[3]440又曾自述："复斋家兄一日见问云：'吾弟今在何处做工夫？'某答云：'在人情、事势、物理上做些工夫。'复斋应而已。若知物价之低昂，与夫辨物之美恶真伪，则吾不可不谓之能。然吾之所谓做工夫，非此之谓也。"[3]400可知陆九渊所谓"格物""穷理"工夫并非指辨别物价之高低或事物之真伪等研究客观事物之道理，而是在"人情事势物理"上做道德践履工夫，其途径是发明天赋之善性（天理）。事实上，一方面，朱熹所说的"道问学"包含与道德实践相关的工夫及与道德无关的纯知识的探求两个方面,而陆九渊反对的其实只是后者[28]26。因为在陆九渊看来,具体知识的探求与道德之养成并没有直接必然联系。古今中外,社会上高学历高智商而道德品行低下甚至犯罪者比比皆是。陆九渊特别重视发明本心的工夫,将朱熹的追求事物具体知识的工夫视作支离破碎、玩物丧志之"俗学"的原因即在于此。另一方面,朱熹认为:"子寿兄弟气象甚好,其病却是尽废讲学而专务践履,于践履之中要人提撕省察,悟得本心,此为病之大者。要其操持谨质,表里不二,实有以过人者。惜乎其自信太过,规模窄狭,不复取人之善,将流于异学而不自知耳。"[29]1350朱熹虽称赞陆氏兄弟重道德操守的人格气象,但对陆氏及其弟子中存在的废弃读书讲学而专致力于道德践履的偏向感到不满,认为如果只注重省察本心的"尊德性"工夫而废弃讲学的话,就会使为学的规模狭窄,最终会流入专任本心的禅学异端中去,因此强调了讲学的重要性。朱熹说:"'尊德性、致广大、极高明、温故、敦厚',皆是说行处;'道问学、尽精微、道中庸、知新、崇礼',皆是说知处。"[2]1586从知行关系来看,大体上"讲学"属"知",而"践履"属"行"。朱熹说:"致知、力行,用功不可偏。偏过一边,则一边受病。如程子云:'涵养须用敬,进学则在致知。'分明自作两脚说,但只要分先后轻重。论先后,当以致知为先;论轻重,当以力行为重。"[13]148朱熹虽重视致知(讲学),但并未轻视力行(践履),只是强调从工夫先后次序上来说是"知先行后",而从其地位来讲,"行"比"知"更重要一些。陆九渊虽然重视道德践履,但也没有废弃讲学。事实上陆九渊也讲"知先行后",用他的话来说即是"为学有讲明,有践履……自大学言之,固先乎讲明矣……未尝学问思辩,而曰吾唯笃行之而已,是冥行者也……讲明有所未至,则虽材质之卓异,践行之纯笃,如伊尹之任,伯夷之清,柳下惠之和,不思不勉,从容而然,可以谓之圣矣,而孟子顾有所不愿学。拘儒瞽生又安可以其硁硁之必为,而傲知学之士哉?然必一意实学,不事空言,然后可以谓之讲明。若谓口耳之学为讲明,则又非圣人之徒矣。"[3]160认为,"讲明"在"践履"之先,不先"讲明"道理就从事于践履则是如同瞎子摸象般的"冥行",资质高"生知安行"的圣人虽不用力于讲明也不会有差失,但并不能成为一般学者效法的榜样。问题的关键在于"讲明"的内容必须落实于"为己"的心性"实学",而非"为人"的"口耳之学"。可见,陆九渊并不反对讲学的形式,只是强调讲学的目的和内容不在于"为人"的"口耳之学",而在于切己反身的"为己"之学。所以陆九渊的弟子毛必强指出:"先生之讲学也,先欲复本心以为主宰,既得其本心,从此涵养,使日充月明。读书考古,不过欲明此理,尽此心耳。"[3]502归根结底,陆九渊不过是将发明本心(尊德性)作为读书讲学的前提与目的罢了。陆九渊说:"讲学固无穷,然须头项分明,方可讲辨。"[3]50"如读书接事间,见有理会不得处,却加穷究理会,亦是本分事,亦岂可教他莫要穷究理会。"[3]84"学者须是打迭田地净洁,然后令他奋发植立。若田地不净洁,则奋发植立不得。古人为学即'读书然后为学'可见。然田地不净洁,亦读书不得。若读书,则是假寇兵,资盗粮。"[3]463由此可知,陆九渊认为尊德性是道问学的保障和指针,不先尊德性以培养德性而光顾着道问学以读书穷理的话,道问学就有可能迷失方向而误入歧途。陆九渊的这些话虽是针对当时读书人的弊病而发,但对我们今天轻视德性教育和道德理性而偏重知性教育和工具理性,往往把人培养成没有健全人格和思想灵魂的工具,从而导致道德滑坡、唯利是图等社会问题来说,仍有振聋发聩的警示意义。儒学作为一种成德之学,其思想价值和现实意义即在于此。

(三)"禅学"与"俗学"

一方面,以朱熹为代表的理学学派继承了程颐"《书》言天叙,天秩。天有是理,圣人循而行之,所谓道也。圣人本天,释氏本心"[10]274的"二本"论,认为儒学当以穷理为先,并将心学视作"明心见性"之禅学。朱熹说:"儒者之学,大要以穷理为先。盖凡一物有一理,须先明此,然后心之所发,轻重长短,各有准则……若不于此先致其知,但见其所以为心者如此,识其所以为心者如此,泛然而无所准则,则其所存所发,亦何自而中于理乎。且如释氏擎拳竖拂运水搬柴之说,岂不见此心,岂不识此心,而卒不可与入尧舜之道者,正为不见天理而专认此心以为主宰,故不免流于自私耳。前辈有言:圣人本天,释氏本心。盖谓此也。"[29]1314"吴仁父说及陆氏之学。曰:只是禅。初间犹自以吾儒之说盖覆"[30]2978。另一方面,以陆王为代表的心学派则继承了程颢的"只心便是天,尽之便知性,知性便知天(一作性便是天),当处便认取,更不可外求"[10]15的天人一本思想,认为道学以明心为要,将理学视作析心与理为二的"二本支离"之俗学。正如陆九渊所说:"心只是一个心,某之心,吾友之心,上而千百载圣贤之心,下而千百载复有一圣贤,其心亦只如此。心之体甚大,能尽我之心,便与天同。为学只是理会此。"[3]444认为本心是古今天下所有人都一致相同的,发明本心便可与天合一。又说:"故道之不明,天下虽有美材厚德,而不能以自成自达,困于闻见之支离,穷年卒岁而无所至止。若其气质之不美,志念之不正,而假窃附会,蠹食蛆长于经传文字之间者,何可胜道?"[3]13 认为一味在支离琐碎的闻见考索之学上用力只会妨碍体道。还说:"古人教人,不过存心、养心、求放心。此心之良,人所固有,人惟不知保养而反戕贼放失之耳。苟知其如此,而防闲其戕贼放失之端,日夕保养灌溉,使之畅茂条达,如手足之捍头面,则岂有艰难支离之事?今日向学,而又艰难支离,迟回不进,则是未知其心,未知其戕贼放失,未知所以保养灌溉。此乃为学之门,进德之地。"[3]64 认为为学的关键在于存养本心。针对两派的争论,黄宗羲在《明儒学案·姚江学案》王守仁的传记后有如下评论:"或者以释氏本心之说,颇近于心学,不知儒释界限只一理字。释氏于天地万物之理,一切置之度外,更不复讲,而止守此明觉。世儒则不恃此明觉,而求理于天地万物之间,所为绝异。然其归理于天地万物,归明觉于吾心,则一也。向外寻理,终是无源之水,无根之木,总使合得,本体上已费转手,故沿门乞火与合眼见闇,相去不远。先生(今按:指王守仁)点出心之所以为心,不在明觉而在天理,金镜已坠而复收,遂使儒释疆界渺若山河,此有目者所共睹也。"[25]180-181 黄宗羲认为,儒释之差异其实只在于"理"(天理,即儒家的伦理纲常)之一字上,儒者(程朱)其实与禅学一样,将理归之于天地万物,将明觉(良知和知觉)归于人心,但又不像释氏那样专任主观心识,而强调求理于客观天地万物(穷理)以获取知识和启发良知(致知)。事实上,程朱所说的心包括理(性)与气(情)两个层面,只有性(本性)专属于理的层面,所以只能说"性即理"而不讲"心即理"。因此说程朱偏于"本天",而释氏偏于"本心"大体上是可以的。但把陆王心学视作"本心"之禅学则是一种误解。王守仁指出:"圣人之学,心学也……盖王道息而伯术行,功利之徒,外假天理之近似以济其私,而以欺于人曰:天理固如是。不知既无其心矣,而尚何有所谓天理者乎?自是而后析心与理而为二,而精一之学亡。世儒之支离,外索于刑名器数之末,以求明其所谓物理者,而不知吾心即物理,初无假于外也。佛老之空虚,遗弃其人伦事物之常,以求明其所谓吾心者,而不知物理即吾心,不可得而遗也……故吾尝断以陆氏之学,孟氏之学也。"[3]537-538 陆王心学其实只是将程朱所说"天理"中知识理性层面的意义抽去,只保留其道德理性的层面,又继承孟子的"性善论"和"四端"

说，认为吾人之本心本性先天就完备此道德理性，不假外求，所以说"心即理"（心性理合一），反对程朱求理于外的作法，强调反求诸本心，当下体认道德本体，从而将思孟学派代表的儒家道德心性之学推到了一个新的发展阶段。事实上，这种发明本心的道德践履之学将宇宙本体与社会规范内化为根植于良心本性的道德律令，是拔本塞源式从根本上成就自己（成己），进而成就社会（成人），最终成就天地万物（成物）的进德修业、内圣外王过程。抽去其中不合时宜的内容，保留儒学传统中的合理内核，这种以心性为本的道德践履之学对于纠正当下过分强调外在礼仪和法律约束，忽视人的内在诉求，缺乏精神信仰与道德律令而导致人心浮躁、道德滑坡、社会冲突等现实问题，仍然具有十分重要的意义。

综上所述，朱熹、陆九渊二人思想体系中以"尊德性"与"道问学"为宗旨的修养工夫论与先秦思孟学派及北宋四子（周敦颐、张载、程颢、程颐）等理学奠基人之间有密切的渊源关系。其中，朱熹的修养工夫论主要继承了程颐主敬穷理的二元论思想，陆九渊的修养工夫论则远溯至孟子大体说而与程颢的"识仁"一本论思想一脉相承。由此，"尊德性"与"道问学"在朱熹、陆九渊思想体系中的含义和地位存在较大差异，并直接导致了朱熹、陆九渊"易简"与"支离"的教育工夫、"践履"与"讲学"的教育内容，以及"禅学"与"俗学"的学术门户之争。朱学中的"尊德性"主要是保持心之诚敬状态并为格物致知的"道问学"提供主体条件。陆学中的"尊德性"则是直截体认本体、发明本心的工夫。陆学中的"道问学"是指伦理道德上的"践履"工夫，朱学中的"道问学"除此之外还包括穷究考索事物具体知识的"讲学"工夫。朱熹更多强调"尊德性"与"道问学"两轮并进，并以"道问学"为入德之基。陆九渊则强调，"尊德性"是"道问学"的前提与目的，以"尊德性"为其本体工夫论的宗旨。朱陆两派的"禅学"与"俗学"之争可追溯至程颐"圣人本天，释氏本心"的"二本论"与程颢的"只心便是天"的"一本论"。其实，儒释之辨只在一"理"字，陆王心学只是将天理收归于道德本心，并未丧失儒家的道德本位立场，因此并非如程朱理学指责的那样是"本心"之禅学。

参考文献：

[1] 王孝廉. 二程子修养方法论及其对朱陆的影响 [J]. 日本西南学院大

学国际文化论集，1991（6）：71—82.

[2] 黎靖德．朱子语类：第4册［M］．北京：中华书局，1986.

[3] 陆九渊．陆九渊集［M］．北京：中华书局，1980.

[4] 陈荣捷．朱子新探索［M］．上海：华东师范大学出版社，2007.

[5] 朱熹．四书章句集注［M］．北京：中华书局，2010.

[6] 黎靖德．朱子语类：第6册［M］．北京：中华书局，1986.

[7] 朱熹．晦庵先生朱文公文集：三［M］．上海：上海古籍出版社；合肥：安徽教育出版社，2002.

[8] 张载．张载集［M］．章锡琛，校．北京：中华书局，1978.

[9] 朱熹．晦庵先生朱文公文集：五［M］．上海：上海古籍出版社；合肥：安徽教育出版社，2002.

[10] 程颐，程颢．二程集：上［M］．北京：中华书局，2004.

[11] 卢连章．程颢程颐评传［M］．南京：南京大学出版社，2001.

[12] 黄宗羲．明儒学案：下［M］．北京：中华书局，2008.

[13] 黎靖德．朱子语类：第1册［M］．北京：中华书局，1986.

[14] 真德秀．西山先生真文忠公文集［M］．上海：商务印书馆，1937.

[15] 郑玄，孔颖达．礼记正义：下［M］．上海：上海古籍出版社，2008.

[16] 路新生．"尊德性"还是"道问学"？——以学术本体为视角［J］．天津社会科学，2008（4）：119—129.

[17] 黄宗羲，原著．全祖望，补修．宋元学案：第1册［M］．陈金生，梁运华，校．北京：中华书局，1986.

[18] 陈襄，等．陈襄文化文集［C］．福建省纪念陈襄暨陈氏首届源流研讨会筹委会刊行，2000.

[19] 朱熹．四书或问［M］．上海：上海古籍出版社；合肥：安徽教育出版社，2002.

[20] 黎靖德．朱子语类：第7册［M］．北京：中华书局，1986.

[21] 陈来．朱子哲学研究［M］．上海：华东师范大学出版社，2000.

[22] 周敦颐．周敦颐集［M］．长沙：岳麓书社，2007.

[23] 曹端．曹端集［M］．北京：中华书局，2003.

[24] 冯友兰．中国哲学史：下［M］．北京：中华书局，2014.

[25] 黄宗羲. 明儒学案：上［M］. 北京：中华书局，2008.

[26] 黎靖德. 朱子语类：第2册［M］. 北京：中华书局，1986.

[27] 朱熹. 晦庵先生朱文公文集：四［M］. 上海：上海古籍出版社；合肥：安徽教育出版社，2002.

[28] 牟宗三. 从陆象山到刘蕺山［M］. 上海：上海古籍出版社，2001.

[29] 朱熹. 晦庵先生朱文公文集：二［M］. 上海：上海古籍出版社；合肥：安徽教育出版社，2002.

[30] 黎靖德. 朱子语类：第8册［M］. 北京：中华书局，1986.